ADOBE 中国教育认证计划及 ACAA 教育发展计划标准培训教材

ADOBE FIREWORKS CS6 标准培训教材

ACAA专家委员会 DDC传媒 编著

人民邮电出版社

北京

图书在版编目（CIP）数据

ADOBE FIREWORKS CS6标准培训教材 / ACAA专家委员会，DDC传媒主编 ; 程晓琳编著. -- 北京 : 人民邮电出版社，2013.2（2014.6重印）
ISBN 978-7-115-30427-8

Ⅰ. ①A… Ⅱ. ①A… ②D… ③程… Ⅲ. ①图形软件－技术培训－教材 Ⅳ. ①TP391.41

中国版本图书馆CIP数据核字(2012)第304645号

内容提要

为了让读者系统、快速地掌握Adobe Fireworks CS6软件，本书全面、详细地介绍了Fireworks的基础知识和基本操作、位图图像处理、矢量图形设计、文本处理与颜色应用、动态滤镜的使用，图文并茂地讲解样式、元件和URL、层、页面、蒙版、混合模式的使用及如何创建切片、变换图像和热点、按钮、弹出菜单和动画。另外还介绍了如何在Fireworks中对图像进行优化和导出，任务自动化等。

本书由行业资深人士、Adobe专家委员会成员以及参与Adobe中国数字艺术教育发展计划命题的专业人员编写。全书语言通俗易懂，内容由浅入深、循序渐进，并配以大量的图示，特别适合初学者学习，同时对有一定基础的读者也大有裨益。

本书对参加Adobe及ACAA认证考试的考生具有指导意义，同时也可以作为高等学校美术专业计算机辅助设计课程的教材。另外，本书也非常适合其他各类培训班及广大自学人员参考阅读。

ADOBE FIREWORKS CS6 标准培训教材

◆ 主　编　ACAA专家委员会　DDC传媒
编　著　程晓琳
责任编辑　赵　轩
◆ 人民邮电出版社出版发行　北京市丰台区成寿寺路11号
邮编　100164　电子邮件　315@ptpress.com.cn
网址　http://www.ptpress.com.cn
北京艺辉印刷有限公司印刷
◆ 开本：800×1000　1/16
印张：19
字数：515千字　2013年2月第1版
印数：3 001-4 000册　2014年6月北京第2次印刷

ISBN 978-7-115-30427-8

定价：39.00元

读者服务热线：(010)81055410　印装质量热线：(010)81055316
反盗版热线：(010)81055315
广告经营许可证：京崇工商广字第**0021**号

前言

秋天，藕菱飘香，稻菽低垂。往往与收获和喜悦联系在一起。

秋天，天高云淡，望断南飞雁。往往与爽朗和未来的展望联系在一起。

秋天，还是一个登高望远、鹰击长空的季节。

心绪从大自然的悠然清爽转回到现实中，在现代科技造就的世界不断同质化的趋势中，创意已经成为21世纪最为价值连城的商品。谈到创意，不能不提到两家国际创意技术先行者——Apple和Adobe，以及三维动画和工业设计的巨擘——Autodesk。

1993年8月，Apple带来了令国人惊讶的Macintosh电脑和Adobe Photoshop等优秀设计出版软件，带给人们几分秋天高爽清新的气息和斑斓的色彩。在铅与火、光与电的革命之后，一场彩色桌面出版和平面设计革命在中国悄然兴起。抑或可以冒昧地把那时标记为以现代数字技术为代表的中国创意文化产业发展版图上的一个重要的原点。

1998年5月4日，Adobe在中国设立了代表处。多年来在Adobe北京代表处的默默耕耘下，Adobe在中国的用户群不断成长，Adobe的品牌影响逐渐深入到每一个设计师的心田，它在中国幸运地拥有了一片沃土。

我们有幸在那样的启蒙年代融入到中国创意设计和职业培训的涓涓细流中……

1996年金秋，万华创力/奥华创新教育团队从北京一个叫朗秋园的地方一路走来，从秋到春，从冬到夏，弹指间见证了中国创意设计和职业教育的蓬勃发展与盎然生机。

伴随着图形、色彩、像素……我们把一代一代最新的图形图像技术和产品通过职业培训和教材的形式不断介绍到国内——从1995年国内第一本自主编著出版的《Adobe Illustrator 5.5实用指南》，第一套包括Mac OS操作系统、Photoshop图像处理、Illustrator图形处理、PageMaker桌面出版和扫描与色彩管理的全系列的“苹果电脑设计经典”教材，到目前主流的“Adobe标准培训教材”系列、“Adobe认证考试指南”系列等。

十几年来，我们从稚嫩到成熟，从学习到创新，编辑出版了上百种专业数字艺术设计类教材，影响了整整一代学生和设计师的学习和职业生活。

千禧年元月，一个值得纪念的日子，我们作为唯一一家“Adobe中国授权考试管理中心（ACECMC）”与Adobe公司正式签署战略合作协议，共同参与策划了“Adobe中国教育认证计划”。那时，中国的职业培训市场刚刚起步，方兴未艾。从此，创意产业相关的教育培训与认证成为我们21世纪发展的主旋律。

2001年7月，万华创力/奥华创新旗下的DDC传媒——一个设计师入行和设计师交流的网络社区诞生了。它是一个以网络互动为核心的综合创意交流平台，涵盖了平面设计交流、CG创作互动、主题设计赛事等众多领域，当时还主要承担了Adobe中国教育认证计划和中国商业插画师（ACAA中国数字艺术教育联盟计划的前身）培训认证在国内的推广工作，以及Adobe中国教育认证计划教材的策划及编写工作。

2001年11月，第一套“Adobe中国教育认证计划标准培训教材”正式出版，即本教材系列首次亮相面世。当时就成为市场上最为成功的数字艺术教材系列之一，也标志着我们从此与人民邮电出版社在数字艺术专业教材方向上建立了战略合作关系。在教育计划和图书市场的双重推动下，Adobe标准培训教材长盛不衰。尤其是近几年，教育计划相关的创新教材产品不断涌现，无论是数量还是品质上都更上一层楼。

2005年，我们联合Adobe等国际权威数字工具厂商，与中国顶尖美术艺术院校一起创立了“ACAA中国数字艺术教育联盟”，旨在共同探索中国数字艺术教育改革发展的道路和方向，共同开发中国数字艺术职业教育和认证市场，共同推动中国数字艺术产业的发展和应用水平的提高。是年秋，ACAA教育框架下的第一个数字艺术设计职业教育项目在中央美术学院城市设计学院诞生。首届ACAA-CAFA数字艺术设计进修班的37名来自全国各地的学生成为第一批“吃螃蟹”的人。从学院放眼望去，远处规模宏大的北京新国际展览中心正在破土动工，躁动和希望漫步在田野上。迄今已有数百名ACAA进修生毕业，迈进职业设计师的人生道路。

2005年4月，Adobe公司斥资34亿美元收购Macromedia公司，一举改变了世界数字创意技术市场的格局，使得网络设计和动态媒体设计领域最主流的产品Dreamweaver和Flash成为Adobe市场战略规划中的重要的棋子，从而进一步奠定了Adobe的市场统治地位。次年，Adobe与前Macromedia在中国的教育培训和认证体系顺利地完成了重组和整合。前Macromedia主流产品的加入，使我们可以提供更加全面、完整的数字艺术专业培养和认证方案，为职业技术院校提供更好的支持和服务。全新的Adobe中国教育认证计划更加具有活力。

2008年11月，万华创力公司正式成为Autodesk公司的中国授权培训管理中心，承担起ATC (Autodesk Authorized Training Center) 项目在中国推广和发展的重任。ACAA教育职业培训认证方向成功地从平面、网络创意，发展到三维影视动画、三维建筑、工业设计等广阔天地。

继1995年史蒂夫•乔布斯创始的皮克斯动画工作室 (Pixar Animation Studios) 制作出世界上第一部全电脑制作的3D动画片《玩具总动员》并以1.92亿美元票房刷新动画电影纪录以来，3D动画风起云涌，短短十余年迅速取代传统的二维动画制作方式和流程。

2009年詹姆斯•卡梅隆3D立体电影《阿凡达》制作完成，并成为全球第一部票房突破19亿并一路到达27亿美元的影片，这使得3D技术产生历史性的突破。卡梅隆预言的2009年为“3D电影元年”已然成真——3D立体电影开始大行其道。

无论是传媒娱乐领域，还是在建筑业、制造业，三维技术正走向成熟并更为行业所重视。连同建筑设计领域所热衷的建筑信息模型（BIM）、工业制造业所瞩目的数字样机解决方案，Autodesk技术成为传媒娱乐行业、建筑行业、制造业和相关设计行业的重要行业解决方案并在国内掀起热潮。

ACAA正是在这样的时代浪潮下，把握教育发展脉搏、紧跟行业发展形势，与Autodesk联手，并肩飞跃。

2009年11月，Autodesk与中华人民共和国教育部签署《支持中国工程技术教育创新的合作备忘录》，进一步提升中国工程技术领域教学和师资水平，免费为中国数千所院校提供Autodesk最新软件、最新解决方案和培训。在未来10年中，中国将有3000万的学生与全球的专业人士一样使用最先进的Autodesk正版设计软件，促进新一代设计创新人才成长，推动中国设计和创新领域的快速发展。

2010年秋，ACAA教育向核心职业教育合作伙伴全面开放ACAA综合网络教学服务平台，全方位地支持老师和教学机构开展Adobe、Autodesk、Corel等创意软件工具的教学工作，服务于广大学生更好地学习和掌握这些主流的创意设计工具，包括网络教学课件、专家专题讲座、在线答疑、案例解析和素材下载等。

2012年4月，为完成文化部关于印发《文化部“十二五”时期文化产业倍增计划》的通知中文化创意产业人才培养和艺术职业教育的重要课题，中国艺术职业教育学会与ACAA中国数字艺术教育联盟签署合作备忘，启动了《数字艺术创意产业人才专业培训与评测计划》，并在北京举行签约仪式和媒体发布会。ACAA教育强化了与创意产业的充分结合。

2012年8月，ACAA作为Autodesk ATC中国授权管理中心，与中国职业技术教育学会签署合作协议，以深化职业院校的合作，并为合作院校提供更多服务。ACAA教育强化了与职业教育的充分结合。

今天，ACAA教育脚踏实地、继往开来，积跬步以至千里，不断实践与顶尖国际厂商、优秀教育机构、专业行业组织的强强联合，为中国创意职业教育行业提供更为卓越的教育认证服务平台。

ACAA中国教育发展计划

ACAA数字艺术教育发展计划面向国内职业教育和培训市场，以数字技术与艺术设计相结合的核心教育理念，以远程网络教育为主要教学手段，以“双师型”的职业设计师和技术专家为主流教师团队，为职业教育市场提供业界领先的ACAA数字艺术教育解决方案，提供以富媒体网络技术实现的先进的网络课程资源、教学管理平台以及满足各阶段教学需求的完善而丰富的系列教材。ACAA数字艺术教育是一个覆盖整个创意文化产业核心需求的职业设计师入行教育和人才培养计划。

ACAA数字艺术教育发展计划秉承数字技术与艺术设计相结合、国际厂商与国内院校相结合、学院教育与职业实践相结合的教育理念，倡导具有创造性设计思维的教育主张与潜心务实的职业主张。跟踪世界先进的设计理念和数字技术，引入国际、国内优质的教育资源，构建一个技能教育与素质教育相结合、学历教育与职业培训相结合、院校教育与终身教育相结合的开放式职业教育服务平台。为广大学子营造一个轻松学习、自由沟通和严谨治学的现代职业教育环境。为社会打造具有创造性思维的、专业实用的复合型设计人才。

远程网络教育主张

ACAA教育从事数字艺术专业网络教育服务多年。自主研发制作了众多的eLearning网络课程，建立了以富媒体网络技术为基础的网络教学平台。能够帮助学生更快速地获得所需学习资源、专家帮助，及及时掌握行业动态、了解技术发展趋势，显著地增强学习体验，提高学习效率。

ACAA教育采用以优质远程教学和全方位网络服务为核心，辅助以面授教学和辅导的战略发展策略，可以：

• 解决优秀教育计划和优质教学资源的生动、高效、低成本传播问题，并有效地保护这些教育资源的知识产权。

• 使稀缺的、不可复制的优秀教师和名师名家的知识与思想（以网络课程的形式）成为可复制、可重复使用以及可以有效传播的宝贵资源，使知识财富得以发挥更大的光和热，使教师哺育更多的莘莘学子，得到更多的回报。

• 跨越时空限制，将国际、国内知名专家学者的课程传达给任何具有网络条件的院校，使学校以最低的成本实现教学计划或者大大提高教学水平。

• 实现全方位、交互式、异地异步的在线教学辅导、答疑和服务，使随时随地进行职业教育和培训的开放教育和终身教育理念得以实现。

职业认证体系

ACAA 职业技能认证项目基于国际主流数字创意设计平台，强调专业艺术设计能力培养与数字工具技能培养并重，专业认证与专业教学紧密相联，为院校和学生提供完整的数字技能和设计水平评测基准。

专业方向（高级行业认证）	ACAA 中国数字艺术设计师认证
视觉传达 / 平面设计专业方向	平面设计师
	电子出版师
动态媒体 / 网页设计专业方向	网页设计师
	动漫设计师
三维动画 / 影视后期专业方向	视频编辑师
	三维动画师
动漫设计 / 商业插画专业方向	动漫设计师
	商业插画师
	原画设计师
室内设计 / 商业展示专业方向	室内设计师
	商业展示设计师

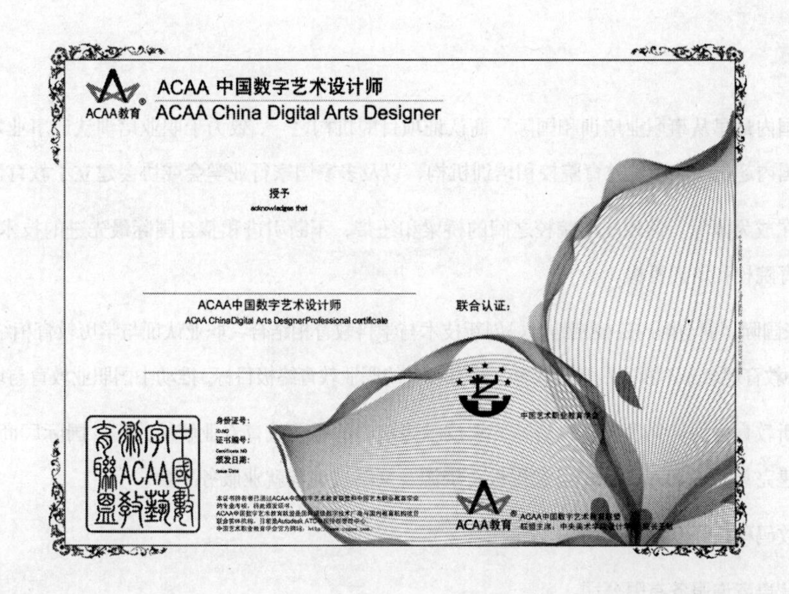

标准培训教材系列

ACAA 教育是国内最早从事数字艺术专业软件教材和图书撰写、编辑、出版的公司之一，在过去十几年的 Adobe/Autodesk 等数字创意软件标准培训教材编著出版工作中，始终坚持以严谨务实的态度开发高水平、高品质的专业培训教材。已出版了包括标准培训教材、认证考试指南、案例风暴和课堂系列在内的众多教学丛书，成为 Adobe 中国教育认证计划、Autodesk ATC 授权培训中心项目及 ACAA 教育发展计划的重要组成部分，为全国各地职业教育和培训的开展提供了强大的支持，深受合作院校师生的欢迎。

“ACAA Adobe 标准培训教材”系列适用于各个层次的学生和设计师学习需求，是掌握 Adobe 相关软件技术最标准规范、实用可靠的教材。“标准培训教材”系列迄今已历经多次重大版本升级，例如 Photoshop 从 6.0C、7.0C 到 CS、CS2、CS3、CS4、CS5、CS6 等版本。多年来的精雕细琢，使教材内容越发成熟完善。系列教材包括：

- 《ADOBE PHOTOSHOP CS6 标准培训教材》
- 《ADOBE ILLUSTRATOR CS6 标准培训教材》
- 《ADOBE INDESIGN CS6 标准培训教材》
- 《ADOBE AFTER EFFECTS CS6 标准培训教材》
- 《ADOBE PREMIERE PRO CS6 标准培训教材》
- 《ADOBE DREAMWEAVER CS6 标准培训教材》
- 《ADOBE FLASH PROFESSIONAL CS6 标准培训教材》
- 《ADOBE AUDITION CS6 标准培训教材》
- 《ADOBE FIREWORKS CS6 标准培训教材》
- 《ADOBE ACROBAT XI PRO 标准培训教材》

关于我们

ACAA 教育是国内最早从事职业培训和国际厂商认证项目的机构之一，致力于职业培训认证事业发展已有 16 年以上的历史，并已经与国内超过 300 多家教育院校和培训机构，以及多家国家行业学会或协会建立了教育认证合作关系。

ACAA 教育旨在成为国际厂商和国内院校之间的桥梁和纽带，不断引进和整合国际最先进的技术产品和培训认证项目，服务于国内教育院校和培训机构。

ACAA 教育主张国际厂商与国内院校相结合、创新技术与学科教育相结合、职业认证与学历教育相结合、远程教育与面授教学相结合的核心教育理念；不断实践开放教育、终身教育的职业教育终极目标，推动中国职业教育与培训事业蓬勃发展。

ACAA 中国创新教育发展计划涵盖了以国际尖端技术为核心的职业教育专业解决方案、国际厂商与顶尖院校的测评与认证体系，并构建完善的 ACAA eLearning 远程教育资源及网络实训与就业服务平台。

北京万华创力数码科技开发有限公司

北京奥华创新信息咨询服务有限公司

地址：北京市朝阳区东四环北路 6 号 2 区 1-3-601

邮编：100016

电话：010-51303090-93

网站：http://www.acaa.cn, http//www.ddc.com.cn

（2012 年 8 月 30 日修订）

目　录

1 Fireworks CS6 概述

1.1 关于 Adobe Fireworks CS6......1
1.2 Fireworks CS6 的新功能......2
1.3 认识 Fireworks 的工作环境......3
1.3.1 开始页......3
1.3.2 工具栏......4
1.3.3 “工具”面板......5
1.3.4 “属性”检查器......7
1.3.5 面板......7
1.3.6 管理窗口和面板......9
1.3.7 在保存操作期间锁定编辑......12

2 Fireworks CS6 基本操作

2.1 工作区的操作......13
2.1.1 查看文档......13
2.1.2 视图管理......15
2.1.3 画布的更改和设置......15
2.1.4 使用标尺、辅助线和网格......19
2.1.5 在浏览器中预览......20
2.1.6 操作的撤销和重复......20
2.2 Fireworks 的基本操作......22
2.2.1 创建新的 Fireworks 文档......22
2.2.2 模板......23
2.2.3 打开和导入文件......24
2.2.4 将对象插入到 Fireworks 文档......26
2.2.5 保存 Fireworks 文件......27
2.2.6 优化与导出......29
2.3 选择对象和修改对象......33
2.3.1 选择对象......33
2.3.2 修改对象......36
2.3.3 选择像素......37
2.3.4 创建像素选区......38
2.3.5 编辑像素选区......41
2.3.6 编辑所选对象......46
2.3.7 9 切片缩放......51
2.3.8 组织对象......53

3 位图图像处理

3.1 关于位图图像......56
3.2 创建位图对象......57
3.3 绘制和编辑位图对象......58
3.3.1 绘制和编辑位图图像工具......59
3.3.2 绘制位图对象......60
3.3.3 编辑位图对象......60
3.4 修饰位图......64
3.4.1 克隆像素......64
3.4.2 替换颜色......66
3.4.3 从照片中消除红眼......67
3.4.4 模糊、锐化和涂抹像素......67
3.4.5 减淡和加深像素......68
3.5 调整位图颜色和色调......69
3.5.1 对用位图选区选取框定义的区域应用动态滤镜......69
3.5.2 调整色调范围......70
3.5.3 调整亮度和对比度......73
3.5.4 应用“颜色填充”动态滤镜......74
3.5.5 调整色相和饱和度......74
3.5.6 反转图像的颜色值......75
3.6 模糊和锐化位图......76
3.7 向图像中添加杂点......79

4 矢量图形设计

4.1 关于矢量图形 81

4.2 绘制矢量对象 81

4.2.1 基本形状的绘制 81
4.2.2 自动形状的绘制 85
4.2.3 自由变形形状的绘制 92
4.2.4 复合形状的绘制 97

4.3 编辑路径 97

4.3.1 使用矢量工具进行编辑 97
4.3.2 通过路径操作进行编辑 98
4.3.3 使用“路径”面板编辑路径 102

5 文本处理与颜色应用

5.1 文本的使用 105

5.1.1 输入文本 105
5.1.2 创建和编辑文本块 106
5.1.3 导入文本 107

5.2 设置文本格式 107

5.2.1 选择文本 108
5.2.2 选择字体、字号和文本样式 108
5.2.3 应用文本颜色 109
5.2.4 设置字顶距和字符间距 111
5.2.5 设置文本方向和对齐方式 112
5.2.6 设置段落缩进和段落间距 113

5.3 编辑文本效果 113

5.3.1 应用文本效果 113
5.3.2 将文本附加到路径 116
5.3.3 使文本变形 118

5.4 颜色应用 118

5.4.1 使用“工具”面板的“颜色”工具区 119
5.4.2 组织样本组和应用颜色 120
5.4.3 使用颜色框和颜色弹出窗口 121

5.5 Kuler 面板 121

5.6 笔触的应用 123

5.6.1 应用和更改笔触 123
5.6.2 创建和编辑自定义笔触 124
5.6.3 在路径上放置笔触 125
5.6.4 创建笔触样式 126
5.6.5 向笔触中添加三维效果 126

5.7 填充的应用 127

5.7.1 创建和编辑实心填充 127
5.7.2 创建和应用图案和渐变填充 128
5.7.3 变形和扭曲填充 130
5.7.4 向填充中添加三维效果 131

6 动态滤镜的应用

6.1 应用动态滤镜 133

6.1.1 应用斜角和浮雕 135
6.1.2 应用模糊或锐化 136
6.1.3 应用阴影和光晕 137
6.1.4 应用 Photoshop 动态效果 139
6.1.5 对组合对象应用滤镜 140

6.2 编辑动态滤镜 140

6.2.1 重新排列动态滤镜 141
6.2.2 删除动态滤镜 141
6.2.3 创建自定义动态滤镜 142
6.2.4 将动态滤镜保存为命令 143

7 层、页面、蒙版和混合

7.1 使用层 145

7.1.1 具有层次结构的层 145
7.1.2 编辑层 146
7.1.3 查看层内容 147
7.1.4 组织层 147
7.1.5 锁定或隐藏层和对象 148
7.1.6 在“图层”面板中合并对象或将对象分散到层 149
7.1.7 共享层 150
7.1.8 网页层 150

7.2 使用页面 151

7.2.1 添加和删除页面 151
7.2.2 编辑页面 152
7.2.3 使用主页 153
7.2.4 将页面导出为 HTML 154

7.2.5 将页面导出为图像文件 154

7.3 用蒙版遮罩图像 155

7.3.1 蒙版 155
7.3.2 利用现有对象创建蒙版 156
7.3.3 将文本用作蒙版 159
7.3.4 使用自动矢量蒙版 160
7.3.5 使用“图层”面板遮罩对象 160
7.3.6 利用显示和隐藏掩盖对象 161
7.3.7 组合对象以构成蒙版 162
7.3.8 导入和导出 Photoshop 层蒙版 163
7.3.9 移动蒙版和对象 163
7.3.10 编辑蒙版 164

7.4 混合和透明度 167

7.4.1 关于混合模式 168
7.4.2 调整不透明度并应用混合模式 169
7.4.3 关于“填充颜色”动态滤镜 170

8 样式、元件和 URL

8.1 样式 172

8.1.1 应用样式 173
8.1.2 创建和删除样式 174
8.1.3 编辑样式 175
8.1.4 保存和导入样式 176
8.1.5 使用其他对象的样式属性 177

8.2 提取 CSS 属性 177

8.3 元件 178

8.3.1 创建元件 178
8.3.2 编辑元件 180
8.3.3 导入和导出元件 182
8.3.4 创建嵌套元件 184
8.3.5 9 切片缩放嵌套元件 185

8.4 URL 185

8.4.1 绝对 URL 和相对 URL 的使用 185
8.4.2 创建 URL 库 185
8.4.3 编辑 URL 187
8.4.4 导入和导出 URL 187

8.5 创建 jQuery Mobile 主题 187

8.5.1 使用 jQuery Mobile 框架 187
8.5.2 创建和修改 jQuery 主题模板 188
8.5.3 预览和导出 jQuery 主题模板 189
8.5.4 将生成的 CSS 文件应用于一个 jQuery 页面 191

9 切片、变换图像和热点

9.1 切片 192

9.1.1 创建切片 193
9.1.2 查看并显示切片和切片辅助线 195
9.1.3 编辑切片 197

9.2 使切片交互 198

9.2.1 使切片具有简单的交互效果 199
9.2.2 使用“行为”面板向切片添加交互效果 202

9.3 将准备的切片导出 205

9.3.1 指定 URL 206
9.3.2 输入替换文本 206
9.3.3 指定目标 206
9.3.4 命名切片 207

9.4 使用热点和图像映射 208

9.4.1 创建热点 208
9.4.2 编辑热点 209
9.4.3 用热点创建图像映射 209
9.4.4 用热点创建变换图像 210
9.4.5 在切片上使用热点 211

10 按钮和弹出菜单

10.1 创建导航栏 212

10.2 创建按钮元件 213

10.2.1 按钮状态与创建 213
10.2.2 将 Fireworks 变换图像转换为按钮 216
10.2.3 将按钮元件插入或导入到文档中 216

10.3 编辑按钮元件 217

10.4 创建弹出菜单 219

10.4.1 关于弹出菜单编辑器 219
10.4.2 创建基本弹出菜单 220
10.4.3 创建弹出菜单内的子菜单 221

10.4.4 设计弹出菜单的外观......222
10.4.5 添加弹出菜单样式......223
10.4.6 设置高级弹出菜单属性......223
10.4.7 控制弹出菜单和子菜单的位置......224
10.4.8 导出弹出菜单......225

11 创建动画

11.1 创建动画......226
11.1.1 动画元件创建动画......227
11.1.2 状态......229
11.1.3 创建补间动画......236
11.2 浏览动画......236
11.3 优化和导出动画......237
11.3.1 设置动画循环......237
11.3.2 优化动画......238
11.3.3 动画导出格式......238
11.4 编辑现有动画......239
11.4.1 导入或打开 GIF 动画......239
11.4.2 将多个文件用作一个动画......239
11.4.3 创建螺旋式渐隐动画......239

12 优化和导出

12.1 优化......243
12.1.1 使用“导出向导”优化......243
12.1.2 使用“图像预览”优化......246
12.1.3 在工作区中优化图像......250
12.1.4 优化 GIF、PNG、TIFF、BMP 和 PICT 文件......254
12.1.5 优化 JPEG 文件......260
12.2 导出......261
12.2.1 导出单个图像......262
12.2.2 导出切片的文档......262
12.2.3 导出动画......263
12.2.4 导出状态或层......263
12.2.5 导出文档自定义区域......263
12.2.6 导出 HTML......264

13 任务自动化

13.1 查找和替换......265
13.2 批处理......269
13.3 扩展 Fireworks 和撰写脚本......275

14 与其他应用程序的结合

14.1 与 Dreamweaver 的结合......277
14.1.1 在 Dreamweaver 文件中放置 Fireworks 图像......278
14.1.2 将 Fireworks HTML 代码放入 Dreamweaver......280
14.1.3 在 Dreamweaver 中编辑 Fireworks 文件......281
14.1.4 对 Dreamweaver 中的 Fireworks 图像和动画进行优化......283
14.1.5 设置“启动并编辑”选项......285
14.2 与 Flash 的结合......285
14.2.1 将 Fireworks 图形放入 Flash......285
14.2.2 使用 Fireworks 编辑导入到 Flash 中的图像......289
14.3 与 Photoshop 的结合......290
14.3.1 将 Photoshop 图像放入 Fireworks 中......290
14.3.2 将 Fireworks 图形放入 Photoshop 中......292

Fireworks CS6 概述 1

学习要点：

- 认识 Fireworks CS6，了解并掌握 Fireworks CS6 的新功能
- 熟悉 Fireworks CS6 的工作环境
- 熟悉面板和管理窗口的使用

Fireworks CS6 相对于 CS5 在软件性能方面有了极大的提升，增加了 CSS 对象属性的提取、创建 jQuery Mobiley 主题等，在其他的一些细节方面也做了人性化的处理，摒弃了不常用的功能，增加了许多实用的小功能。

Adobe 公司对 Fireworks CS6 倾注了大量心血，从而使 Fireworks 在网页图形设计方面比 Photoshop 更具优势。

通过对本章的学习，引导读者对 Fireworks 的基础知识和大体框架有个大致的了解，同时对 Fireworks CS6 的工作环境有个全面的认识。在学习的过程中，要熟练掌握各种面板的使用环境，以便在以后的章节中更好地掌握和运用 Fireworks，并能运用 Fireworks 设计出具有自己风格的个性网页。

1.1 关于 Adobe Fireworks CS6

Fireworks 作为一款真正意义上的网页图形设计软件，可以说是完美之至，而 CS6 版本，则可以称为是 Fireworks 版本史上的一个新的顶峰。即时的效果呈现和改进的运行速度，都使 Fireworks CS6 版本一经发布，便让网页设计师摒弃以往版本，安装此版。Fireworks 与 Dreamweaver、Flash 的结合非常紧密，只要将 Dreamweaver 的默认图像编辑器设为 Fireworks，那么在 Fireworks 里修改的文件将立即在 Dreamweaver 里更新。Fireworks 可以引用所有的 Photoshop 滤镜，并且可以直接将 PSD 格式图片导入。使用 Fireworks，可以在画布上同时创建和编辑位图和矢量对象。而且 Fireworks 提供了安全色的使用和转换，支持网页 16 进制的色彩模式。切割图形、做影像对应（ImageMap）、设置背景透明，优化图像等，在 Fireworks 中做起来都非常方便，修改图形也变得很容易，不需要再同时打开 Photoshop 和 CorelDRAW 等各类软件。

1.2 Fireworks CS6 的新功能

Adobe 公司虽然对 Fireworks CS6 的表层功能并未进行太多调整，但却对 CS6 版本的软件性能进行了较大提升。使用 Fireworks CS5 的用户，普遍反映此软件占用的系统资源较多，在为对象添加动态滤镜或进行渐变操作时，软件反映迟钝，但在 Fireworks CS6 中，这些现象将不复存在。

相对于 Fireworks CS5，新版本在以下几个方面做了调整。

大大提升了软件的性能和稳定性

减少了 Fireworks 对 GDI 对象的使用量，解决了以前版本出现的“内存不足”的问题，并提高了 64 位计算机上的内存使用限制，以改善打开和保存大型文件时的稳定性。

提取 CSS 对象属性

提取 CSS 对象属性，如圆角、渐变、投影以及变形。CSS 属性扩展可以找出能够在 CSS 中表现的 Fireworks 对象的所有属性。它能在 CSS 属性面板列出相应的 CSS 属性。在工作中使用扩展来提取所选对象的属性（圆角，不透明度，等等），实现网页设计与 CSS 兼容。

创建 jQuery Mobile 主题

基于默认 Sprite 和色板创建 jQuery Mobile 主题。也可以预览 jQuery Mobile 主题并将其导出为 CSS 和 Sprite。可以创建 jQuery 针对手机的网站主题。接口能够预览和导出相应的 CSS 代码和 Sprite 资源。jQuery Mobile 中的每一个布局和 widget（微件）都是围绕一个新的面向对象的 CSS 框架进行设计的。这个框架使得将一个完整的、统一的、可视的设计主题应用到移动网站和应用成为可能。

将切片导出为 CSS Sprite

将文档中的对象分割，然后将其导出为单个 CSS Sprite 图像。使用单个 CSS Sprite 图像而非多个图像，可通过减少服务器请求的数量来缩短网站的载入时间。当将切片与图像文件一起导出 CSS Sprite 图像时，还会生成包含位移值 CSS 文件。在网页制作中，将切片导出为 CSS Sprite，可以更快速地浏览网站。

其他增强功能

在 FW6 中，可以单独设置填充和笔触的不透明度。在颜色应用方面做了改进，填充类型由以前的下拉菜单变成了单独的按钮，更益于日常工作的操作需求。“滴管”工具的功能也做了增强，右键可以直接复制颜色、复制填充颜色以及复制描边颜色。

在设置渐变或图案填充的角度时，可以在对话框中直接输入固定的角度值，能更精确地设置渐变或图案填充的角度，还增加了许多新的图案和纹理填充。

启用了新的扩展名存储，默认情况下使用 fw.png 存储。新文件的默认优化设置更改为 PNG32 格式。

在面板方面也做了一些调整，“路径”面板可直接在窗口菜单下显示，可以快速访问多个路径相关命令。“图层”面板中以缩览图形式显示对象的类型。“样式”面板也增加了很多新的样式，增加了填充设计图案样式、描点色点样式以及 Web 按钮样式。公用库中也增加了许多新的资源，更贴近生活，可以调用公用库元件更快速地制作网页。

1.3 认识 Fireworks 的工作环境

Fireworks CS6 的工作环境主要由“开始”界面、菜单栏、工具栏、“工具”面板、文件窗口、“属性”检查器和其他一些浮动面板组成。

在工作区中，可以使用面板、工具栏以及窗口等创建和处理文档和文件。它们可以进行相互排列，可以通过从多个预设工作区中进行选择，或者创建自己的工作区来调整各个应用程序，以适合想要的工作方式。在工作区中，位于顶部的应用程序栏包含工作区切换器、菜单和其他应用程序控件。工具面板包含用于创建和编辑图像、页面元素等的工具。控制面板显示当前所选工具的选项。Flash、Dreamweaver 和 Fireworks 包含用于显示当前所选元素或工具的选项的“属性”检查器。文档窗口显示当前正在处理的文件。可以将文档窗口设置为选项卡式窗口，并且在某些情况下可以进行分组和停放。在面板中可以看到正在进行的操作。

对面板可以根据需要进行重新编组、排列顺序、打开或隐藏等操作。当移动应用程序状态或其中的元素，以及调整其大小时，它的所有元素会彼此响应而没有重叠。

1.3.1 开始页

在启动 Fireworks 时，在没有打开任何文档的情况下，Fireworks 的“开始页”就会出现在工作环境中，如图 1-3-1 所示。

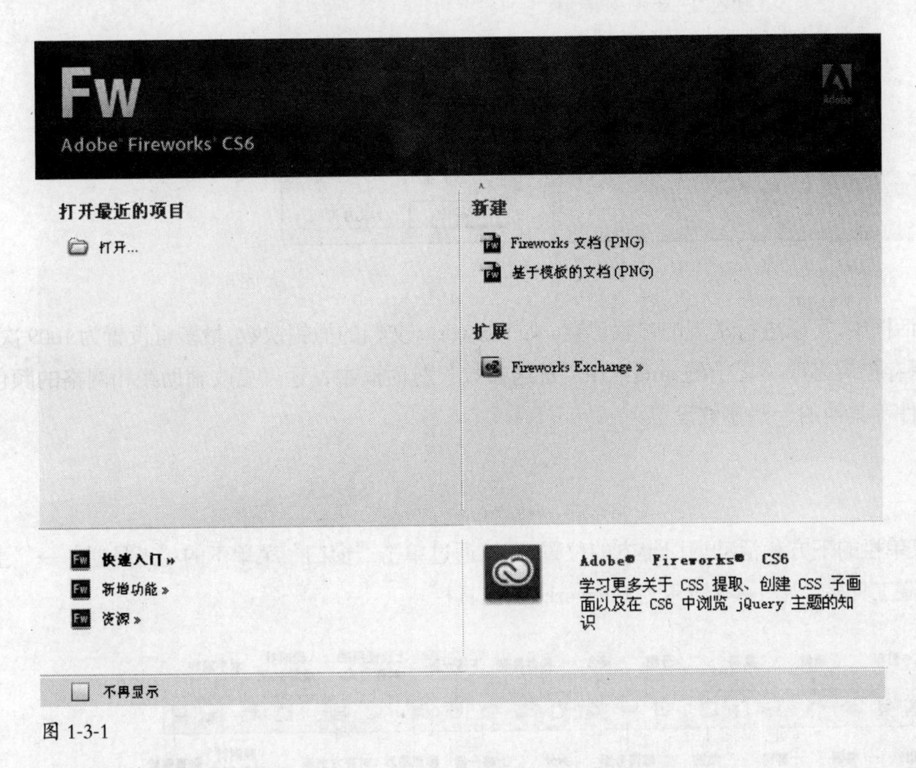

图 1-3-1

“开始页”使用起来非常方便，在“开始页”中，不仅可以新建 Fireworks 文档，还可以通过模板创建

Fireworks 文档，在开始页的左侧，可以快速地打开最近使用的文档。在有网络的情况下，还可以通过网络，访问 Fireworks 教程以及 Fireworks CS6 的新增功能。此外，还可以使用 Fireworks Exchange 功能，将一些新功能添加到 Fireworks 功能中。

如果在下次打开 Fireworks 时，不想使“开始页”再出现，可以选择“开始页”左下角的“不再显示”复选框；那么，下次打开或关闭所有 Fireworks 文档时，就不再显示此页。

如果禁用“开始页”后，想重新启用“开始页”，可以单击“编辑”菜单中的“首选参数”命令，在弹出的“首选参数”对话框中，选择“常规”选项下的“显示启动屏幕”前的复选框，单击“确定”按钮即可。“首选参数”对话框如图 1-3-2 所示。

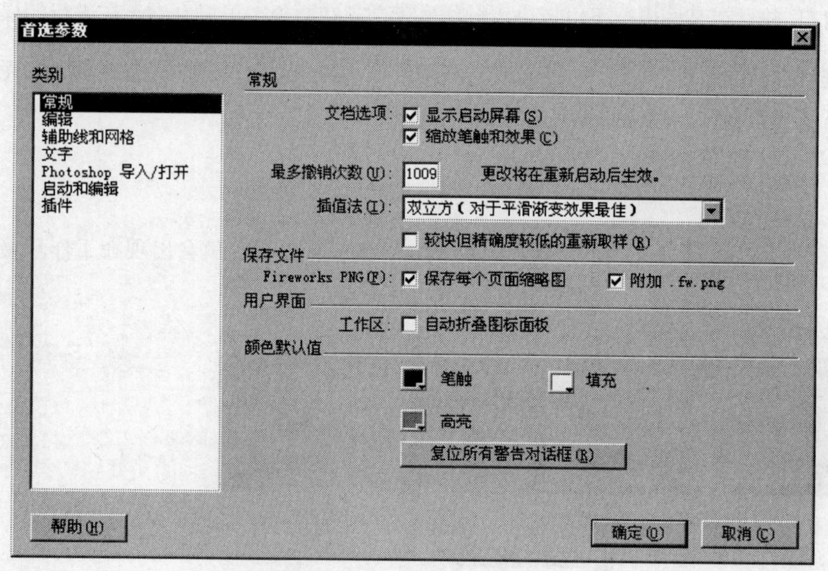

图 1-3-2

在“首选参数”对话框中，可以进行常规的参数设置。如 Fireworks 文档的撤销次数，最多可设置为 1009 次。可将 FW6 中默认的保存扩展名改为之前的 .png。在“首选参数”对话框中，还可更改辅助线和网格的颜色和像素，文字以及插件等其他的一些参数设置。

1.3.2 工具栏

“工具栏”位于菜单栏的下方和活动窗口上方的位置，可以通过单击“窗口”菜单下的“工具栏”→“主要”命令，显示或隐藏工具栏。图 1-3-3 所示为 Fireworks 的工具栏。

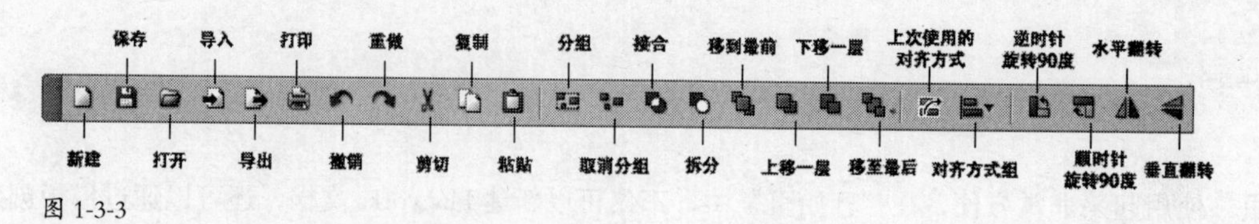

图 1-3-3

Fireworks 的工具栏分为两部分：常用的文件命令以及常用的对象修改命令。

常用的文件命令包括：新建、保存、打开、导入、导出、打印、撤销、重做、剪切、复制和粘贴。

常用的修改命令包括：分组、取消分组、接合、拆分、移到最前、上移一层、下移一层、移到最后、上次使用的对齐方式、对齐方式、逆时针旋转 90°、顺时针旋转 90°、水平翻转和垂直翻转。

可以对工具栏执行拖动操作以更改工具栏的停放位置。如果要取消停放工具栏，按住工具栏最左侧位置不放，将工具栏从其停放位置拖走即可。如果要停放工具栏，则将工具栏拖到应用程序窗口顶部的停放区，直到出现窄蓝色的放置区域松开鼠标即可。

1.3.3 “工具”面板

“工具”面板位于 Fireworks 工作区的左侧，按不同的功能可分为 6 个类别：选择、位图、矢量、Web、颜色和视图，每一个功能块又按不同的用途再次分成若干个工具按钮。“工具”面板提供了一套极为专业的绘图工具群及网页切片工具，利用这些工具可以绘制出各种图形并快速生成网页组件。

“工具”面板可以通过单击“窗口”菜单下的“工具”命令隐藏或显示。“工具”面板几乎包含了 Fireworks 在操作时所应用的所有的工具，如图 1-3-4 所示。

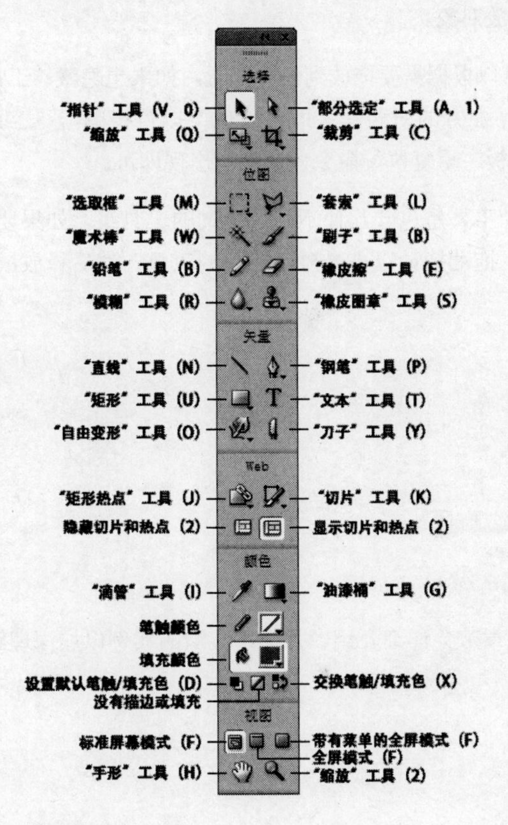

图 1-3-4

“选择”工具：包括“指针”工具、“部分选定”工具、“缩放”工具和“裁剪工具”。“指针”工具是最常用的工具，用来选择对象的整体，以及移动对象的位置；“部分选定”工具，它除了可以和“指针”工具一样使用外，还可以选择对象的某个节点，它是专用于操作路径的工具，可以选择路径中的一个节点或者某个节点的句柄，从而修改这些对象；“缩放”工具，用来缩放、扭曲、倾斜、旋转对象；“裁剪”工具，将图像进行修剪并导出。

“位图”工具：包括“选取框”工具、“套索”工具、“魔术棒”工具、“刷子”工具、“铅笔”工具、“橡皮擦”工具、“模糊”工具和“橡皮图章”工具。“位图”工具主要是对位图对象进行操作。

“矢量”工具：包括“直线”工具、“钢笔”工具、“矩形”工具、“文本”工具、“自由变形”工具和“刀子”工具。“矢量”工具主要绘制和编辑矢量对象。

“Web”工具：包括“矩形热点”工具、“切片”工具、“隐藏切片和热点”工具、“显示切片和热点”工具。主要是对网页图形进行编辑操作，主要是对切片和热点的操作。

“颜色”工具：包括“滴管”工具、“油漆桶”工具、“填充颜色”框和“笔触颜色”框。主要是对图像的颜色、文字的颜色等进行编辑。

“视图”工具：包括“标准屏幕模式”、“带有菜单的全屏模式”、“全屏模式”、“手形”工具和“缩放”工具。主要是对应用程序屏幕模式进行切换，移动文档对象和缩放对象。

“工具”面板可以任意拖曳，变成独立的浮动面板，可以根据需要拖放到任意位置。如果想隐藏“工具”面板，单击“窗口”菜单中的“工具”命令，使“工具”左方的对勾消失即可。也可以直接单击“工具”面板右上角的“关闭”按钮。如果想重新显示“工具”面板，重复执行命令，使对勾出现即可。

某些工具按钮右下角有一个小三角的标志，说明这个工具是包含几种不同的形式的工具组。如果要选用工具组中的其他工具，单击工具图标并按住鼠标左键，拖动指针以高亮显示所需的工具，然后释放鼠标左键，如图 1-3-5 所示。

图 1-3-5

关于“工具”面板中工具的详细使用方法，在以后的章节会详细介绍，并举出大量的实例以加深理解，这里不做过多解释。

1.3.4 “属性”检查器

在Fireworks中,每个工具都有相应的“属性”检查器。“属性”检查器在Fireworks中是非常重要的一个面板，它是一个上下文关联的面板，可以通过“属性”检查器显示当前选区的属性、当前工具选项以及文档属性。

默认情况下,“属性”检查器位于工作区的底部。当选择一种工具时,“属性”检查器将显示该工具属性。有些工具选项在使用该工具工作时,“属性”检查器将显示所选对象的属性，如“钢笔”和“直线”工具等。

“属性”检查器有两种显示方式:半高方式打开,只显示两行属性;全高方式打开,显示4行属性。对于“属性”检查器的折叠和展开，除了可以通过双击“属性”面板选项卡设置外，还可以通过单击左上角的按钮设置。

可以将“属性”检查器放置在任意位置。如果要将“属性”检查器放到工作区其他的部分，可以用鼠标单击其左上角的抓取器，拖动即可。如果想再放回工作区底部可以拖动“属性”检查器上的边条。在没有选择任何对象的情况下,“属性”检查器显示的是画布的属性。在左侧显示的是文件名；中间显示的是画布的颜色、画布的大小、图像的大小、默认导出选项及符合画布，画布的颜色在默认情况下为白色，可以通过单击颜色框进行修改，画布的大小可以通过单击“画布大小”按钮自行设定，符合画布是将图像的大小设置为同画面同等的大小（具体操作在后面详细介绍)，如图1-3-6所示。

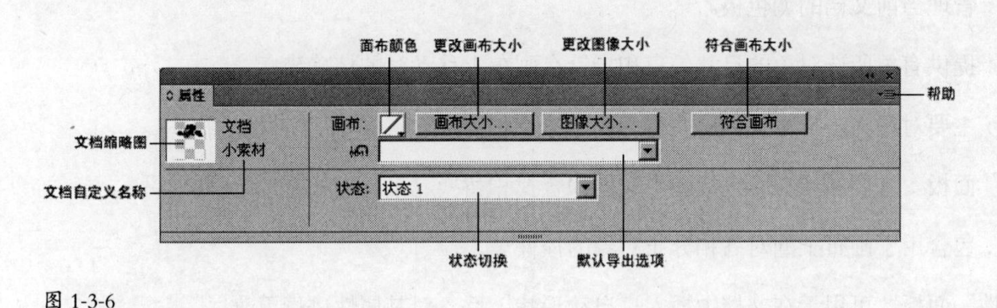

图 1-3-6

1.3.5 面板

面板是工作区的重要组成部分,它是浮动的控件。可以通过面板编辑所选对象的各个方面或文档的元素。通过面板，还可以处理状态、层、元件、颜色样本等。工作区中的每个面板都是可以拖动的，可以按照自定义排列方式对面板进行分组。

以下是Fireworks CS6中常用的面板。

“优化”面板：用于管理控件文件大小和文件类型的设置，还可用于处理要导出的文件或切片的调色板。

“图层”面板：用于组织文档的结构，并且包含创建、删除和操作层的选项。

“公用库”面板：显示“公用库”文件夹的内容，其中包含动画元件、按钮元件、二维对象元件、HTML元件以及Flex组件元件等。可以轻松地将这些元件的实例从“公用库”面板拖到文档中。

“CSS属性”面板：这个面板是CS6中新增加的面板，通过CSS属性面板可以查看对象的CSS属性，并提取对象的 CSS 属性。CSS 属性面板能够找出在 CSS 中表现的 Fireworks 对象的所有属性，并在 CSS 属性面板列出了相应的 CSS 属性。

“页面”面板：显示当前文件中的页面且包含用于操作页面的选项。

“状态”面板：显示当前文件中的状态且包括用于创建动画的选项。

“历史记录”面板：列出最近使用过的命令，以便能够快速撤销和重做。另外，可以选择多个动作，将其作为命令保存，以便以后使用。

“自动形状”面板：包含“工具”面板中未显示的自动形状。

“样式”面板：用于存储和重复使用对象的特性组合或者选择常用样式。

“文档库”面板：包含已在当前 Fireworks 文档中的图形元件、按钮元件和动画元件。可以轻松地将这些元件实例从“文档库”的面板拖到文档中。只须修改该元件即可对全部实例进行全局更改。

“URL”面板：用于创建包含经常使用的 URL 的库。

“混色器”面板：用于创建新的颜色，以添加至当前文档的调色板中或应用到选定对象。

“样本”面板：管理当前文档的调色板。

“信息”面板：提供有关所选对象的尺寸信息和指针在画布上移动时的精确坐标。

“行为”面板：主要对行为进行管理，这些行为确定热点和切片对鼠标移动所做出的响应。

“查找和替换”面板：主要用于在一个或多个文档中查找和替换元素，例如文本、URL 等。

“对齐”面板：包含用于画布上的对齐和分布对象的控件。

“自动形状属性”面板：可用于在文档中插入“自动形状”后，对其属性进行更改。

“路径”面板：在 CS6 中做了调整，可直接通过“窗口”菜单下的“路径”命令将其打开。在“路径”面板中包含了许多与快速访问路径相关的命令，提供了“合并路径”、“改变路径”、“编辑点”和“选择点”方面的控件。

“调色板”面板：可以通过“窗口”菜单中的“其他”命令将其打开。用于创建和交换调色板，导出自定义 ACT 颜色样本，了解各种颜色方案以及获得选择颜色的常用控件。

“图像编辑”面板：可以通过“窗口”中的“其他”命令将其打开。“图像编辑”面板主要用于将位图编辑中的常用工具和选项组织到一个面板中。

“特殊字符”面板：可以通过“窗口”菜单中的“其他”命令将其打开。用于在 Fireworks 中直接向文本块中插入特殊字符。

“元件属性”面板：用于管理图形元件的可自定义属性。

通常情况下，面板并不需要全部打开，仅打开常用的即可。

在 Firewroks 中，可以通过按“Tab”键或“F4”键隐藏或显示包括“工具”面板和“控制”面板在内的所有面板。

1.3.6 管理窗口和面板

在 Fireworks 中，为了方便操作，可以将一些面板放置到一起，可以将面板折叠为图标以避免工作区出现混乱。可以使面板组以图标模式、面板模式以及展开模式等方式显示，也可以自定义面板的显示方式，可以通过“面板控制”弹出菜单选择面板的显示方式，如图 1-3-7 所示。

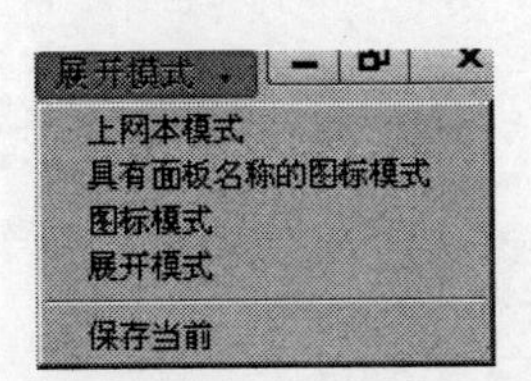

图 1-3-7

你可以对当前的工作区布局进行保存，单击“保存当前”命令。在弹出的对话框中输入名称，单击“确定”按钮，此工作区的布局就会保存到面板控制菜单中。

在默认情况下，面板以“展开模式”显示，可以单击面板的“折叠”图标，使面板以“具有面板名称的图标模式”显示，如图 1-3-8 所示。

图 1-3-8

在“具有面板名称的图标模式”下，可以调整面板仅以图标大小显示。用鼠标拖动面板框，调整面板停放的宽度直到文本消失；若要再次显示图标文本，加大面板停放的宽度直至文本全部显示。还可以通过单击“面板控制”菜单下的“图标模式”命令，显示只有图标的面板。

当电脑屏幕过小，或使用笔记本操作时，需要给工作区提供更大的空间，可以选择图标模式或上网本模式。“图标模式”或“上网本模式”面板仅以图标的形式显示，单击面板图标，面板会以小组的形式在图标左侧展开显示。如图 1-3-9 所示为“图标模式”和“上网本模式”的显示方式。

图 1-3-9

当需要恢复为“展开模式”时，单击“面板控制”下拉列框选择“展开模式”；或单击其他各面板上方的箭头符号，还原为“展开模式”，箭头符号可以使“展开模式”与其他各面板模式进行相互转换。

如果要将浮动面板或面板组添加到图标停放中，可以直接将其选项卡或标题栏拖动到其中。添加到图标停放中后，面板将自动折叠为图标。如果要移动面板图标或者面板图标组，可以直接单击该图标，在停放中向上或向下拖动面板图标停放，此时移动的面板图标或面板图标组采用该停放的面板样式，此外还可以将其拖动到停放外部，以浮动的展开面板显示。

重新排列、停放或浮动“文档”窗口

在打开多个文件时，“文档”窗口将以选项卡方式显示。可以对“文档”选项卡进行重行的调整停放。

如果要重新排列选项卡的“文档”窗口，可以将要调整的窗口选项卡拖动到组中的新位置；如果要从

窗口组中取消停放“文档”窗口,可以将窗口的选项卡从组中拖出;如果要将“文档”窗口停放在单独的“文档”窗口组中，可以将窗口拖动到该组中；如果要创建堆叠或平铺的文档组，可以将此窗口拖动到另一窗口的顶部、底部或侧边的放置区域，也可以利用应用程序栏上的“版面”按钮为文档组选择版面。

取消或停放面板

停放是一组放在一起显示的面板或面板组，通常在垂直方向显示。可通过将面板移到停放中或从停放中移走来停放或取消停放面板。

停放与堆叠不同。堆叠是一组浮动的面板或面板组，它们从上至下连接在一起。要停放面板，可以将其标签拖动到停放中，例如顶部、底部或其他两个面板之间。要停放面板组，可以将其标题栏（标签上面的实心空白栏）拖动到停放中。要删除面板或面板组，可以将其标签或标题栏从停放中拖走，也可以将其拖动到另一个停放中，或者使其变为自由浮动。

移动面板

在移动面板时，会看到蓝色突出显示的放置区域，可以在该区域中移动面板。例如，通过将一个面板拖动到另一个面板上面或下面的窄蓝色放置区域中，可以在停放中向上或向下移动该面板。如果拖动到的区域不是放置区域，则该面板将在工作区中自由浮动。要移动面板，可以通过拖动其标签实现。要移动面板组或堆叠的浮动面板，可以通过拖动标题栏实现。

在移动面板的同时按住“Ctrl”键可防止其停放。在移动面板时按“Esc”键可取消该操作。

添加和删除面板

如果从停放中删除所有面板，该停放将会消失。用鼠标右键单击选项卡，然后在弹出的快捷菜单中单击“关闭”命令,或者从“窗口”菜单中取消选择该面板。要添加面板,可以通过“窗口”菜单,选择该面板，然后将其停放在所需的位置。

处理面板组

如果要将面板移到组中,则把面板标签拖动到该组突出显示的放置区域中。如果要重新排列组中的面板，把面板标签拖动到组中的一个新位置。如果要从组中删除面板以使其自由浮动，则把该面板的标签拖动到组外部。如果要移动组，则拖动其标题栏（选项卡上方的区域）。

堆叠浮动的面板

当将面板拖出停放但并不将其拖入放置区域时，面板会自由浮动。可以将浮动的面板放在工作区的任何位置。还可以将浮动的面板或面板组堆叠在一起，以便在拖动最上面的标题栏时将它们作为一个整体进行移动。注意，作为停放一部分的面板不能按此方式，作为一个整体进行堆叠或移动。

如果要堆叠浮动的面板，则将面板的标签拖动到另一个面板底部的放置区域中。如果要更改堆叠顺序，向上或向下拖动面板标签，在面板之间较窄的放置区域上松开标签。如果要从堆叠中删除面板或面板组以使其自由浮动，则将其标签或标题栏拖出即可。

调整面板大小

如果要将面板、面板组或面板堆叠最小化或最大化，既可以通过双击选项卡名称实现，也可以通过双击选项卡旁边空白的区域实现。如果要调整面板的大小，则拖动面板的任意一条边即可实现。

1.3.7 在保存操作期间锁定编辑

保存操作期间的文档会导致 Fireworks 停止响应。当在 preferences.txt 文件中将 AsynchronousSave 设为 true 时，Fireworks 会在保存操作完成之前锁定对该文件的编辑。但是，仍然可以继续使用其他打开的 Fireworks 文档。

保存操作中更新的对象，在 AsynchronousSave 模式中该对象不会被更新。如果要使用这些对象，要在 preferences.txt 文件中设置 AsynchronousSave=false。例如，当 AsynchronousSave=true 时，自动形状“保存时间戳”将不会更新。

默认情况下，Windows 的异步选项设置为 true。

如果要在保存操作期间锁定编辑，首先要定位 Fireworks CS6 Preferences.txt 文件。该文件位于 \\< 用户名 >\Application Data\Adobe\Fireworks CS6\Simplified Chinese 文件夹内，找到该文件，在该文件中设置 AsynchronousSave=true，然后保存文件。

Fireworks CS6 基本操作 2

学习要点：

- 熟悉 Fireworks CS6 的基本功能
- 熟练掌握在 Fireworks 中创建、打开和保存 Fireworks 文档的操作
- 熟练掌握在 Fireworks 中导入、优化和导出文档的操作
- 熟练掌握在 Fireworks 中选择和修改对象的操作

在使用 Fireworks CS6 进行操作时，首先要对 FW CS6 工作区有个基本的了解，并学会创建、打开和保存文档，以及导出、导入、优化文档等。要通过对本章的学习，掌握 Fireworks 的基本操作，对 Firewroks CS6 有个大体的框架认识，这样才能在以后的学习中，通过不断深入的了解，把 Fireworks 的功能发挥出来，设计出充满表现力、高度优化的网页图形。

2.1 工作区的操作

在工作区中，可以浏览和查看文档，更改画布和文档的大小，管理工作区视图，以及通过标尺、辅助线和网格这些辅助绘制工具帮助放置和对齐对象。

2.1.1 查看文档

在 Fireworks 中，通过控制文档的缩放比率、视图数目以及显示模式，可以快速地查看文档。如果打开了多个文档，可以通过“文档”选项卡切换文档。

使用“文档”选项卡

当文档窗口处于最大化时，可以使用文档窗口顶部的“文档”选项卡，轻松地在多个打开的文档之间进行选择切换。每个被打开文档的文件名，都会显示在“视图”按钮上方的选项卡上，选项卡由文档的名称和文档的扩展名组成，选项卡在 Fireworks CS6 中，做了较大的调整，省略了文档中对象所在的页面以及文档显示的比例，如图 2-1-1 所示。

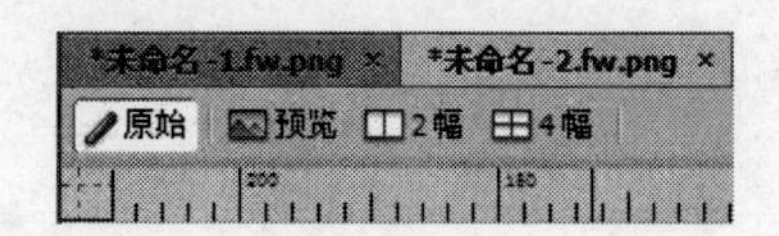

图 2-1-1

直接单击文档名称就可以查看该文档。

缩放和移动文档

在 Fireworks 中，可以对文档及图像按照预设的增量，或者是自定义的缩放百分比，进行放大或缩小。

除了可以使用“工具”面板“视图”部分的“手形”工具或“缩放”工具移动或缩放文档外，还可以单击 Fireworks 标题栏位置的“视图”工具，进行缩放和移动对象，也可自定义缩放比率，如图 2-1-2 所示。

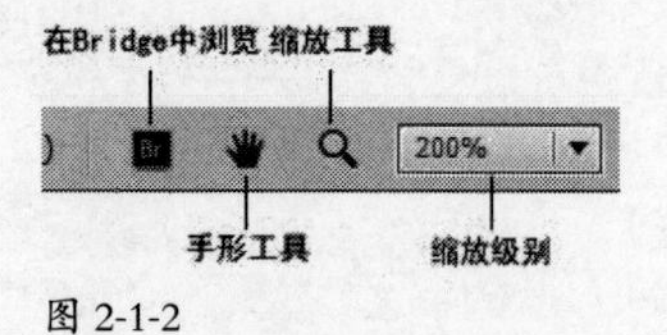

图 2-1-2

缩小或放大文档

使用“缩放”工具缩小或放大文档时，每次单击都将使图像缩小或放大到下一个预设的缩放倍数。

单击“缩放”工具的同时按着“Alt”键，可以缩小文档。

对文档执行“缩放”操作时，在单击“缩放”工具后，在文档的窗口内指定要缩小或放大的中心点，按下一个预设的百分比缩小或放大图像。

对文档及图像除了可以使用“缩放”工具操作外，还可以从文档窗口右下角的“设置缩放比率”列表，选择一种缩放比例设置。同样，在“视图”菜单中单击“放大”、“缩小”命令或预设缩放比率也可以放大或缩小文档。

在“设置缩放比率”框中，缩放选择值的大小决定了精确的缩放百分比。如果要将某个区域放大或者缩小，而不受预设的缩放增量的限制，可以通过“缩放”工具在需要放大或者缩小的图像部分进行拖动。缩小操作时需要同时按着“Alt”键。

双击“工具”面板中的“缩放”工具可恢复为 100% 缩放比率。

移动文档

如果画布被放大或画布本身过大，屏幕无法显示整个画布时，可以选择“手形”工具，拖动“手形”指针查看。

在对 Fireworks 中的文档及图像进行编辑时，可以通过“选择”工具区中的“手形”工具，拖动“手形”指针在文档中移动实现。移动到画布边缘外面时，视图将继续移动，这样就可以处理画布边缘的像素。

双击“工具”面板中的“手形”工具可调整文档使其适合当前视图。

2.1.2 视图管理

在 Fireworks 中，可以通过使用视图模式来管理工作区。在“工具”面板中，有 3 个视图模式，“标准屏幕模式”、“带有菜单的全屏模式”和“全屏模式”，可以从中选择一个模式来控制工作区的布局。

“标准屏幕模式”是默认的文档窗口视图；“带有菜单的全屏模式”是最大化的文档窗口视图，其背景为灰色，菜单、工具栏、滚动条和面板处于可见状态；“全屏模式”是最大化的文档窗口视图，其背景为黑色，菜单、工具栏或标题栏不可见。

可以同时使用多个视图以不同的缩放比率查看文档。在一个视图中所做的更改会自动反映在同一文档的所有其他视图中。可以通过单击“窗口”菜单中的“重制窗口”命令，为新窗口选择一个缩放设置。在创建多个视图之前，通常需要确保文档在工作区中没有最大化，这样可以同时看到文档的多个视图。

如果需要在屏幕上重绘文档，可以通过单击“视图”菜单中的“完整显示”命令完成。在单击“完整显示”命令后，Fireworks 会以全部可用的颜色显示文档的完整细节。

当“完整显示”命令处于取消选择状态时，Fireworks 将路径显示为 1 个像素宽并且没有填充，而对于图像则显示一个贯穿整个图像的 *X*。

如果需要查看文档在不同平台上的显示方式，可以通过单击“视图”菜单中的“灰度系数 1.8”命令实现。

如果要关闭一个文档视图窗口，单击该窗口的“关闭”按钮即可。

2.1.3 画布的更改和设置

新建或修改 Fireworks 文档时，可以通过使用“修改”菜单或“属性”检查器，修改画布的大小和颜色，以及更改图像的分辨率。当处理文档时，还可以旋转画布或修剪多余的部分。

更改画布大小

画布的大小可以根据需要修改。通过单击“选择”菜单中的“取消选择”命令取消任何选择，然后选择“指针”工具，单击“属性”检查器中的“画布大小”按钮，弹出“画布大小”对话框，或通过单击“修改”菜单中的“画布”→“画布大小”命令，如图 2-1-3 所示。

在“画布大小”对话框中，可以对画布的尺寸进行修改，在“宽”和“高”文本框中输入新的尺寸，然后单击“锚定”按钮以指定 Fireworks 在画布的哪一边添加或删除，最后单击“确定”按钮。

在默认情况下，选择的是中心锚定，这表示对画布大小的更改将在所有边上进行。

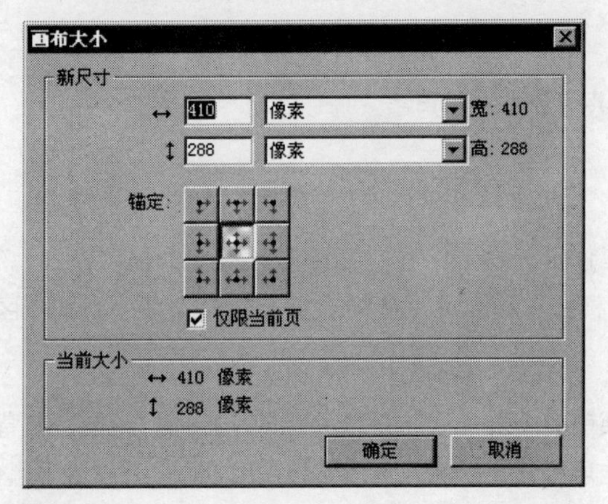

图 2-1-3

更改画布颜色

如果对画布的颜色不满意也可以进行更改，通过单击“修改”菜单中的“画布”→“画布颜色”命令，弹出“画布颜色”对话框，有白色、透明、自定义三个选项，点击自定义下方的颜色框，会弹出颜色面板，在颜色面板中选取要更改的颜色，如图 2-1-4 所示。

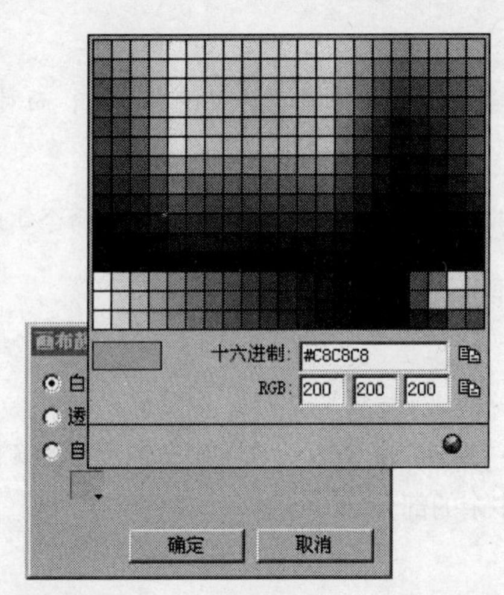

图 2-1-4

在“画布颜色”对话框中，选择画布颜色为“白色”、“透明”或“自定义”。如果选择“自定义”单选项，则直接在弹出的“样本”对话框中选择一种颜色即可。

除了通过菜单命令对画布的颜色进行更改外，还可以通过“属性”检查器来更改画布的颜色。单击“选择”菜单中的“取消选择”命令，或按快捷键“Ctrl+D”，然后选择“指针”工具，在“属性”检查器中单击“画布”颜色框，再从弹出的“样本”对话框中选取一种颜色，或者在屏幕上任意位置的某种颜色上单击“滴管”。如果要选择透明画布，可以单击“样本”对话框中的“无”按钮。

调整图像大小

单击“选择”菜单中的“取消选择”命令,取消文档内所有对象的选择,然后选择“指针”工具,此时“属性”检查器中显示文档的属性，再单击“属性”检查器中的“图像大小”按钮，弹出“图像大小”对话框。也可以单击“修改”菜单中的“画布”→“图像大小”命令打开“图像大小”对话框，如图 2-1-5 所示。

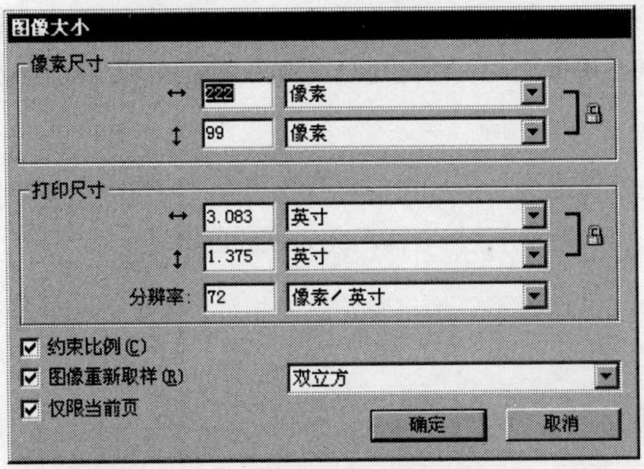

图像大小
像素尺寸
↔ 222 像素
↕ 99 像素
打印尺寸
↔ 3.083 英寸
↕ 1.375 英寸
分辨率: 72 像素／英寸
约束比例(C)
图像重新取样(R) 双立方
仅限当前页
确定 取消

图 2-1-5

在“图像大小”对话框中可以改更像素尺寸、打印尺寸，调整是否约束比例和是否要将图像重新取样，还可以更改“插值法”选项。

在“像素尺寸”文本框中输入新的水平和垂直尺寸。在“打印尺寸”文本框中输入打印图像的水平和垂直尺寸，在“分辨率”文本框中为图像输入新的分辨率。

在选择了“图像重新取样”复选框的情况下，只可以更改分辨率或打印尺寸，不能更改像素尺寸。分辨率以像素 / 英寸或像素 / 厘米作为单位，更改分辨率将更改像素的大小。

如果要在文档的水平和垂直尺寸之间保持相同的比例,可以选择“约束比例”复选框。如果取消选择“约束比例”,可单独调整水平和垂直尺寸。选择“图像重新取样”复选框,以便在调整图像大小时添加或去除像素,使图像在不同大小的情况下具有大致相同的外观。选择“仅限当前页”复选框可将画布大小更改仅应用于当前页面。

“插值法”是 Fireworks 用来设置缩放图像时，插入像素的 4 种不同缩放方法。“双立方”插值法，在大多数情况下可以提供最鲜明、最高的品质，并且是默认的缩放方法；“双线性”插值法，它所提供的鲜明效果比“柔化”插值法强，但没有“双立方”插值法那么鲜明；“柔化”插值法，它提供了柔化模糊效果并消除了鲜明的细节，当其他方法产生了多余的人工痕迹时，此方法很有用；“最近的临近区域”插值法，它产生锯齿状边缘和没有模糊效果的鲜明对比度，此效果类似于使用“缩放”工具在图像上放大或缩小。

关于重新取样

Fireworks 包含了基于像素的位图对象以及基于路径的矢量对象，因此它重新取样的方法不同于大多数图像编辑应用程序对图像重新取样的方法。

在对位图对象进行重新取样时，将在图像中添加或去除像素，使图像变大或变小；在对矢量对象重新取样时，由于通过数学方式以更大或更小的尺寸对路径进行重绘，因此几乎不会有品质损失。

在 Fireworks 中矢量对象的属性是以像素方式表现的，在重新取样后，由于必须重绘组成笔触或填充的像素，因此有些笔触或填充可能看起来略微不同。

在更改文档的图像大小时，辅助线、热点对象和切片对象的大小都将被调整。调整位图对象的大小时总会产生一个特有的问题：是通过添加或去除像素调整图像大小，还是通过更改每英寸或每厘米单位上的像素数量调整图像大小。

可以通过调整分辨率或对图像重新取样来改变位图图像的大小。在调整分辨率时，更改了图像中像素的大小，可以使给定空间中的像素更多或更少。调整分辨率而不重新取样不会导致数据损失。

向上重新取样即添加像素以使图像变大。因为添加的像素不总是与原始图像相符，所以可能会导致品质损失。

向下重新取样即删除像素以使图像变小。因为要丢弃像素以调整图像的大小，所以总是会导致品质损失。图像中的数据损失是向下重新取样的另一种副作用。

旋转画布

要将导入的图像倒置或侧放，可以通过将画布旋转实现。可以通过单击“修改”菜单中的“画布”命令的子命令将画布旋转。有三种旋转方式：旋转 180°、顺时针旋转 90° 和逆时针旋转 90°。旋转画布时，文档中的所有对象都将旋转。

裁剪画布和文档

可以对画布的大小进行扩展或修剪，使其适应其中包含的对象。首先单击“选择”菜单中的“取消选择”命令，或直接使用快捷键“Ctrl+D”命令，在“属性”检查器中可查看文档属性，单击“符合画布”按钮。图 2-1-6 中的图 A 和图 B 分别显示为修剪前的画布和修剪后的画布的效果。

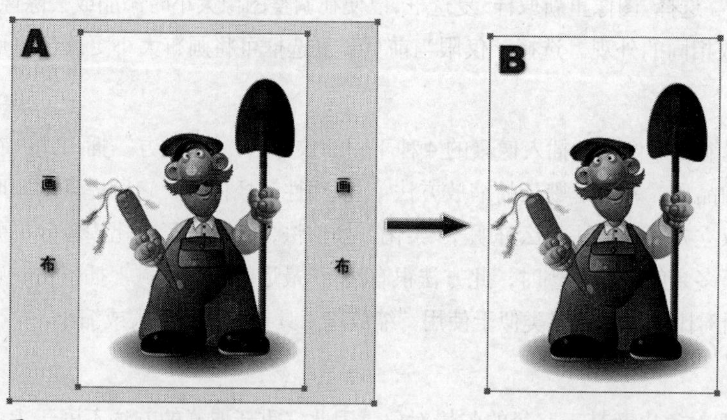

图 2-1-6

对画布进行裁剪操作会删除文档中多余的部分，画布将调整大小以适合定义的区域。在默认情况下，裁剪时会删除超出画布边界的对象，可以通过在裁剪前更改首选参数来保留画布外的对象。首先从“工具”面板中选择“裁剪”工具，或者单击“编辑”菜单中“裁剪文档”命令，然后在画布上拖动边框，再调整裁剪手柄，直到边界框包含的区域符合所需大小，最后在边框中双击或者按下“Enter”键以裁剪文档。

2.1.4 使用标尺、辅助线和网格

在 Fireworks 中，可以通过标尺、辅助线和网格来放置和对齐对象的辅助绘制工具。辅助线是从标尺拖到文档画布上的线条，可以使用辅助线来标记文档的重要部分。网格在画布上显示为一个由横线和竖线构成的体系，可以精确放置对象。辅助线和网格既不驻留在层上，也不随文档导出。

可以通过“编辑”菜单下的“首选参数”命令更改标尺、辅助线和网络的颜色、大小以及其他相关设置。

显示、隐藏以及使用标尺

单击“视图”菜单中的“标尺”命令可以显示垂直标尺和水平标尺在文档窗口的边缘。标尺以像素为单位进行度量。

通过标尺可以创建水平辅助线和垂直辅助线。用鼠标左键从相应的标尺处拖动到画布，则在画布上定位出辅助线，此时释放鼠标键，辅助线即被创建。也可以通过拖动已有的辅助线来重新定位辅助线。

可以将辅助线移动到指定的位置。当鼠标指针移动至辅助线并变成“✥”的形状时，双击辅助线，弹出“移动辅助线”对话框。在该对话框中输入新位置并单击“确定”按钮，如图 2-1-7 所示。

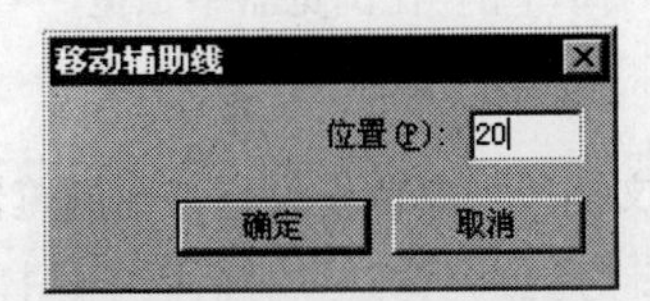

图 2-1-7

辅助线或网格

通过单击“视图”菜单中的“辅助线”→“显示辅助线”命令或者单击“视图”菜单中的“网格”→“显示网格”命令可以显示文档中的辅助线或网格，如果取消选择，会隐藏文档中的辅助线或网格。

通过单击“视图”菜单中的“辅助线”→“对齐辅助线”命令或者单击“视图”菜单中的“网格”→“对齐网格”命令，可以使文档中的对象与辅助线或网格对齐。

如果需要锁定所有辅助线，可以单击“视图”菜单中的“辅助线”→“锁定辅助线”命令，如果取消选择将会取消锁定辅助线。

将辅助线从画布上拖出可以删除辅助线。

在将辅助线拖入画布的同时按“Shift”键，可显示辅助线之间的距离。

辅助线和网格的相关操作会应用到 Fireworks 的打开的所有文档中。

智能辅助线

智能辅助线是临时的对齐辅助线，可帮助其他对象创建对象、对齐对象、编辑对象和使对象变形。如果要激活和对齐智能辅助线，可以单击“查看”菜单中的“智能辅助线”→“显示智能辅助线”命令和“对齐智能辅助线”命令。

在创建对象时，可以使用智能辅助线将其相对于现有的对象放置，与矩形和圆形切片工具一样，直线、矩形、椭圆形、多边形和自动形状工具也显示智能辅助线。在移动对象时，可以使用智能辅助线将其与其他对象对齐。当对象变形时，会自动出现智能辅助线来帮助变形，在移动对象时智能辅助线可以使其对象对齐。

如果要更改智能辅助线出现的时间和方式，可以通过设置智能辅助线的首选参数进行更改。

2.1.5 在浏览器中预览

在对文档进行编辑后，可以单击“文件”菜单下的“在浏览器中预览”命令，在指定的浏览器中查看设计的效果。

按快捷键“Ctrl+F12”可以在所有的页面都链接在一起的情况下，在主浏览器中预览所有页面的互动。

按“F12”键，可以在主浏览器中预览活动的 Fireworks 文档。如果计算机只安装了一个浏览器，则 Fireworks 将其设为主要浏览器。如果安装了多个浏览器,则可以单击“文件”菜单下的“在浏览器中预览”→“设置主浏览器”命令，选择一个显示 Fireworks 文档的主浏览器。

如果按快捷键“Shift+F12”，预览在辅浏览器中预览活动的 Fireworks 文档，需要首先设置备用浏览器。单击“文件”菜单下的“在浏览器中预览”→“设置辅浏览器”命令，在“定位浏览器”对话框中选择要使用的备用浏览器。

2.1.6 操作的撤销和重复

在 Fireworks 中，通过使用“撤销”和“重复”命令，可以节省大量的时间，有助于提高工作效率。

使用“历史记录”面板撤销和重复多个动作

“历史记录”面板列出了最近在 Fireworks 中执行的动作，使用“历史记录”面板，可以查看、修改和重复创建文档所进行的动作。“历史记录”面板中所列的步骤数可以通过单击“编辑”菜单中的“首选参数”

命令更改，在“首选参数”对话框的“常规”类别的“最多撤销次数”输入框中输入撤销的次数，最高可设置为 1 009 次。

使用“历史记录”面板，可以快速撤销或重做最近执行的动作；可以从“历史记录”面板中选择最近执行的动作，并重复这些动作；将所选的命令作为 JavaScript 等效文本复制到剪贴板；将一组最近执行的动作保存为自定义命令，然后从“命令”菜单中选择该命令，以便将其作为单个命令重复使用。

撤销和重复执行动作

在 Fireworks 中，使用“历史记录”面板执行撤销和重复执行操作时，首先要单击“窗口”菜单中的“历史记录”命令，打开“历史记录”面板，如图 2-1-8 所示。

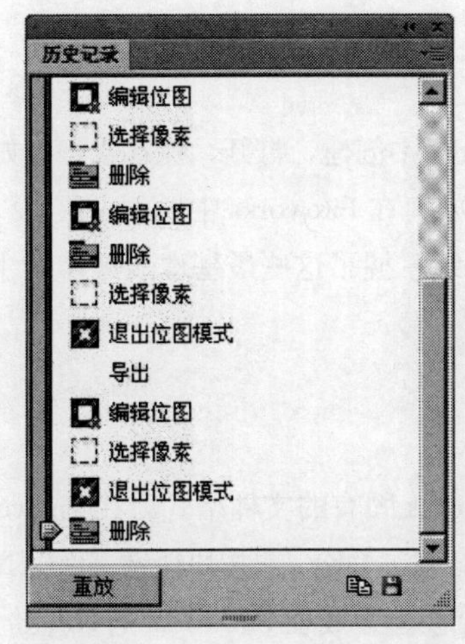

图 2-1-8

在“历史记录”面板中，可以通过拖动左侧的上下滑动按钮来撤销操作。

在重复执行动作时，首先要执行一些动作，然后高亮显示要执行的动作。可以单击一个动作使其高亮显示；也可以按住“Ctrl”键的同时单击，以高亮显示多个独立动作；还可以按住“Shift”键单击，以高亮显示连续的多个动作。最后单击“历史记录”面板底部的“重放”按钮，重复执行该动作。

除了从“历史记录”面板中，可以执行“撤销”和“重放”命令外，还可以通过工具栏中的“撤销”和“重做”按钮执行操作。单击“编辑”菜单中的“撤销”命令，“编辑”菜单中的“重复”命令也可以完成同样的操作，快捷键为“Ctrl+Z”和“Ctrl+Y”。“撤销”和“重放”是今后的设计中最常用的两个命令，一定要熟记！

保存动作以便重新使用

在设计过程中，可以将有些动作保存，以便以后再利用。首先通过选取，高亮显示“历史记录”面板中要保存的动作，然后单击面板底部的“保存”按钮。在弹出的“保存命令”对话框输入一个命令名称并单击“确定”按钮，如图 2-1-9 所示。

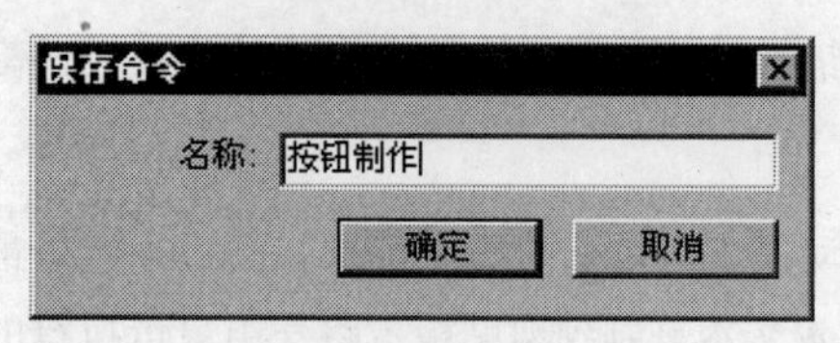

图 2-1-9

使用保存的自定义命令

为了提高工作效率，可以将重复执行的动作定义成为一些命令，将其保存在“命令”菜单中，如果要使用，直接单击“命令”菜单，选择命令名称即可。

2.2 Fireworks 的基本操作

在对 Fireworks 工作区有个大致的了解后，本节要学习如何在 Fireworks 中创建、打开、保存文档，如何将文档导入、导出，如何把其他类型的文档导入 Fireworks 中进行编辑，如何在 Fireworks 中插入对象，以及在文档导出时对文档进行优化等操作，这些都是最基础的操作。只有熟练掌握了这些最基本的操作，才能进行下一步的学习，才能编辑出风格迥异的网页效果。

2.2.1 创建新的 Fireworks 文档

Fireworks 所创建的新文档，为可移植网络图形 PNG 文档，是 Fireworks 固有的文件格式。在 Fireworks 中创建新文档，一般有以下几种方法：可以通过单击“文件”菜单下的“新建”命令，或按快捷键“Ctrl+N”，弹出“新建文档”对话框进行创建。还可以单击工具栏中“新建”按钮创建，或在 Fireworks 的“开始页”中创建出新的文档。图 2-2-1 所示为新建文档对话框。

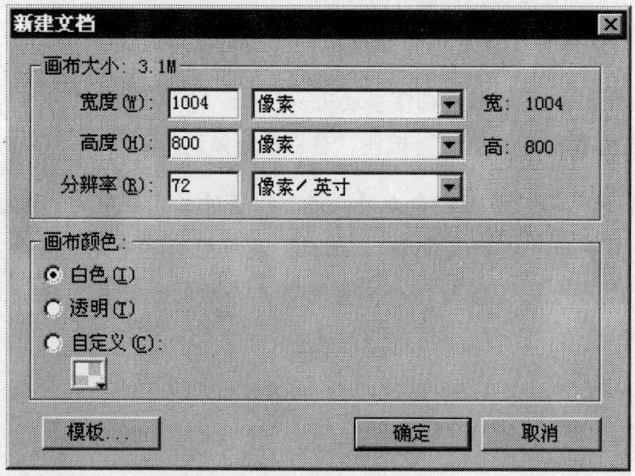

图 2-2-1

在"新建文档"对话框中,可以对画布的大小、画布的颜色进行设定。画布的大小包括宽度、高度、分辨率。尺寸以像素、英寸或厘米为单位，一般多用像素进行表示。网页图形设计一般将分辨率设为 72 像素 / 英寸。在第一次打开"新建文档"对话框时画布的大小默认为"660×440"(Windows)。画布的颜色可选择白色、透明或自定义，系统默认为白色。

如果进行网页图形设计，通常将画布宽度设定为 780 像素，高度根据网页实际需要自行设定。如果将网页设计为 1024×768 的全屏效果，宽度设定为 1004 像素。这些可根据实际情况进行设定。

在进行画布颜色的选择时，如选择"自定义"单选项，单击颜色框打开"自定义"颜色弹出窗口，可以在该窗口中自定义选择画布颜色，并将这些颜色保存，以便以后使用。

设定完后，单击"确定"按钮，完成新文档的创建。

在 Fireworks 中更改画布的大小，"新建文档"对话框中的默认值不会改变，但可以创建与剪贴板上大小相同的新文档。如果将一个对象从 Fireworks 文档或网页浏览器中复制到剪贴板，在新建 Fireworks 文件并粘贴该文档时，"新建文档"对话框中的画布宽度和高度与剪贴板上的对象尺寸大小相同。

通过 Fireworks 进行创建的对象可以按照多种 Web 和图形格式导出或保存。无论选择哪种优化和导出设置，原始的 Fireworks PNG 文件都会被保留，以方便日后编辑。

2.2.2 模板

在 Fireworks 中，可以通过模板创建文件的功能。它可以将 Fireworks 文件保存为模板并使用该模板创建一个新文件，该模板采用 FW.PNG 格式保存。Fireworks 为可以自定义的移动、原型、Web 站点和 Web 框架提供预先构建的自定义模板列表。

创建模板

如果想保存现在的文件格式，以便在以后的编辑中重复应用该文件格式，可以将该文件保存为模板。具体操作为：首先要创建文件，可以向设计和内容中添加占位符以帮助对使用该模板创建的文档的外观进行标准化设置，创建完成后，单击"文件"菜单中的"另存为模板"命令，以将该文件保存为一个模板 FW.PNG 文件。

通过模板创建文件

如果要通过应用模板创建文件，首先单击"文件"菜单中的"从模板新建"命令，然后在弹出的对话框中选择要用于创建文件的模板，最后单击"打开"按钮，即可将该模板应用于当前文件。

在 Fireworks 中,还可以通过"开始页"的新建文档部分,从模板创建文档,首先在"开始"页中单击"基于模板的文档（PNG)"，然后在弹出的对话框中选择要应用的模板，最后单击"打开"按钮。图 2-2-2 所示为 Fireworks 的开始页。

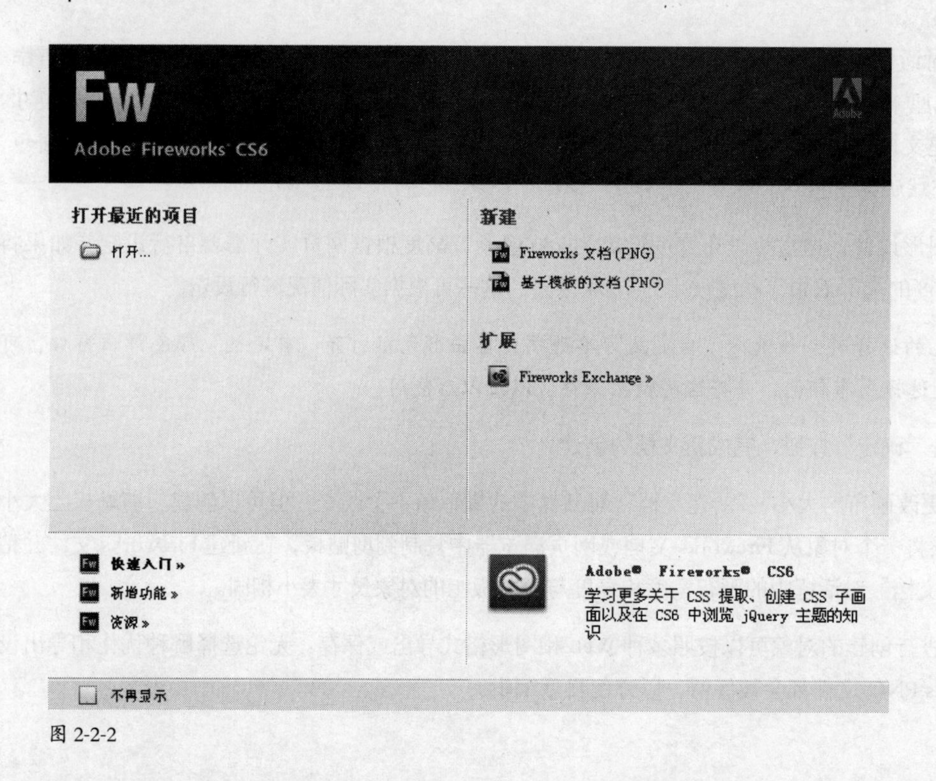

图 2-2-2

Fireworks 特定数据（如页面、层和矢量信息）存储在模板中。

2.2.3 打开和导入文件

在 Fireworks 中，可以打开许多常用的图像文件格式以及在其他应用程序中所创建的文件，如 Photoshop、Adobe FreeHand、Illustrator、WBMP、EPS、JPEG、GIF 和 GIF 动画文件等。可以方便地导入在其他图形程序中创建的矢量和位图图像，也可以将 HTML 文件导入到打开的 Fireworks 文档中，还可以直接向 Fireworks 文档中插入对象，当然也可以从数码相机或扫描仪等多媒体中导入图像，创建出充满表现力、高度优化的图形。

从 Dreamweaver 中导入文件时，Fireworks 会保留许多 JavaScript 行为，但不是全部的 JavaScript 行为。如果 Fireworks 支持某个行为，它将识别出该行为，并在将文件移回至 Dreamweaver 时保留该行为。

打开和导入文件

打开文件的方法有很多,可以通过单击“文件”菜单中的“打开”命令,或按快捷键“Ctrl+O”,弹出“打开”对话框。然后在弹出的“打开”对话框选择所需的文件,文件会在对话框的右侧产生预览。最后单击“打开”按钮。Fireworks CS6 可以打开和导入的文件类型如图 2-2-3 所示。

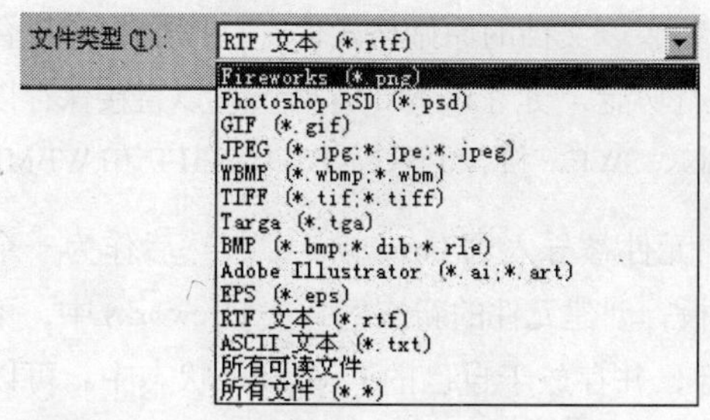

图 2-2-3

也可通过单击工具栏上的“打开”按钮，或在 Fireworks 启动时的“开始页”打开文档。

如果要使打开的文件在修改后不覆盖原文件，可以选择“打开为‘未命名’”复选框，根据需要改换为其他的文件名，保存该文件。

打开最近关闭的文件

通过“文件”菜单下“打开最近的文件”命令，可以快速打开最近关闭的文件。在“开始页”中也会列出最近编辑的文件。

如果要对最近关闭的文件进行编辑，单击“文件”菜单中的“打开最近的文件”命令，然后从子命令中选择要打开的文件即可，如图 2-2-4 所示。

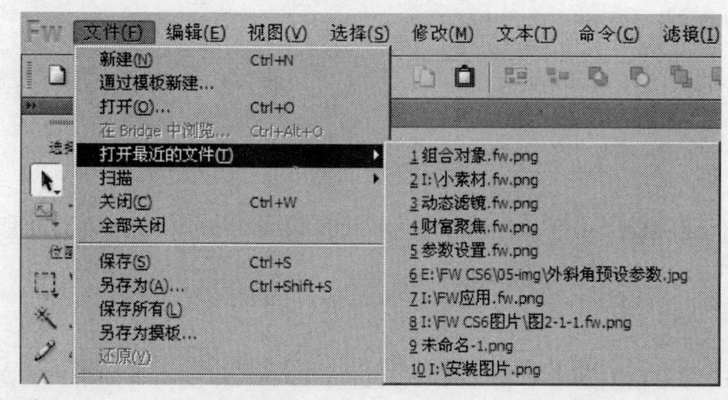

图 2-2-4

如果要在还没有打开任何文件的情况下打开最近关闭的文件，可以在“开始”页上单击该文件名。

打开在其他应用程序中创建的图形文件

Fireworks 具备了很好的文件格式兼容性，因此，使用它可以打开在其他应用程序中或以其他文件格式创建的文件，其中包括 Photoshop、Illustrator、未压缩的 CorelDRAW、WBMP、EPS、JPEG、GIF 和 GIF 动画文件。

打开非 PNG 格式的文件时，会为所打开的其他文件格式创建一个新的 Fireworks PNG 文档。可以使用 Fireworks 的所有功能来编辑图形，将所编辑的文档另存为新的 Fireworks PNG 文件或保存为另一种文件格式。

对于某些图形文件类型，也可以将文档以其原始格式保存。如果以文档的原始格式保存，图像将会拼合成一个层，此后用户将无法编辑添加到该图像上的 Fireworks 特有功能。使用 Fireworks 时，可以直接保存以下文件格式：Fireworks PNG、BMP、GIF、GIF 动画、AI、JPEG、SWF、拼合 PNG、PSD、TIFF 和 WBMP。

GIF 动画：在导入 GIF 文件格式时，GIF 动画作为动画元件被导入到 Fireworks 中，然后作为一个单位编辑和移动动画的所有元素。可以通过使用"文档库"面板，创建元件的新实例。在 Fireworks 中，可以直接打开 GIF 动画。GIF 的每个元素都将被作为单独的图像，并存放于自己的 Fireworks 状态中。可以在 Fireworks 中将图像转换为动画元件。

在导入 GIF 动画时，状态延迟设置默认为 0.07s。如果需要，可以使用"状态"面板恢复原始定时。

EPS 文件：对于大多数的 EPS 格式文件，在导入时，Fireworks 会将它作为平面化位图图像打开，图像中的所有对象，都将被合并到一个图层上。有些从 Adobe Illustrator 导出的 EPS 文件将保留其矢量信息。

PSD 文件：对于 Photoshop 中创建的 PSD 文件，在 Fireworks 中，可以保留大部分 PSD 特性，其中包括按层次结构显示的层、层效果和常用的混合模式。可以在"首选参数"对话框中对"Photoshop 导入 / 打开"使用各种选项以自定义 PSD 导入。

Fireworks 以 24 位颜色深度保存 16 位 TIFF 图像。

2.2.4 将对象插入到 Fireworks 文档

在 Fireworks 中可以打开和导入文档，也可以在现有的 Fireworks 文档中直接插入对象，还可以通过复制、剪切的方式将对象粘贴到文档中。

将对象拖动到 Fireworks 中

Fireworks 可以从支持拖动操作的任何应用程序中拖动矢量对象、位图图像或文本。因此，可以将所需的矢量、位图对象以及文本直接拖动到 Fireworks 文档中进行编辑。

粘贴到 Fireworks 文档

Fireworks 会将从其他应用程序复制的对象粘贴到活动文档的中心位置。Fireworks 支持下列格式的文本或对象：Adobe Illustrator、PNG、DIB、BMP、ASCII 文本、EPS、WBMP、TXT 以及 RTF 等。

如果要粘贴对象到 Fireworks 文档中，则首先从另一个应用程序中复制要粘贴的对象或文本，然后在现在的 Fireworks 文档中，单击工具栏的"粘贴"按钮将对象或文本粘贴到文档中。

所粘贴对象的位置，一般取决于所选的内容。如果在一个层上至少选择了一个对象，则所粘贴的对象，将放在同一层上所选对象的前面（直接堆叠在所选对象的上面）；如果选择了层本身，并且没有选择任何对象或者选择了全部对象，则将粘贴的对象放在同一层最上面的对象之前（直接堆叠在其上面）；如果选择了多个层上的两个或两个以上的对象，则粘贴的对象将放在最上层的最上面的对象之前（直接堆叠在其上面）；如果选择了"网页层"或选择了"网页层"的一个对象，则粘贴的对象将放在最底层的所有其他对象之前（或者堆叠在它的上面）。

“网页层”是一个特殊层，包含全部 Web 对象。总是停留在“图层”面板的顶部。

在 Fireworks 中，可以对所粘贴的对象重新取样。重新取样时会在调整大小后的位图中添加或去除像素，以尽可能与原位图的外观相符。将位图重新取样到更高的分辨率，通常不会导致品质损失；重新取样到更低的分辨率总会丢失数据，并且一般会使品质下降。

如果要通过粘贴操作对位图对象重新取样，首先在 Fireworks 或其他应用程序中，将位图复制到剪贴板上，在 Fireworks 中单击“编辑”菜单中的“粘贴”命令或者直接单击工具栏中的“粘贴”按钮。如果剪贴板上的位图图像与当前文档具有不同的分辨率，可以选择“重新取样”复选框。

重新取样保持粘贴位图的原始宽度和高度不变，并在必要时添加或去除一些像素；不要重新取样保持全部原始像素，这可能会使粘贴图像的相对大小比原始的要大一些或小一些。

将 PNG 文件导入到 Fireworks 文档层

如果要将 PNG 文件导入到 Fireworks 文档层上，那么，热点对象和切片对象将放在该文档的“网页层”上。在“图层”面板中，首先选择要导入文件的层；然后单击“文件”菜单中的“导入”命令，或单击工具栏中的“导入”按钮；接着在打开的“导入”对话框中选择要导入的文件，单击“打开”按钮。最后在画布上，将导入指针定位在要放置图像的左上角。可以单击以导入完全尺寸的图像；也可以在导入时，通过拖动导入指针，进行图像大小的调整。

Fireworks 将保持导入图像的比例不变。

在 Fireworks 中也可以导入其他的图形文件。可以通过单击“文件”菜单中的“导入”命令完成导入。

通过数码相机或扫描仪导入图像

Fireworks 支持数码相机和扫描仪导入图像。

在通过数码相机导入图像时，首先要确定该设备已连接到计算机；然后单击“文件”菜单中的“扫描”→“Twain 输入”命令或“Twain 选择”命令；最后在弹出的对话框中选择相机以及要导入的图片，按照说明应用进行设置。

在使用扫描仪导入图像时，首先也要确定该设备已连接到计算机，在设备运行正常的情况下，单击“文件”菜单中的“扫描”→“Twain 输入”命令或“Twain 选择”命令，最后在弹出对话框中按照说明设置相关选项。

2.2.5 保存 Fireworks 文件

在文件操作完成后，可以对 Fireworks 文件进行保存。可以对新创建的文档保存，以方便以后使用，也可以对打开并修改过的文档进行保存操作。在 Fireworks CS6 中，文档的扩展名做了调整，启用了专用扩展名，默认的扩展名为 .fw.png。如果是其他类型的文件（如 PSD 和 HTML）以 PNG 文件形式打开，重新编辑后，文件以分层形式保留，因此可以将 Fireworks PNG 文档用作源文件。许多文件在 Fireworks 中打开时将保留原来的文件名、扩展名和优化设置。

将文件保存为 Fireworks PNG 文件，具有以下优点：源 PNG 文件始终是可编辑的，即使在将该文件导出以供在 Web 上使用后，仍可以返回并进行其他更改；可以在 PNG 文件中将复杂图形分割成多个切片，然后将这些切片导出为具有不同文件格式和不同优化设置的多个文件。

如果 Fireworks 在保存复杂文档时需要较长时间，可以在保存操作完成后再编辑其他打开的文档。

在 Fireworks 中，可以通过单击“文件”菜单中的“保存”命令，或单击工具栏中的“保存”按钮保存文件；也可以通过按快捷键“Ctrl+S”进行保存。在弹出的“保存”对话框中，选择文件保存的路径、文件名以及格式。对打开的文档进行保存时,应注意文件的默认保存路径。如在当前工作区中打开了一个文档，则保存新文件时默认路径为当前路径。

对现有文档进行编辑时，可能需要随时对文档进行保存，以免丢失。熟练地使用快捷键可以使保存操作更方便，从而提高工作效率。

保存所有打开的文档

在 Fireworks 中，可以将所有打开的文档批量保存。单击“文件”菜单中的“保存所有”命令，此时打开的所有文档将依次保存，并弹出保存对话框为未命名的文档指定文件名。对于已更改的文档，在“文档”选项卡中的文件名前面会显示有星号（*）。

将现有 Fireworks PNG 文件另存为其他格式

在 Fireworks 中，可以将现有的文件保存为一个新的 Fireworks PNG 文件，也可以选择不同的文件类型格式来保存该文件。单击“文件”菜单中的“另存为”命令，弹出“另存为”对话框。可另存为的文档类型如图 2-2-5 所示。

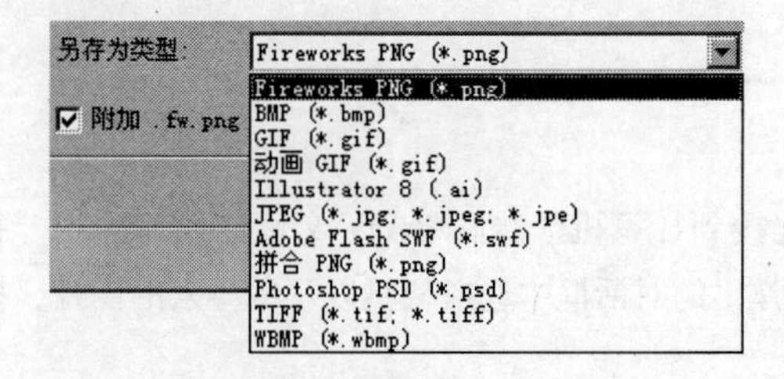

图 2-2-5

在“另存为”对话框中，可以自定义保存文件的路径、文件名以及格式。文件名的扩展名默认格式为 .fw.png，可以通过勾选或取消“附加 .fw.png”复选框，可以使文档扩展在“.fw.png”和“.png”之间转换。在同一路径下不能有两个类型完全相同的文件名，如果选择相同的文件名，前者将被覆盖。遇到此种情况，可以通过更改文件类型或更改文件路径来进行保存,也可更改为其他的文件名保存。设置完成后,单击“保存”按钮。

如果不选择“另存为副本”选项,则正在使用的文档的文件格式将被更改为用来保存该文档的文件格式。

如果打开的是非 PNG 格式的文件，在编辑完成后，可以单击“文件”菜单下的“另存为”命令，将该文件另存为一个新的 Fireworks PNG 文件，也可以选择其他文件格式保存。

对于 Fireworks PNG、BMP、GIF、GIF 动画、AI、JPEG、SWF、PSD、TIFF 和 WBMP 文件类型，可以直接将文档保存为其原始格式。单击“文件”菜单中的“保存”命令,在保存类型中选择其原始格式即可。

Fireworks 以 24 位颜色深度保存 16 位 TIFF 图像。

如果将 PNG 文件另存为位图文件（如 GIF 或 JPEG），则在 PNG 文件中处理的图形对象将在位图文件中不再可用。如果要修改该图形，则在 PNG 源文件中编辑它，然后将其再次导出。

生成屏幕快照

使用“生成屏幕快照”功能，可以快速而精确地截取当前屏幕中的图像。

可以通过单击“命令”菜单中的“生成屏幕快照”命令，弹击“屏幕快照”对话框，如图 2-2-6 所示。

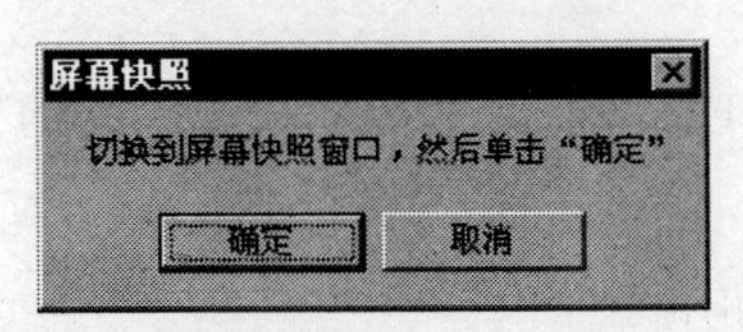

图 2-2-6

单击“确定”按钮，拖动选择窗口区域。选择完成后，将剪贴板内容粘贴到画布或任意的图像编辑应用程序。

2.2.6 优化与导出

在 Fireworks 中，可将对象、层、状态或页面导出到指定的位置，在 CS6 中，新增了切片导到出到 CSS Sprite 功能，如图 2-2-7 所示。

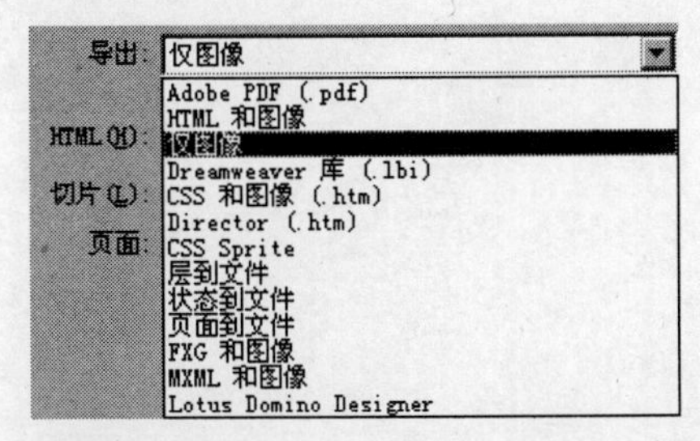

图 2-2-7

导出的文档可以在“图像预览”窗口进行优化处理，导出和优化设置并不会改变原来的 Fireworks 文档。单击“文件”菜单中的“图像预览”命令，弹出“图像预览”对话框。

在“图像预览”对话框中，提供了所有可以在工作区找到的优化选项，在“图像预览”对话框中会显示所进行的所有修改，所以在设置选项时，会同步看到所做的设置是否影响图像的质量和文件大小。

在 Fireworks 中创建并优化图形后，可以将该图形输出为常用的 Web 格式以及供其他程序使用的图形格式。因为 Fireworks 具有面向网络的特性，所以它导出的形式既可以是图像，也可以是包含各种链接和 JavaScript 信息的完整的网页。由于图像的导出和优化都将产生一个导出副本，因此是不会修改原图的，用户可以尝试在 Fireworks 中用一幅原图导出不同种类的图像。

导出预览

由于不同的图像格式使用的是不同的压缩方法，图像的大小和品质随着格式的不同而变化，所以应该根据图像的设计目的和应用场合来决定使用哪种图像导出格式。只有通过比较鉴别才能突出不同图像格式的色彩和大小等特点。Fireworks 提供了在线比较不同的优化方式和原图效果的窗口，“2 幅”模式和“4 幅”模式。若比较一幅图像的 GIF 导出效果与原图的差别，可以使用“2 幅”模式和“4 幅”模式；若比较一幅 GIF 导出效果与原图的差别，可以使用“2 幅”模式；若比较两三种格式或优化方式的优劣时，可选择“4 幅”模式。同时窗口中还显示了每一种优化方式或格式的主要参数、图像大小和传输时间等信息，用以帮助用户在不同图像格式之间进行选择。

图像的各项优化参数设置好后，就可以进行图像的导出工作了。在 Fireworks 中，通过单击“文件”中的“图像预览”命令，可打开“图像预览”窗口。

“图像预览”窗口包含了两部分，左侧为参数设置部分，右侧为输出预览部分。

“图像预览”参数设置部分有三个选项卡：“选项”、“文件”和“动画”。

利用“选项”选项卡可设置优化输出的文件格式与参数，右下角的两个按钮、供用户缩减图像大小时应用。单击按钮会启动“导出向导”，提出优化建议；单击按钮则是启动由用户指定文件大小的向导，由 Fireworks 算出一种既可以满足用户要求而且图像品质又最好的优化参数。在“文件”选项卡可设置缩放比例，图像的宽和高，是否约束比例以及导出区域的大小。可优化输出的格式如图 2-2-8 所示。

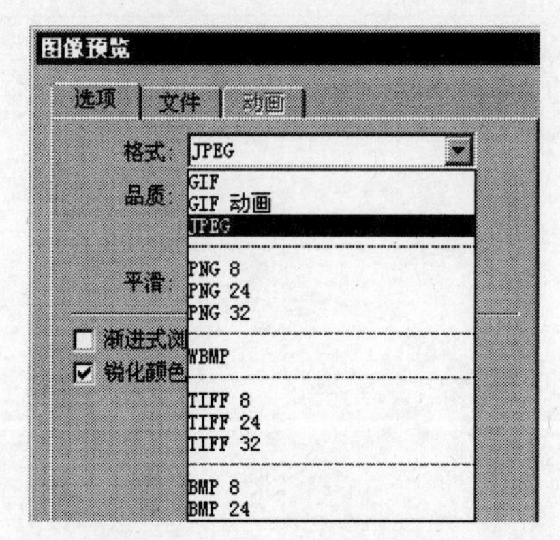

图 2-2-8

在“动画”选项卡可以设置输出动画时的相应参数，例如播放次数，每个状态的延迟时间等。当选定一个状态时，其会被高亮显示，以表示是当前状态，此时，在上面键入或单击右键就可以改变该状态的属性。所有状态属性会在“状态”列表框中显示出来，状态列表框下方是循环方式的选择，被按下代表一次播放后停止，按下后代表循环播放，其模式可在下拉列表中选择。在最下方的两个选项中，选中“裁剪每个状态”复选框，则导出单个状态图像时，自动裁剪图像使之适应图像的大小；选中“保存状态之间的差异”复选框，则 Fireworks 自动将各状态图像按照不同的大小导出，如图 2-2-9 所示。

图 2-2-9

只有当导出文件的格式为 GIF 动画时，“动画”选项卡才会被激活。

“动画”选项卡的右侧是输出预览部分，实际上是由多个预览窗口和一个工具条组成的。

预览窗口上方的信息是该优化方式下图像文件的基本信息，包括文件格式、颜色数、文件大小和估计的网络读取时间。右上方的下拉框是供用户选择使用预设的优化模式，单击可以将当前的设置存为一个预设值。

预览窗口下方的工具条包括 13 个按钮，如图 2-2-10 所示。

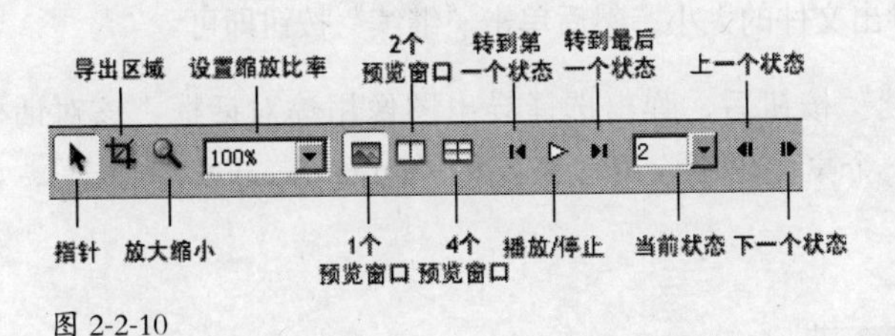

图 2-2-10

“指针”按钮，鼠标单击移动预览窗口。

“导出区域”按钮，鼠标拖动改变导出区域的大小。

“放大 / 缩小”按钮，鼠标单击放大预览图，按住“Alt”键单击缩小预览图。

“设置缩放比率”下拉列表框，设定显示大小。

3 种预览模式，“1 个预览窗口”、“2 个预览窗口”、“4 个预览窗口”，预览窗口数的设定。

3 个动画预览的播放键，、、。

“当前状态”下拉列表，显示或选择当前状态。

“上一个状态”和“下一个状态”按钮，预览显示动画。

设置结束后，单击“确定”按钮关闭“导出”对话框。如果单击“导出”按钮，则打开”“导出”对话框。

导出向导

除了可以用“导出预览”导出图像或动画外，还可能通过“文件”菜单中的“导出向导”命令导出图像。

单击“文件”菜单下的“导出向导”命令，弹出“导出向导”对话框，如图 2-2-11 所示。

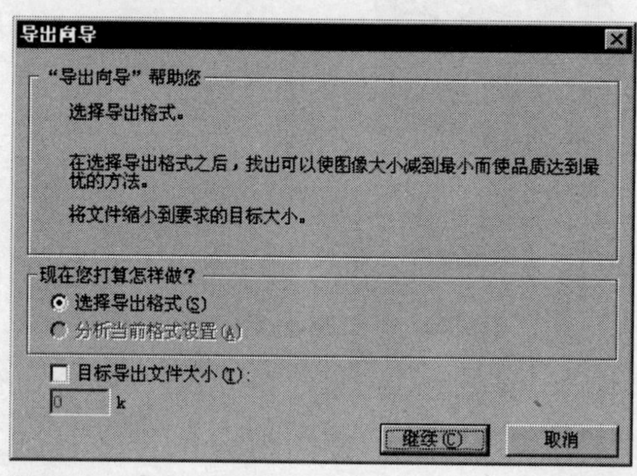

图 2-2-11

在“导出向导”对话框中选择“选项导出格式”单选项。如果要将输出文件大小控制在一定的范围内，只须选择“目标导出文件大小”复选框，输入要导出文件的大小，然后单击“继续”按钮即可。

当对图像应用“导出向导”时，单击“继续”按钮后，弹出选择导出图像用途对话框。该对话框中包括“网站”、“一个图像编辑应用程序”、“一个桌面出版应用程序”和“Dreamweaver 单项选”，如图 2-2-12 所示。

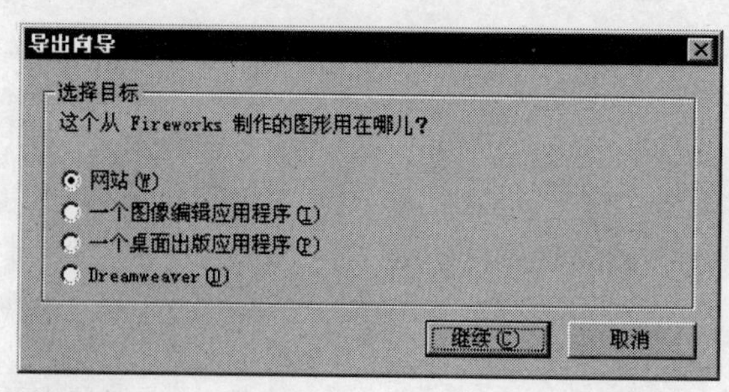

图 2-2-12

当选择第一个或第四个单选项将输出 GIF 或 JPEG 格式，而选择另外两个单选项通常输出 TIFF 格式的文件。默认的是“网站”单选项。设置完毕，单击“继续”按钮，Fireworks 会对这幅图像进行分析，然后提出一个适合于用户用途的优化建议方案。单击“退出”按钮，系统将显示优化了的导出预览窗口，其中的优化参数均为系统推荐选用的参数。最后按照网页图像的优化办法来导出图像。

当对动画应用“导出向导”时，单击“继续”按钮后，弹出选择导出类型对话框，可以将动画导出为“GIF 动画”、“JavaScript 变换图像”或“单一图像文件”。默认为 GIF 动画，如图 2-2-13 所示。

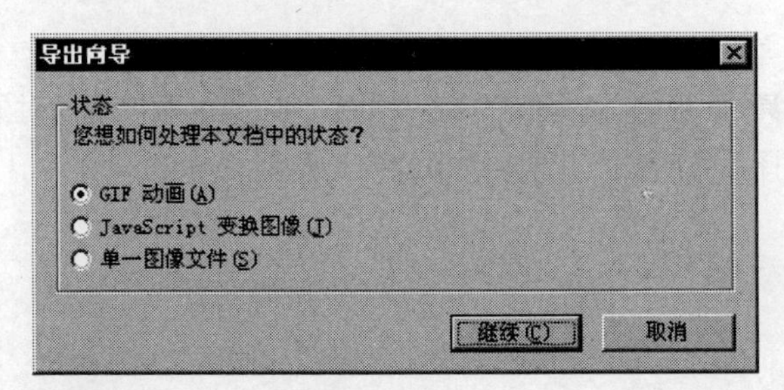

图 2-2-13

2.3 选择对象和修改对象

在对图形或图像进行编辑处理时，首先要选中此对象。在 Fireworks 的“选择”工具区中，有 4 类选择工具：“指针”工具、“部分选定”工具、“裁剪”工具和“缩放”工具。可以使用这些选择工具选择对象，以及对所选择的对象进行进一步的移动、修改、旋转、缩放、倾斜、扭曲、裁剪和导出等操作。还可以通过执行“堆叠”、“组合”和“对齐”操作命令组织文档中的多个对象。在 Fireworks 中，可以进行处理的对象类型有：矢量对象、路径、点、文本块、单词、字母、切片、热点、实例或者位图对象。

2.3.1 选择对象

在 Fireworks 中，在对对象进行编辑处理时，先要选择要编辑的对象。例如：在编辑位图或矢量对象前，先要选择对象，当编辑路径上的某个点时，先要选择该点。

可以通过使用“工具”面板中的“选择”工具区中的以下工具，来选择对象。

“指针”工具

使用“指针”工具可以在单击对象或在其周围拖动选区时选择这些对象。

“选择后方对象”工具

使用“选择后方对象”工具可以选择被其他对象隐藏或遮挡的对象。

“部分选定”工具

使用“部分选定”工具可以选择组内的个别对象或矢量对象的点。

“导出区域”工具

使用“导出区域”工具可以选择要导出为单独文件的区域

除了可以使用以上工具选择对象外，也可以通过“图层”面板选择对象。在“图层”面板中，所有对象都分布显示在“图层”面板内，当“图层”面板打开并且图层处于扩展状态时，在“图层”面板中单击一个对象可以选择该对象，这种方法往往适用于要选择的对象处于很多对象的遮盖之下，不便于选择的情况。

使用“指针”工具

在 Fireworks 中新建或打开一个文档时，单击“工具”面板的“选择”工具区的“指针”工具可以选择对象。“指针”工具是个工具组，包括“指针”工具和“选择后方对象”工具，如图 2-3-1 所示。

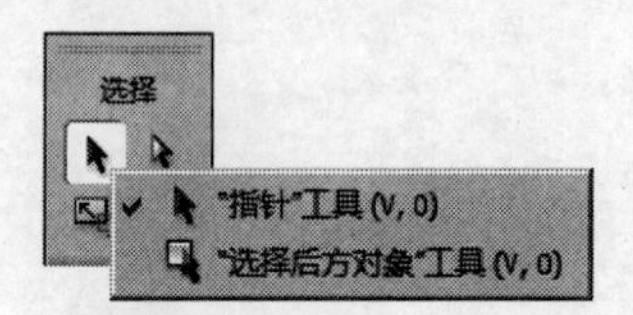

图 2-3-1

要选择对象，可以通过单击或拖动来选择。

如果要通过单击选择对象，可以将“指针”工具移到对象的路径或定界框上，然后单击。也可以单击对象的笔触、填充或单击“图层”面板中的对象进行选择。

如果要预览在画布上用“指针”工具所选择的内容，可以在“首选参数”对话框的“编辑”选项卡中选择“鼠标高亮显示”选项。

如果要通过拖动对象进行选择，可以在文档内拖动“指针”工具将一个或者多个对象包含在选区内。使用这种方法，可以快速地将某个区域内的对象全部选择。

使用“选择后方对象”工具

在 Fireworks 中，可以在一个图层中创建很多对象，被创建的对象是按层放置的，最先创建的对象在最后面一层，最后创建的对象在最上面一层，形成堆栈。当文档内的对象过多时，有的对象会被其上方的对象所遮挡，使用“选择后方对象”工具可以选择被其他对象隐藏或遮挡的对象。

操作的方法是在堆叠的对象上反复单击“选择后方对象”工具，以堆叠顺序自上而下通过对象，直到选中所需的对象。

对于通过堆叠顺序难以到达的对象，也可以在层处于扩展状态时在“图层”面板中单击该对象进行选择。

使用“部分选定”工具

使用“部分选定”工具，可以选择、移动或修改矢量路径上的点或者群组内的某个对象。

如果要使用“部分选定”工具进行移动或修改对象，只要选择“部分选定”工具，然后单击该对象即可进行选择。

如果要修改某些矢量图形，可以通过修改路径上的多个点来完成。选择“部分选定”工具，或者拖动它的一个点或选择手柄，就可任意改变其形状。按着“Shift”键可以选择多个节点，如图2-3-2所示。

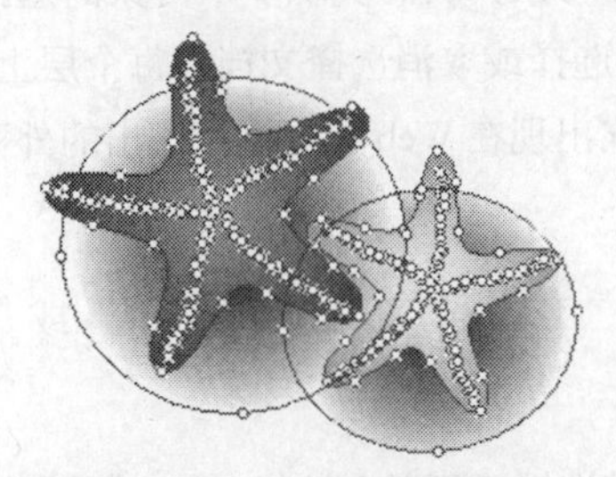

图 2-3-2

如果要对整个对象进行移动，可以通过拖动对象中除点或选择手柄外的任何部分来完成。如果要通过“部分选定”工具，选择一个群组内的某个文件，直接单击该文件即可。可以使用“部分选定”工具，选择群组内的某个文件并对其进行修改，而其他文件将保持不变。

对象在“属性”检查器中所包含的信息

每当选择一个对象时，“属性”检查器就会显示所选对象的某些属性。在“属性”检查器中，一般左上区域都包含所选对象的有关的描述信息、用于输入该被选对象名称的文本框、选择多个对象时的对象数目。可以通过“属性”检查器更改对象的某些属性。

例如：在文档中如果选择一文本块，则“属性”检查器中的名称会显示“文本”，当选择一切片时，名称会显示“切片”等。每当选择该对象时，其名称都会出现在文档的标题栏中。对于切片和按钮，名称显示的是导出时的文件名。如果状态栏处于打开状态，则在文档窗口底部的状态栏中也会标识所选对象。

在文档内选择一个对象时，“属性”检查器将自动显示该对象的相关属性。在“属性”检查器中也有可以对对象使用的各种各样的样式。“属性”检查器还提供一个用于输入被选项名称的框，可以在“属性”检查器中更改对象的名称。

在文档中，如果同时选择多个对象，在“属性”检查器中会显示对象的数目。

图2-3-3所示为选择一个组合对象时，“属性”检查器的显示状态。

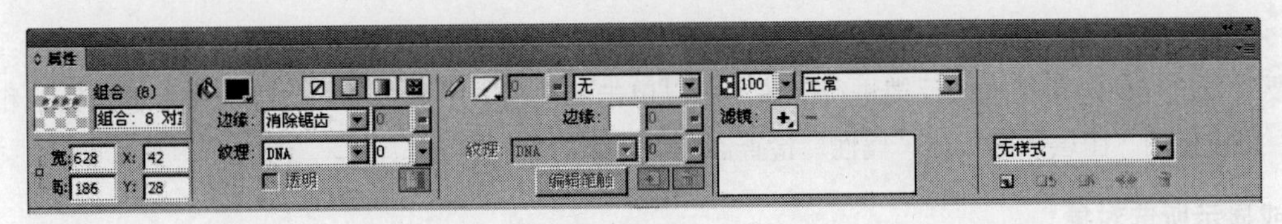

图 2-3-3

在“属性”检查器中，也可以显示所选对象类型的信息和设置，可以通过更改其设置来改变对象的属性。

例如，当选择一个矢量路径时，“属性”检查器就会显示矢量路径属性（如笔触宽度和颜色），可以通过更改路径属性来改变矢量路径。

2.3.2 修改对象

在选择了一个对象后，可以在保持现有选择对象的同时，添加其他对象，从而实现多个对象的选择。也可以在已选择的多个对象中取消选择某个对象。使用单个命令即可以选择或取消选择文档中每个层上的所有内容。也可以隐藏所选路径，以便可以一边编辑所选对象，一边查看它出现在 Web 上或被打印出的外观。

添加或取消对象

如果要同时添加选择多个对象，可以在按住“Shift”键的同时用“指针”工具、“部分选定”工具或“选择后方对象”工具单击其他对象。

在一个对象组内，如果要选择其中某一些对象，而使另一些对象不被选择，可以在按住“Shift”键的同时单击所选对象。

如果要对文档中每个层上的所有内容进行选择操作时，可以单击“选择”菜单中的“全选”命令，或按快捷键“Ctrl+A”。“全选”命令不会选择隐藏的对象。

如果要取消选择所有所选对象，可以单击“选择”菜单中的“取消选择”命令，或按快捷键“Ctrl+D”。

如果在“图层”面板的“选项”菜单内，单击“单层编辑”命令，则只能选择当前层上的对象。只有取消这个命令，才能在单击“选择”菜单中的“全选”命令时，选择文档中所有层上的所有可见对象。

隐藏或显示对象边缘

在默认情况下，对文档中的对象进行选择时，所选对象的周围都会出现选择点（一般被称为路径选择反馈）。图 2-3-4 中的图 A 和图 B 所示分别为选择位图和矢量图时所显示的边缘效果。

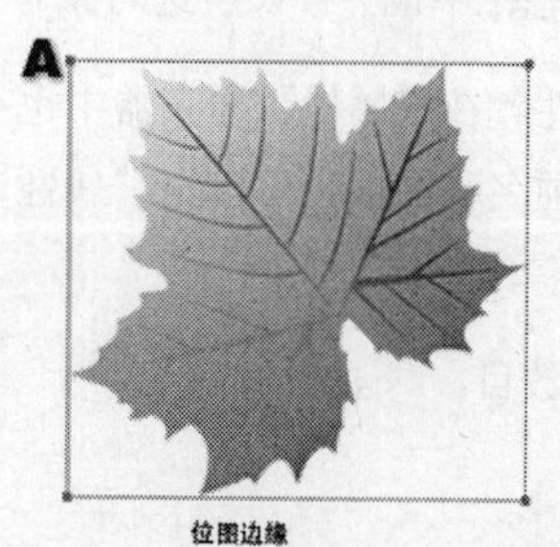

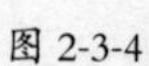
图 2-3-4

如果要对所选对象的路径选择反馈进行隐藏，可以单击“视图”菜单中的“边缘”命令，当轮廓和点被隐藏时，可以使用“图层”面板或“属性”检查器标识所选对象。

隐藏或显示所选对象

如果要将所选对象在文档内隐藏，可以单击“视图”菜单中的“隐藏选区”命令。也可以通过在“图层”面板中单击对象前的“眼睛”图标来隐藏对象。导出时，隐藏的对象将不被导出。但“网页层”上的切片和热点网页对象不论隐藏与否，都将被导出。

如果要显示图层中的所有对象，可以单击“视图”菜单中的“显示全部”命令。

2.3.3 选择像素

位图是由像素构成的，所以要对位图进行编辑，实际上是对其像素进行操作。选择像素主要是使用特定的选择工具，对整个画布或某个图像的某一区域进行选择，然后再对其进行编辑。

以下为“工具”面板中关于“位图”部分的像素选择工具。

“选取框”工具

使用“选取框”工具可以在图像中选择一个矩形像素区域。

“椭圆选取框”工具

使用“椭圆选取框”工具可以在图像中选择一个椭圆形像素区域。

“套索”工具

使用“套索”工具可以在图像中选择一个自由变形像素区域。

“多边形套索”工具

使用“多边形套索”工具可以在图像中选择一个直边的自由变形像素区域。

“魔术棒”工具

使用“魔术棒”工具可以在图像中选择一个像素颜色相似的区域。

使用任意像素选择工具都可以绘制一个选区选取框。绘制了选区选取框后，可以进行移动选区、向选区添加内容或在其上绘制另一个选区的操作。可以编辑选区内的像素、向像素应用滤镜或者擦除像素而不影响选区外的像素。也可以创建一个能够进行编辑、移动、剪切或复制操作的浮动像素选区。

位图选择工具选项

当从“工具”面板选择一种工具时，“属性”检查器会显示该工具的相关属性。不同的选择工具，“属性”检查器显示的选项也不一样。图 2-3-5 所示为“选取框”工具的属性效果。

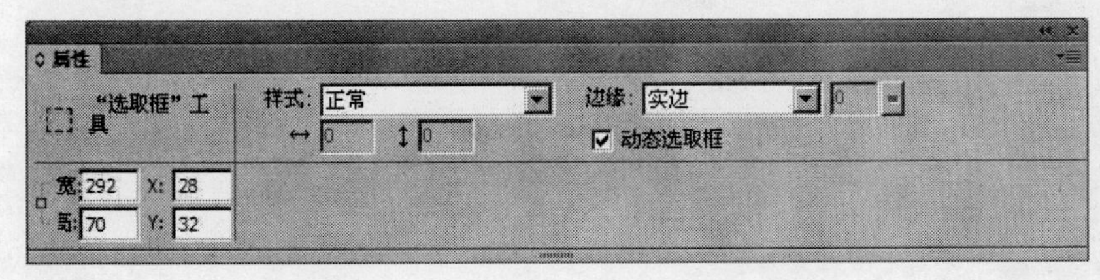

图 2-3-5

当使用位图选择工具时，选择“动态选取框”工具可以更改已有选区的“边缘”选项。

选择不同的位图选择工具，在“属性”检查器中会有不同的选项设置。如：选择“选取框”工具和“椭圆选取框”工具,可以更改对象的样式和边缘。选择“套索”工具或“多边形套索”工具可以设置对象边缘。选择“魔术棒”工具可以设置容差和边缘选项。

在“属性”检查器中，显示“边缘”的选项有 3 种：“实边”选项，创建具有已定义边缘的选取框；“消除锯齿”选项，防止选取框中出现锯齿边缘；“羽化”选项，可以柔化像素选区的边缘。

在使用选择工具时,可以在创建选区之前设置“羽化”选项,或者通过选择“动态选取框”来羽化现有选区,也可以使用“选择”菜单中的“羽化”命令羽化现有选区。

在选择使用“选取框”或“椭圆选取框”工具时,“属性”检查器的选择样式有 3 种:“正常”、“固定比例”和“固定大小”。选择“正常”样式可以创建一个高度和宽度互不相关的选取框；“固定比例”样式将高度和宽度约束为已定义的比例；“固定大小”样式将高度和宽度设置为已定义的尺寸。

在使用“魔术棒”工具时,可以通过调节“容差”值的大小来确定选取范围。容差越大,选取的范围也越大,其数值为 0 ~ 255 之间。

2.3.4 创建像素选区

在“工具”面板的部分“位图”工具中,“选取框”工具、“椭圆选取框”工具、“套索”工具、“多边形套索”工具以及“魔术棒”工具可用于选择位图图像的特定像素区域。

如果希望在使用这些工具时更改选区的设置，就必须在操作之前选择“动态选取框”。

绘制矩形或椭圆形区域

如果要创建一个矩形区域或椭圆形区域图形对象，首先选择“选取框”或“椭圆选取框”工具，在“属性”检查器中设置“样式”和“边缘”选项，然后按住鼠标左键拖动，即可绘制一个选区选取框。

在绘制完一个选取框后,如果要添加其他矩形或椭圆形选取框,可以在按住“Shift”键的同时，拖动“选取框”或“椭圆选取框”工具。按住“Alt”键并在现有的选取框中拖动绘制，则会以打孔的形式去除原绘制的选取框的区域，如图 2-3-6 所示。

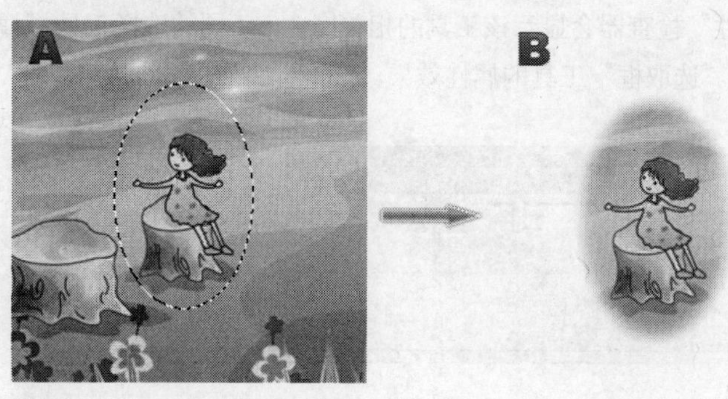

图 2-3-6

如果在进行一系列选择时，已经打开了“动态选取框”，那么“动态选取框”的功能只影响选区系列中的最后一个选区。

在取消选择其他任何活动选取框的情况下，按住“Alt”键并拖动鼠标绘制的选取框，是从中心点开始绘制的。

使用“套索”工具绘制区域

在对图像进行处理时，“选取框”或“椭圆选取框”工具可以选择规则的矩形或椭圆形像素区域。如果要选择一个不规则的像素区域，可以选择“套索”工具，然后在“属性”检查器中，设置“边缘”选项，接着在要选择的像素周围，拖动指针，即可选择不规则形像素区域，如图 2-3-7 所示。

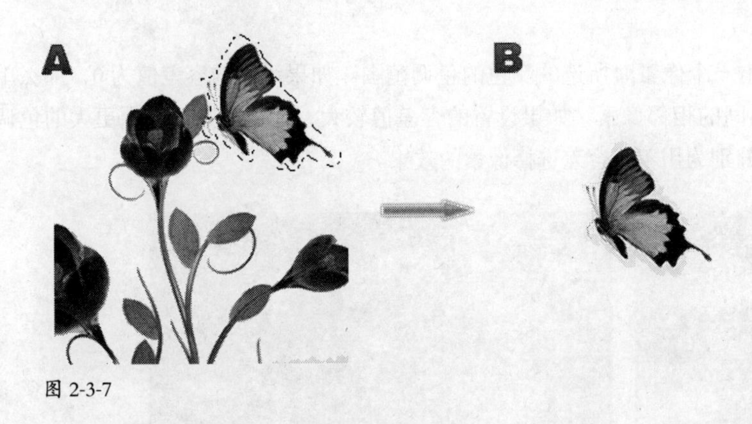

图 2-3-7

使用“多边形套索”工具绘制区域

使用“多边形套索”工具,可以在位图图像中选择特定像素的多边形区域。选择“多边形套索”工具,在“属性”检查器中选择一种“边缘”选项,然后单击,以在对象或区域的周围绘制点,这样可以描制出选区的轮廓,最后,单击起点或在工作区中双击闭合多边形。图 2-3-8 所示的为使用“多边形套索”工具绘制的一个选取框。

图 2-3-8

按住“Shift”键，可将“多边形套索”选取框的各边限制为45°增量。为了选取的精细，可将位图放大，然后在点取过程中通过鼠标滑轮进行位移。

选择颜色相似的区域

在Fireworks中进行图像处理时，可能需要选择颜色相似的像素区域，并对其进行编辑，Fireworks提供的“魔术棒”工具可以对颜色相似的像素区域进行选择。

使用“魔术棒”选择颜色相似的区域时，首先要选择“魔术棒”工具，在“属性”检查器中，选择一种“边缘”选项，然后在“属性”检查器中，拖动“容差”滑块以设置容差级别，最后单击要选择的颜色区域，这时所选像素的周围会出现一个选取框。

“容差”的大小表示用魔术棒单击一个像素时所选的颜色的色调范围。如果设置的容差值为0，那么单击一个像素后，只会选择色调完全相同的相邻像素。如果设置的容差值较大，那么会选择一个更大的色调范围。图2-3-9中的图A和图B所示分别为用不同容差选择像素的效果。

图 2-3-9

对像素的范围区域的选择，主要取决于“魔术棒”工具的“属性”检查器中的“容差”选项的设置。如果要选择文档中颜色系数完全一致的区域，那就将“容差”值设为0，反之则适当调节大小。

选择文档中相似颜色

要将整个文档中相似的颜色全部选中，可以通过使用“选取框”工具、“套索”工具或“魔术棒”工具中的任意一种工具选择一个颜色区域，然后单击“选择”菜单中的“选择相似”命令，这时所有相关颜色即被选中，如图2-3-10所示。

一个或多个选取框将显示包含所选像素范围的所有区域，这取决于“魔术棒”工具的“属性”检查器中的当前“容差”设置。如果要调整“选择相似颜色”命令的容差，须先选择“魔术棒”工具，然后在“属性”检查器中，更改“容差”设置，接着再使用该命令。还可以选择“动态选取框”框，以便在使用“魔术棒”工具时更改“容差”设置。

图 2-3-10

基于对象的不透明区域创建选区

在选择了位图对象后，可以在“图层”面板中任何的对象或蒙版的不透明区域创建像素选区。首先选择画布上的位图对象；然后在“图层”面板中，将指针放置在要用来创建像素选区的对象的缩略图上，同时按住“Alt”键，这时指针将发生变化，提示将要选择对象的 Alpha 通道，即不透明区域;接着单击缩略图，即在所选位图上创建一个新的像素选区。

如果要添加到选区，按住“Alt+Shift”组合键，并单击“图层”面板中的另一个对象即可；如果要从选区中去除，按住“Ctrl+Shift”组合键并单击对象即可。

删除选区

选择好选取框后，如果不使用，可以将其删除。取消选取框有多种方法：可以通过绘制另一个选取框来取消当前选取框;也可以用“选取框”工具或“套索”工具在当前选区的外部单击;按“Esc”键或单击“选择”菜单中的“取消选择”命令。

2.3.5 编辑像素选区

在使用“选取框”工具、“套索”工具、“魔术棒”工具选择了像素后，可以对选取框进行编辑。可以移动、添加或删除选取框，并可对选取框应用羽化等特殊处理，还可以通过在转换的位图周围绘制一个选取框，将位图选区转换成矢量对象以及利用选取框复制或移动所选像素。

调整选区选取框

在 Fireworks 中，可以对现有的选取框进行编辑或移动;可以使用组合键，手动将像素添加到选取框边框，或者从选取框边框中删除像素；可以对现有选取框的一部分进行选择，通过使用当前像素选区，创建另一个像素选区，用以选择所有当前没有选择的像素，可以按指定的量扩展或收缩选取框边框；当在现有选取框周围出现多余像素，可平滑选取框的边框。灵活运用这些命令可以使操作更加活灵活现。

在创建对象时可以利用空格键重新定位选取框。首先按住鼠标左键拖动以绘制选区，在不释放鼠标的情况下按住空格键，可以将选取框拖动到画布上的另一个位置。在仍然按住鼠标左键的情况下，释放空格键，继续拖动鼠标以绘制选区。

如果要移动现有的选取框,有以下几种方法:首先选择任何一种像素选择工具,如“选取框”、“套索”或“魔术棒”工具等，然后将指针移到选取框上，再按住鼠标左键不放直接拖拉选取框；使用键盘上的箭头键以1个像素的增量轻推选取框；也可以在按住“Shift”键的同时使用箭头键，以10个像素的增量移动选取框。

用任意位图选择工具绘制了选区选取框后，可以用同一工具或另一个位图选择工具增加或去除选区。在绘制完一个选区后,按住“Shift”键并绘制其他的选区选取框。重叠的部分将结合形成一个连续的选取框。如果要在选区中把像素去除，可以按住“Alt”键，并且使用位图选择工具选择要去除的像素区域。

按住“Alt”键，在前一选区内选择区域可以实现打孔效果。

在创建一个选取框后，按住“Alt+Shift”组合键，创建一个与原选取框重叠的新选取框，释放鼠标左键，则会将两个选取框的交叉区域内的像素选定。

对于一个已创建的选取框，可以通过单击“选择”菜单中的“反选”命令，来选定不在原始选区中的所有像素。使用此方法可以将原选区周围的所有像素删除。

绘制了选择像素的选取框后，可以扩展或收缩其边框。单击“选择”菜单中的“扩展选取框”命令，输入希望选取框边框扩展的像素数目，然后单击“确定”按钮，通过改变像素即可扩展选取框的边框，如图2-3-11所示。

单击“选择”菜单中的“收缩选取框”命令,输入希望选取框边框收缩的像素数目,单击“确定”按钮，即可收缩选取框的边框，如图2-3-12所示。

图 2-3-11

图 2-3-12

在现有选取框的基础上，可以以指定的宽度在其边界上创建一个新的选取框。绘制一个选取框后，单击“选择”菜单中的“边框选取框”命令，输入要放在现有选取框周围的选取框的宽度，然后单击“确定”按钮，如图2-3-13所示。

在使用“魔术棒”工具后,如果像素选区或选取框的边缘出现多余的像素,可以单击“选择”菜单中的“使选取框平滑”命令，平滑处理选取框的像素选区，如图2-3-14所示。

图 2-3-13

图 2-3-14

然后，在“平滑选取框”对话框中输入取样半径指定所需的平滑度，设置完成后，单击“确定”按钮。

羽化像素选区

在设计网页或处理图像时，经常会使用到羽化，使用羽化可以为所选像素创建透明效果。当使用“羽化”命令时，可以在取消选择像素前尝试各种羽化量，然后查看效果。还可以通过在使用位图选择工具之前或使用位图选择工具的过程中，在“属性”检查器中设置羽化量来羽化选区。

创建选区选取框后，单击“选择”菜单中的“羽化”命令，然后在“羽化”对话框中输入羽化量，最后单击“确定”按钮即可实现羽化。

如果要在不显示周围像素的情况下查看羽化选区的外观，可以单击“选择”菜单下的“反选”命令，或按快捷键“Ctrl+Shift+A”，然后按“Del”键，如图 2-3-15 所示。

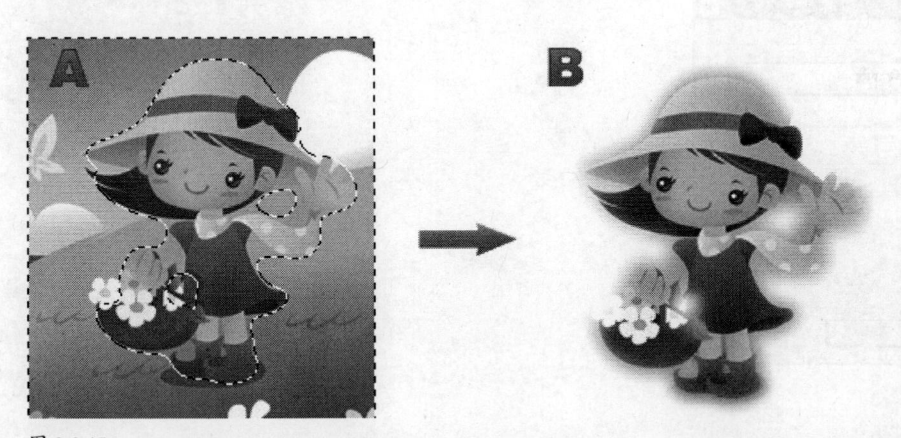

图 2-3-15

将选取框转换为路径

在设计的过程中，有时需要把位图图形中的某些区域转换为矢量对象，从而更改其形状加以应用。但是位图图形不能转换为矢量图形，这时就可以使用位图选择工具，将位图上的某些区域绘制成一个选取框，然后将此选取框转换成矢量对象。在绘制选取框后，单击“选择”菜单中的“将选取框转换为路径”命令，即可完成转换。图 2-3-16 所示为一个位图选取框转换为路径的效果。

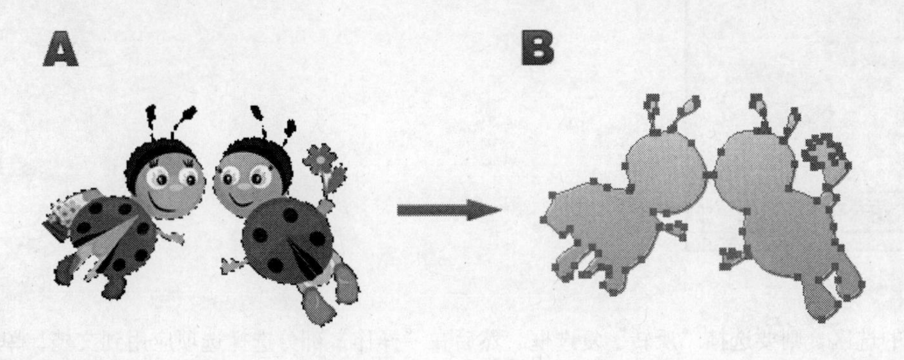

图 2-3-16

当利用“选取框”工具将位图图形中的某些区域转换为矢量图形后，文档的当前笔触和填充属性将应用到新的路径上。

保存或恢复选取框

在位图中创建的选取框可以被保存，也可以恢复到选取框所选以及修改以前保存的选区，可以通过单击“选择”菜单中的“保存位图所选”命令或“恢复位图所选”命令实现。

如果新建所选，单击“选择”菜单下的“保存位图所选”命令，弹出“保存所选”对话框，在该对话框中输入新选区的名称，如图 2-3-17 所示。

图 2-3-17

如果要恢复选取框，可以从“文件”菜单中选择包含已保存选区的文档。打开文档后，单击“选择”菜单下的“恢复所选”命令，如图 2-3-18 所示。

图 2-3-18

如果要反转恢复的选区，则要选择“反转”复选框。然后在“操作”部分选择选项应用到文档，单击确定恢复所选。

“新增所选”选项，可以用选取框中指定的所选内容，替换活动文档中的活动选区。

"添加到所选范围"选项，可以将活动选区添加到"文档"和选取框中指定的范围。

"从所选中去除"选项，可以从"文档"和选取框中所指定的所选范围，去除活动选区。

"与所选交叉"选项，可以将选取活动选区与"文档"和选取框中指定的所选范围的交集。

设置完成后，单击"确定"按钮，对要保存或恢复的每个选取框所选重复此过程。

可以对已保存的选区框执行删除操作。单击"选择"菜单中的"删除位图所选"命令，弹出"删除所选"对话框，如图 2-3-19 所示。

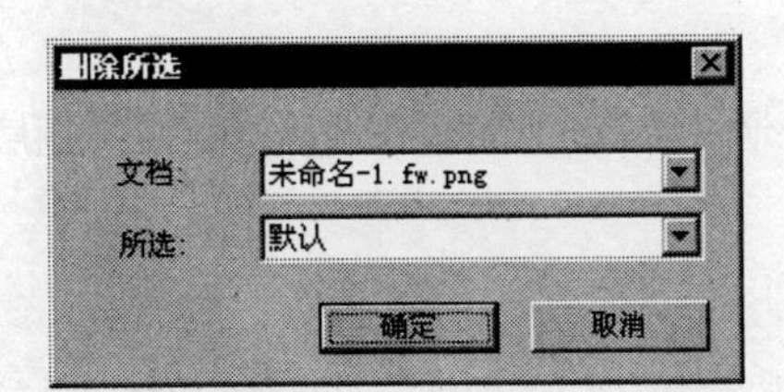

图 2-3-19

在该对话框中，从"文档"下拉列表中选择包含已保存选区的已打开文档，从"所选"下拉列表中选择保存选区，所选的保存选取即被删除。

删除保存的选取框只能在打开的文档中至少包含一个已保存的所选时启用。

复制或移动选取框

如果要复制或移动选取框所选的内容，在使用选择工具将选取框拖到新位置时，选取框会移动，但是其内容不会移动。如图 2-3-20 所示。

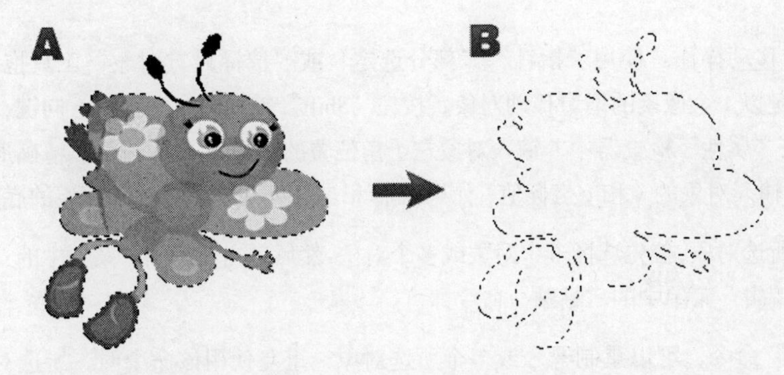

图 2-3-20

如果要复制或移动所选像素，可以在使用"指针"工具或在使用"位图"工具时按住组合键配合操作。

在移动选取框的同时按住"Shift"键，可以使选取框以 10 个像素的增量移动。

如果要移动选取框所选的像素，可以使用"工具"面板的"位图"工具区中的任意工具时，按住"Ctrl"键然后拖动选区。也可以使用"指针"工具直接拖动选区。

如果要复制选取框所选的像素，可以使用“部分选定”工具拖动选区，或者在按住 Alt 键的同时，用“指针”工具拖动选区，还可以在按住组合键“Ctrl+Alt”的同时，用任意“位图”工具拖动选区。

通过以上方法移动或复制的选区都会保留当前位图对象的组成部分。

如果要向像素选区插入位图，可以通过复制选区插入。首先使用“像素”选择工具选择一个像素区域，然后单击“编辑”菜单中的“插入”→“通过剪切创建位图”命令，当前层中随即创建一个基于该像素选区的新位图对象，并且所选像素从原位图对象中删除；也可以单击“编辑”菜单中的“插入”→“通过复制创建位图”命令，当前层中随即创建一个基于该像素选区的新位图对象。在“图层”面板中，新位图的缩略图出现在当前层中，位于它从中剪切或复制的对象的上面。

可以将选取框所选从一个位图转移到另一个位图或蒙版。首先通过绘制选取框进行选择，然后在“图层”面板中，选择任意层上不同的位图对象，移动选取框。

取消选区

可以通过单击“选择”菜单下的“取消选择”命令，取消选择区域。当使用“选取框”、“椭圆选取框”或“套索”工具绘制选取框时，单击图像中所选区域外的任意位置就可以取消选择。按“Esc”键也可以取消选取框。

2.3.6 编辑所选对象

在 Fireworks 中，可以对创建的对象执行编辑操作，展现对象的多样性。可以移动、复制、删除对象，也可以使用工具使对象旋转、扭曲以及变形，并可以通过输入特定数值确定对象变形的精确度。

移动、复制、克隆或者删除对象

对象可以在画布上或应用程序之间移动，使用“克隆”和“复制”命令可以复制对象，也可以对不需要的对象执行删除操作。

可以通过多种方法对对象进行移动操作。使用“指针”、“部分选定”或“选择后方对象”工具拖动，可以移动对象；也可以按任意方向键以 1 个像素的增量移动对象，按住“Shift”键的同时按任意方向键，则是以 10 个像素的增量移动对象；在“属性”检查器中，输入对象左上角位置的 *X* 和 *Y* 坐标值可以精确地移动对象；也可以在“信息”面板中，输入对象的 *x* 和 *y* 坐标值，如果 X 框和 Y 框不可见，可拖动面板的底边。

如果要通过粘贴来移动或复制所选对象，首先选择一个对象或多个对象，然后单击“编辑”菜单中的“剪切”或“复制”命令，最后执行“编辑”菜单中的“粘贴”命令即可。

单击“编辑”菜单中的“重制”命令，可以重制一个或多个所选对象。重复使用该命令时，所选对象的副本将以层叠方式与原始对象排列在一起。每个副本将相对之前的副本向下和向右各偏移 10 个像素。最新的重复对象将成为所选对象。

有时，需要创建相同的对象，如果一个一个地进行创建，会浪费大量的时间，在“编辑”菜单中有一个“克隆”命令，通过“克隆”命令可以将一个现有的对象进行再复制操作，可以通过一个对象克隆若干个对象这样可以提高工作效率。克隆副本正好堆叠在原选区的前面并且成为所选对象。

如果要精确地将所选克隆副本从原对象上移走，可以通过使用方向键或组合键“Shift+ 方向”键来实现。这对于在克隆副本之间保持特定的距离或者保持克隆副本的垂直或水平对齐是一个很方便的方法。

对选择的对象可以取消选择操作，点击画布可以取消选择对象，也可以单击“选择”菜单中的“取消选择”命令取消选择对象。还可以按快捷键“Ctrl+D”取消选择对象。

如果要删除所选对象，在选中要删除的对象后，按“Delete”键或“Backspace”键即可删除。也可以单击“编辑”菜单中的“清除”命令。单击“编辑”菜单中的“剪切”命令可以将对象从文档内清除而临时存放在剪贴板上。还可以通过右键单击对象，在弹出的快捷菜单中单击“编辑”→“剪切”命令。

对所选对象和选区进行变形和扭曲处理的选项

在用 Firewroks 进行编辑时，“工具”面板中的“选择”工具区的“缩放”工具、“倾斜”工具和“扭曲”工具，可以对所选对象进行变形和扭曲处理，也可以通过单击“修改”菜单中的相关命令进行处理。

“工具”面板内的变形工具有：

“缩放”工具

使用此工具可以放大或缩小对象。

“倾斜”工具

使用此工具可以将对象沿指定轴倾斜。

“扭曲”工具

“扭曲”工具在处于活动状态时以拖动选择手柄的方向，移动对象的边或角。使用“扭曲”工具可以创建三维外观。

当选择任意变形工具或单击“修改”菜单中的“变形”命令时，所选对象周围会显示变形手柄，如图 2-3-21 所示。

图 2-3-21

使用变形手柄令所选对象变形时，首先要选择一种变形工具。然后将指针移动到选择手柄上或旁边时，指针会改变为不同的形状。再将指针放到角点附近拖动，以旋转或拖动变形手柄，可根据活动的变形工具来变形。最后在窗口内双击或按“Enter”键完成变形。

在调整相关对象大小时调整 / 缩放效果和描边

在选择缩放效果和调整对象大小时应用到对象原型的描边。

对于正常缩放和 9 格切片缩放，笔触将使用“首选项”对话框或“信息”面板中的设置进行缩放。

如果在调整相关对象大小时调整或缩放效果和描边，可以单击“编辑”菜单中的“首选参数”命令，在“常规”类别中，选择“缩放笔触和效果”命令。或者单击“窗口”菜单下的“信息”命令，弹出“信息”面板，在面板的“选项”菜单中单击“缩放属性”命令。

调整所有选定对象的大小

对画布上的对象进行调整时，可以使用“调整所选对象大小”命令，使对象沿水平方向、垂直方向或同时沿着这两个方向调整大小。

首先使用“指针”工具在画布上选择对象，然后单击“命令”菜单中的“调整所选对象大小”命令，弹出“调整所选对象大小”的对话框，如图 2-3-22 所示。

在该对话框中调整大小控件沿水平方向或垂直方向调整对象的大小，最后单击“应用”按钮。

选择放大或缩小控件以调整大小，调整增量。

缩放对象

缩放对象也称为调整对象的大小。它主要以水平方向、垂直方向或同时在两个方向放大或缩小对象。

如果要对一个对象进行缩放操作，首先要选择该对象，然后单击“缩放”工具或单击“修改”菜单中的“变形”→“缩放”命令，这时所选对象周围会显示出变形手柄，将鼠标放至变形手柄上，鼠标变成了双箭头，接着可以往不同的方面拖动即可放大或缩小对象，如图 2-3-23 所示。

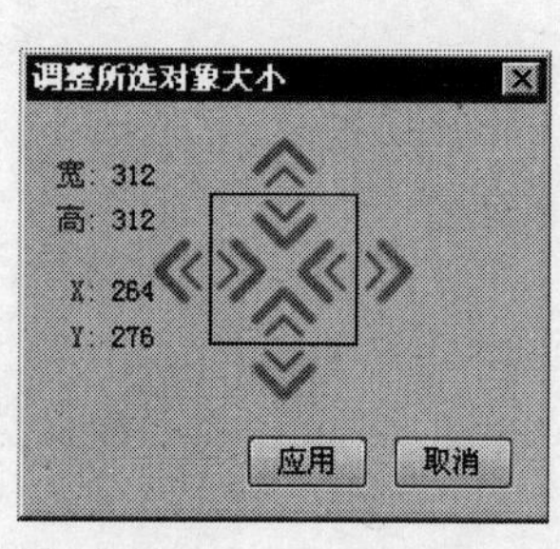

图 2-3-22

图 2-3-23

如果要同时在水平和垂直方向缩放对象，可以拖动角手柄。如果在缩放时按住“Shift”键，可以约束比例。如果要水平或垂直缩放对象，可以拖动边手柄。如果要从中心缩放对象，在拖动任意手柄时按“Alt”键。也可以通过在“属性”检查器中输入尺寸来调整所选对象的大小。

调整完成后，双击文档或按“Enter”键完成缩放变形。

倾斜对象

在设计中，有时需要将对象进行倾斜处理。可通过将对象沿水平轴、垂直轴或同时沿两个轴倾斜，达到变形效果。

选中对象后，选择“工具”面板中的“倾斜”工具，或单击“修改”菜单下“变形”→“倾斜”命令，所选对象周围会显示出变形手柄，将鼠标指针放在对象的边手柄上或外部时，鼠标变成了与边手柄平行的双箭头，通过按住鼠标左键平行或垂直拖动指针即可倾斜对象，如图 2-3-24 所示。

在选择“倾斜”工具时，如果将鼠标指针放在对象的角手柄外部，可以实现对对象的旋转操作。将鼠标指针放在对象的角手柄上并拖动角点，可以创建透视幻像效果，如图 2-3-25 所示。

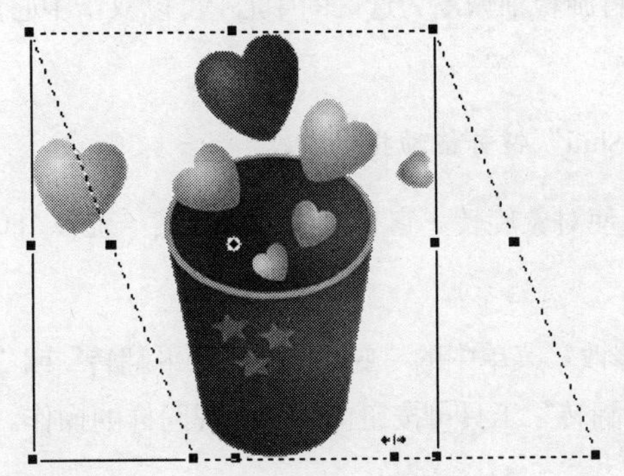

图 2-3-24

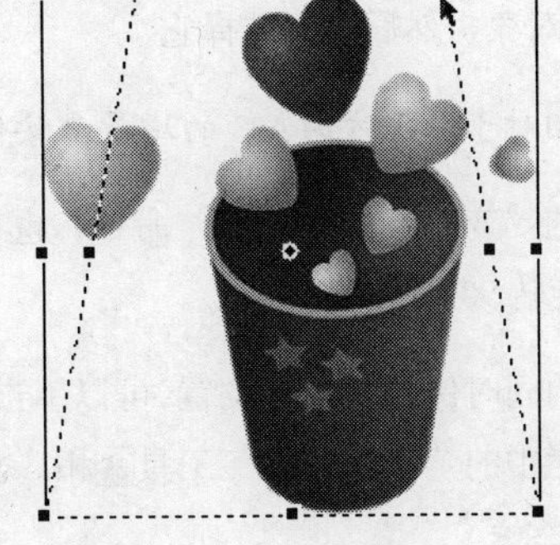

图 2-3-25

调整完成后，双击文档或按“Enter”键完成倾斜变形。

扭曲对象

可以通过用“扭曲”工具拖动选择手柄，更改对象的大小和比例。

在对对象进行扭曲操作时，首先要选择“扭曲”工具，或者单击“修改”菜单中的“变形”→“扭曲”命令，所选对象周围会显示出变形手柄，然后将鼠标指针放在对象的角手柄上并拖动角点，对方发生扭曲，如图 2-3-26 所示。

调整完成后，双击文档或按“Enter”键完成扭曲变形。

旋转和翻转对象

使用任意变形工具，将指针放在角手柄外部，都可以对对象执行倾斜操作，对象将绕中心点转动。将鼠标指针放在对象的变形手柄外部时，鼠标变成了旋转箭头，按住鼠标左键往不同的方向拖动旋转指针即可旋转对象，如图 2-3-27 所示。

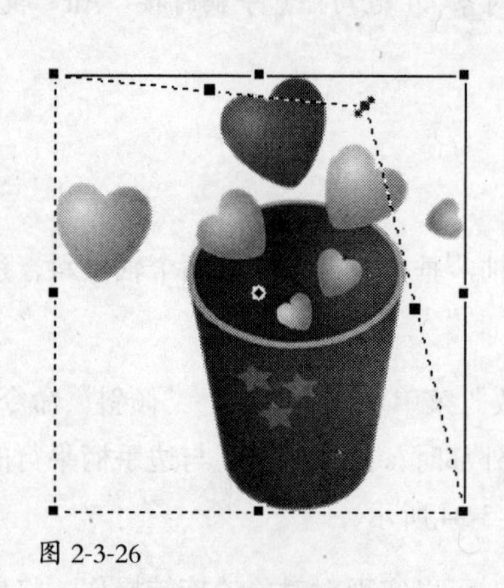
图 2-3-26

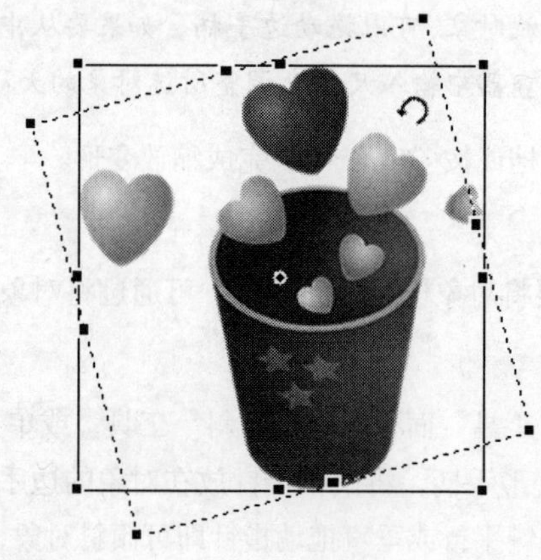
图 2-3-27

调整完成后，双击文档或按“Enter”键完成旋转变形。

如果要改变旋转轴的位置，可以将中心点拖离中心。如果将旋转轴恢复为选区的中心，可以双击中心点，或者按“Esc”键取消选择对象，然后重新选择它。

如果要将旋转限制为相对于水平方向 15° 的增量，按住“Shift”键并拖动指针即可。

单击“修改”菜单下的“变形”→“旋转”命令，也可以使对象旋转。它有三种旋转方式：旋转 180°、顺时针旋转 90° 和逆时针旋转 90°。

如果要使对象在翻转的同时保持其相对位置，可以单击“修改”菜单中的“变形”→“水平翻转”或“垂直翻转”命令。单击工具栏中的“水平翻转”工具和“垂直翻转”工具按钮也可以实现同样的操作。

以数值方式使对象变形

除了可以利用变形工具拖动对象使对象变形外，在 Fireworks 中，还可以使用“数值变形”命令，输入特定的数值来调整对象的大小以及旋转对象。

单击“修改”菜单中的“变形”→“数值变形”命令，弹出“数值变形”对话框，如图 2-3-28 所示。

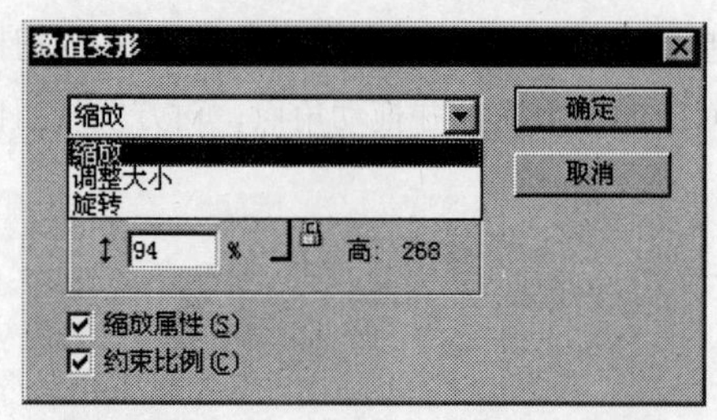

图 2-3-28

在“数值变形”对话框中，可以调整对象的缩放比例、调整对象大小以及旋转对象。从上方的下拉菜单中选择要执行的变形类型。选择“约束比例”复选框可以使对象在缩放或调整选区大小时保持同等的水平和垂直比例；选择“缩放属性”复选框可以使对象的填充、笔触和效果连同对象本身一起变形，如果取消“缩放属性”复选框，则只能对路径进行变形。设置完成后，可以手动输入缩放比例、对象大小以及旋转度数的数值，最后单击“确定”按钮。

在“属性”检查器和“信息”面板中，可以手动输入对象的宽度和高度，以调整对象的大小。图 2-3-29 所示为“属性”检查器的调整对象部分和“信息”面板。

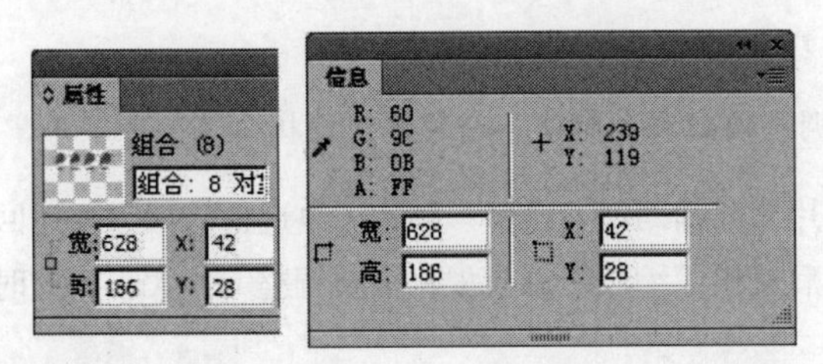

图 2-3-29

当“属性”检查器处于半高状态时，“宽”和“高”框在“属性”检查器中不可见，单击扩展箭头以查看全部属性。

使用“信息”面板可以查看当前所选对象的数值变形信息。信息随着对象的编辑而更新。

2.3.7 9 切片缩放

利用“缩放”、“倾斜”和“扭曲”工具缩放对象时，会使对象进行变形和扭曲。使用“9 切片缩放”工具能够使矢量和位图对象在缩放时不扭曲其几何形状，并且能保留关键元素（如文本或圆角）的外观。无法对文本、包含文本的元件以及包含旋转、扭曲、倾斜的文本的组应用“9 切片缩放”。如果包含文本的组或元件是 9 切片缩放，则该文本不使用 9 切片缩放进行缩放。

使用“工具”面板的“选择”工具区的“9 切片缩放”工具缩放对象时，可以利用重新调整的永久切片辅助线执行元件缩放，也可以使用应用一次的临时辅助线进行标准缩放。

元件缩放主要适合于进行多次重复使用的对象；标准缩放适用于对要合并到设计模式的位图对象或基本图形进行一次性的快速调整。

如果让中心切片尽可能的大，可以在使用“9 切片缩放”工具时获得最灵活的缩放。在显著收缩对象时，Fireworks 会将周围的切片限制为其原始大小。

9 切片元件缩放

如果对元件进行 9 切片缩放，首先要双击元件或按钮以进入元件编辑模式，在“属性”检查器中，对于“9 切片缩放辅助线”选择“启用”复选框，然后移动辅助线并将其正确地放在按钮或元件上，确保缩放时不希望扭曲的元件部分在辅助线之外。例如圆角按钮的各个角，如图 2-3-30 所示。

图 2-3-30

9 切片缩放辅助线如图 2-3-30 所示放置，可以在调整按钮大小时使各个角不会被扭曲。

如果要锁定辅助线，在“属性”面板中，对“9 切片缩放辅助线”选择“锁定”复选框。如果要返回到包含页，可以单击文档面板顶部的“页面”图标。然后使用“缩放”工具根据需要调整元件大小，这时缩放使按钮元件的各个角发生扭曲，如图 2-3-31 所示。

将 9 切片缩放辅助线应用到元件后，可以将该元件嵌套到其他 9 切片元件的受保护区域，从而创建可以自由缩放的复杂对象。

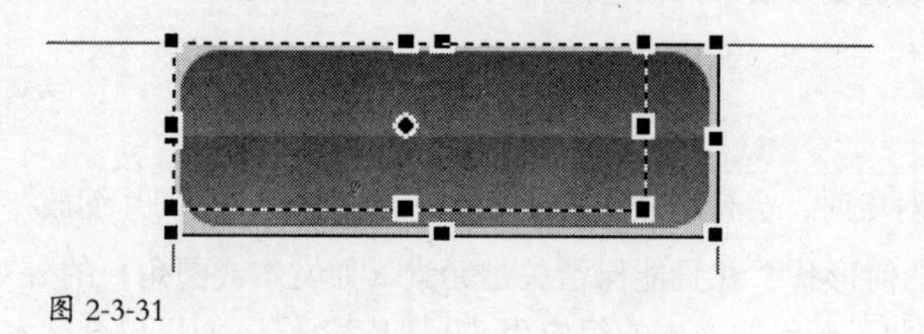

图 2-3-31

创建 3 切片缩放

如果只打算在一个维度缩放对象，可以使用 3 个切片而不是 9 切片。3 切片缩放，就是利用“9 切片缩放”工具将对象定义成 3 个缩放区域。

如果对对象进行 3 切片缩放，则首先要双击元件或按钮以进入元件编辑模式，在“属性”检查器中，对“9 切片缩放辅助线”选择“启用”复选框。如果要垂直缩放对象，将水平切片辅助线拖到对象的边缘，如果要水平缩放对象，将垂直辅助线拖到对象的边缘，如图 2-3-32 所示。

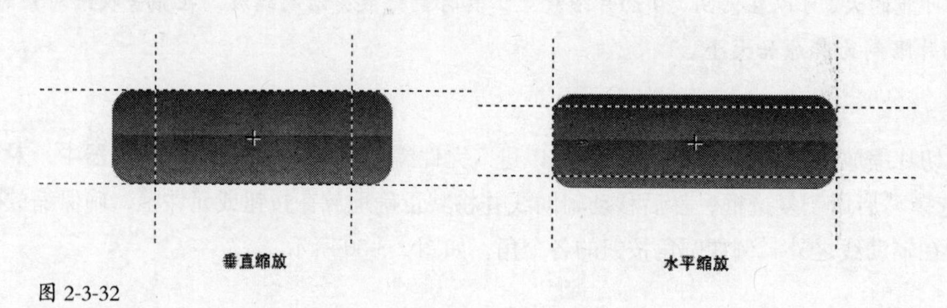

图 2-3-32

调整完成后，使用“缩放”工具调整对象大小，此时对象只会在一个维度中缩放。

临时 9 切片缩放

使用“9 切片缩放”工具可以创建临时的切片辅助线，有助于缩放对象而不扭曲其几何形状。

使用“9 切片缩放”工具创建的辅助线在使用一次后即会消失，如果想重复多次地使用，可以使用永久切片辅助线。

创建临时 9 切片辅助线，首先在画布上选择位图对象或矢量形状，然后在“工具”面板中选择“9 切片缩放”工具，在画布上排列切片辅助线，以最好地保留对象的几何形状，最后通过拖动角或边手柄使对象变形。

“9 切片缩放”工具不会对“自动形状”的对象进行 9 切片缩放。如果选择的是“自动形状”对象，Fireworks 会提示取消组合，只有取消组合后，才能执行 9 切片缩放操作。

2.3.8 组织对象

当文档内的对象过多时，可以将多个对象组合起来，或者重新排列堆叠对象的顺序，也可以将对象按不同的对齐方式对齐。通过组织对象可以使文档内的对象排列分布更加合理，并且操作起来更加方便。

组合对象是将对象视为一个整体或保护每个对象与组中其他对象的关系，组合对象也便于选择多个对象和对多个对象进行移动操作。重新排列堆叠对象的顺序可以将对象排列在其他对象的前面或后面。对齐对象可以将对象和画布的某个区域对齐，也可以与垂直轴或水平轴对齐。

组合对象

组合对象可以将多个对象组合到一起，形成一个单个的组合对象，并作为单个对象进行处理。例如，在制作网页图形效果时，可以将一个图标和文字组合起来，使其成为一个单独的对象，方便选择和移动。

如果要组合对象，则首先用“选择”工具选择两个或更多对象后，单击“修改”菜单中的“组合”命令，或按快捷键“Ctrl+G”，将所选择的对象组合成一个对象。如果要取消组合，则单击“修改”菜单中的“取消组合”命令，或按快捷键为“Ctrl+Shift+G”。

使用“部分选定”工具可以在组合对象的组中选择个别的对象进行编辑，而不用取消组合对象。

修改部分选定的对象的属性，只须更改部分选定的对象，而不是整个组。将部分选定的对象移动到其他层会从组中删除该对象。

使用“部分选定”工具向选区添加对象或从选区删除对象时，在单击或拖动时按住“Shift”键。

如果要选择包含部分选定对象的组，可以用右键单击组中的任意位置，在弹出的快捷菜单中单击“整体选择”命令，或者直接单击“选择”菜单中的“整体选择”命令。

如果要选择所选组中的某个对象，可以单击“选择”菜单中的“部分选定”命令。

堆叠对象

在层内，Fireworks 基于对象的创建顺序形成堆栈的现象，将最近创建的对象放在最上面。对象的堆叠顺序决定了它们重叠时的外观。

层也影响堆叠顺序。例如，文档有两层，名称分别为“层 1”和“层 2”，如果在“图层”面板中，“层 1”列于“层 2”之下，那么“层 2”上的所有内容出现在“层 1”上的所有内容之上。通过在“图层”面板中将层拖动到新位置可以更改层的顺序。

如果要在层内更改对象或者组的堆叠顺序，可以在选定一对象后，单击“修改”菜单中的“排列”→“移到最前”或“移到最后”命令，可以将对象或组移到堆叠顺序的最上面或最下面；单击“修改”菜单中的“排列”→“上移一层”或“下移一层”命令，可以将对象或组在堆叠顺序中向上或向下移动一个位置。

如果选中了多个对象，则这些对象会移动到所有取消选择的对象之前或之后，并保持它们之间的相对顺序不变。

“图层”面板提供了组织控件的另一种维度，可以在层间排列对象。如果要将所选对象从一层移动到另一层，可以将对象缩略图或蓝色的选择指示器拖动到另一层。

对齐对象

可以对所选对象应用一个或多个对齐命令。如果想要快速地访问对齐命令，可以单击“窗口”菜单下的“对齐”命令，打开“对齐”面板，在“对齐”面板中含有大量的对齐命令，如图 2-3-33 所示。

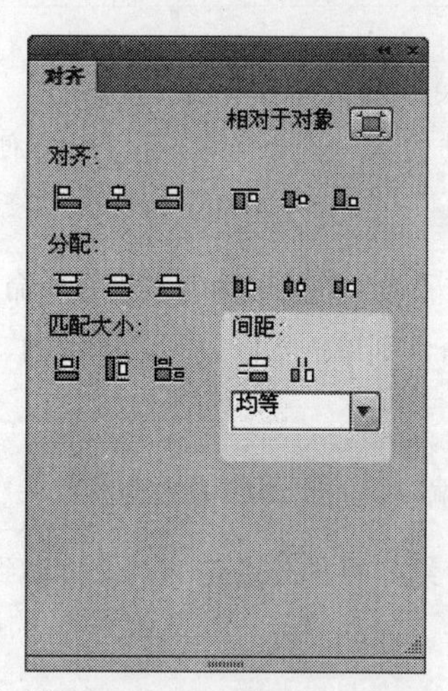

图 2-3-33

单击“修改”菜单中的“对齐”命令，也会看到很多的子命令，如左对齐、垂直居中、右对齐、顶对齐、水平居中、底对齐。左对齐，可以将对象与最左侧的所选对象对齐；垂直居中，将对象的中心点沿垂直轴对齐；右对齐，将对象与最右侧的所选对象对齐；顶对齐，将对象与最上方的所选对象对齐；水平居中，将对象的中心点沿水平轴对齐；底对齐，将对象与最下方的所选对象对齐。

如果要为自动形状设置对齐方式选项，需要使用相应的 API。指定的设置仅用于相应的自动形状。对自动形状应用这些设置之后，笔触和绘制的路径用于以后的自动形状，但不用于对象。

同时，Fireworks 还提供了 3 个或更多个所选对象按均匀的宽度或高度排列的操作。单击“修改”菜单中的“对齐”→“均分宽度”命令或单击“修改”菜单中的“对齐”→“均分高度”命令，查看相关的操作效果。

3 位图图像处理

学习要点：

- 了解位图图形的定义
- 了解并熟悉位图工具区各种工具的使用方法
- 能够熟练使用各位图编辑工具编辑位图对象
- 熟悉并掌握应用各种滤镜编辑位图对象

Fireworks 是由 Adobe 公司推出的专门用于网页图形设计的应用软件。在 Fireworks 中，包含了大量的图形设计和图像处理的工具，Fireworks 的工具面板由“选择”工具区、“位图”工具区、“矢量”工具区、“Web”工具区、“颜色”工具区以及“视图”工具区 6 大区域构成。本章主要详细讲述“位图”工具区中各种工具的使用方法，并通过对“位图”工具区中各种工具的了解及应用，使所编辑位图图像呈现出完美的效果。

在 Fireworks 中，对位图图像进行操作前，首先需要区分位图图像和矢量图像的概念。它们的主要区别在于内部的组成原理不同，矢量图像由点和路径构成，位图图像由像素构成。照片、扫描的图像以及用绘画程序创建的图像都属于位图图像。相对而言，位图更能真实地反映现实世界的事物，能对图像细节进行深入的编辑，做进一步优化处理。当然，也可以对创建的位图进行编辑，可以根据自己的意愿改变位图的颜色，将不满意的位图进行修饰，以达到自己的要求。

3.1 关于位图图像

位图图像由排列成网格的称为像素的点组成。计算机的屏幕就是一个大的像素网格。在位图中，图像是由网格中每个像素的位置和颜色值决定的。每个点被指定一种颜色，在以正确的分辨率查看时，这些点像马赛克中的瓷片那样拼合在一起形成图像。

编辑位图图像时，修改的是像素，而不是线条和曲线。位图图像与分辨率有关，这意味着描述图像的数据被固定到一个特定大小的网格中。放大位图图像将使这些像素在网格中重新进行分布，这样通常会使图像的边缘呈锯齿状。在一个分辨率比图像自身分辨率低的输出设备上显示位图图像会降低图像品质。图 3-1-1 所示的位图图像 A 在被放大到一定比例后，显示为图 B 所示的效果。

图 3-1-1

Fireworks 集照片编辑、矢量绘图和绘画等功能于一身。创建位图图像的方法有以下几种：通过使用位图工具对图像进行绘制或者创建；将矢量对象转换成位图图像；通过打开或导入图像的方法创建位图图像。

注：位图图像不能转化为矢量对象。

在对所创建的位图图像进行编辑处理时，可以修改像素的颜色，擦除位图中不需要的像素，也可以对位图进行裁剪等操作。

Fireworks 有一套强大的动态滤镜可用于色调和颜色的调节，它还提供了许多修饰位图图像的方法，包括修剪、羽化或克隆图像。另外，Fireworks 还提供了一套图像修饰工具："模糊"工具、"锐化"工具、"减淡"工具、"加深"工具、"涂抹"工具、"橡皮图章"工具、"替换颜色"工具和"红眼消除"工具。通过这些工具，可以对位图对象进行完美的处理。

3.2 创建位图对象

在 Fireworks 中，创建位图对象的方法有很多种：可以使用位图编辑工具绘制和绘画图像；可以将矢量图像转换成位图对象；可以从其他地方剪切或复制像素，并将它们进行粘贴而形成新的位图对象。

一个新位图对象创建后就添加到当前层中。在已展开的"图层"面板中，可以在位图对象所在的层下看到每个对象的缩略图和名称。Fireworks 把位图对象、矢量对象和文本组织成位于层上的独立对象。

通过位图编辑工具创建位图对象

从"工具"面板的"位图"区中选择"刷子"或"铅笔"工具创建位图对象，用"刷子"或"铅笔"工具在画布上绘制对象，新创建的位图对象随即将被添加到"图层"面板的当前层中。

创建空位图对象

创建空位图对象时，首先创建一个新的空位图，然后在空位图中绘制或绘画像素。单击"图层"面板中的"新建位图图像"按钮，或者单击"编辑"菜单中的"插入"命令的"空位图"子命令，创建一个新的位图，此时空位图就被添加到"图层"面板的当前层中。

在新创建的位图层中绘制选区选取框，然后用“油漆桶”工具选择一种颜色填充它，即创建了一个位图区域，如图 3-2-1 所示。

图 3-2-1

如果在空位图上绘制、导入像素或以其他方式放入像素之前，取消了选择的空位图，则空位图对象自动从“图层”面板和文档中消失。

通过剪切或复制创建位图对象

当要用位图中的一些区域或者一些像素作为独立的位图对象使用时，可以剪切或复制位图中所选的像素，然后单击“粘贴”命令，即可以创建新的位图对象。

具体操作是：首先用“选取框”工具、“套索”工具或“魔术棒”工具选择像素。然后单击“编辑”菜单中的“剪切”或“复制”命令,剪切或复制完成后,单击“编辑”菜单中的“粘贴”命令;也可以单击“编辑”菜单中的“插入”→“通过复制创建位图”命令,将当前选区复制到一个新位图中,或单击“编辑”菜单的“插入”→“通过剪切创建位图”命令，将当前选区剪切到一个新位图中，该选区会在“图层”面板中的当前层上显示为一个对象。

除了使用菜单命令之外，也可以用右键单击像素选取框选区，并从上下文菜单中选择剪切或复制选项。

将所选矢量对象转换为位图对象

如果要将所选矢量对象转换成位图图像,可以通过单击“修改”菜单中的“平面化所选”命令完成。在“图层”面板的“选项”菜单中，执行“平面化所选”命令也可完成同样的操作。

矢量到位图的转换是不可逆转的，只有单击“编辑”菜单中的“撤销”命令或撤销“历史记录”面板中的动作可以取消该操作。位图图像不能转换成矢量对象。

3.3 绘制和编辑位图对象

在 Fireworks 中,运用“工具”面板中的“位图”区的位图工具可以创建和编辑位图图像。其中包含选择、绘制、绘画和编辑位图图像像素的工具，各工具都有其自身的特点，结合相应的属性参数，给位图设计者带来了很大的想象空间。也可以运用“图像编辑”面板的工具对位图对象进行编辑，“图像编辑”面板几乎包括了所有的位图编辑工具。

3.3.1 绘制和编辑位图图像工具

在“工具”面板中的“位图”区中主要包含位图选择工具、位图创建工具以及位图编辑工具，如图 3-3-1 所示。

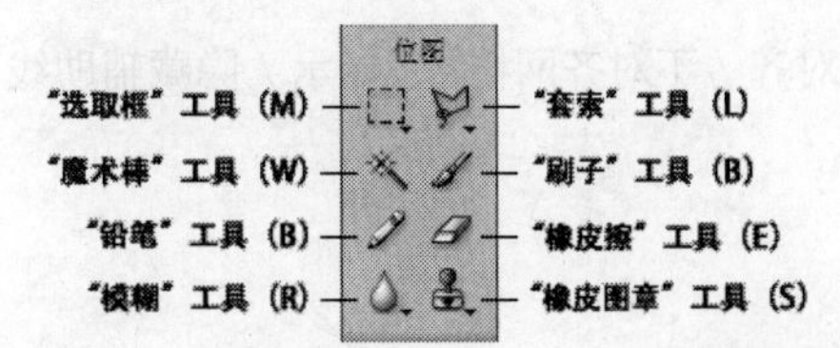

图 3-3-1

其中“选取框”工具组、“套索”工具组和“魔术棒”工具属位图选择工具，用于选择位图编辑区域；“铅笔”工具和“刷子”工具可以创建简单的位图对象；“橡皮擦”、“模糊”以及“橡皮图章”属位图编辑工具，“橡皮擦”工具用来擦除位图中不需要的像素；“模糊”工具组和“橡皮图章”工具组用于对位图的修饰。选择工具后，可以在其“属性”检查器中设置其相关的属性。

“工具”面板中常用的位图图像编辑工具主要有“红眼消除”、“裁剪”、“旋转”、“模糊”、“锐化”、“减淡”和“加深”等。

单击“窗口”菜单中的“工具”命令可以打开“工具”面板。

除了以上常用的位图图像编辑工具之外，在“图像编辑”面板中还包含着许多编辑位图图像工具，如图 3-3-2 所示。

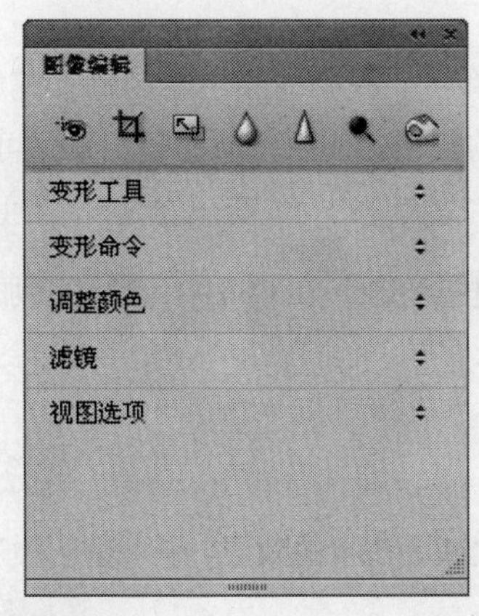

图 3-3-2

“变形工具”包括：“缩放”、“倾斜”、“扭曲”和“任意旋转”。

“变形命令”包括：“数值变形”、“Rotate 180°”、“顺时针旋转 90°”、“逆时针旋转 90°”、“水平翻转”、“垂直翻转”和“删除变形”。

“调整颜色”包括：“自动色阶”、“亮度 / 对比度”、“曲线”、“色相 / 饱和度”、“反转”、“色阶”、“转换为灰色调”和“转换为棕褐色调”。

“滤镜”包括：“模糊”、“进一步模糊”、“锐化”、“进一步锐化”、“钝化蒙版”、“添加杂点”、“转换为Alpha”和“查找边缘”。

“视图选项”包括:“显示 / 隐藏标尺”、“显示 / 隐藏网格”、“对齐 / 不对齐网格”、“显示 / 隐藏辅助线”、“对齐 / 不对齐辅助线”和“锁定 / 解除锁定辅助线”。

3.3.2 绘制位图对象

在 Firewroks 的“工具”面板中，使用“位图”区的“铅笔”和“刷子”工具可以绘制出简单的位图对象。

用“铅笔”工具绘制位图对象

使用“铅笔”工具可以绘制出单像素的位图对象。

选择“铅笔”工具,按住鼠标左键在画布上拖拉即可。通过“属性”检查器可以设置“铅笔”工具的属性：勾选“消除锯齿”复选框会对绘制的直线的边缘进行平滑处理;勾选“自动擦除”复选框可以在使用“铅笔”工具在笔触颜色上单击时填充颜色；勾选“保持透明度”复选框可以将“铅笔”工具限制为只能在现有像素中绘制，而不能在图像的透明区域中绘制。

在位图上编辑个别像素时，可以将整个画布放大，用“铅笔”工具编辑会比较方便。按住“Shift”键并拖动可以将路径限制为水平、竖直或倾斜线。

用“刷子”工具绘制位图对象

使用“刷子”工具可以描绘出各种不同样式的线条。使用“笔触颜色”框中的颜色绘制刷子笔触，或者可以用“颜料桶”工具将所选像素的颜色更改为“填充颜色”框中的颜色。使用“渐变”工具，可以以可调的样式用颜色组合填充位图或矢量对象。

选择“刷子”工具，在“属性”检查器中设置笔触属性，拖动即可进行绘画。在 CS6 中，纹理增加了新的图案样式。

3.3.3 编辑位图对象

在位图的编辑中,通过“油漆桶”工具能改变位图对象颜色的填充,使之成为想要的效果,还可以应用“羽化”、“裁剪”等工具修剪位图对象。

在像素选区中应用颜色

如果想将像素选区的颜色更改为“填充颜色”框中的颜色，可点击“油漆桶”工具，选择所需颜色。在 CS6 中，“油漆桶”工具弹出框做了调整，取消了不常用的“网页抖动”，将常用的填充方式以图标方式显示。如图 3-3-3 所示。

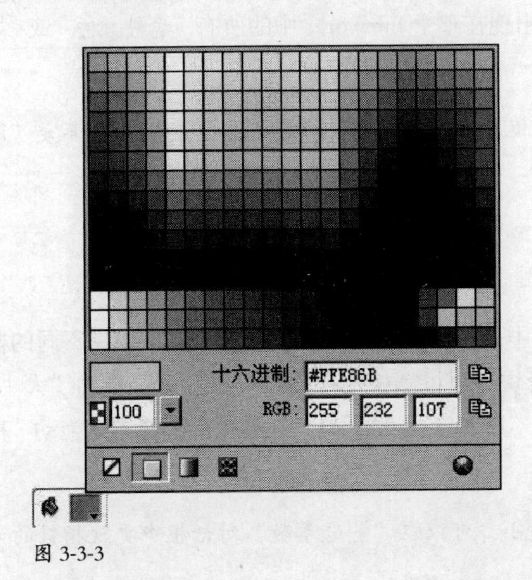

图 3-3-3

选择“油漆桶”工具后，在“属性”检查器中设置可以设置不同的容差值，容差决定了填充的像素在颜色上必须达到的相似程度。低容差值用与所选取的像素相似的颜色值填充像素；高容差值用范围更广的颜色值填充像素。

然后在“填充颜色”框中选择一种颜色，单击对象，容差范围内的所有像素都变成填充颜色。

“油漆桶”提供了四种填充方式，“透明按钮”、“实色填充”、渐变填充”以及“图案填充”，分别选择显示不同的效果。

用“油漆桶”工具也可以填充选定的矢量对象。

选取一种颜色用作笔触颜色或填充颜色

当需要用图像中的一个像素的颜色作为笔触颜色或填充颜色时，可以通过使用“滴管”工具进行选择。在 CS6 中，“滴管”工具做了很大的调整，选择“滴管”工具后，右键点击画布中图像的像素，会弹出菜单，有“复制颜色”、“复制填充颜色”和“复制描边颜色”三种选择，选择不同的选项复制不同的颜色效果。在“滴管”工具的属性检查器中，新增了“颜色格式”选项，有十六进制和 RGB 两个选择，这样可以更直观地选择颜色格式。

在“滴管”工具未被激活的情况下，单击“工具”面板中“笔触颜色”框旁边的笔触图标或者单击“填充颜色”框旁边的填充图标可以使其成为活动属性。在“属性”检查器中进行“平均颜色取样”设置。

“1 像素”，用单个像素创建笔触颜色或填充颜色。

“3×3 平均”，用 3×3 像素区域内的平均颜色值创建笔触颜色或填充颜色。

“5×5 平均”，用 5×5 像素区域内的平均颜色值创建笔触颜色或填充颜色。

在文档中的任何地方单击“滴管”工具，所选颜色即会出现在整个 Fireworks 中的所有“笔触颜色”或“填充颜色”框中。

在选择“笔触颜色”或“填充颜色”时，不要单击颜色框本身，否则，出现的是“滴管”指针，并不是“滴管”工具。

擦除位图对象

如果要对创建的位图对象进行局部的清除时，可以使用“橡皮擦”工具删除像素。

使用“橡皮擦”工具删除对象时，在“属性”检查器中，根据要删除的不同内容，可以选择不同的橡皮擦形状，有圆形或方形两种可供选择。拖动“边缘”滑块可以设置橡皮擦边缘的柔和度，拖动“大小”滑块设置橡皮擦的大小，拖动“橡皮擦不透明度”滑块设置不透明度。设置完后，在要擦除的像素上拖动“橡皮擦”工具即可。

默认情况下，“橡皮擦”工具指针代表当前橡皮擦的大小，可以在“首选参数”对话框中更改指针的大小和外观。

羽化像素选区

羽化可使像素选区的边缘模糊化，并有助于所选区域与周围像素的融合。当复制选区并将其粘贴到另一个背景中时，羽化也会使其达到更真实的效果。图 3-3-4 所示为将图 A 中的部分内容羽化、选取最终形成图 B 的效果。

图 3-3-4

如果要在选择像素选区时羽化像素选区的边缘，首先从“工具”面板中选择位图选择工具，在“属性”检查器的“边缘”弹出菜单中选择“羽化”，拖动滑块设置希望沿像素选区边缘模糊的像素数目，最后进行选择即可。

如果要在菜单栏中羽化像素选区的边缘，首先通过位图选择工具选择区域，然后单击“选择”菜单中的“羽化”命令，弹出“羽化所选”对话框，如图 3-3-5 所示。

图 3-3-5

在“羽化所选”对话框中输入像素值以设置羽化半径。对于大多数实际用途来说，最好使用默认值 10。最后单击“确定”按钮即可。

半径值决定选区边框每一侧羽化的像素数目。

通过“羽化”命令还可以对位图边缘进行模糊处理。首先选择对象，或者使用“文件”菜单下的“导入”命令导入要羽化的图像，选择任意选择工具后，在“属性”面板的“边缘”下拉列表中选择“羽化”及羽化值，设置完成后，拖动鼠标以选取要羽化的图像，单击“选择”菜单下的“反选”命令，按“Delete”键。图 3-3-6 所示即为图像 A 通过羽化边缘得到的图像 B 的效果。

图 3-3-6

裁剪所选位图

裁剪位图，可以把文档中的单个位图对象隔离开，只裁剪该位图对象而使画布上的其他对象保持不变。

在画布中先选择位图对象或使用“选取框”工具在位图中选取部分区域，然后单击“编辑”菜单中的“裁剪所选位图”命令，裁剪手柄出现在所选位图或选取框的周围。调整裁剪手柄，直到定界框围在位图图像中要保留的区域周围，如图 3-3-7 所示。

图 3-3-7

如果要取消裁剪选择，可按“Esc”键。

在定界框内部双击或按“Enter”键以裁剪选区。所选位图中位于定界框以外的每个像素都被删除，而文档中的其他对象保持不变。

还可以通过“工具”面板中“选择”区的“裁剪”工具或“导出区域”工具来修剪位图对象。

3.4 修饰位图

Fireworks 提供了大量的位图修饰工具用来修饰位图图像。通过这些修饰工具可以模糊、减弱所选区域，突出所要表现的焦点，或者替换对象中的某一颜色以及羽化选区等。

“模糊”工具，使用“模糊”工具可以减弱图像中所选区域的焦点。

“锐化”工具，使用“锐化”工具可以锐化图像中的区域。

“减淡”工具，使用“减淡”工具可以加亮图像中的部分区域。

“加深”工具，使用“加深”工具可以加深图像中的部分区域。

“涂抹”工具，使用“涂抹”工具可以拾取颜色并在图像中沿拖动的方向推移该颜色。

“橡皮图章”工具，使用“橡皮图章”工具可以把图像的一个区域复制或克隆到另一个区域。

“替换颜色”工具，使用“替换颜色”工具可以用另一种颜色在原颜色上绘画。

“红眼消除”工具，使用“红眼消除”工具可以去除照片中出现的红眼。

3.4.1 克隆像素

“橡皮图章”工具可以克隆位图图像的部分区域，将其压印到图像中的其他区域。当修复有划痕的照片或去除图像上的灰尘时，克隆像素很有用。可以复制照片的某一像素区域，然后用克隆的区域替代划痕或灰尘点。

图 3-4-1 中的图 B 所显示的为图 A 中的划痕通过“橡皮图章”工具去除后所达到的效果。

图 3-4-1

如果要对位图图像的部分区域进行克隆，首先选择“橡皮图章”工具，单击某一区域，将其指定为源（即要克隆的区域），取样指针即变成十字型指针。

要指定另一个要克隆的像素区域，可以按住“Alt”键并单击另一个像素区域，将其指定为源，即要克隆的区域。

移到图像的其他部分并拖动指针，可以看到两个指针。第一个是克隆源，为十字型。根据已选择的刷子首选参数，第二个指针可能是橡皮图章、十字型或蓝色圆圈形状，这取决于所设置的刷子首选参数。拖动第二个指针时，第一个指针下的像素会被复制并应用于第二个指针下的区域。

当选择“橡皮图章”工具后，“属性”检查器中显示其相关的选项。

“大小”是指图章的大小。

“边缘”是指笔触的柔和度（100% 为硬，0% 为软）。

“按源对齐”会影响取样操作，当选择“按源对齐”后，取样指针垂直和水平移动以与第二个指针对齐；当取消选择“按源对齐”后，不管将第二个指针移到哪儿，在哪里单击它，取样区域都是固定的。

“使用整个文档”是指从所有层上的所有对象中取样。

“橡皮图章”工具只从活动对象中取样。

“不透明度”确定透过笔触可以看到多少背景。

“混合模式”会影响克隆图像对背景的影响。

如果要复制像素选区，首先使用“部分选定”工具选定其像素区域，然后按住“Alt”键并使用“指针”工具拖动像素选区。

3.4.2 替换颜色

“替换颜色”工具是在原选择的一种颜色上用另外一种颜色覆盖此颜色进行绘画的工具。图 3-4-2 中的图 B 所显示的为图 A 使用“替换颜色”工具后所达到的效果。

图 3-4-2

Fireworks 提供了两种不同的方式，用于一种颜色替换另一种颜色：可以在颜色样本中替换已经指定的颜色，或通过使用“替换颜色”工具直接在图像上替换颜色。

如果使用颜色样本进行替换,则先选择“替换颜色”工具。在“属性”检查器的“源色”框中,单击“样本”，从“源色”选色表选择颜色样，并从弹出菜单中选择一种颜色以指定要替换的颜色。单击“属性”检查器中的“替换色”选色表，并从弹出菜单中选择一种颜色。

在“属性”检查器中可以设置其他笔触属性。

“大小”，设置刷子笔尖的大小。

“形状”，设置圆形或方形刷子笔尖形状。

“容差”，确定要替换的颜色范围（0 表示只替换“替换色”颜色；100 表示替换所有与“替换色”颜色相似的颜色）。

“强度”，确定将替换多少“更改”颜色。

“彩色化”,用“替换色”颜色替换“更改”颜色,取消选择“彩色化”复选框可以用“更改”颜色对“源色”颜色进行涂染，并保持一部分“更改”颜色不变。

设置完成之后，将该工具拖动到要替换的颜色上，单击鼠标或按住鼠标左键在位图上来回拖动即可。

如果要通过在图像上选择颜色的方法用一种颜色替换另一种颜色，同样先选择“替换颜色”工具。在“属性”检查器的“从”下拉列表中，选择“图像”选项。单击“替换色”选色表，然后从弹出窗口中选择一种颜色。在“属性”检查器中设置其他笔触属性。使用该工具在包含要替换的颜色的位图图像部分单击。按住鼠标左键，继续使用该工具在图像中刷涂。在初始化刷涂动作时在其上单击的颜色将会替换为在“替换色”选色表中指定的颜色。

3.4.3 从照片中消除红眼

在一些照片中，主体的瞳孔是不自然的红色阴影。可以使用“红眼消除”工具矫正此红眼效应。“红眼消除”工具仅用于对照片的红色区域进行快速绘画处理，并用灰色和黑色替换红色。

要矫正照片中的红眼效应，先选择“红眼消除”工具，在“属性”检查器中设置相关属性。

“容差”用来确定要替换的色相范围（0 表示只替换红色；100 表示替换包含红色的所有色相）。

“强度”设置用于替换红色的灰色暗度。

在照片中的红色瞳孔上单击并拖动十字型指针，即可从照片中消除红眼，如图 3-4-3 所示。

如果仍有红眼，单击“编辑”菜单下的“撤销”命令，并使用不同的“容差”和“强度”重新执行操作。

图 3-4-3

3.4.4 模糊、锐化和涂抹像素

“模糊”工具和“锐化”工具影响像素的焦点。“模糊”工具通过有选择地模糊元素的焦点来强化或弱化图像的局部区域。“锐化”工具对于修复扫描问题或聚焦不准的照片很有用。“涂抹”工具可以像创建图像倒影那样将颜色逐渐混合起来。

如果要模糊或锐化图像，首先选择“模糊”工具或“锐化”工具，在“属性”检查器中设置相关属性。

“大小”设置刷子笔尖的大小。

“边缘”指定刷子笔尖的柔和度。

“形状”设置刷子笔尖形状为圆形或方形。

“强度”设置模糊或锐化量。

然后在要锐化或模糊的像素上拖动该工具即可实现相关效果。

如果要在图像中涂抹颜色，可以选择“涂抹”工具，在“属性”检查器中设置相关属性。

“大小”指定刷子笔尖的大小。

“形状”设置刷子笔尖形状为圆形或方形。

“边缘”指定刷子笔尖的柔和度。

“压力”设置笔触的强度。

“涂抹色”允许在每个笔触的开始处用指定的颜色涂抹，如果取消选择此复选框，则使用该工具指针下的颜色。

“使用整个文档”利用所有层上所有对象的颜色数据涂抹，当取消选择此复选框后，涂抹工具仅使用活动对象的颜色。

最后在要涂抹的像素上拖动该工具即可。

按下“Alt”键可以从一种工具行为更改为另一种工具行为。

3.4.5 减淡和加深像素

使用“减淡”工具或“加深”工具可以分别减淡或加深图像的局部。这类似于洗印照片时增加或减少曝光量的暗室技术。

如果要对图像的局部进行减淡或加深操作，首先选择“减淡”工具或“加深”工具分别减淡或加深图像的局部。在“属性”检查器中设置相关属性。

“大小”设置刷子笔尖的大小。

“形状”设置刷子笔尖形状为圆形或方形。

“边缘”设置刷子笔尖的柔和度。

“曝光”设置曝光度，曝光范围从 0% 到 100%，值越大，效果越明显。

“范围”有 3 个选项 :“阴影”主要更改图像的深色部分 ;“高亮”主要更改图像的浅色部分 ;“中间色调”主要更改图像中每个通道的中间范围。

设定完后，在图像中要减淡或加深的部分上拖动，即可实现减淡或加深效果。

拖动工具时按住“Alt”键可以临时从“减淡”工具切换到“加深”工具或从“加深”工具切换到“减淡”工具。

3.5 调整位图颜色和色调

可以使用“滤镜”菜单，或者“属性”检查器内的颜色和色调，通过调整滤镜来改善和强化位图图像中的颜色。可以调整图像的对比度和亮度、色调范围、色相和饱和度。

将滤镜作为“属性”检查器中的“动态滤镜”使用，对对象本身没有破坏作用。“动态滤镜”效果只会临时改变像素，可以随时删除或重新编辑它们，如图 3-5-1 所示。

从“滤镜”菜单中应用的滤镜是一种不可逆转的永久性的应用滤镜方式。从“滤镜”菜单中选择滤镜，如图 3-5-2 所示。

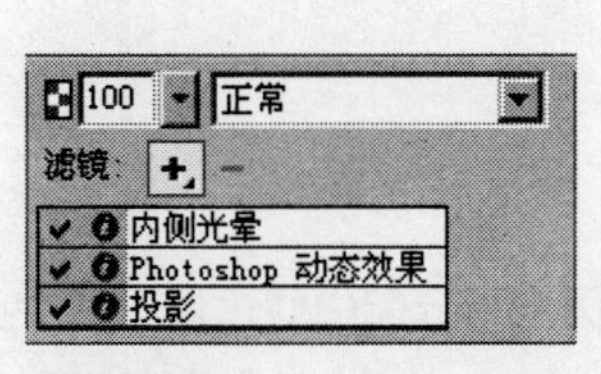

图 3-5-1

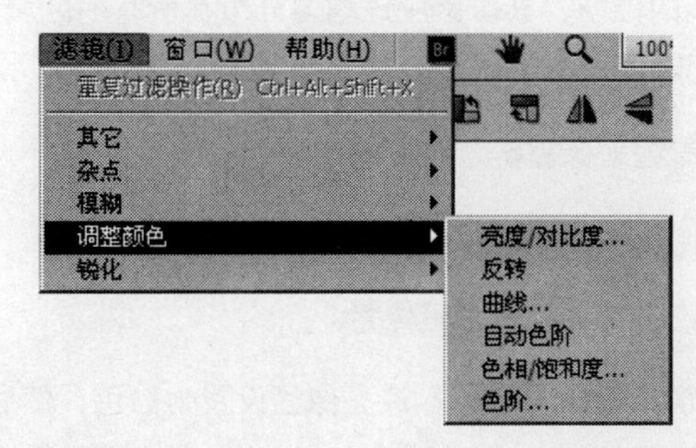

图 3-5-2

建议尽可能地使用“动态滤镜”。通过“滤镜”菜单中使用滤镜效果，只能通过历史记录面板，或者通过单击“编辑”菜单中的“撤销”命令，来撤销操作，而使用“动态滤镜”却可以随时再编辑和删除。

如果使用“滤镜”菜单将滤镜应用于选定的矢量对象，那么 Fireworks 会将所选对象转换为位图。尽管“动态滤镜”更灵活，但是在图像文档中过量使用“动态滤镜”，会降低 Fireworks 的性能。

3.5.1 对用位图选区选取框定义的区域应用动态滤镜

不能从“滤镜”菜单中将“动态滤镜”应用于像素选区，可以先定义一个位图区域，将它创建为一个单独的位图，然后再对它应用动态滤镜。

对位图应用“动态滤镜”的具体操作为：首先选择一个位图选择工具，并绘制一个选取框，然后单击“编辑”菜单中的“剪切”→“编辑”→“粘贴”命令，此时所选区域就形成了一个单独的位图对象。在“图层”面板中单击新位图对象的缩略图以选择位图对象，然后从“属性”检查器中应用“动态滤镜”即可。

3.5.2 调整色调范围

可以通过利用“色阶”、“曲线”和“自动色阶”功能调整位图的色调范围。应用“色阶”，可以校正像素高度集中在高亮、中间色调或阴影部分的位图。应用“自动色阶”可以实现自动调整色调范围。如果需要对位图的色调范围进行更精确的控制，则可以应用“曲线”功能，它可以在不影响其他颜色的情况下沿色调范围调整颜色。

应用“自动色阶”功能

通过“自动色阶”功能可以自动调整高亮、中间色调和阴影。在选中要应用“自动色阶”的对象后，在“属性”检查器中单击“添加动态滤镜或选择预设”按钮+，然后在“滤镜”弹出菜单中单击“调整颜色”→“自动色阶”命令。也可以在选择图像后，单击“滤镜”菜单中的“调整颜色”→“自动色阶”命令。

通过单击“色阶”或“曲线”对话框中的“自动”按钮，也可以自动调整高亮、中间色调和阴影。

使用“色阶”功能

一个有完整色调范围的位图，其像素应该均匀分布在所有的区域内。“色阶”功能可以校正像素高度集中在高亮、中间色调或阴影部分的位图。

“高亮”校正使图像看起来像被洗过一样的过多加亮像素。

“中间色调”校正中间色调中使图像看起来黯淡的过多像素。

“阴影”校正隐藏了许多细节的过多暗像素。

“色阶”功能把最暗像素设置为黑色，最亮像素设置为白色，然后按比例重新分配中间色调。这会产生一个所有像素中的细节都得以清晰描绘的图像。图 3-5-3 中的图 B 所显示的为图 A 用“色阶”调整后所达到的效果。

图 3-5-3

使用“色阶”对话框中的“色调分布图”，可以查看位图中的像素分布。“色调分布图”是像素在高亮、中间色调和阴影部分，分布情况的图形表示，图 3-5-4 所示，通过它可以确定最佳的图像色调范围校正方法。应用“色阶”或“曲线”功能可以改善像素高度集中在阴影或高亮部分的图像。

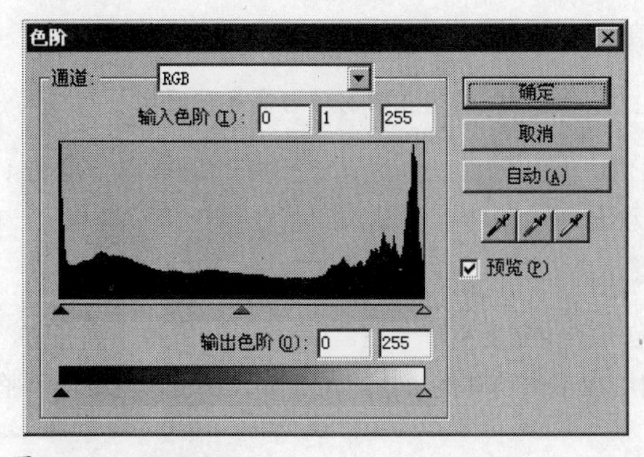

图 3-5-4

在“色阶”对话框中，水平轴表示从最暗（0）到最亮（255）的颜色值。水平轴较暗的像素在左边，中间色调像素在中间，较亮的像素在右边。垂直轴表示每个亮度级的像素数目。通常应先调整高亮和阴影部分，然后再调整中间色调，这样就可以在不影响高亮和阴影的情况下，改善中间色调的亮度值。

如果要调整位图图像的高亮、中间色调和阴影，首先选择该位图图像，打开“色阶”对话框。

打开“色阶”对话框有两种方法：一种是在“属性”检查器中，单击“添加动态滤镜或选择预设”按钮，单击“滤镜”弹出菜单中的“调整颜色”→“色阶”命令；另一种是单击“滤镜”菜单中的“调整颜色”→“色阶”命令。应用“滤镜”菜单中的滤镜是有破坏作用的，若要保留调整、关闭或删除此滤镜的功能，应使用“属性”检查器中的“动态滤镜”选项，如图 3-5-5 所示。

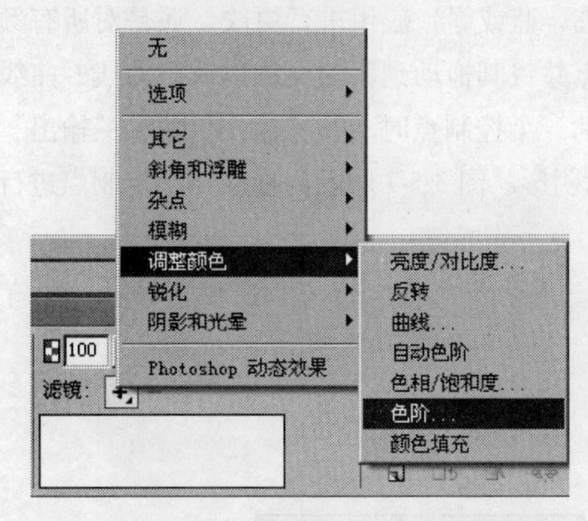

图 3-5-5

如果在操作色阶相关命令的同时要查看工作区中位图的更改效果，可以选择“预览”复选框，图像会随着更改自动更新。

在“通道”下拉菜单中选择，是对个别颜色通道（红、蓝或绿）应用进行更改，还是对所有颜色通道（RGB）应用进行更改。在“色调分布图”下拖动“输入色阶”滑块可以调整高亮值、中间色调值和阴影值。右边的滑块使用 255 ～ 0 之间的值来调整高亮；中间的滑块使用 10 ～ 0 的值来调整中间色调；左边的滑块使用 0 ～ 255 的值来调整阴影。当滑块移动时，这些值自动输入到“输入色阶”框中。

阴影值不能高于高亮值；高亮值不能低于阴影值；中间色调值必须在阴影值与高亮值之间。

拖动“输出色阶”滑块可以调整图像的对比度值。右边的滑块使用 255 ～ 0 的值来调整高亮；左边的滑块使用 0 ～ 255 的值来调整阴影。当滑块移动时，这些值自动输入到“输出色阶”框中。

使用“曲线”功能

“曲线”功能同“色阶”功能相似，只是对色调范围的控制更精确一些。“色阶”功能利用高亮值、中间色调值和阴影值校正色调范围；而“曲线”功能则可在不影响其他颜色的情况下，在色调范围内调整任何颜色，而不仅仅是三个变量。

“曲线”对话框中的网格阐明两种亮度值。水平轴表示像素的原始亮度，该值显示在“输入”框中；垂直轴表示新的亮度值，该值显示在“输出”框中，如图 3-5-6 所示。

当第一次打开“曲线”对话框时，对角线指示尚未做任何更改，所有像素的输入和输出值都是一样的。

打开“曲线”对话框的操作和打开“色阶”对话框的操作是一样的，同样有两种方法。

在“属性”检查器中，单击“滤镜”标记旁边的“添加动态滤镜或选择预设”按钮，在“滤镜”弹出菜单中单击“调整颜色”→“曲线”命令。如果“属性”检查器处于半开状态，单击“添加滤镜或选择预设”按钮，在弹出菜单中单击“调整颜色”→“曲线”命令。

也可以选择对象后，直接单击“滤镜”菜单中的“调整颜色”→“曲线”命令，打开“曲线”对话框。

在“通道”下拉菜单中，可以选择是对个别颜色通道（红、蓝或绿）应用进行更改，还是对所有颜色通道（RGB）应用进行更改。单击网格对角线上的一个控制点并将其拖动到新的位置以调整曲线。曲线上的每一个控制点都有自己的“输入”值和“输出”值，当拖动一个控制点时，其“输入”值和“输出”值会自动更新；曲线显示 0 ～ 255 范围内的亮度值，其中 0 表示阴影。图 3-5-7 所示为拖动一个控制点进行调整后的曲线。

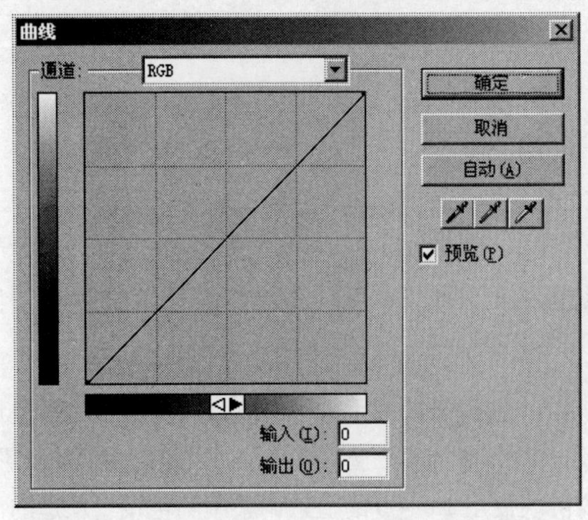

图 3-5-6

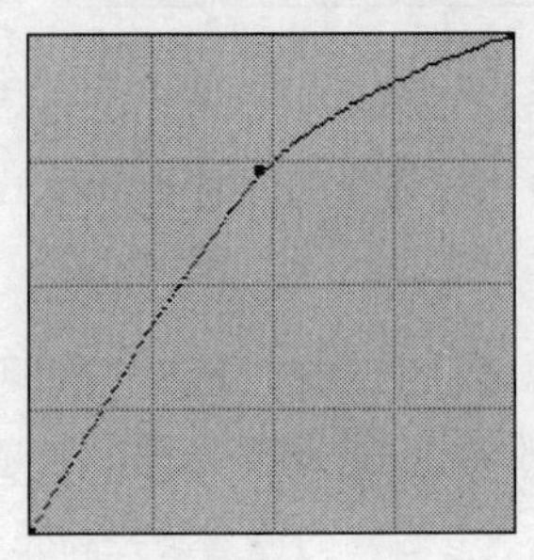

图 3-5-7

通过单击“曲线”对话框中的“自动”按钮，也可以自动调整高亮值、中间色调值和阴影值。

网络区内可以建立多个控制点，将鼠标指针移至调节线单击即可。如果要删除曲线上的控制点，用鼠标左键单击控制点，并将其拖离网格区域即可。曲线的端点是不能删除的。

使用色调滴管

在“色阶”或“曲线”对话框中，可以使用“选择阴影颜色”、“选择高亮颜色”或“选择中间色调颜色”滴管来调整阴影值、高亮值和中间色调值。

打开“色阶”或“曲线”对话框后，从“通道”下拉菜单中选择一种颜色通道，选择适当的滴管可以重设图像的色调值。使用“选择阴影颜色”滴管单击图像中的最暗像素以重设阴影值；使用“选择中间色调颜色”滴管单击图像中的某个中间色像素以重设中间色调值；使用“选择高亮颜色”滴管单击图像中最亮的像素以重设高亮值。

3.5.3 调整亮度和对比度

使用“亮度 / 对比度”功能，可以修改图像中像素的亮度和对比度，这将影响图像的高亮值、阴影值和中间色调值。校正太暗或太亮的图像时通常使用“亮度 / 对比度”功能。图 3-5-8 中的图 B 所显示的为图 A 经过“亮度 / 对比度”调整后所得到的效果。

图 3-5-8

可以通过以下两种方法打开“亮度 / 对比度”对话框：在“属性”检查器中，单击“添加动态滤镜或选择预设”按钮，在“滤镜”弹出菜单中单击“调整颜色”→“亮度 / 对比度”命令；直接选择“滤镜”菜单中的“调整颜色”→“亮度 / 对比度”命令。图 3-5-9 所示为“亮度 / 对比度”对话框。

图 3-5-9

拖动“亮度”和“对比度”滑块调整设置，调整范围为 -100 ～ 100。设置完成后，单击“确定”按钮。

3.5.4 应用“颜色填充”动态滤镜

使用“颜色填充”动态滤镜可以快速更改对象的颜色，方法是用给定的颜色完全替代像素，或者将颜色混合到现有对象中。当混合颜色时，颜色会添加到对象的顶层。将颜色混合到现有对象中的过程类似于使用“色相 / 饱和度”混合颜色的过程可以应用“样式”面板中的特定颜色。图 3-5-10 所示为使用“颜色填充”动态滤镜前后的图像对比效果（“混合模式”下拉列表中选择了“屏幕”选项）。

图 3-5-10

如果要向所选对象添加“颜色填充”动态滤镜，在“属性”检查器中，单击“添加动态滤镜或选择预设”按钮，在“滤镜”弹出菜单中单击“调整颜色”→“颜色填充”命令，在“混合模式”下拉列表框中选择一种混合模式，从颜色框弹出窗口中选择填充颜色，再选择填充颜色的不透明度百分比，然后按“Enter”键或将鼠标指针移至工作区内任一位置单击即可。

3.5.5 调整色相和饱和度

“色相 / 饱和度”功能可以用来调整图像中颜色的阴影值、色相、强度值、饱和度以及亮度值。

打开“色相 / 饱和度”对话框的操作和打开其他调整颜色滤镜的操作是一样的。在“属性”检查器中单击“添加动态滤镜或选择预设”按钮，在“滤镜”弹出菜单中单击“调整颜色”→“色相 / 饱和度”命令；或者直接单击“滤镜”菜单中的“调整颜色”→“色相 / 饱和度”命令。图 3-5-11 所示为“色相 / 饱和度”对话框。

拖动“色相”滑块调整图像的颜色，调整的范围为 -180 ～ 180。拖动“饱和度”滑块调整颜色的纯度，调整的范围为 -100 ～ 100。拖动“亮度”滑块调整颜色的亮度，调整的范围为 -100 ～ 100。

图 3-5-11

如果要将 RGB 图像，更改为双色调图像或将颜色添加到灰度图像中，则在“色相 / 饱和度”对话框中勾选“彩色化”复选框。选择“彩色化”复选框时，“色相”和“饱和度”滑块的值的范围将发生变化，“色相”的范围变成 0 ～ 360，“饱和度”的范围变成 0 ～ 100。

3.5.6 反转图像的颜色值

使用“反转”可以将图像的每种颜色更改为它在色轮中的反向颜色。例如，将该滤镜应用于黄色对象（R=255，G=255，B=0）会将其颜色更改为蓝色（R=0，G=0，B=255）。图 3-5-12 所示为图片使用“反转”滤镜前后的图像对比效果。

如果要反转图像颜色，首先选择一个对象。然后在“属性”检查器中，单击“添加动态滤镜或选择预设”按钮[+]，在“滤镜”弹出菜单中单击“调整颜色”→“反转”命令，或者单击“滤镜”菜单中的“调整颜色”→“反转”命令。

图 3-5-12

应用“滤镜”菜单中的滤镜是有破坏作用的。如果要保留调整、关闭或删除滤镜功能，可以将它作为一个动态效果来应用。如果所选对象为矢量图形，在执行“滤镜”菜单中的滤镜命令后，Fireworks 会将所选对象转换成位图。

如果要想使对象快速地转换色调，可以通过“命令”菜单下的“创意”命令，将对象转换为棕褐色调或者灰色图像。首先选择该对象，单击“命令”菜单中的“创意”→“转换为乌金色调”或“转换为灰度图像”命令。

3.6 模糊和锐化位图

Fireworks 具有使对象模糊或锐化的功能，可以将它们作为动态滤镜或不能撤销的永久滤镜应用。对图像进行模糊处理可柔化位图图像的外观。使用锐化与使用模糊正好相反，锐化可以校正模糊的图像。

模糊处理位图

Fireworks 提供了 6 种模糊选项。

“模糊”选项，可以柔化所选像素的焦点。

“进一步模糊”选项，可以进一步加深模糊效果，它的模糊处理效果大约是“模糊”的 3 倍。

“高斯模糊”选项，对每个像素应用加权平均模糊处理以产生朦胧效果，“模糊范围”值的范围是 0.1 ～ 50，半径值越大，模糊效果越明显。

“运动模糊”选项，可以使图像产生运动的视觉效果，“距离”值的范围是 1 ～ 100，距离值越大，模糊效果越明显。

“放射状模糊”选项，能使图像产生正在旋转的视觉效果，“品质”值的范围是 1 ～ 100，品质值越大，模糊效果中原始图像的重复性越低。

“缩放模糊”选项,可以使图像产生正在朝向观察者或远离观察者移动的视觉效果,需要设置“数量”和“品质”值，品质值越大，模糊效果中原始图像的重复性越低，数量值越大，模糊效果越明显。

如果要对图像进行模糊的操作,有两种方法:一种是在“属性”检查器中,单击“添加动态滤镜或选择预设”按钮[+]，然后在“滤镜”弹出菜单中单击相关模糊命令；另一种是单击“滤镜”菜单中的“模糊”命令下的相关子命令。

例如,对图像进行放射状模糊处理:首先选择图像。单击“滤镜”菜单中的“模糊”→“放射状模糊”命令，弹出“放射状模糊”对话框。拖动“数量”滑块设置模糊效果的强度，值的范围是 1 ～ 100，增大数量值会产生更强的模糊效果；拖动“品质”滑块设置模糊效果的平滑度，值的范围是 1 ～ 100，增大品质值会导致模糊效果中原始图像的重复性降低。设置完成后，单击“确定”按钮。

同样，应用“滤镜”菜单中的滤镜是有破坏作用的，除非单击“编辑”菜单中的“撤销”命令，否则无法撤销操作。若要保留调整、关闭或删除某个滤镜的操作，可以选用动态滤镜。图 3-6-1 所示为使用“高斯模糊”滤镜前后的图像对比效果。

图 3-6-1

使用“查找边缘”滤镜将位图转化为素描

“查找边缘”滤镜可识别图像中的颜色过渡并将它们转变成线条，从而使位图变成像素描。图 3-6-2 所示为应用“查找边缘”滤镜前后的图像对比效果。

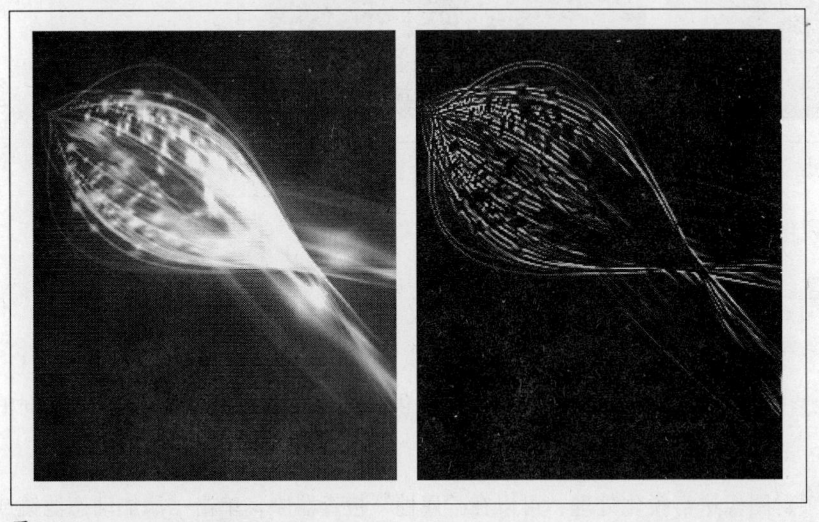

图 3-6-2

将“查找边缘”滤镜命令应用于对象的操作，与打开其他滤镜的操作是相同的，同样有两种方法。一种是在“属性”检查器中，单击“添加动态滤镜”按钮，然后在“其他”弹出菜单中单击“查找边缘”命令；另一种还是在菜单栏中单击“滤镜”菜单下的“其他”→“查找边缘”命令。

将图像转换成透明

如果要将图像转换成透明，则可以使用“转换为 Alpha”滤镜，基于图像的透明度将对象或文本转换成透明。

如果要将“转换为 Alpha”滤镜应用于所选区域，可以在“属性”检查器中，单击“添加动态滤镜或选择预设”按钮，然后在“滤镜”弹出菜单中单击“其他”→“转换为 Alpha”命令，或者单击“滤镜”菜单中的“其他”→“转换为 Alpha”命令。

使用“锐化”功能对图像进行锐化处理

可以使用“锐化”功能校正模糊的图像。当扫描后的图像比较模糊时，可以使用“锐化”功能处理。图 3-6-3 所示为使用“锐化”滤镜前后的图像对比效果。

图 3-6-3

Fireworks 提供了 3 种“锐化”选项。

“锐化”，通过增大邻近像素的对比度，对模糊图像的焦点进行调整。

“进一步锐化”，将邻近像素的对比度增大到“锐化”的 3 倍。

“钝化蒙版”通过调整像素边缘的对比度锐化图像，该选项提供的控制最多，它通常是锐化图像时的最佳选择。

如果要使用“锐化”选项对图像进行锐化处理，可以在“属性”检查器中，单击“添加动态滤镜或选择预设”按钮，然后在“滤镜”弹出菜单中单击“锐化”命令的子命令，或者单击“滤镜”菜单中的“锐化”命令中的一种锐化命令。

选用“钝化蒙版”对图像进行锐化处理时，要设置相关参数。

拖动“锐化量”滑块，选择锐化效果的强度，数值范围为 1% ～ 500%。

拖动“像素半径”滑块，选择半径，数值范围为 0.1 ～ 250，增大半径将围绕每个像素边缘产生更大区域的鲜明对比度。

拖动“阈值”滑块，选择阈值，数值范围为 0 ～ 255，最常用的范围值为 2 ～ 25。如果增大阈值，则只锐化图像中具有较高对比度的像素；如果减小阈值，则具有较低对比度的像素也在锐化范围内；如果阈值为 0，则将锐化图像中的所有像素。

3.7 向图像中添加杂点

因为在平时所看到的颜色是由许多不同颜色的像素组成的，所以可能会出现颜色不均匀的情况，在Fireworks 中，可以通过向图像中添加杂点，以修正图像颜色不均现象。杂点是指在组成图像的像素中随机出现的异种颜色。有时，将某个图像的一部分粘贴到另一个图像时，这两个图像中随机出现的异种颜色的数量差异就会表现出来，从而使两个图像不能顺利地混合。在这种情况下，可以在一个图像或两个图像中添加杂点，使这两个图像看起来好像来源相同。有时，也可以出于艺术原因向图像中添加杂点，例如模仿电视的雪花效果。图 3-7-1 所示为添加杂点前后的图像对比效果。

图 3-7-1

如果要向图像中添加杂点，可以在“属性”检查器中，单击“添加动态滤镜或选择预设”按钮+，然后在“滤镜”弹出菜单中单击“杂点”→“新增杂点”命令，或者单击“滤镜”菜单中的“杂点”→“新增杂点”命令。

在执行命令后弹出的对话框内，可以拖动“数量”滑块设置杂点数量，值的范围为 1 ～ 400。增加数量将导致图像中出现更多随机出现的像素。选中“颜色”复选框可以向对象中应用彩色杂点。如果不选中“颜色”复选框，则只可应用单色杂点。

4 矢量图形设计

学习要点：

· 了解矢量图形的定义
· 熟练掌握各种矢量工具的使用方法
· 熟练掌握用各种矢量工具绘制不同形状的方法
· 熟练掌握使用各种矢量工具编辑路径的方法

矢量图形，是面向对象的图形，每个对象都是一个自成一体的实体，这些对象具有颜色、形状、轮廓、大小和屏幕位置等属性。由于每个对象都是一个自成一体的实体，所以在维持它原有清晰度和弯曲度的同时，多次移动和改变它的属性，不会影响图例中的其他对象。由于矢量的绘图和分辨率无关，因此在 Fireworks 中，运用“工具”面板内“矢量”工具区的工具设计网页效果图，就可以随意编辑、设计不同的展示效果。

矢量是网页设计中最常用的图形格式，通过 Fireoworks 创建的矢量对像不仅创建简单、修改方便，而且也大大缩短了创意设计的时间。

矢量对象的形状包括基本形状、自动形状（矢量对象组，具有可用于调整其属性的特殊控件）和自由变形形状。可以使用多种工具和技术来绘制和编辑矢量对象。

矢量对象的基本形状包括直线、矩形、椭圆形、圆角矩形、多边形和星形。

矢量图形使用包含颜色和位置信息的直线和曲线（矢量）呈现图像。图形的颜色由其笔触的颜色和填充的颜色决定。

矢量图形是以路径定义形状的图形。在“工具”面板的“矢量”工具区有许多绘制和编辑矢量对象的工具。可以使用这些基本的形状工具快速绘制直线、圆、椭圆、正方形、矩形、星形以及任何具有 3 ～ 360 个边的正多边形；可以使用“矢量路径”和“钢笔”工具绘制自由变形的矢量路径；可以利用“钢笔”工具，通过逐点绘制的方法绘制出具有平滑曲线和直线的复杂形状。

在 Fireworks 中，可以通过多种方法编辑绘制矢量对象。可以通过移动、添加或删除点来更改对象的形状。可以使用点手柄进行更改邻近路径段的形状；可以使用“自由变形”工具，直接对路径进行编辑以改变对象的形状；可以使用预定义的编辑方法对自动形状进行编辑。

“修改”菜单提供了更多的对象编辑操作命令，包括“合并对象以创建单个对象”、“从几个对象的交集创建对象”以及“扩展对象的笔触”。还可使用这些命令导入图形并对其进行操作。

4.1 关于矢量图形

矢量图形是使用直线和曲线来描绘图形的，矢量路径的形状由路径上绘制的点确定。矢量对象的笔触颜色与路径一致。矢量对象的填充占据路径内的区域。笔触和填充通常确定图形在以打印形式出版或在Web 上发布时的外观。

编辑矢量图形时，修改的是描述其形状的线条和曲线的属性。矢量图形与分辨率无关，这意味着除了可以在分辨率不同的输出设备上显示以外，还可以对其执行移动、调整大小、更改形状或更改颜色等操作，而不会改变其外观品质。

4.2 绘制矢量对象

在“工具”面板的“矢量”工具区，使用矢量对象绘制工具可以通过逐点绘制来绘制基本形状、自由变形路径和复杂形状，也可以绘制自动形状。它们是矢量对象组，具有可用于调整其属性的特殊控制点。如图 4-2-1 所示。

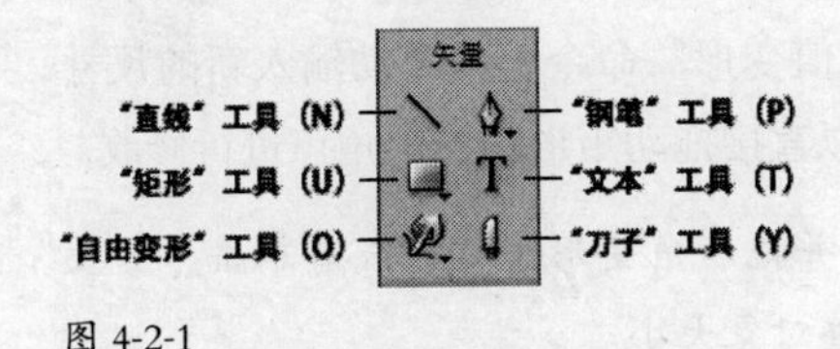

图 4-2-1

4.2.1 基本形状的绘制

矢量对象的基本形状包括直线、矩形、椭圆形、圆角矩形、多边形和星形，可以使用“工具”面板中的矢量工具快速绘制这些基本的图形。“矩形”工具和“圆角矩形”工具绘制的图形为组合对象。如果要编辑矩形的各个控制点，Fireworks 会提示是否取消矩形组合，取消组合后，组合对象将会转化为矢量对象。“矩形”对象和“圆角矩形”对象必须取消组合或使用“部分选定”工具才能对其对象进行调整大小或者缩放。

绘制直线、矩形或椭圆形

要绘制直线、矩形或椭圆形，首先从“工具”面板中的“矢量”工具区内选择“直线”工具╲、矩形工具或椭圆工具，然后在画布上按住鼠标左键拖动，即可绘制图形，如图 4-2-2 所示。

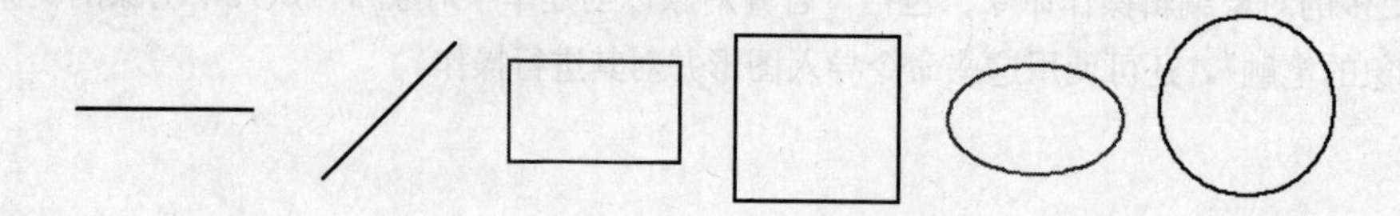

图 4-2-2

在绘制某图形时，可以在选中该工具后，在其“属性”检查器中先行设置其相关属性，也可以在创建完对象后，再对对象属性进行调整。

在使用“直线”工具的过程中，按住“Shift”键并拖动，可限制直线只能按 45°的增量来绘制。

在使用“矩形”或“椭圆”工具时，按住“Shift”键并拖动，可将形状限制为正方形或圆形。

如果从特定的中心点绘制直线、矩形或椭圆，则首先将指针放在特定的中心点，然后按“Alt”键并拖动绘制工具。若要约束比较，同时按“Shift”键。

如果要在绘制时调整基本形状的位置，在按住鼠标左键的同时，按住空格键（仅限矩形或椭圆形），然后将对象拖动到画布上的另一个位置，释放空格键即可继续绘制对象。

如果要重新调整所选直线、矩形或椭圆的大小，有以下几种操作方法：可以在“属性”检查器或“信息”面板中输入新的宽度值和高度值以调整大小；可以选择“工具”面板的“选择”工具区的“缩放”工具，并拖动角变形手柄进行调整;可以通过菜单命令修改，单击“修改”菜单中的“变形”→“缩放”命令，并拖动角变形手柄，或者单击“修改”菜单中的“变形”→“数值变形”命令，并手动输入新的尺寸，再在调整所选图形的大小；如果对调整的大小没有精确的要求，可以直接拖动矩形的一个角点进行修改。

也可以通过单击“修改”菜单中的“变形”→“缩放”命令并拖动角变形手柄，或者单击“修改”菜单中的“变形”→“数值变形”命令，并输入新尺寸，按比例调整对象大小。

缩放矢量对象并不会改变它的笔触宽度。对象将按比例调整大小。

增加直线的锐度

在 Fireworks 中绘制的直线有时会变得模糊，并且没有产生所需的锐度。产生这种现象的原因是使用鼠标将路径节点放置在了半像素的位置，可以使用“对齐到像素”命令增加对象的锐度。

“对齐到像素”命令适用于两个节点的 X 或 Y 坐标的差距小于或等于 0.5 px 的直线。如果 Fireworks 节点的位置位于半像素处，则这两个节点的 X 或 Y 坐标必须位于同一像素边界中。

将节点移动 0.5 px 可能会导致“属性”检查器（PI）中 X 或 Y 坐标更改一个像素。发生此更改的原因是对于小数的值“属性”检查器使用最接近的整数。

如果在“首选参数”对话框中禁用“缩放会笔触和效果”选项，对原始矩形进行缩放，矩形不会对齐到最近的像素而且它的边缘会变得模糊,要选择对象,然后左键单击并选择“对齐到像素”。如果在使用“直线”工具绘制一条描边宽度均匀的直线，但该直线看起来比较模糊，或者使用“钢笔”工具绘制一条直线矢量路径，该路径看起来比较模糊时，首先选择对象，然后用右键单击，在弹出的快捷菜单中单击“对齐到像素”命令。

为避免杂散像素并改善矢量对象的清晰度,可单击“命令”菜单下的“所选”→“使用旧版矢量渲染”命令。

“对齐像素”功能还可以从“修改”菜单或按快捷键“Ctrl+K”实现。

无法撤销“对齐到像素”命令。

绘制圆角矩形

圆角矩形可以通过直接使用“圆角矩形”工具绘制，还可以先绘制一个矩形，然后修改“属性”检查器中的“圆度”项，使其成为一个圆角矩形。“圆角矩形”工具将矩形作为组合对象进行绘制。如果要单独移动圆角矩形的点，必须取消组合或使用“部分选定”工具。

绘制圆角矩形，首先在“矩形”工具组的弹出菜单中，选择“圆角矩形”工具，然后按住鼠标左键在画布上拖动即可。圆角矩形在日常的工作中经常用到，在网页制作中，多用于制作按钮等元件。如图 4-2-3 所示为圆角矩形效果图。

图 4-2-3

如果要使所绘制的矩形的角成为圆角,则在“属性”检查器的“圆度”框内输入一个范围在 0 ～ 100 内的值,并按“Enter”键，或者拖动弹出滑块，如图 4-2-4 所示。

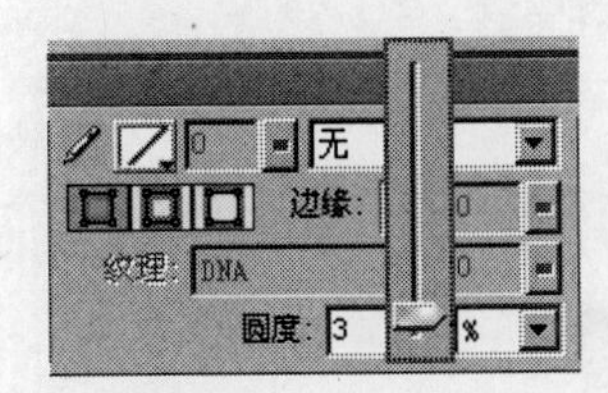

图 4-2-4

以像素形式指定边角圆度时，最大值为矩形最短边长度的一半，更大的值不会增加边角圆度效果。

如果“属性”检查器为半高，可以单击右下角的扩展箭头将检查器扩展为全高。

绘制基本的多边形

使用“多边形”工具，可以绘制出从中心点开始的正三角形和具有 360 条边的正多边形或星形，如图 4-2-5 所示。

图 4-2-5

绘制多边形时，首先在“工具”面板的“矢量”工具区选择“多边形”工具，然后在“属性”检查器中指定多边形的边数，可以使用“边”弹出滑块选择 3 ～ 25 条边或在“边”文本框中输入一个 3 ～ 360 范围内的数字。

做完以上操作后，按住鼠标左键在画布上拖动以绘制多边形。

在绘制时按住“Shift”键可以将多边形限制为按 45° 方向的增量变化。“多边形”工具是从中心点开始绘制的。

绘制基本的星形

如果要绘制星形，除了可以按照上面描述的绘制多边形的方法绘制外，还可以通过“窗口”菜单实现。

单击“窗口”菜单中的“自动形状属性”命令，在弹出的“自动形状属性”面板中选择星形图标，如图 4-2-6 所示。

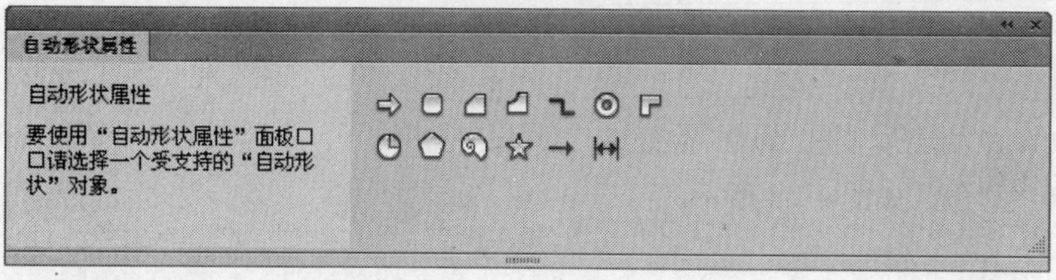

自动形状属性

自动形状属性

要使用“自动形状属性”面板口口请选择一个受支持的“自动形状”对象。

图 4-2-6

修改“自动形状属性”面板中的各种选项自定义该星形，如图 4-2-7 所示。

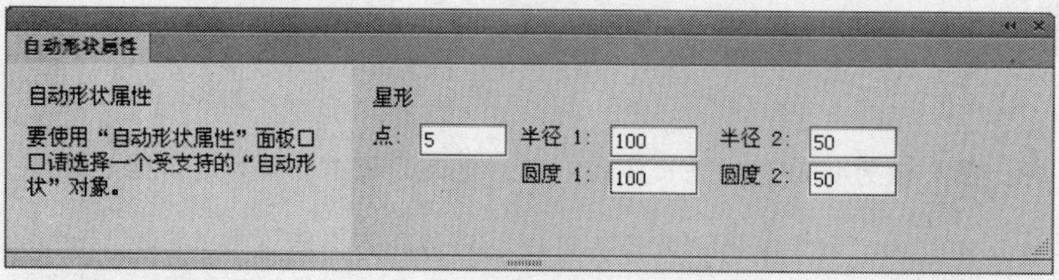

自动形状属性

自动形状属性

要使用“自动形状属性”面板口口请选择一个受支持的“自动形状”对象。

星形

点：5 半径 1：100 半径 2：50

圆度 1：100 圆度 2：50

图 4-2-7

编辑原始矩形

只有在对矩形取消编组之后，才能使用“属性”检查器中用于原始矩形的编辑和存储选项。

对矩形取消编组之后，不能使用“属性”检查器更改矩形的圆度。但是，可以使用矢量工具更改矩形的圆度。

对矩形取消编组之前，“属性”检查器中的笔触选项，如图 4-2-8 所示。

对矩形取消编组之后，“属性”检查器中的笔触选项，如图 4-2-9 所示。

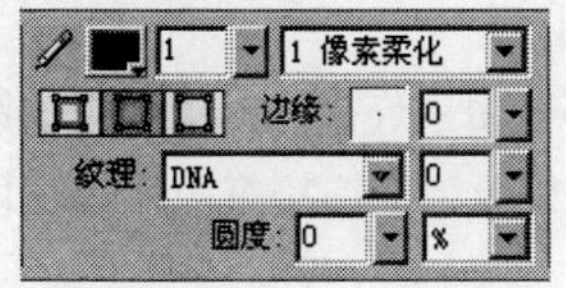

图 4-2-8

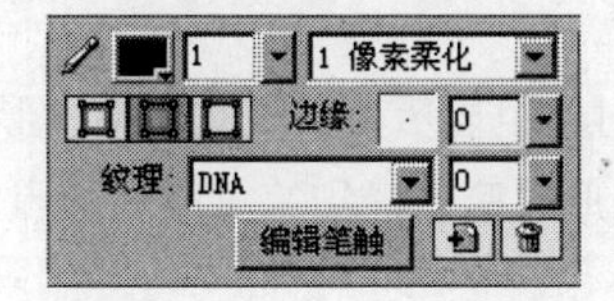

图 4-2-9

4.2.2 自动形状的绘制

“自动形状”工具用于绘制对象组。绘制自动形状时，对象组除了有手柄外，还具有菱形控制点。拖动这些控制点就会改变与其关联的可视化属性。

自动形状是智能矢量对象组，这些对象组遵循特殊的规则，以简化常用可视化元素的创建和编辑。大多数自动形状控制点都带有工具提示，描述它们会如何影响自动形状。将指针移到一个控制点上，可以看到描述该控制点所控制的属性的工具提示。

“自动形状”工具按预设方向创建形状。例如，“箭头”工具按水平方向绘制箭头；对于“星形”自动形状，按住鼠标左键并在垂直方向上拖动左控制点，以更改点的数量。虽然“工具”面板中的每个“自动形状”工具都使用同一种简单易用的绘制方法，但每种自动形状的可编辑属性却互不相同。

“L 形”工具，用于绘制直边角形状的对象组。使用控制点可以编辑水平和垂直部分的长度、宽度以及边角的圆度。

“圆角矩形”工具，用于绘制带有圆角的矩形形状的对象组。使用控制点可以同时编辑所有边角的圆度，或者更改个别边角的圆度。

“度量工具”工具，以像素或英寸为单位来表示关键设计元素尺寸的普通箭线。

“斜切矩形”工具，用于绘制带有切角的矩形形状的对象组。使用控制点可以同时编辑所有边角的斜切量，或者更改个别边角的斜切量。

“斜面矩形”工具，用于绘制带有倒角的矩形形状（边角在矩形内部成圆形）的对象组，使用控制点。可以编辑所有边角的倒角半径，或者更改个别边角的倒角半径。

“星形”工具，用于绘制星形形状（顶点数在 3 ～ 25）的对象组。使用控制点可以添加或删除顶点，并可以调整各顶点的内角和外角。

“智能多边形”工具，用于绘制具有 3 ～ 25 条边的正多边形形状的对象组。使用控制点可以调整多边形大小，旋转多边形，添加或删除线段，增加或减少边数，还可以向图形中添加内侧多边形。

“箭头”工具⇨，用于绘制任意比例的具有普通箭头形状的对象组以及直线或者弯曲线。使用控制点可以调整箭头的锥度，尾部的长度和宽度以及箭尖的长度。

“箭头线”工具➞，可以使用细直的箭线快速访问常用箭头，只需要单击该线的任一端即可。

“螺旋形”工具◎，用于绘制开口式螺旋形形状的对象组。使用控制点可以编辑螺旋的圈数，并可以决定螺旋形是开口的还是闭合的。

“连接线形”工具⌐，用于绘制的对象组显示为三段的连接线形，例如那些用来连接流程图或组织图元素的线条。使用控制点可以编辑连接线形的第一段和第三段的端点，还可以编辑用于连接第一和第三段的第二段的位置。

“面圈形”工具◎，用于绘制实心圆环形状的对象组。使用控制点可以调整内环的半径或将圆环形状拆分为几个部分。

“饼形”工具◔，用于绘制饼图形状的对象组。使用控制点可以将饼图拆分为多个部分。

使用“工具”面板绘制自动形状，首先在“工具”面板的“矢量”工具区中选择“自动形状”工具，然后在画布中拖动即可绘制形状；或者直接在画布中单击，按形状的默认大小放置形状。如图 4-2-10 所示为使用“自动形状”工具绘制的图形效果。

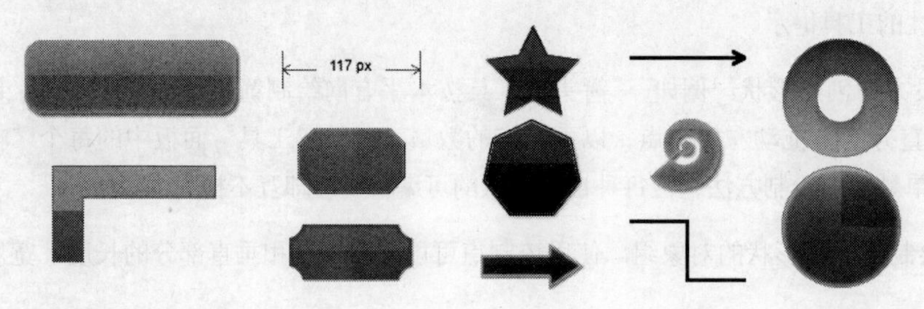

图 4-2-10

箭头形状除了可以使用“工具”面板的“箭头”工具绘制外，还可以直接为直线添加箭头效果，单击“命令”菜单中的“创意”→“添加箭头”命令，弹出“添加箭头”对话框，可以快速绘制各种箭头线条效果，可以给线条的一侧添加箭头，也可以加到两头上，还可以对箭头的样式进行调整。

为自动形状添加阴影

“添加阴影”命令，用于基于所选对象的尺寸在对象下面添加阴影。阴影实际上是自动形状，和所有自动形状一样，它包含用于控制其外观的控制点。例如，可以按住“Shift”键并拖动“方向”控制点将其移动方向限制为 45°角。单击“方向”控制点可将阴影重设为原始形状。如图 4-2-11 所示。

图 4-2-11

更改自动形状的属性

“自动形状属性”面板可以对自动形状通过数字进行精确的控制。插入自动形状后，可以使用此面板对其属性进行更改。

自动形状的特定属性会随着选择的每个自动形状的不同而变化。例如，插入“箭头”形状，则可以更改其宽度、高度、厚度以及圆度等；插入“星形”形状，则可以更改其顶点数目、半径和圆度等。

可以从“自动形状属性”面板中直接向文档中插入一个自动形状。

此面板仅支持出现在“工具”面板中的自动形状。它不支持第三方自动形状或“形状”面板（“窗口”菜单中的“自动形状”命令）中的自动形状。

如果要更改自动形状的属性，首先向文档中插入一个自动形状，然后单击“窗口”菜单中的“自动形状属性”命令，弹出“自动形状属性”面板。

在“自动形状属性”面板中，显示所选自动形状的属性，如图 4-2-12 所示。

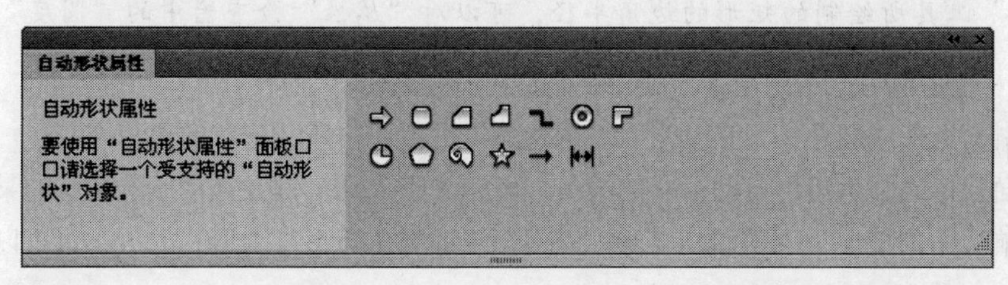

图 4-2-12

调整“自动形状属性”面板中的属性，按“Tab”键或“Enter”键应用更改。

对于“矩形”形状，可以通过锁定形状的边角，从而使对 1 个顶角的更改影响其他 3 个角；也可以分别更改每个顶角的属性。

通过“自动形状属性”面板，可以精确地更改自动形状及其属性。选择具有“自动形状”的对象，可以看到一些黄色控制点，可以通过编辑这些黄色控制点调整自动形状的属性，并可在画布上调整自动形状，“自动形状属性”面板中的相应值会自动更新。

调整 L 形自动形状

L 形具有 4 个控制点。利用这些控制点可以调整 L 形每部分的长度和宽度，还可以调整 L 形弯曲的圆度，如图 4-2-13 所示。

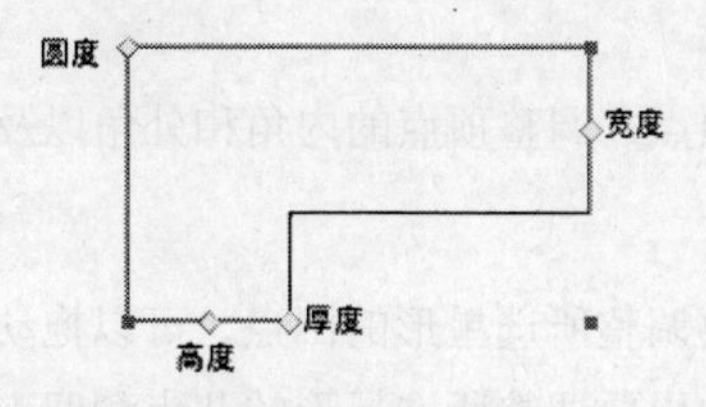

图 4-2-13

如果要更改所选 L 形部分的长度或宽度，可以拖动两个长度 / 宽度控制点中的一个。如果要调整所选 L 形的边角圆度，可以拖动边角半径控制点。

调整斜切矩形、斜面矩形和圆角矩形自动形状

斜切矩形、倒角矩形和圆角矩形都具有 5 个控制点。每个边角上的控制点可以同时调整所有的边角。也可以按住“Alt”键并拖动以编辑单个边角。右下角单独的控制点可调整矩形的大小，但不改变边角的圆度，如图 4-2-14 所示。

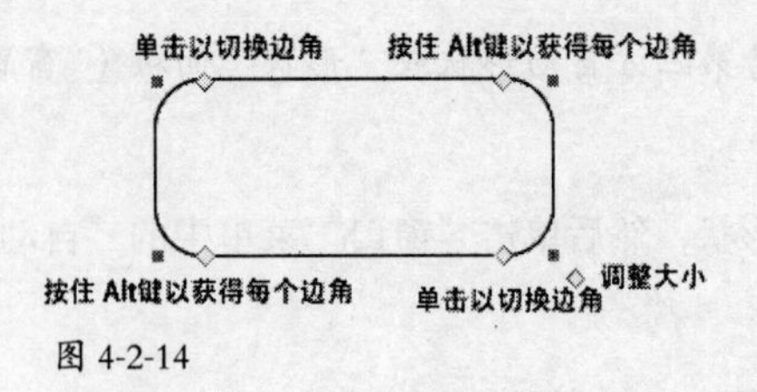

图 4-2-14

如果要编辑利用“矩形”工具所绘制的矩形的边角半径，可以对“属性”检查器中的“圆度”进行设置。

如果要调整斜切矩形、斜面矩形或圆角矩形自动形状上的边角，可以单击所选形状的边角控制点。如果要单个调整斜切矩形、斜面矩形或圆角矩形自动形状的边角，可以按住“Alt”键并拖动所选形状的某个边角控制点。如果要在不影响边角的情况下调整斜切矩形、斜面矩形或圆角矩形自动形状的大小，可以拖动“调整大小”控制点。

调整度量工具自动形状

在创建界面规格时，度量工具很有用。度量工具自动形状具有两个控制点。这两个控制点分别调整度量图形的长度和角度，如图 4-2-15 所示。

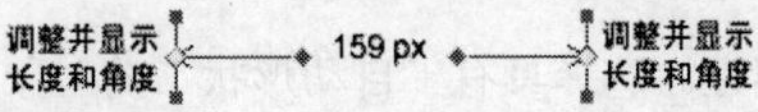

调整并显示长度和角度　159 px　调整并显示长度和角度

图 4-2-15

如果要更改度量部分的长度或角度，可以拖动线形任意端的控制点。

如果要将单位从像素改为英寸，可以在按住“Ctrl”键的同时拖动线形任意端的控制点。

如果要延长或缩短度量区域的边界线，可以拖动数字度量值任意端的控制点。

调整星形自动形状

星形形状最初具有 5 个控制点。通过这些控制点可以添加或删除顶点、调整顶点的内角和外角以及调整凸点和凹点的圆度，如图 4-2-16 所示。

如果要对所选星形的边数进行更改，可以拖动顶点控制点。如果要调整所选星形的凹点，可以拖动凹点的控制点。如果要调整所选星形的顶点，可以拖动凸点的控制点。如果要调整所选星形的凸点和凹点的圆度，可以拖动相应的圆度控制点。

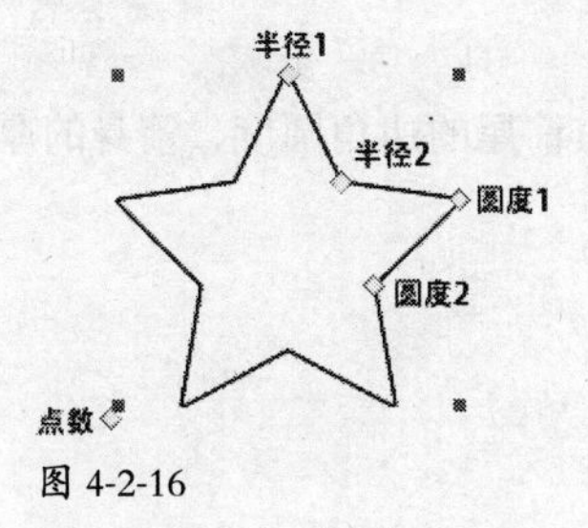

图 4-2-16

通过拖动星形的相关控制点，可以拖出很多奇特的效果图形，如图 4-2-17 所示。

图 4-2-17

调整智能多边形自动形状

智能多边形最初显示为具有 4 个控制点的五边形。这些控制点可以调整多边形大小，旋转多边形，添加或删除多边形的线段、增加或减少多边形的边数，以及向多边形中添加内侧多边形，以形成环形，如图 4-2-18 所示。

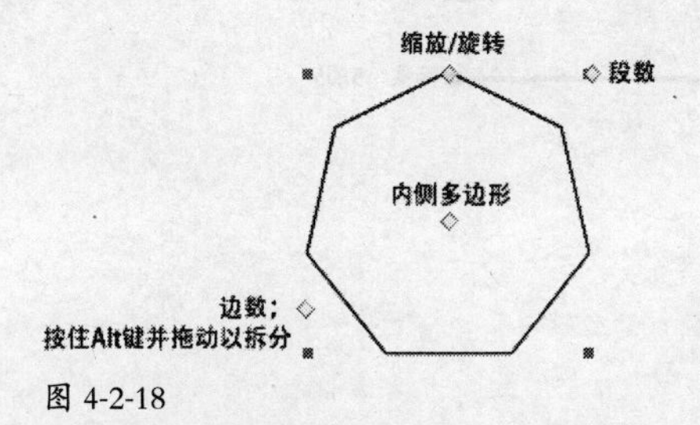

图 4-2-18

如果要调整所选智能多边形的大小或对其进行旋转，可以拖动缩放 / 旋转控制点，若按住“Alt”键并拖动缩放 / 旋转控制点则只进行旋转。

如果要在所选智能多边形中添加或删除某些部分，可以拖动这些部分的控制点。

如果要更改所选智能多边形的边数，可以拖动边数控制点。

如果要将所选智能多边形拆分为段，可以按住“Alt”键并拖动边的控制点。

在调整智能多边形的内侧多边形大小时，如果多边形具有内侧多边形，则拖动内侧多边形的控制点。如果多边形没有内侧多边形，则拖动“重置内侧多边形”控制点。

如果要重置所选智能多边形的内侧多边形，可以单击重置内侧多边形控制点。

调整箭头自动形状

箭头具有 6 个控制点。这些控制点可以调整箭头的锥度、箭头的锐度、箭尾的边角圆度、箭身的厚度以及其宽度和高度，如图 4-2-19 所示。

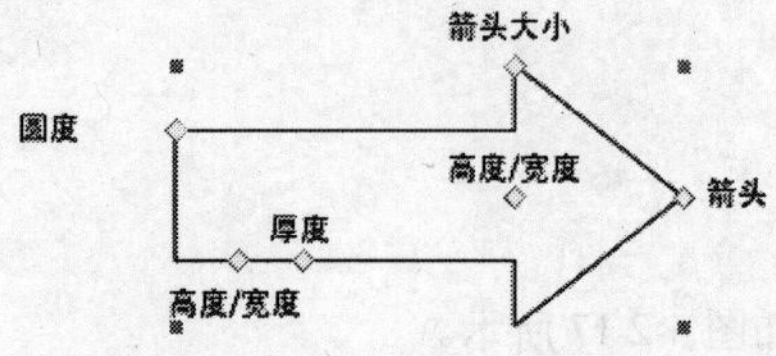

图 4-2-19

如果要调整箭头的锥度，可以拖动所选箭头的锥度控制点。

如果要增加或减少箭头的锐度，可以拖动所选箭头的箭尖控制点。

如果要延长或缩短箭尾，可以拖动所选箭头的箭身长度控制点。

如果要调整箭尾的宽度，可以拖动所选箭头的箭身宽度控制点。

调整箭头线自动形状

通过箭头线自动形状可以快速创建箭头指示标识，如图 4-2-20 所示。

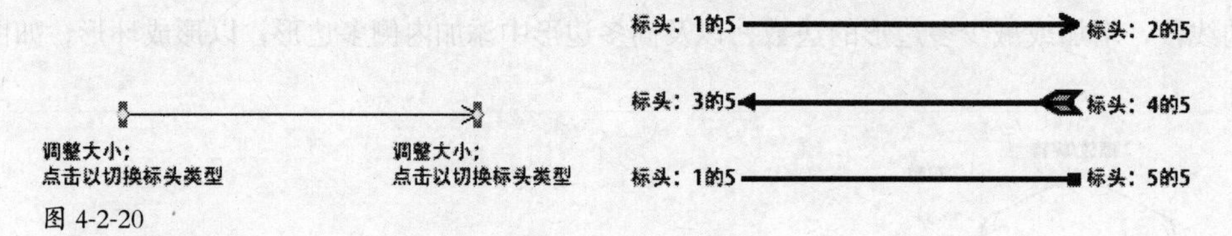

图 4-2-20

如果要遍览箭头选项，可单击线形任意一端的控制点。

如果要延长或缩短线形，可拖动控制点。

调整螺旋形自动形状

螺旋形状具有两个控制点。这两个控制点可以用来调整螺旋的圈数以及使螺旋形呈开口或闭合状，如图 4-2-21 所示。

如要调整所选螺旋形的圈数，可以拖动螺旋形的控制点。

如果要使所选螺旋形状呈开口或闭合状，单击“螺旋开口 / 闭合”控制点即可。

调整连接线形自动形状

连接线形具有 5 个控制点。使用这些控制点可以确定起点和终点、调整相交线（连接起始和结束线段的线条）的位置以及调整边角的圆度，如图 4-2-22 所示。

如果要移动连接线形的起点或终点，拖动连接线形起点或终点处的控制点即可。

如果要重新定位连接线形的相交线，可以拖动水平位置控制点。

如果要调整所选连接线形的所有边角，可以拖动某个边角控制点。

如果要调整所选连接线形的单个边角，可以按住“Alt”键并拖动某个边角控制点。

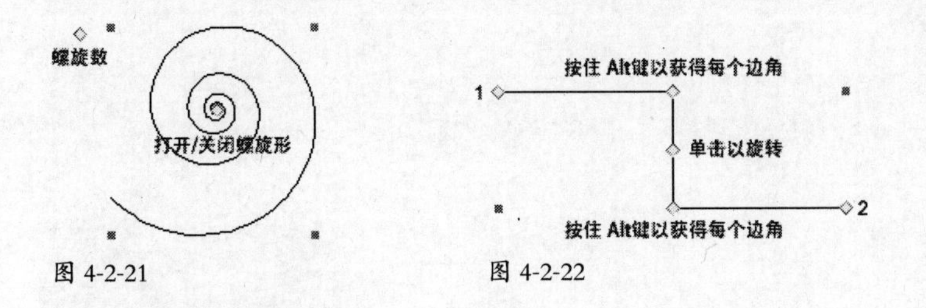

图 4-2-21　　图 4-2-22

调整面圈形自动形状

面圈形自动形状最初具有 3 个控制点。使用这些控制点可以调整内环的周长，将内环的周长设置为零，还可以将面圈形分为几个切片以模仿饼图的效果。可以使用控制点添加任意多个部分。对于每个新部分，Fireworks 会添加一个用于调整大小或拆分该新部分的控制点，如图 4-2-23 所示。

如果要向所选面圈形状添加部分，可以按住“Alt”键并拖动面圈形状外圆上的添加 / 拆分部分控制点。

如果要从所选面圈形中删除一个部分，可以拖动面圈形外圆上的添加 / 拆分部分控制点，以定义要保留在画布上的面圈形状部分。

如果要调整所选面圈形状的内径大小，可以拖动“内径”控制点。

如果要将所选面圈形状的内径设置为零，可以单击“重置半径”控制点。

调整饼形自动形状

饼形自动形状，最初只具有 3 个控制点，如图 4-2-24 所示。使用控制点可以将饼形分为几个切片、调整切片大小以及将饼形重置为一个切片。可以使用控制点添加任意多个部分。对于每个新部分，Fireworks 会添加一个用于调整大小或拆分该新部分的控制点。

图 4-2-23　　图 4-2-24

如果要向所选饼形添加部分，可以按住“Alt”键并拖动饼形外圆上的控制点。

如果要调整所选饼形的切片大小，可以拖动饼形外圆上的控制点。

如果要将所选饼形重置为一个切片，可以单击重置控制点。

其他自动形状的使用

除了可以使用“工具”面板绘制基本的矢量图形外，单击“窗口”菜单下的“自动形状”命令，弹出“自动形状”面板，在“自动形状”面板中包含着许多更为复杂的自动形状，如图 4-2-25 所示。

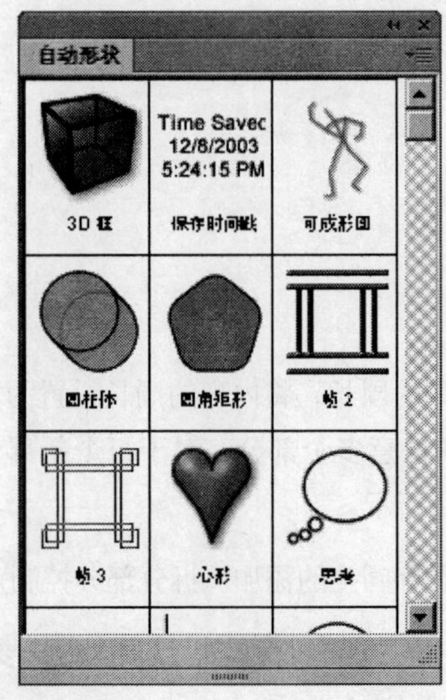

图 4-2-25

如果要使用这些自动形状，单击该形状预览图，将其从“自动形状”面板中拖到画布上进行绘制。可以通过拖动自动形状的任何一个控制点来编辑该自动形状。

将新的自动形状添加到 Fireworks

可以使用 Fireworks Exchange 网站中的资源将新的自动形状添加到 Fireworks 中。一些新的自动形状将出现在“资源”面板的“形状”选项卡中，而另一些将出现在“工具”面板中，与其他的自动形状编成组。

将新的自动形状添加到 Fireworks 中，也可以通过为自动形状编写 JavaScript 代码实现。

当然，还可以通过菜单命令将新的自动形状添加到 Fireworks，首先单击“窗口”菜单中的“自动形状”命令以显示“自动形状”面板，然后单击“自动形状”面板右上角的按钮，在弹出的菜单中，单击“获取更多自动形状”命令，Fireworks 会连接到 Internet 上并导航到 Fireworks Exchange 网站。按照屏幕上的指示选择新的自动形状即可将它们添加到 Fireworks。

4.2.3 自由变形形状的绘制

通过绘制和编辑矢量路径几乎可以创建任何形状的矢量对象。“矢量路径”工具位于“钢笔”工具弹出菜单中。

在“矢量路径”工具中，包含了各种刷子笔触的类别，包括“喷枪”、“毛毡笔尖”、“毛笔”、“水彩”、“油画效果”、“炭笔”、“虚线”、“蜡笔”和“非自然”。每个类别通常都具有几种笔触选择，如“加亮标记”、“暗色标记"、"油漆泼溅"、"竹子"、"缎带"、"五彩纸屑"、"3D"、"牙膏"和"丙稀颜料"等。

笔触看起来和颜料或墨水有点相似，但每个笔触都包含矢量对象的点和路径，这就意味着可以使用几种矢量编辑技术中的任何一种来更改笔触形状。在路径形状被更改后，笔触将被重新绘制。

还可使用"矢量路径"工具修改现有刷子笔触以及向所绘制的所选对象添加填充。新笔触和填充设置会保留下来，以便于随后在当前文档中使用"矢量路径"工具。

在绘制自由变形矢量路径时，首先从"钢笔"工具弹出菜单中，选择"矢量路径"工具。

通过"属性"检查器，可以对笔触属性和"矢量路径"工具选项进行有效的设置，还可以通过在"精度"下拉列表中选择数字来更改路径的精度级别。选择的数字越高，出现在绘制的路径上的点数就会越多。

然后在画布上拖动鼠标，即可进行绘制，释放鼠标即结束路径绘制。如果要闭合路径，需要将指针返回到路径起始点，然后释放鼠标。

拖动时按住"Shift"键，可将路径限制为水平方向或垂直方向。

通过用"钢笔"工具绘制点来绘制路径

在 Fireworks 中，可以通过绘制点来逐点绘制矢量对象，当使用"钢笔"工具，单击路径上的每个点时，Fireworks 会自动从上次单击的点开始绘制矢量对象的路径。

"钢笔"工具除了使用直线段连接各个点以外，还可绘制根据数学公式推导的平滑的曲线段，即贝赛尔曲线。每个点的类型（角点或曲线点）决定相邻的曲线是直线还是曲线，如图 4-2-26 所示。

通过拖动各个点来修改直线或曲线路径段。也可以通过拖动点手柄来进一步修改曲线路径段。还可通过转换各个点将直线路径段转换为曲线路径段（反之亦然）。

绘制直线路径段

使用"钢笔"工具绘制直线路径段很简单，只须单击，以放置点即可。使用"钢笔"工具每单击一次即可绘制一个角点。

如果要使用直线段绘制路径，选择"工具"面板中的"钢笔"工具，单击画布，以放置第一个角点，移动指针，单击，放置下一个点，一条直线段会将这两个点连接起来，继续绘制点，直线段将连接点与点之间的每个间隙。

如果要结束本次操作，可以双击最后一个点结束路径或选择其他工具结束路径，如图 4-2-27 所示。

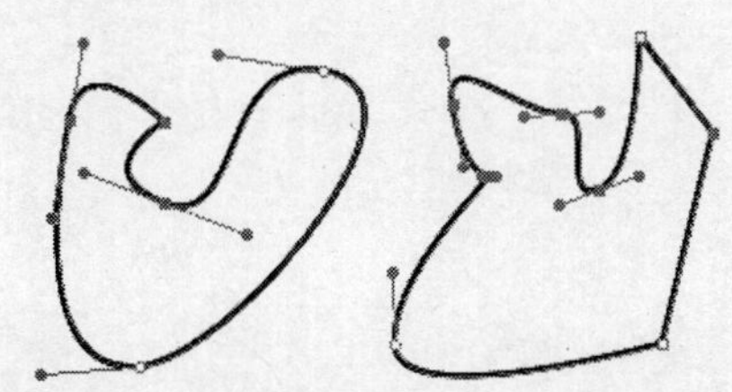

图 4-2-26

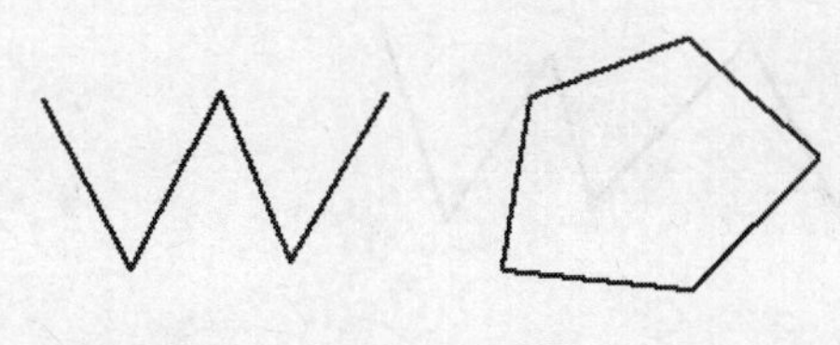

图 4-2-27

闭合路径的起点和终点相同，由路径重叠自身构成的回路不是闭合路径，只有在同一点开始和结束的路径才是闭合路径。

绘制曲线路径段

要绘制曲线路径段，可以在绘制点时单击并拖动。绘制时，当前点显示为点手柄。不论是使用“钢笔”工具还是使用 Fireworks 中的其他绘制工具进行绘制，所有矢量对象上的所有点都有点手柄，但这些点手柄只在曲线点上才可见，如图 4-2-28 所示。

如果要绘制包含曲线段的对象，首先选择“工具”面板中的“钢笔”工具，在画布内单击放置第一个角点，移动到下一个点的位置，然后单击并拖动以产生一个曲线点。在每次单击并拖动时，Fireworks 都将线段扩展到新点，如图 4-2-29 所示。

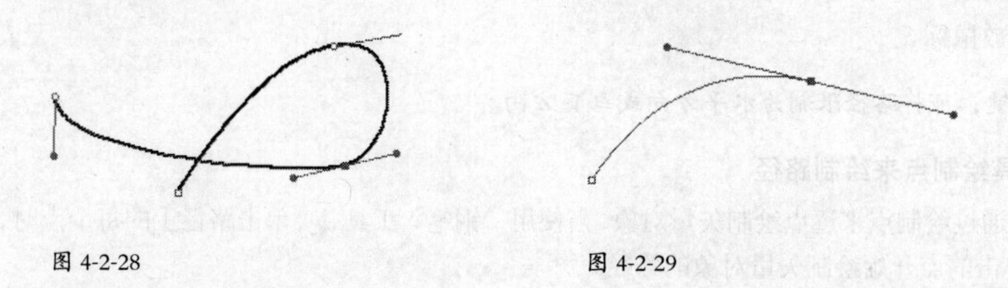

图 4-2-28　　图 4-2-29

可以继续绘制点。如果单击并拖动一个新点，即可产生一个曲线点；如果只单击，则产生一个角点。

在绘制曲线的过程中，可以临时切换到“部分选定”工具，以方便更改点的位置和曲线的形状。

如果在绘制过程中，使用了其他选择工具或矢量工具，当返回到“钢笔”工具时，Fireworks 会在下一次单击时继续绘制该对象。

在使用“钢笔”工具绘制时，可以按住“Ctrl”键，临时停止新绘制，并且对刚绘制的节点进行修改。

调整直线路径段的形状

要调整直线路径段的形状，可以通过移动各个点来延长、缩短或者更改直线路径段的位置来调整。

如果要更改直线路径段，可以使用“部分选定”工具选中要修改的路径，单击某个点以选中它（设定角点显示为实心的蓝色方形），拖动该点或使用箭头键将该点移动到一个新位置即可实现对路径段的修改，如图 4-2-30 所示。

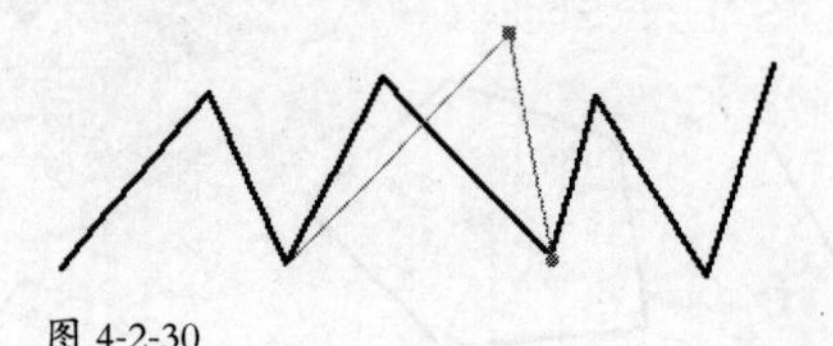

图 4-2-30

调整曲线路径段的形状

使用“部分选定”工具,拖动矢量对象的点手柄可以更改该对象的形状。点手柄确定固定点之间的曲率。这些曲线称为贝赛尔曲线。

如果要编辑路径段的贝赛尔曲线，使用“部分选定”工具，选择路径，单击曲线点以选中它。点手柄从该点扩展，并将点手柄拖到一个新位置。

在拖动时按住“Shift”键可将手柄移动的方向限制为 45°。蓝色的路径预览显示当释放鼠标左键时将绘制的新路径的位置，如图 4-2-31 所示。

如果只修改路径段上选择点的一侧，则在拖动点手柄时，按住“Alt”键即可，如图 4-2-32 所示。

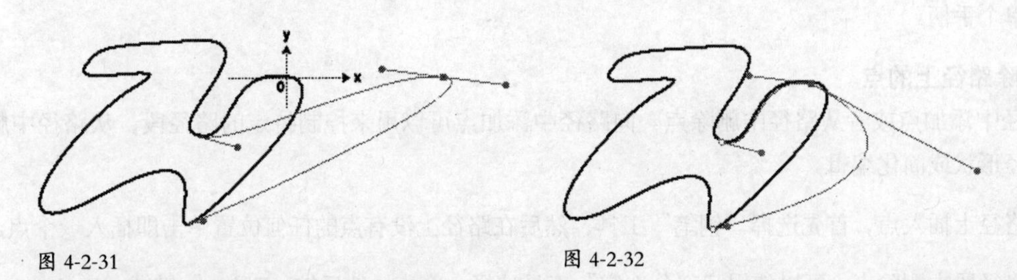

图 4-2-31　　图 4-2-32

将路径段转换为直线或曲线路径段

直线路径段在角点处相交，曲线路径段包含曲线点。可通过转换点将直线段转换为曲线段，反之亦然。

要将角点转换为曲线点，首先选择“工具”面板中的“钢笔”工具，在所选路径上单击一个角点，然后将指针从该点拖走，此时手柄将扩展，并使临近段变弯，如图 4-2-33 所示。

如果要对点手柄进行操作，可以在“钢笔”工具处于激活状态时，选择“部分选定”工具或者按“Ctrl”键。

要将曲线点转换为角点,首先选择“工具”面板中的“钢笔”工具,然后在所选路径上单击一个曲线点即可。此时手柄将缩短，同时相邻段将伸直，如图 4-2-34 所示。

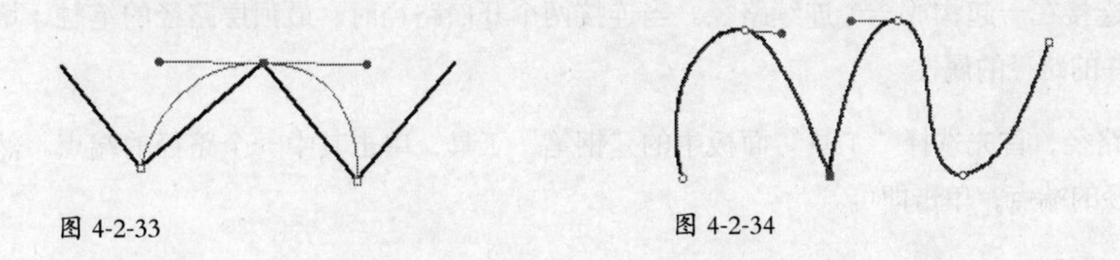

图 4-2-33　　图 4-2-34

选择点

使用“部分选定”工具可以选择多个点。在使用“部分选定”工具选择点之前，必须使用“指针”或“部分选定”工具，或者通过在“图层”面板中，单击它的缩略图来选择路径。

如果要在所选路径上选择特定点，首先选择“部分选定”工具，然后单击一个点或按住“Shift”键并依次单击多个点。在要选择的点周围拖动鼠标也可以选择该点。

如果要显示曲线点的手柄，可以使用“部分选定”工具单击该点。如果离所单击的点最近的点是曲线点，则同时还显示邻近的手柄。

移动点和点手柄

通过使用“部分选定”工具，拖动对象上的点和点手柄来更改该对象的形状。

要移动一个点，可以使用“工具”面板中的“部分选定”工具拖动该点，Fireworks 将重新绘制路径以反映该点的新位置。如果要更改路径段的形状，可以使用“部分选定”工具拖动点手柄，按住“Alt”键并拖动可以拖动单个手柄。

插入和删除路径上的点

可以向路径中添加点或者从路径中删除点。向路径中添加点可以用来控制特定的路径段，从路径中删除点可更改路径形状或简化编辑。

要在所选路径上插入点，首先选择“钢笔”工具，然后在路径上没有点的任何位置单击即插入一个点。

要从所选路径段中删除点，可以使用“部分选定”工具选择一个点，然后按“Delete”键或“Backspace”键即可。

当要删除的点是角点时，可以使用“钢笔”工具单击该点，当要删除的是曲线点时，需要使用“钢笔”工具双击该点。

继续绘制现有路径

使用“钢笔”工具可以继续绘制现有的开口路径。

如果要继续绘制现有的开口路径，首先选择“工具”面板中的“钢笔”工具，然后单击结束点，继续绘制路径。

合并两个开口路径

可以将两个开口路径连接在一起构成一个连续路径。当连接两个开口路径时，最顶层路径的笔触、填充和滤镜属性将成为新合并的路径的属性。

如果要合并两个开口路径，首先选择“工具”面板中的“钢笔”工具，单击其中一个路径的端点。然后将指针移动到另一个路径的端点，单击即可。

自动结合相似的开口路径

可以轻松地将一个开口路径与另一个具有相似笔触和填充特性的路径结合在一起。

如果要自动结合两个开口路径，首先选择任意一个开口路径，然后选择“部分选定”工具，将该路径的端点拖到距离另一个路径的端点几个像素以内。此时该端点会与另一个路径对齐，于是这两个路径便成为单个路径。

4.2.4 复合形状的绘制

复合形状是由两个或多个对象组成的可编辑的图形，每个对象都分配有一种形状模式。复合形状简化了复杂形状的创建过程，因为可以精确地操作每个所含路径的形状模式、堆放顺序、形状、位置和外观。

创建复合形状

创建一个具有简单矢量路径（如矩形、椭圆形）和其他矢量路径的复合形状。复合形状的单个对象可以来回移动，并且在组合之后可以使用“部分选定”工具进行编辑。在复合形状模式中，所有新矢量对象将在层面板中添加到相同对象。要将对象添加到其他对象，可使用“ 正常”按钮退出该模式。

要创建一个复合形状，可以先创建一个矢量对象，然后选择复合形状操作（如添加和去除），并绘制其他矢量。或者可以在先创建多个矢量对象后使用复合形状操作。

创建多个矢量对象之后应用复合形状

如果要在先创建多个矢量对象之后再应用复合形状，则首先选择要作为复合形状一部分的所有对象，此时,所选择的任何开放式路径都会自动关闭。然后在“工具”面板中选择一个矢量工具（矩形、椭圆形、钢笔或矢量路径），最后在“属性”检查器中选择要应用的复合形状，如“添加 / 联合”、“去除 / 打孔”、“交集”、“裁切”，操作完成后就可以实现所需的效果。

创建多个矢量对象之前应用复合形状

如果要在创建多个矢量对象之前应用复合形状，首先要创建一个矢量对象，在“属性”检查器中选择要应用的复合形状，如“添加 / 联合”、“去除 / 打孔”、“交集”、“裁切”，最后在第一个对象上绘制其他对象以获得所需的效果。

将复合形状转换为合成路径

将复合形状转换为合成路径之后，不能移动和编辑单个对象。

如果要将复合形状转换为合并路径，可单击“路径”面板上的“合并”按钮。

4.3 编辑路径

对路径的编辑有很多种方法。可通过移动、添加或删除点来更改对象形状；也可移动点手柄来更改相邻路径段的形状；还可以使用矢量工具进行编辑，如，使用“自由变形”工具直接对路径进行编辑以改变对象的形状等;除此之外,还可以使用“路径”面板上的工具通过路径操作合并或改变现有路径来创建新形状。

4.3.1 使用矢量工具进行编辑

除了拖动点和点手柄以外，还可使用矢量工具直接对矢量对象进行编辑。

使用“自由变形”工具，可以直接对矢量对象执行弯曲和变形操作，而不是对各个点执行操作。可以推动或拉伸路径的任何部分而不管点的位置如何。在更改矢量对象的形状时，Fireworks 会自动添加、移动或删除路径上的点。图 4-3-1 所示为使用“自由变形”工具拉伸路径段的效果。

图 4-3-2 所示为使用“更改区域形状”工具，推动路径段的效果。

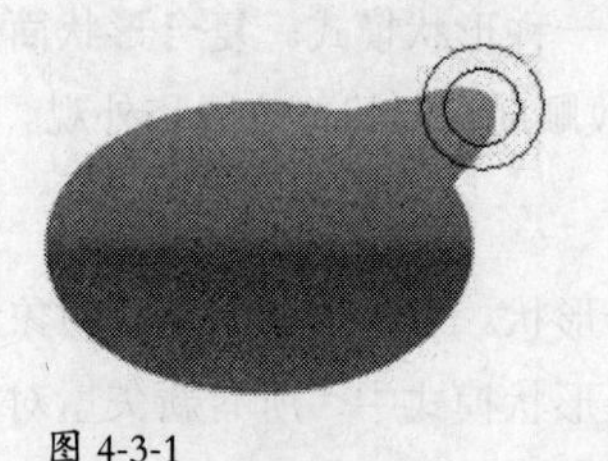

图 4-3-1

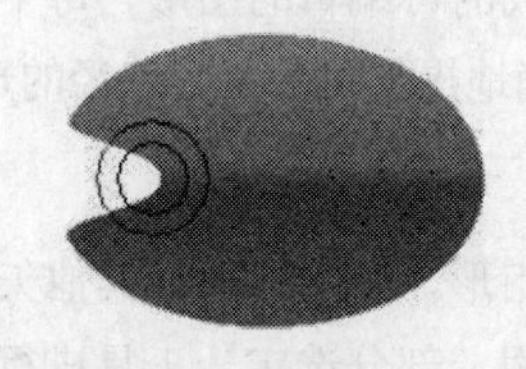

图 4-3-2

使用“自由变形”工具和“更改区域形状”工具在所选路径上移动指针时，指针将根据它相对于所选路径的位置更改为不同的指针效果。

重绘路径

可以使用“重绘路径”工具，重绘或扩展所选路径段，同时保留该路径的笔触、填充和效果特性。

要对所选路径段进行重绘或扩展操作，首先从“钢笔”工具弹出菜单中，选择“重绘路径”工具。如果需要，可通过向“属性”检查器的“精度”框中输入一个数字来更改“重绘路径”工具的精度级别。选择的数字越高，出现在路径上的点数就越多。然后在路径的正上方移动指针，变为重绘路径指针，按住鼠标左键拖动即可重绘或扩展路径段。

通过改变压力和速度更改路径的外观

使用“路径洗刷”工具、，可以更改路径的外观。使用变化的压力或速度，可以更改路径的笔触属性。这些属性包括笔触大小、角度、墨量、散布、色相、亮度和饱和度。可以使用“编辑笔触”对话框的“敏感度”选项卡指定这些属性中的哪个属性受到“路径洗刷”工具的影响，还可指定影响这些属性的压力和速度的数量。

将路径剪切为多个对象

使用“刀子”工具，能够将一个路径切成两个或多个路径。

如果要使用“刀子”工具，则首先选择所要切割的路径，然后在“工具”面板中选择“刀子”工具，跨越路径拖动指针或单击该路径即可实现对该路径的分割。

4.3.2 通过路径操作进行编辑

可以使用“修改”菜单中的路径操作通过合并或更改现有路径来创建新形状。对于某些路径操作，所选路径对象的堆叠顺序将定义操作的执行方式。

合并路径对象

可以将多个路径对象合并成单个路径对象。可连接两个开口路径的端点以创建单个闭合路径，或者结合多个路径来创建一个复合路径。

如果将两个开口路径合并为一个连续路径，则首先选择“工具”面板中的“部分选定”工具，然后选择两个开口路径上的两个端点，单击“修改”菜单中的“组合路径”→“接合”命令即可。

如果要创建复合路径，选择两个或多个开口或闭合的路径，单击“修改”菜单中的“组合路径”→“接合”命令即可。

如果要分离复合路径，则首先选择复合路径，然后单击“修改”菜单中的“组合路径”→“拆分”命令即可。

如果要将所选的闭合路径合并为一个封闭整个原始路径区域的路径，可以单击“修改”菜单中的“组合路径”→“联合”命令。所得到的新路径具有位于最下面的对象的笔触和填充属性。

将路径转换为选取框所选

将路径转换为选取框所选，可以将矢量形状转换为位图选区，然后使用位图工具编辑新的位图。

如果要将路径转换为选取框所选，则首先选择一个路径，然后单击“修改”菜单中的“将路径转换为选取框”命令，此时会弹出“将路径转换为选取框”对话框，如图 4-3-3 所示。

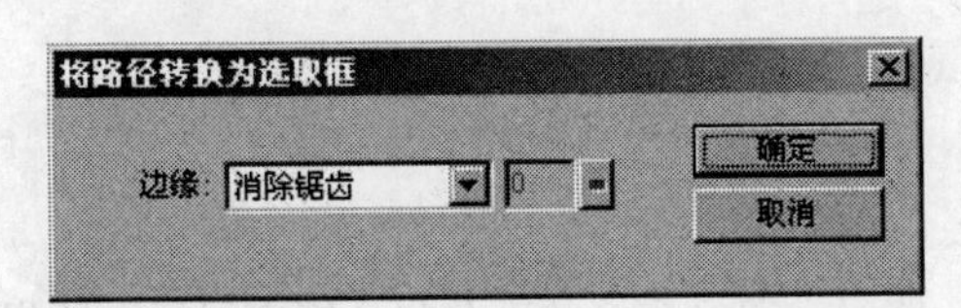

图 4-3-3

在“将路径转换为选取框”对话框中，为要创建的选取框所选选择一种“边缘”设置。如果在“边缘”设置中选择“羽化”，需要设定一个羽化量的值。

设置完成后，单击“确定”按钮，即将路径转换为了选取框。

如果将路径转换为选取框，那么会删除所选的路径。如果不希望在将路径转换为选取框时删除该路径，则可以通过更改其默认设置而实现。通过单击“编辑”菜单中的“首选参数”命令，弹出“首选参数”对话框，取消选择在“编辑”类别中的“转换为选取框时删除路径”复选框即可。

从其他对象的交集创建对象

使用“交集”命令，可以从两个或多个对象的交集创建对象。

如果要创建一个包括所有选定闭合路径共有的区域的闭合路径，则在选中对象的情况下，单击“修改”菜单中的“组合路径”→“交集”命令。所得到的新路径具有位于最下面的对象的笔触和填充属性，如图 4-3-4 所示。

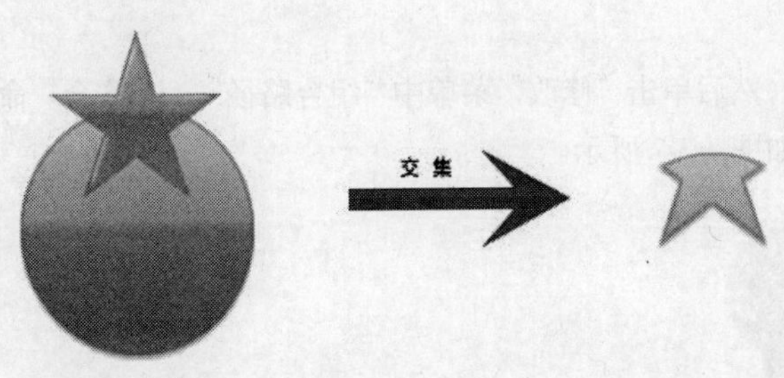

图 4-3-4

删除路径对象的一部分

可以对所选对象的某些部分进行删除，这些部分是由排列在其前面的另一个所选路径对象的重叠部分定义的。

如果要删除路径对象的一部分,则首先选择定义要删除的区域的路径对象,然后单击“修改”菜单中的“排列”→“移到最前”命令,接着按住“Shift”键并拖动到要从中删除某些部分的路径对象的选区,再单击“修改”菜单中的“组合路径”→“打孔”命令，如图 4-3-5 所示。

图 4-3-5

接合拆分路径

使用“接合”命令，可以使不同的路径对象结合为同一路径，路径重叠的部分将会镂空显示，所得到的新路径具有位于最底层对象的笔触和填充属性。

要使不同路径结合为同一路径,则首先选择用来定义要接合的路径对象,然后单击“修改”菜单中的“组合路径”→“接合”命令，则选中的不同路径对象接合为一个路径对象，路径重叠的部分镂空显示。如果要拆分该路径对象，单击“修改”菜单中的“组合路径”→“拆分”命令，被结合的路径对象又重新拆分为结合前的路径形状，拆分后所得的新路径，不再恢复最初的路径属性，新路径具有位于最底层的路径对象的笔触和填充属性。如图 4-3-6 所示。

图 4-3-6

联合路径

联合路径可以使几个路径对象结合为一个路径。路径联合后不能拆分，新路径具有位于最底层对象的笔触和填充属性。

使用联合命令修改对象,首先选中要修改的对象,然后单击“修改”菜单中“组合路径”→“联合”命令,将会出现以联合对象轮廓为边界的新的路径对象。如图 4-3-7 所示。

图 4-3-7

修剪路径

可以使用另一个路径的形状来修剪路径。前面或最上面的路径定义修剪区域的形状。

如果要修剪所选路径，则首先选择用来定义要修剪的区域的路径对象，然后单击“修改”菜单中的“排列”→“移到最前”命令，接着按住“Shift”键并拖动到要修剪的路径对象的选区，再单击“修改”菜单中的“组合路径”→“裁切”命令，如图 4-3-8 所示。

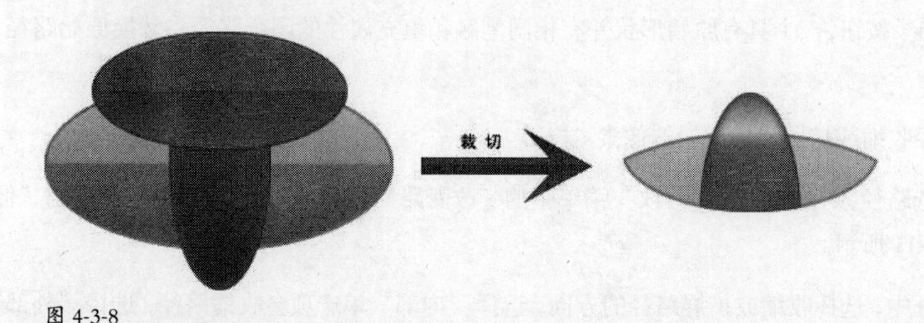

图 4-3-8

简化路径

“简化”命令将根据指定的数量删除路径上多余的点，并且在删除路径中的点的同时可以保持路径的总体形状。

例如，有一条包含两个以上点的直线，则可以使用“简化”命令（只需两个点即可产生一条直线）；或者，路径包含恰好重叠的点，“简化”命令将会删除在重新生成所绘制的路径时不需要的点。

如果要简化所选路径，则首先单击“修改”菜单中的“改变路径”→“简化”命令，弹出“简化”对话框，然后在该对话框中输入一个简化量，最后单击“确定”按钮。

在增加简化量的同时，Fireworks 可以改变路径（以减少该路径上的点数）的程度也随之而提高。

扩展笔触

可以将所选路径的笔触转换为闭合路径。得到的新路径是原路径的一个轮廓，该轮廓不包含填充并且具有与原路径相同的笔触属性，如图 4-3-9 所示。

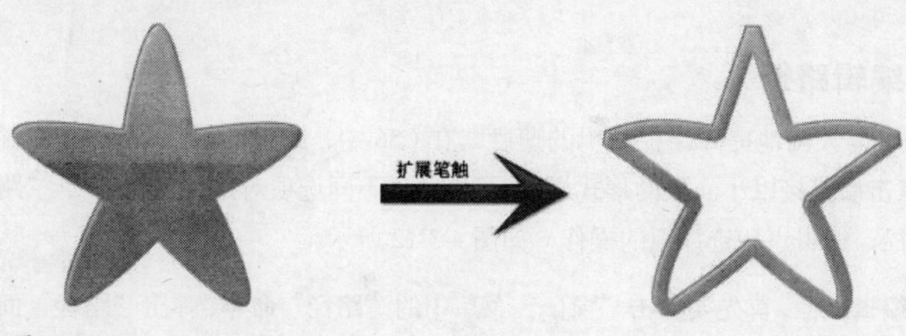

图 4-3-9

扩展与自身相交的路径的笔触可产生有趣的结果。如果原始路径包含填充，则路径的相交部分在笔触扩展后不会包含填充。

如果要扩展所选对象的笔触，则首先单击“修改”菜单中的“改变路径”→“扩展笔触”命令，弹出“展开笔触”对话框，如图 4-3-10 所示。

在“扩展笔触”对话框中设置最终的闭合路径的宽度，指定角类型为转角、圆角或斜角。如果选择转角，则设置转角限制，即转角自动变为斜角的点。转角限制是转角长度与笔触宽度的比例。设置“结束端点”选项为对接、方形或圆形。

设置完成后，单击“确定”按钮，一个具有原始形状并有相同笔触和填充属性的闭合路径将替换原始路径。

收缩或扩展路径

可以将所选对象的路径收缩或扩展特定数量的像素。

如果要扩展或收缩所选路径，则首先单击“修改”菜单中的“改变路径”→“伸缩路径”命令，弹出“伸缩路径”对话框，如图 4-3-11 所示。

在“伸缩路径”对话框中，选择收缩或扩展路径的方向，选择“内部”单选项会收缩路径，选择“外部”单选项会扩展路径。设置原始路径与收缩或扩展路径之间的宽度。指定角类型为转角、圆角或斜角。如果选择转角，则设置转角限制，即转角自动变为斜角的点。

设置完成后，单击“确定”按钮，一个具有相同笔触和填充属性的较小或较大路径对象将替换原始路径对象。

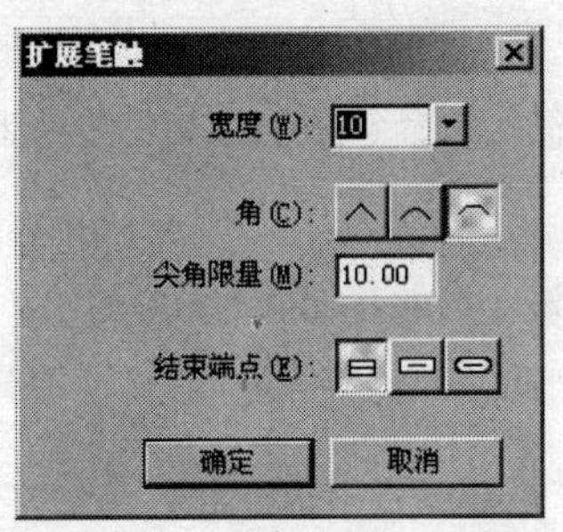

图 4-3-10

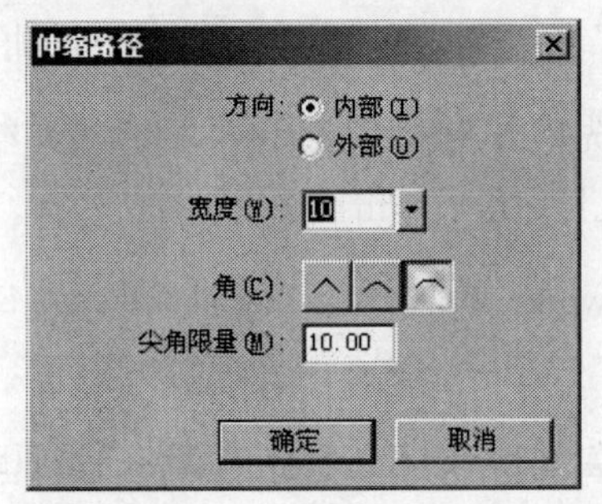

图 4-3-11

4.3.3 使用“路径”面板编辑路径

使用“路径”面板编辑路径可以大幅地提高路径编辑的速度。在 CS6 中，路径面板做了调整，路径面板中含有大量的路径编辑工具，点击后直接以小面板的形式显示，可以通过不同选项对路径进行编辑。“路径”面板可以完成合并路径、改变路径、编辑点和选择点的操作，如图 4-3-12 所示。

选择“路径”面板中的工具编辑路径，首先要单击“窗口”菜单中的“路径”命令，弹出“路径”面板，然后选择需要的工具快速完成相应的操作。

路径面板包括四个部分：“合并路径”、“改变路径”、“编辑点”和“选择点”。各部分中分别包含了大量的命令。

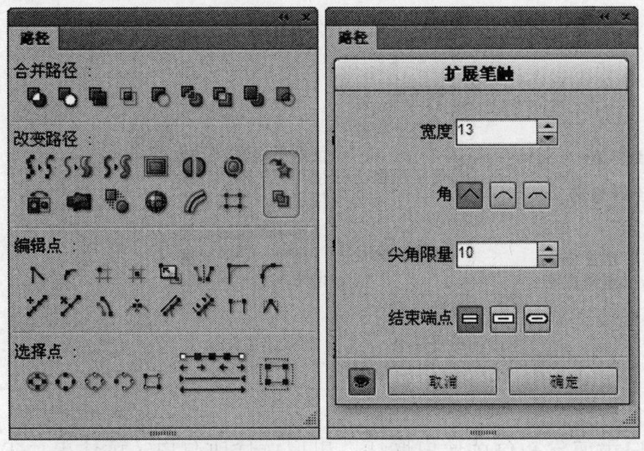

图 4-3-12

“合并路径”包含了结合、拆分、合并、相交、打孔、分割、排除、修剪以及裁剪命令，这这些命令可以对路径的整体形状进行操作。如图 4-3-13 为“合并路径”各命令。

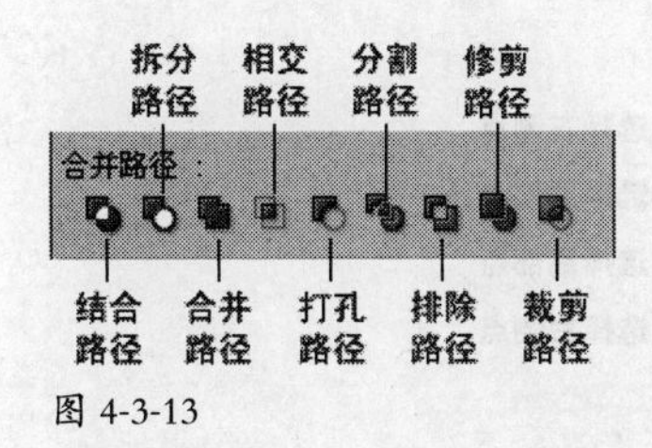

图 4-3-13

“改变路径”命令用来更改对象的路径，如简化、扩展、笔触转换等，如图 4-3-14 所示。

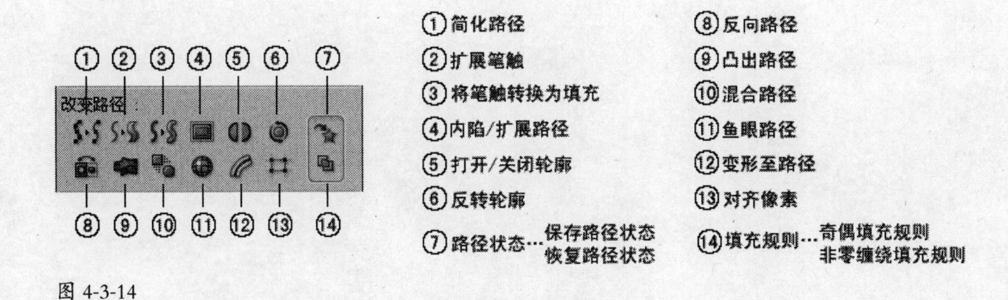

图 4-3-14

路径面板“编辑点”部分可以实行对象各节点的操作，可以在对象中增加点、分割点、偏移点，也可以拉直点、平滑点、锐化点等，通过这些操作可以更细致地编辑对象，实现我们期望的效果。如图 4-3-15 为“编辑点”部分的各项命令。

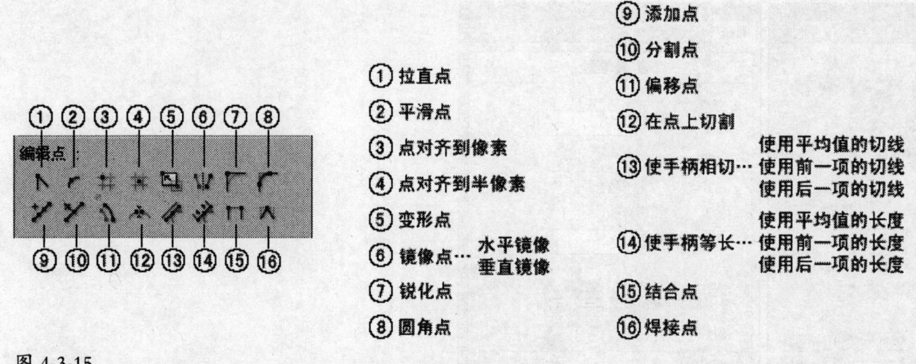

图 4-3-15

“选择点”部分的命令，可以使我们通过点击命令实行选择点操作，可以选择所有点，选择第一个点，选择方位点等。这些命令可以使我们在编辑矢量对象时，更精确地定位在某些节点上，节省了选择点的时间，提高了工作效率。如图 4-3-16 所示为“选择点”的各项命令。

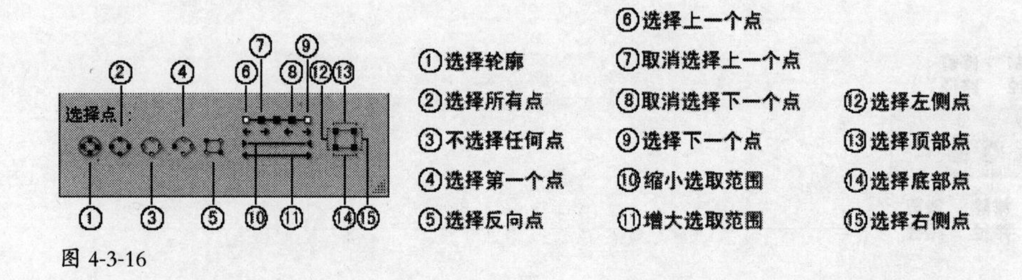

图 4-3-16

在日常的工作中，需要熟练掌握“路径”面板的各种命令，灵活运用到日常的操作中，提高工作效率，利用这些命令，设计出更精确的矢量图形。

5 文本处理与颜色应用

学习要点：

· 熟练掌握文本的编辑方法

· 熟练掌握颜色、笔触和填充的应用，并了解它们之间的区别。

· 了解 Kuler 面板的使用

文本和颜色在 Fireworks 中的应用无处不在。本章主要详细讲述在 Fireworks 中文本的编辑及颜色、笔触和填充的应用，以及通过 Kuler 面板能创建主题并分享别人的成果。

5.1 文本的使用

Fireworks 不仅可以进行图形设计和图像处理，而且可以创建丰富的文本效果。使用 Fireworks CS6 强大的文本功能，可以在图形中输入并编辑文本以创建出丰富的文本效果。Fireworks 可以将所创建的文本设置成不同的字体和大小，还可以调整其字距、间距、颜色、字顶距和基线等。将 Fireworks 文本编辑功能同大量的笔触、填充、滤镜以及样式相结合，能够使文本成为图形设计中的一个生动元素。

Fireworks 可以对应用了动态滤镜的文本进行编辑，还可以复制含有文本的对象并对每个副本的文本进行更改。

5.1.1 输入文本

在 Fireworks 中，使用“工具”面板中“矢量”工具区的“文本”工具 T，在画布上创建文本，也可以使用图标 T 识别“图层”面板中的文本对象。

创建文本时，可以通过文本“属性”检查器，设置文本格式并编辑丰富的文本效果。图 5-1-1 所示为选中“文本”工具时的“属性”检查器。

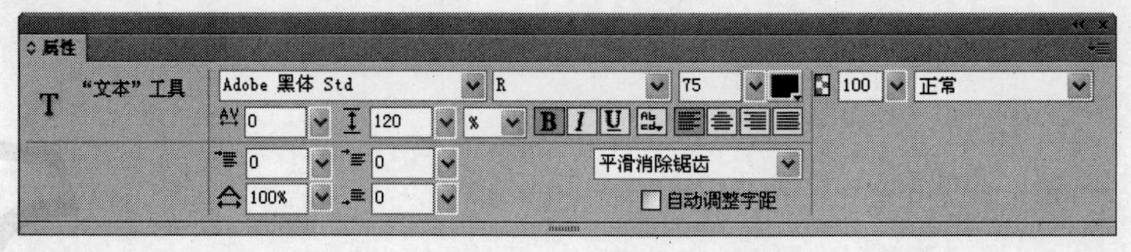

图 5-1-1

5.1.2 创建和编辑文本块

在 Fireworks 文档中创建的文本对象，将显示在一个带有手柄的矩形内，被称为“文本块”，如图 5-1-2 所示。

Fireworks CS6

图 5-1-2

在文档中输入文本，首先选择“工具”面板中的“文本”工具，其“属性”检查器显示相对应的“文本”工具选项，可以对文本的格式进行编辑，如选择颜色、字体、字号、间距以及其他文本特性。然后在文档中单击文本块开始的位置，将创建一个自动调整大小的文本块。如果按住鼠标左键并拖动以绘制文本块，则创建一个固定宽度的文本块。

将文本输入在文本块内，即文本创建成功。如果要输入分段符，可以在文本块内按“Enter”键。

输入完文本后，在文本块外部单击，选择“工具”面板中的另一个工具或按“Esc”键可退回到文本块外。

除了通过“属性”检查器对文本格式进行编辑外，还可以通过“文本”菜单对文本的格式进行编辑。

使用自动调整大小文本块和固定宽度文本块

在 Fireworks 中，可以直接创建自动调整大小的文本块，也可以创建固定宽度的文本块。自动调整大小的文本块在用户输入时沿水平方向扩展。文本如果被删除了，则自动调整大小，文本块会收缩以便容纳剩余的文本。当使用“文本”工具，在画布上单击并开始输入文本时，默认情况下会创建自动调整大小的文本块。

固定宽度的文本块，可以控制折行文本的宽度。当使用“文本”工具拖动以绘制文本块时，默认情况下会创建固定宽度文本块。

当文本块中的文本指针处于活动状态时，文本块的右上角会显示一个空心圆或空心正方形。圆形表示自动调整大小的文本块；正方形表示固定宽度的文本块，如图 5-1-3 所示。

图 5-1-3

两种文本块的类型之间可以相互转换。如果要将文本块更改为固定宽度文本块或自动调整大小文本块，首先要双击该文本块，文本块的右上角会显示一个空心圆或空心正方形，然后双击该文本块右上角空心圆或空心正方形，这样就可以进行转换了。

如果要通过调整大小将所选文本块更改为固定宽度文本块，可以拖动调整大小手柄，这时会自动将文本块从自动调整大小类型更改为固定宽度类型。

5.1.3 导入文本

向文档中导入文本，可以直接从源文档中复制文本，然后粘贴到当前的 Fireworks 文档中；也可以将文本从源文档中拖到当前文档中。Fireworks 也支持打开或导入整个文本文件。

如果要打开或导入文本文件，首先单击“文件”菜单中的“打开”命令，或者单击“文件”菜单中的“导入”命令，然后找到含有该文件的文件夹并选中该文件，最后单击“确定”按钮即可。

5.2 设置文本格式

在文本块内可以对文本的所有特性进行更改，如字号、字体、间距、字顶距以及基线等。当编辑文本时，Fireworks 会相应地重绘其笔触、填充和滤镜属性。可以使用“属性”检查器更改文本块的属性。图 5-2-1 所示为选中文本块时的“属性”检查器。

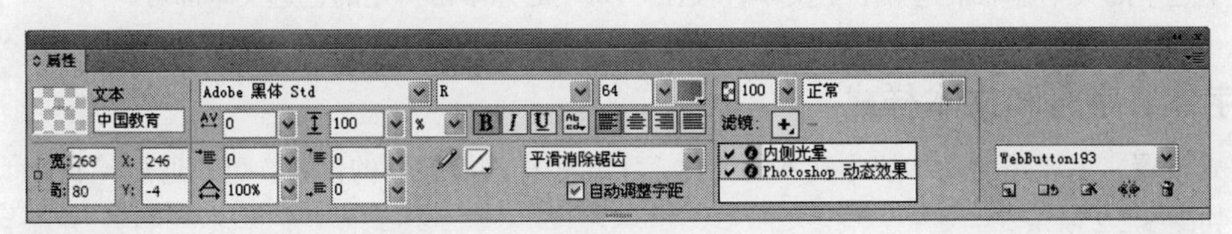

图 5-2-1

如果要编辑文本，则首先使用“指针”工具或“部分选定”工具选择对象，然后单击要编辑的文本块，即可进行编辑。

如果同时对多个文本块进行编辑，则可以按住“Shift”键，同时选择多个块，对其进行统一的格式设置。

如果要对文本块内的部分文字进行单独编辑，则首先双击文本块，然后选中其中的部分文字，当文字被选中时，将高亮显示。单击 3 次即可选择整个段落。

通常，在一个文本编辑会话中所做的更改，只是一个简单的“撤销”操作。如果在编辑文本时单击“编辑”菜单中的“撤销”命令，则会撤销双击文本块编辑其内容以来所做的每一步文本编辑的操作。

5.2.1 选择文本

在对文本进行编辑之前，必须先选中文本，可以使用鼠标或者配合键盘上的功能键来选择文本。

选择单词或段落

在某个单词内双击可选择该单词，单击 3 次可选择整个段落。

选择某个段落中的一部分文本

如果要选择某个段落中的一部分文本，按住“Shift”键并多次选择文本部分即可。

选择具有相似属性的文本

如果要选择具有相似属性的文本，按住“Alt”键并双击具有指定属性的单词，会自动选择文本块中与属性匹配的所有单词。

例如，如果想选择具有粗体字体的所有单词，按住“Alt”并双击一个具有粗体字体的单词，会自动选择文本块中具有粗体字体的所有单词。

向上一个选取范围中添加具有不同属性的文本

可以向以前选择的文本中添加包含不同属性的文本。如：在选定具有粗体字体的文本之后，按住“Alt+Shift”组合键并双击一个斜体单词，则选择了具有粗体或斜体字体的单词。

向现有选取范围中添加文本

如果要向现有选取范围中逐个添加单词，则先在该文本内单击，然后按住“Alt+Shift”组合键并单击进行添加即可。

从多个选择的文本中取消选择文本

如果要从多个选中的文本中取消选择个别文本，按住“Alt”键并单击特定的已选文本即可。

5.2.2 选择字体、字号和文本样式

对文本的格式设置，主要是对文本块中文本的字体、字号和样式等属性的设置，可以通过“属性”检查器进行编辑，如图 5-2-2 所示。

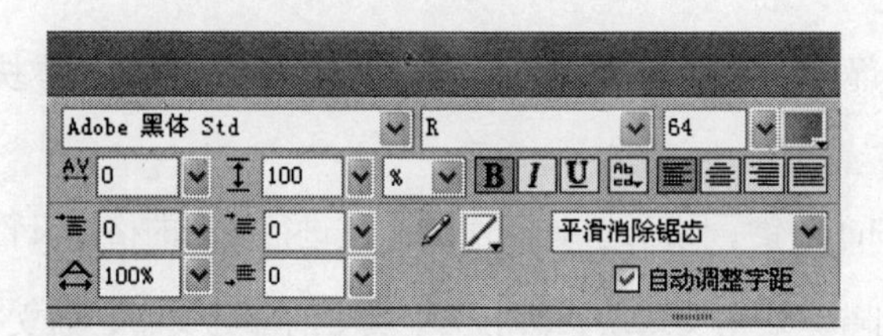

图 5-2-2

通常，最基本的字体样式有常规、粗体、斜体和下画线。在 Fireworks 中，增加了特细、细、常规、中等、粗体以及特粗等，以满足更多的需要。如果要对字体进行设置，可以从“属性”检查器中的字体选项中选择一种字体，也可以通过“文本”菜单中的“字体”命令选择字体。

如果要应用粗体、斜体或下画线样式，单击相应的样式按钮即可。再次单击即可取消应用。

一般情况下，最近使用过的字体会出现在“字体”下拉列表的顶部。可以在“属性”检查器的“字体”菜单中预览某一字体。可以在“编辑”菜单下“首选参数”内的“文字”选项中关闭预览功能，或更改字体名称或字体样本的磅值。

字号以磅为度量单位,数字越大,所代表的字号就越大。如果要更改字号,可以在“属性检查器”上拖动“字号”弹出滑块，或者在文本框中输入一个值。也可以从“文本”菜单中的“大小”命令中选取一个大小，如果选取“其他”命令，则可以在“文本大小”对话框中输入新的大小。如果未选择任何文本，则字体大小会应用于所创建的新文本。

在 Fireworks 中，对于文本内容是字母的文本编辑，提供了很大的方便。如果输入的字符是小写，可以将选定文本更改为大写,通过单击“命令”菜单中的“文本”→“大写”命令更改,小写转化为大写方法相同。这对于批量的文本编辑带来很大的方便。如果需要将文本更改为句首大写，通过单击“命令”菜单中的“文本”→“首字母大写”命令，即可转换。

如果需要在文中插入换行符，单击要插入换行符的文本，使用“Shift+Enter”组合键插入。

在编辑文本模式中，撤销更改快捷键“Ctrl+Z”适用于各种编辑工作。在退出该模式之后提交更改，在此之后撤销更改不会影响文本编辑。

如果需要在系统中增加字体，可以将缺少的字体安装到系统中，也可以使用字体管理应用程序激活缺少的字体，或者将缺少的字体放置到 Fonts 文件夹中，Fonts 文件夹一般位于应用程序文件夹中。该文件夹中的字体仅适用于该应用程序。

5.2.3 应用文本颜色

在设计网页时,为了使整体效果保持一致,对设计中的文本可以应用一些颜色。文本颜色使用“填充颜色”框内的颜色。在默认情况下，文本为黑色，并且没有笔触。可以更改所选文本块中全部文本的颜色，或者更改某个文本块中高亮显示的文本的颜色。在文本块之间切换时，“文本”工具将保留当前文本颜色。

“文本”工具所保留的当前文本颜色与其他工具的填充颜色无关。在使用“文本”工具之后使用了其他工具,则填充和笔触设置会恢复为使用“文本”工具之前所使用的最近设置。同样,当返回到“文本”工具时，填充颜色会恢复为最近的“文本”工具设置，而笔触会重设为“无”。当在文档之间切换，或者关闭并再次打开 Fireworks 时，Fireworks 会保留当前的“文本”工具颜色。

在 Fireworks 中，可以将笔触和动态滤镜添加到所选文本块内的所有文本中，但是不能添加到文本块中被高亮选定的文本中。在编辑文本块中的文本时，Fireworks 会更新应用到文本块中的笔触特性和动态滤镜。

但是，如果创建了新的文本块，“文本”工具将不会保留笔触特性和动态滤镜。

将颜色应用到所选文本块的全部文本中

将文本颜色应用到所选文本块中,可以使用“属性”检查器、任意“填充颜色”框或“工具”面板中的“滴管”工具。

如果要为所选文本块中的全部文本设置颜色，可以在“属性”检查器中单击“填充颜色”框，然后从颜色弹出窗口中选择一种颜色，如图 5-2-3 所示。或者在颜色弹出窗口保持打开状态的同时，用“滴管”指针在屏幕上的任意位置对颜色进行取样。

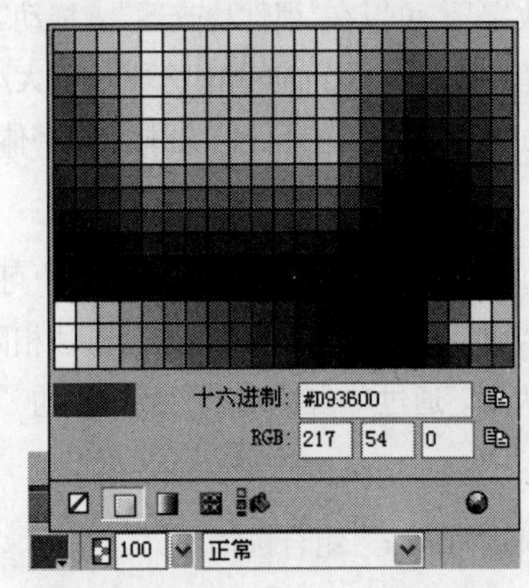

图 5-2-3

如果要更改所选文本块的颜色，可以在“工具”面板中，单击“填充颜色”框，并且从颜色弹出窗口中选择一种颜色，或在“填充颜色”框弹出窗口保持打开状态的同时，用“滴管”指针在屏幕上的任意位置对颜色进行取样。

在“工具”面板中，单击“填充颜色”框旁边的图标，选择“滴管”工具，然后在任何打开的文档中单击以对颜色进行取样，也可以对所选的文本块进行颜色更改。

在 CS6 中，“滴管”工具进行了增强。可以直接复制对象的颜色、复制对象的填充颜色以及复制对象的描边颜色。通过复制颜色，可以更精确地提取颜色，将提取的颜色运用到其他需要添加的对象上。

更改文本块内部分文本的颜色

在文本编辑中，有时需要通过对文本块中部分文本颜色的更改，来实现色调上的突出，从而达到醒目的文本效果。

首先在文本块内选择要更改颜色的部分文本，使其高亮显示。然后单击“属性”检查器中的“填充颜色”框，并从颜色弹出窗口中选择一种颜色，或在“填充颜色”框弹出窗口保持打开状态的同时，用滴管指针在屏幕上的任意位置对颜色进行采集，如图 5-2-4 所示效果。

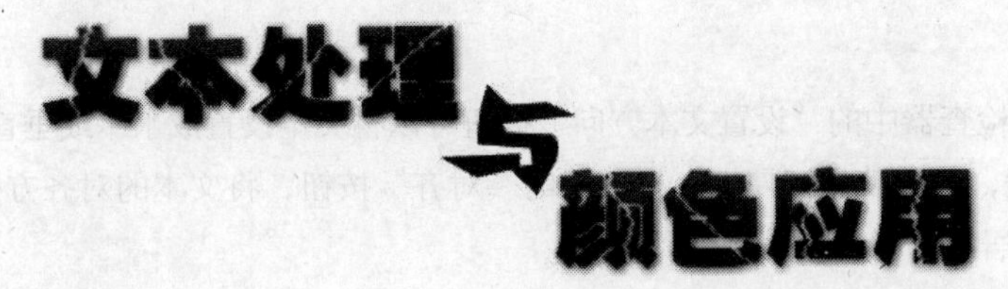

图 5-2-4

将笔触应用到文本块中的高亮显示文本时，将自动选择整个文本块。

5.2.4 设置字顶距和字符间距

字距微调功能可以增大或减小某些字符组合之间的间距（用百分比表示），从而改善它们的外观。在显示文本时，自动字距微调功能使用字符的字距微调。字距调整功能会增加或减小选定字符之间的间距。

在 Fireworks 中，字距微调和跟踪行为，可以通过将光标放置在某个单词中并更改值来更改字距微调和跟踪。

从旧版本导入的文本外观保持不变，但是字距微调和跟踪值会改变。

如果要禁用自动字距微调功能，在“属性”检查器中取消选择“自动调整字距”复选框。

字顶距确定段落中相邻行之间的距离。字顶距的度量单位可以是像素，也可以是行的基线间的间隔（以磅值表示）百分比。

设置字符间距

如果要对文本中的字符距离进行设置，则首先使用“文本”工具在两个字符之间单击或者高亮显示要更改的字符。然后在“属性”检查器中，拖动“字距微调”弹出滑块，或者在文本框中输入一个百分比，即可调整字距。

0 表示正常的字符间距，正值会使字符之间分得更开，而负值则会使字符比较靠近。

如果要对整个文本块进行调整，使用“指针”工具选中文本块即可。按住“Shift”键并单击，可选中多个文本块。

在按住“Ctrl”键的同时，按向左方向键或向右方向键，可以 1% 的幅度缩小字符间距或以 1% 的幅度使字符离得更远。

在按住“Shift+Ctrl”组合键的同时，按向左方向键或向右方向键能以 10% 为增量调整字间距。

设置字顶距

如果要设置字顶距，在“属性”检查器中，拖动“字顶距”弹出滑块，或在文本框中输入一个值，默认值是 100%。如果要更改字顶距的单位类型，可以从“字顶距单位”下拉列表中选择 % 或 px（像素）。

在按住“Ctrl”键的同时，按向上方向键，增加间距，按向下方向键，减小间距。

在按住“Shift+Ctrl”组合键的同时，按向上方向键或向下方向键能以 10 为增量调整字顶距。

5.2.5 设置文本方向和对齐方式

在对文本进行编辑时，使用“属性”检查器中的“设置文本方向”按钮可以将文本设置成水平或垂直。为确定文本段落相对于文本块边缘的位置，可以使用“属性”检查器的“对齐”按钮，将文本的对齐方式设置为左对齐、右对齐、水平对齐和水平居中几种。

设置文本方向

文本块的方向可以是水平的，也可以是垂直的。在默认情况下，文本是水平方向从左向右排列的。

在 Fireworks 的“属性”检查器中，除了可以设置文本排列的方向外，还可以将文本设置为水平或垂直方向。这些设置只能应用到整个文本块。

如果要对所选文本块的方向进行设置，则首先单击“属性”检查器中的“设置文本方向”按钮，然后从弹出菜单中选择方向选项。

“水平方向从左向右”选项是 Fireworks 中大多数语言的默认文本设置，它确定了文本的方向为水平，并且将从左向右显示字符。

“垂直方向从右向左”选项确定了文本的方向为垂直。以回车符分隔的多行文本会以列的形式显示，并且列将从右向左排列。对列中文本为从左向右排列的语言（例如日语等）而言，显示用它们创建的文本时，该选项将非常有用。

垂直文本的字符总是自上而下排列的。如果选择了某个垂直方向的选项，将仅影响文本中列的顺序，而不会影响文本中字符的顺序。

如果要反转文本方向以获得特殊效果，使用“扭曲”工具并拖动边手柄。

设置文本对齐方式

文本对齐方式，确定了文本段落相对于其文本块边缘的位置。对文本进行水平对齐时，会相对于文本块的左右边缘对齐文本。对文本进行垂直对齐时，会相对于文本块的顶部和底部边缘对齐文本。

可以将水平文本对齐到文本块的左边缘、右边缘，或者居中对齐、两端对齐（即将文本同时与左、右边缘对齐）。默认情况下，水平文本为左对齐。垂直文本可以与文本块的顶部或底部对齐、在文本块中居中，或同时与顶部和底部的边缘对齐。如果要得到伸展效果或使文本符合特定空间的大小，可将对齐方式设置为水平伸展文本（对水平方向的文本而言）或垂直伸展文本（对垂直方向的文本而言）。

当高亮显示文本或选中某个文本块时，其对齐方式控件会显示在“属性”检查器中。图 5-2-5 所示为“属性”检查器中的文本对齐方式选项。

如果要对文本设置对齐方式，则首先选中文本，然后单击“属性”检查器中的目标对齐方式按钮即可。通过“对齐”面板，可以更方面快捷地设置对齐方式，如图 5-2-6 所示。

居中 齐行
左对齐 右对齐

图 5-2-5

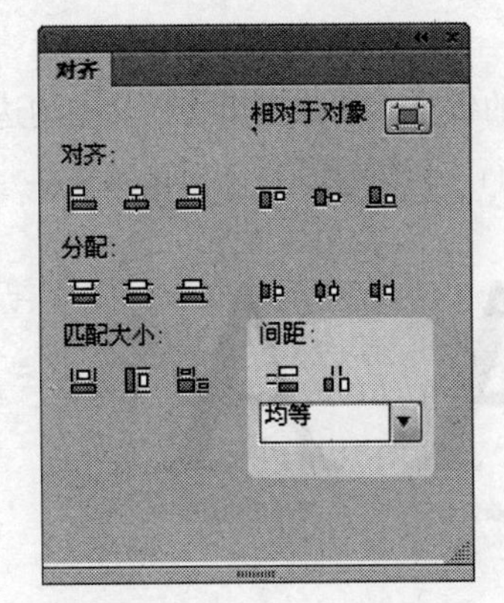

图 5-2-6

5.2.6 设置段落缩进和段落间距

在“属性”检查器中，可以对文本的段落进行调整，拖动相关的弹出滑块或在文本框中输入数值来设置段落首行缩进和段落之间的间距量。

设置段落缩进

使用“属性”检查器将段落的首行缩进。缩进量以像素作为度量单位。

如果要使所选段落首行缩进,则在“属性”检查器中,拖动“段落缩进”弹出滑块或在文本框中输入一个值。

设置段落间距

为了使段落之间保持相关的间距量，可以通过“属性”检查器中的“段前间距”和“段后间距”进行相应的设置。段落间距以像素作为度量单位。

如果要设置所选段落之前的间距，可在“属性”检查器中，拖动“段前空格”弹出滑块或在文本框中输入一个值。

如果要设置所选段落之后的间距，可在“属性”检查器中，拖动“段后空格”弹出滑块或在文本框中输入一个值。

5.3 编辑文本效果

通过文本编辑器和“文本”菜单中的命令，都可以对文本进行编辑。但是，在更改文本属性时，“属性”检查器提供的方式最为快捷，可以可视化地显示所编辑的效果，并且提供了更为详细的编辑控制。

5.3.1 应用文本效果

在 Fireworks 中，可以使用“属性”检查器对文本进行平滑边缘处理，还可以通过设置字符的宽度和基线调整，从而达到更好的文本效果。

对文本边缘进行平滑处理

对文本边缘进行平滑处理可消除文本的锯齿。消除锯齿将使文本的边缘混合在背景中，从而使大字体的文本更清楚易读。图 5-3-1 所示为文本进行平滑处理前后的对比效果。

图 5-3-1

可以在“属性”检查器中设置消除锯齿的相关操作。消除锯齿会应用到给定文本块的所有字符。

“不消除锯齿”，禁用文本平滑处理功能。

“匀边消除锯齿”，在文本的边缘和背景之间产生强烈的过渡。

“强力消除锯齿”，在文本的边缘和背景之间产生非常强烈的过渡，同时保全文本字符的形状并增强字符细节区域的表现。

“平滑消除锯齿”，在文本的边缘和背景之间产生柔和的过渡。

“自定义消除锯齿”，提供专家级的消除锯齿控制项。其中“采样过渡”确定用于在文本边缘和背景之间产生过渡的细节量；“锐度”确定文本边缘和背景之间过渡的平滑程度；“强度”确定将多少文本边缘混合到背景中。如图 5-3-2 所示。

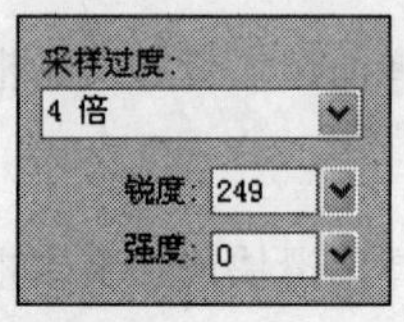

图 5-3-2

如果要将消除锯齿边缘应用到所选文本，则在“属性”检查器中，从“消除锯齿”下拉列表中选择一个选项即可。

在 Fireworks 中，打开矢量文件时，文本已做消除锯齿处理。

调整字符宽度

在 Fireworks 中，可以对文本进行扩展或收缩编辑，通过“属性”检查器中的“水平缩放”弹出滑块，调整扩展或收缩水平文本的字符宽度。

水平缩放以百分比值作为度量单位，默认值为 100%。

如果要扩展或收缩所选字符，则在“属性”检查器中，拖动“水平缩放”弹出滑块或在文本框中输入一个值。

拖动滑块使值高于 100% 会扩展字符的宽度或高度，而如果低于 100%，则会减小字符的宽度或高度。

设置基线调整

基线调整确定了文本位于其自然基线之上或之下的距离。如果不存在基线调整，文本即位于基线上。

通过“属性”检查器中的“基线调整”弹出滑块，可以创建下标和上标字符。基线调整以像素作为度量单位。

如果要使用基线调整，则首先在文本块内选择所要调整的文本，然后在“属性”检查器中，拖动“基线调整”弹出滑块或在文本块中输入一个值，以指定 Fireworks 应分别将下标或上标文本放在多低或多高的位置。输入正值将创建上标字符，输入负值将创建下标字符，如图 5-3-3 所示。

图 5-3-3

将笔触、填充和滤镜文本属性保存为样式

在 Fireworks 中，所绘制的矢量路径，可以应用笔触、填充和滤镜效果，同样，这些效果也可以应用于文本。“样式”面板中的任何样式都可以应用于文本，即使它不属于文本的样式。图 5-3-4 所示为应用了笔触、填充、滤镜以及样式的文本。

图 5-3-4

可以将单纯一种文本颜色，应用到文本块中高亮显示的文本中。但是，笔触属性和非纯色填充属性将应用到所选文本块的所有文本，而不是仅应用到高亮显示的文本，如渐变填充。

当创建新文本块时，“文本”工具并不保留笔触或动态滤镜设置，然而，可以保存那些文本中应用的笔触、填充以及动态滤镜属性，以作为“样式”面板中的一种样式再次使用。创建文本之后，样式会在 Fireworks 中保持可编辑性。当编辑文本时，笔触、填充、滤镜以及样式都会自动更新。

将文本属性保存为一种样式时，保存的只是属性，而不是文本自身。

如果要将文本属性保存为样式，首先创建文本对象并应用所需的属性，然后选中文本对象。单击“样式”面板右上角的按钮，在弹出的菜单中单击“新建样式”命令，选取新样式的属性并为其命名，最后单击“确定”按钮即可。

5.3.2 将文本附加到路径

在 Fireworks 中，除了可以使用矩形的文本块外，还可以将文本附加到绘制的路径，文本顺着路径的形状排列，这样不仅可以改变文本的排列效果，还体现了设计的灵活性，从而增加了丰富的视觉效果。附加到路径的文本和路径都保持可编辑性，如图 5-3-5 所示。

图 5-3-5

将文本附加到路径后，该路径会暂时失去其笔触、填充以及滤镜属性。随后应用的任何笔触、填充和滤镜属性都将应用到文本，而不是路径。如果之后将文本从路径分离出来，该路径会重新获得其笔触、填充以及滤镜属性。

如果将含有硬回车或软回车的文本附加到路径，可能产生意外结果。

当文本的数量超过某个路径之内或之外的空间时，会出现一个图标，该图标提示无法容纳的多余文本。删除过多的文本或调整该路径的大小以容纳多余文本。当容纳所有文本时该图标会消失。

编辑路径和附加到路径的文本

如果要将文本附加到路径的外围，则首先按住“Shift”键并选择文本对象和路径，然后单击“文本”菜单中的“附加到路径”命令，如图 5-3-6 所示。

如果要将文本块放到路径之内，则首先按住“Shift”键并选择文本对象和路径，然后单击“文本”菜单中的“附加到路径内”命令，如图 5-3-7 所示。

图 5-3-6

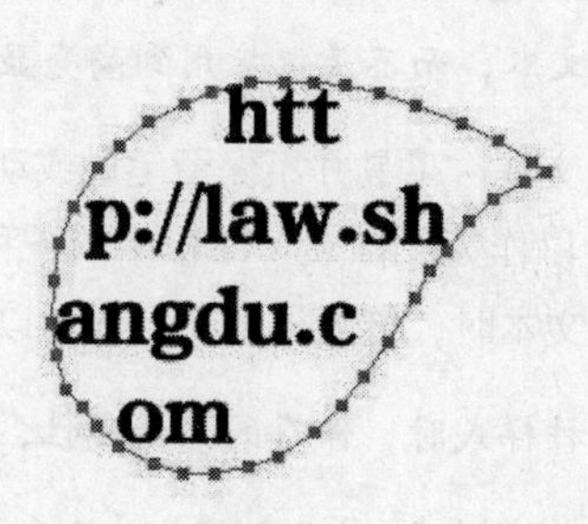

图 5-3-7

如果要将文本从所选路径分离出来，则单击“文本”菜单中的“从路径分离”命令。

如果要编辑已附加到路径的文本，则可以用“指针”或“部分选定”工具双击路径上的文本对象，或者选择“文本”工具并选中要编辑的文本，然后进行相关编辑即可。

如果要编辑路径的形状，则首先使用“部分选定”工具，选中路径上的文本对象，此时部分选定了路径上的点，并可以进行编辑，然后拖动各点以更改路径形状。

也可以使用“钢笔”工具编辑路径。在编辑路径上的点击时，文本将自动沿着路径排列。

更改文本在路径上的方向

绘制路径时的顺序决定了附加在该路径上的文本的方向。例如，如果从右向左绘制路径，则附加的文本会反向颠倒显示。

对附加到路径的文本，可以通过更改其方向或使其反转，还可以更改文本在路径上的起始点。

如果要更改所选路径上的文本的方向，则单击“文本”菜单中的“方向”命令，并选择目标方向，可以使文本依路径旋转，也可以使文本在路径上垂直或垂直倾斜排列，还可以使文本沿路径水平倾斜排列，如图 5-3-8 所示。

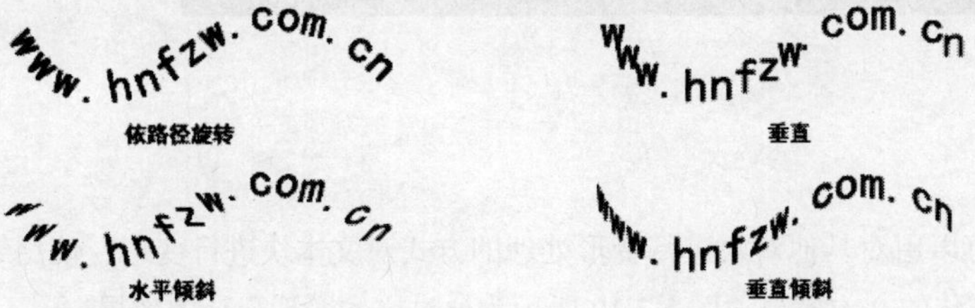

www.hnfzw.com.cn
依路径旋转

www.hnfzw.com.cn
垂直

www.hnfzw.com.cn
水平倾斜

www.hnfzw.com.cn
垂直倾斜

图 5-3-8

如果要使所选路径上的文本的方向进行反转操作，则单击“文本”菜单中的“倒转方向”命令即可。

如果要移动附加到路径上的文本的起始点，则首先选中路径文本对象，然后在“属性”检查器的“文本偏移”文本框中输入一个值，最后按“Enter”键即可。

在路径中附加文本

可以将文本附加到矢量对象，文本包含在矢量边界内。文本和矢量对象将保持可编辑状态。在路径中附加文本时，路径中的区域确定可见的文本数量。

要将路径中附加文本，则首先在画布上选择相应的文本和矢量对象，然后单击“文本”菜单中的“附加到路径内”命令即可。

将文本转换为路径

在 Fireworks 中，可以将文本附加到路径，也可以将文本直接转换为路径，然后用编辑矢量对象的方式编辑文本的形状。将文本转换为路径后，可使用所有的矢量编辑工具，但不能再将其作为文本编辑。

要将所选定的文本转换为路径，则单击“文本”菜单中的“转换为路径”命令即可。

已转换为路径的文本，会保留其所有的可视化属性，但只能将它作为路径编辑。可以将已转换的文本作为路径组进行编辑，也可以单独编辑已转换的字符。

如果要单独编辑转换后的文本字符路径，可以用“部分选定”工具选中已转换的字符。或者选中已转换的文本，单击“修改”菜单下的“取消组合”命令。

如果要通过将文本转换为路径的方式创建复合路径，则首先选中路径组，然后单击“修改”菜单中的“取消组合”命令，再单击“修改”菜单中的“组合路径”→“接合”命令即可。

用矢量编辑工具对转换后的字符路径进行编辑，效果如图 5-3-9 所示。

图 5-3-9

5.3.3 使文本变形

为了达到更加独特的文本效果，可以用对其他对象进行变形处理的方式对文本块进行变形，使用缩放、旋转、倾斜和翻转工具等，创建出多样化的文本效果。图 5-3-10 所示为通过文本变形设计的效果。

图 5-3-10

对文本进行变形操作后，仍可以对其进行编辑，但大幅度的变形会使文本有时难以辨认。当文本块的变形处理导致文本被调整大小时，所得到的字体大小会在选择文本时显示在“属性”检查器中。

5.4 颜色应用

在 Fireworks 中，可以通过各种面板、工具和选项，快速组织和选择颜色并将颜色应用到位图图像和矢量对象中。

在“样本”面板中，可以选择预设样本组，如“彩色立方体”、“连续色调”或“灰度等级”等，也可以创建自己喜爱的颜色或颜色的自定义样本组。在“混色器”面板中，可以选择一种颜色模式，如“RGB”、“十六进制”或“灰度等级”等，然后直接从颜色栏或者通过输入特定的颜色值来选择笔触颜色和填充颜色。

在“工具”面板的“颜色”工具区中，“笔触颜色”或“填充颜色”框左侧的图标，显示了用于选项和对象特性的当前颜色选择。单击颜色框时，会看到一个颜色弹出窗口，在其中可以为颜色框选择颜色。还可以将指针从打开的颜色弹出窗口移开，单击屏幕上的任意颜色将它应用于颜色框。

“工具”面板的“颜色”工具区，包含笔触和填充颜色控件以及其他颜色选项。“位图”工具区包含“油漆桶”、“渐变填充”和“滴管”工具，这些工具可用于对位图选区、相似颜色区域和矢量对象应用颜色。

5.4.1 使用“工具”面板的“颜色”工具区

在 Fireworks 中，可以通过“工具”面板的“颜色”工具区为所选对象的笔触和填充指定颜色，如图 5-4-1 所示。

在某些情况下，这些颜色控件是未被激活的，在使用时需要先将其激活。激活笔触或填充以确定受颜色调整影响的属性。重设笔触颜色和填充颜色以应用在“首选参数”对话框中指定的默认值。此外，“颜色”工具区还包含用于快速将颜色重设为默认值、将笔触或者填充颜色设置设为“无”，以及交换笔触和填充色的工具。

如果要使“笔触颜色”或“填充颜色”框变为激活状态，在“工具”面板中，单击“笔触颜色”框或“填充颜色”框旁边的图标。激活的颜色框区域在“工具”面板中显示为一个被按下的按钮。图 5-4-2 所示为“工具”面板中的笔触颜色弹出窗口。

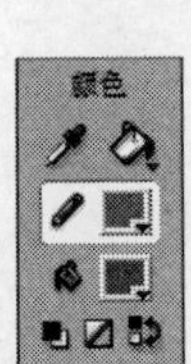

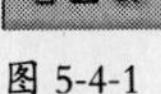

图 5-4-1

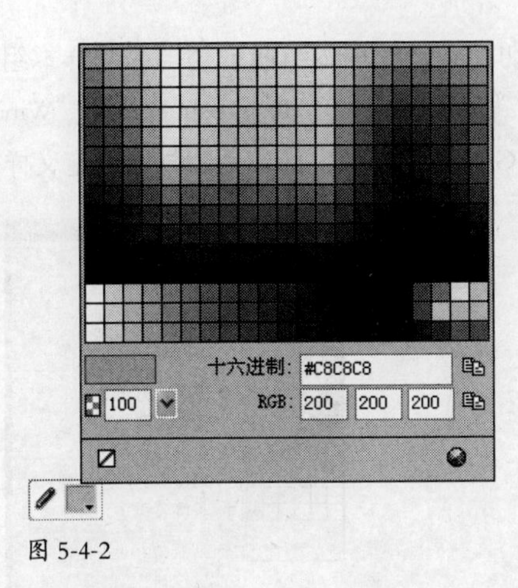

图 5-4-2

使用“油漆桶”工具和“工具”面板中的“填充颜色”框中显示的颜色，来填充像素选区和矢量对象。

如果要将填充的颜色重设为默认值，则可以单击“工具”面板或“混色器”面板中的“设置默认笔触 / 填充色”按钮。

如果要删除所选对象中的笔触和填充，则可以单击“工具”面板或“混色器”中的“没有描边或填充”按钮。笔触或填充的活动特性设置变成“无”。如果要将不活动的特性也设置为“无”，则再次单击“没有描边或填充”按钮。

将所选对象的填充或笔触设置为“无”可以通过以下任意一种方法：单击任意“填充颜色”或“笔触颜色”框弹出窗口中的“透明”按钮；从“属性”检查器的“填充选项”或“笔触选项”下拉列表中选择“无”。

如果要交换填充或者笔触颜色，可以单击“工具”面板或“混色器”面板中的“交换笔触 / 填充色”按钮。

5.4.2 组织样本组和应用颜色

在默认情况下，“颜色”面板组由“样本”面板和“混色器”面板组合构成。在“样本”面板中，不仅可以选择笔触和填充颜色，还可以查看、更改、创建和编辑样本组。可以使用混色器选择颜色模式，通过拖动颜色值滑块或输入颜色值来混合笔触和填充颜色，并可直接从颜色栏中选择笔触和填充颜色。

使用“样本”面板应用颜色

在“样本”面板中，可以显示当前样本组中的所有颜色。可使用“样本”面板对所选矢量对象或文本应用笔触和填充颜色。

单击“窗口”菜单中的“样本”命令，打开“样本”面板，如图 5-4-3 所示。

如果要将样本颜色应用于所选对象的笔触或填充，则首先单击“工具”面板或“属性”检查器中“笔触颜色”或“填充颜色”框旁边的图标，使之被激活。然后单击“窗口”菜单下的“样本”命令，打开“样本”面板，最后单击样本对所选对象的笔触或填充应用颜色。

在 Fireworks 中，可以轻松地切换到其他样本组或创建自己的样本组。“样本”面板的“选项”菜单中包含下列样本组：“彩色立方体”、“连续色调”、“Macintosh 系统”、“Windows 系统”和“灰度等级”，如图 5-4-4 所示。可以从保存为 ACT 或 GIF 文件的调色板文件中导入自定义样本。

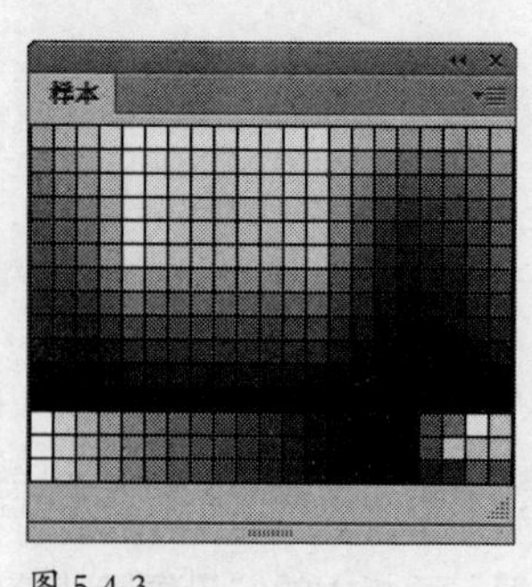

图 5-4-3

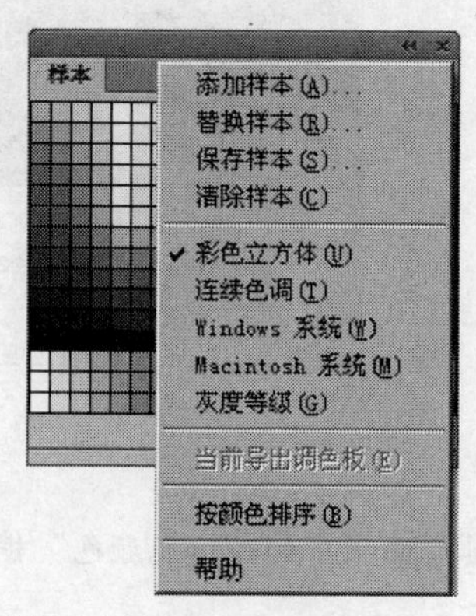

图 5-4-4

可以从“样本”面板的“选项”菜单中选择一个样本组，选择“彩色立方体”将返回到默认样本组。

如果要选择自定义样本组，则在“样本”面板的“选项”菜单中单击“替换样本”命令，然后定位到文件夹并选择一个样本文件，最后单击“打开”按钮即可，样本文件中的颜色样本将替换前面的样本。

如果要从外部调色板中添加样本，则在“样本”面板的“选项”菜单中单击“添加样本”命令，然后定位到所需的文件夹，选择 ACT 或 GIF 调色板文件，最后单击“确定”即可。Fireworks 将新样本添加到当前样本的末尾。

5.4.3 使用颜色框和颜色弹出窗口

在 Fireworks 中，颜色框遍布于整个工作环境。从“工具”面板的“颜色”工具区，到“属性”检查器，再到“混色器”面板，随处可见。每个颜色框显示当前分配给相关对象属性的颜色。

从颜色弹出窗口中选择颜色

单击任意颜色框时，会有一个类似于“样本”面板的颜色弹出窗口打开。可以选择在颜色弹出窗口中显示的与“样本”面板中相同的样本，也可以显示不同的样本。

要为颜色框选择一种颜色，首先单击所需的颜色框，弹出颜色窗口。如果要将样本应用于颜色框，单击所需样本；如果要将颜色应用于颜色框，用“滴管”指针单击屏幕上任意位置的颜色；如果要使笔触或填充变为透明，在弹出窗口中单击“透明”按钮。

如果要在颜色弹出窗口中显示当前“样本”面板中的样本组，可以单击颜色弹出窗口右上角的按钮，在弹出的菜单中单击“样本面板”命令。如果要在颜色弹出窗口中显示不同的样本组，可以单击颜色弹出窗口右上角的按钮，在弹出的菜单中选择一个样本组。在此处选择样本组并不影响“样本”面板。

从颜色弹出窗口中采集颜色

所谓取样是指当颜色弹出窗口打开时，指针变为一个几乎可从屏幕的任何位置吸取颜色的特殊滴管。

如果要从屏幕上的任意位置采集颜色样本用于当前颜色框，则单击任意颜色框，弹出颜色窗口，当指针变为滴管状时，在 Fireworks 工作区的任意位置单击，为颜色框选择一种颜色。该颜色随即应用于与该颜色框关联的特性或功能，同时颜色弹出窗口关闭。

按住“Shift”键并单击可以选择一种网页安全色。

5.5 Kuler 面板

Kuler 面板是基于网络的调色、混色应用程序，用户不但可以使用网站排名的各种丰富的配色方案，而且可以创建自己的特有配色方案，并且通过 Kuler 网站进行分享。Kuler 面板是访问由在线设计人员社区所创建的颜色组、主题的入口。可以使用它来浏览 Kuler 上的数千个主题，然后下载其中一些主题进行编辑或包括在自己的项目中。还可以使用 Kuler 面板来创建和存储主题，然后通过上传与 Kuler 社区共享这些主题。

Kuler，实际上是一个线上调色板，整个网站都是用 Flash 和 Actionscript 制作出来的，可以共享全世界设计人员的配色方式，也可以自己创造让其他人分享。Kuler 的使用界面非常简单，便于学习。

浏览主题

如果需要在线浏览主题，需要 Internet 连接。

搜索主题

可以通过“浏览”面板搜索主题。要搜索主题，首先单击“窗口”菜单中的“扩展功能”→“Kuler”命令，打开“Kuler”面板，选择“浏览”选项卡，然后在搜索框中输入主题、标记或创建者的名称。搜索时，只能使用字母、数字字符。也可以从结果上方的弹出菜单中选择选项，过滤搜索结果。

在线查看 Kuler 上的主题

如果要在线查看 Kuler 上的主题，则首先在“浏览”选项卡中，选择一个搜索结果中的主题，然后单击主题右侧的三角形并选择“Kuler 在线查看”。

存储常用的搜索

要存储常用的搜索，在“浏览”面板中选择第一个下拉列表中的“自定义”选项。在打开的对话框中，输入搜索项并存储。要运行搜索时，从第一个下拉列表中选择所需的搜索项。如果保存的搜索太多，查看起来不方便，可以把不常用的搜索结果进行删除，在下拉列表中选择“自定义”选项，然后清除要删除的搜索，并单击“保存”按钮。

使用主题

在 Fireworks 中，可以使用 Kuler 面板来创建或编辑主题，并将它们包含在自己的项目中。可以通过单击“窗口”菜单中的“扩展功能”→“Kuler”命令，打开“Kuler”面板，如图 5-5-1 所示。

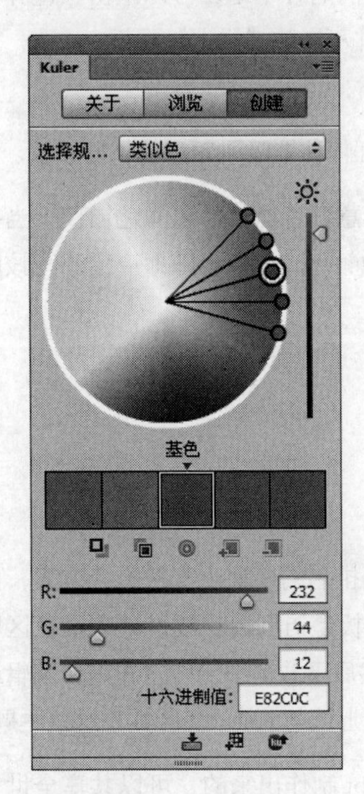

图 5-5-1

要将主题添加到应用程序的“色板”面板中，则首先在“浏览”选项卡中，选择要使用的主题。然后单击主题右侧的三角形并选择“添加到色板面板”,也可以单击面板底部的“添加到色板面板”按钮从“创建”选项卡添加主题。

可以对创建的主题进行编辑。首先在“浏览”选项卡中,查找要编辑的主题,然后双击搜索结果中的主题。主题在“创建”选项卡中打开,然后在“创建”选项卡中,使用相关的工具编辑主题。接着单击“保存主题”按钮以保存主题，或者单击面板底部的“添加到色板面板”按钮，将主题添加到应用程序的“色板”面板，也可以通过单击面板底部的“上载”按钮，将主题上载到 Kuler 服务。

5.6 笔触的应用

在笔触的相关对话框中，可以完全控制每个刷子的细微差别，包括墨量、笔尖大小、形状、纹理、边缘效果和方向等。

5.6.1 应用和更改笔触

可以对“钢笔”、“铅笔”和“刷子”工具的笔触属性进行修改,使下一个绘制的矢量对象具有新的笔触属性；也可以在绘制完对象或路径后对其应用笔触属性。

当前笔触颜色出现在“工具”面板、“属性”检查器和“混色器”面板的“笔触颜色”框中时，可以从这 3 个位置中的任何一处来更改绘制工具或所选对象的笔触颜色。

如果要将笔触应用于位图对象，则要使用“Photoshop 动态效果”，并选择“笔触”属性。

要更改所选对象的笔触属性，可以在“属性”检查器的“描边种类”下拉列表的笔触属性中进行选择。如图 5-6-1 所示。

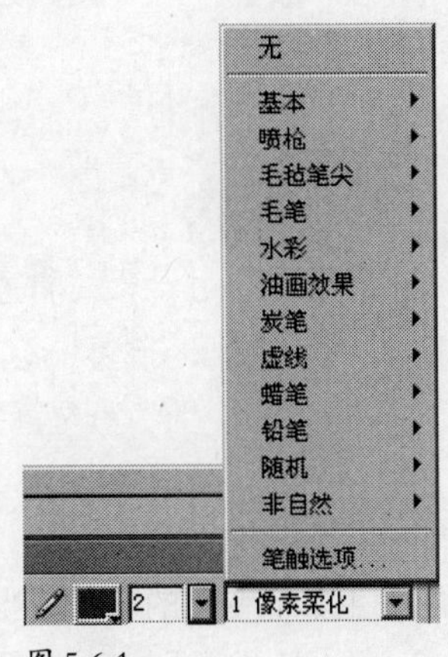

图 5-6-1

从“描边种类”下拉列表中，选择“笔触选项”可以获得更多属性。

如果要对绘制工具的笔触颜色进行修改，可以按住“Ctrl+D”组合键，取消选择所有对象，然后在“工具”面板中选择绘制工具。单击“工具”面板或者“属性”检查器中的“笔触颜色”框，打开颜色弹出窗口。从样本组中选择笔触颜色，拖动以绘制对象。

新创建的笔触采用当前显示在“笔触颜色”框中的颜色。

如果要对所选对象的所有笔触属性进行删除，可以从“属性”检查器或“笔触选项”弹出窗口中的“笔触选项”弹出菜单中，选择“无”选项，也可以单击“工具”面板或“属性”检查器中的“笔触颜色”框，然后单击“透明”按钮。

5.6.2 创建和编辑自定义笔触

使用“编辑笔触”对话框可以更改特定的笔触特性，应用于对象。

要创建自定义笔触，则在选中路径对象后，直接单击“属性”检查器中的“编辑笔触”按钮，弹出“编辑笔触”对话框，在该对话框中执行相关操作即可，如图 5-6-2 所示。

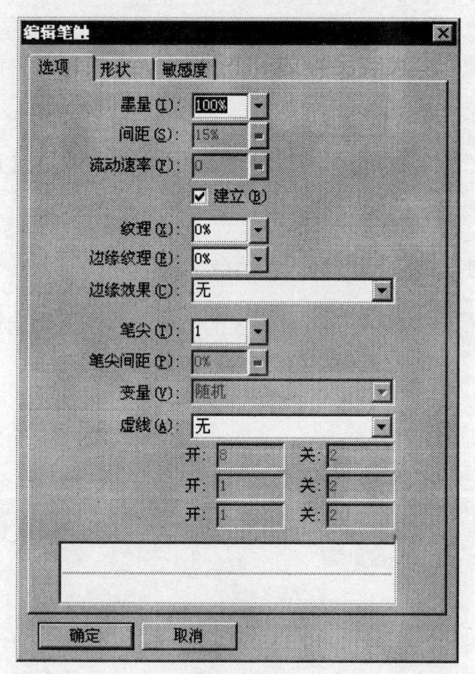

图 5-6-2

“编辑笔触”对话框中有“选项”、“形状”和“敏感度”3 个选项卡。

每个选项卡都显示着当前刷子的设置。通过逐渐变细、变淡或者从左向右发生其他变化的笔触，当前的压力敏感度和速度敏感度设置将反映在预览中。

设置常规刷子笔触选项

如果要设置常规刷子笔触选项,则先在“编辑笔触”对话框的“选项”选项卡上设置墨量、间距和流动速率。较高的流速会像喷枪一样产生随时间的推移而流动的刷子笔触。然后设置刷子的其他相关笔触选项。

如果要重叠刷子笔触以产生致密的笔触,可选择“建立”复选框。

如果要设置笔触纹理,可更改“纹理”选项,数值越大,纹理越明显。

如果要设置边缘纹理,可先在“边缘纹理”文本框中输入一个数字或滑出“边缘纹理”弹出滑块,然后从“边缘效果”下拉列表中选择一种边缘效果。

设置所需的刷子笔触的笔尖数时,对于多个笔尖,可以在“笔尖间距”框中输入值并选择笔尖颜色变化的方法,可以选择“随机”、“一致”、“色彩互补”、“色相”或“阴影”。

如果要选择点线或虚线,可以从“虚线”下拉列表中选择一个选项。

如果要设置点线的短画线长度和间距,可使用3组“开”和“关”文本框来分别控制第一节、第二节和第三节短画线。

所有设置完成后,单击“确定”按钮。

修改刷子笔尖

如果要修改刷子笔尖,可以在“编辑笔触”对话框的“形状”选项卡中,选择“正方形”复选框,得到方形笔尖,或者取消选择它得到圆形笔尖,然后输入刷子笔尖大小、边缘柔和度、笔尖方向和笔尖角度的值,最后单击“确定”按钮。

设置笔触敏感度

要对笔触敏感度进行设置,可以先打开“编辑笔触”对话框,选择“敏感度”选项卡,从“笔触属性”下拉列表中选择一种笔触属性,如“大小”、“墨量”或“饱和度”等。从“影响因素”区中,可以选择敏感度数据对当前笔触属性的影响程度,最后单击“确定”按钮即可。

保存 / 删除自定义笔触

可以通过在“属性检查器”中单击“保存自定义笔触”按钮或“删除自定义笔触”按钮来保存或删除自定义笔触。

5.6.3 在路径上放置笔触

在默认情况下,对象的刷子笔触位于路径中央。可以将刷子笔触完全放在路径内部或外部。这样能够控制所描画对象的总体大小,以及创建对象边缘加上笔触效果。图5-6-3所示为内部笔触、居中笔触和外部笔触的不同效果。

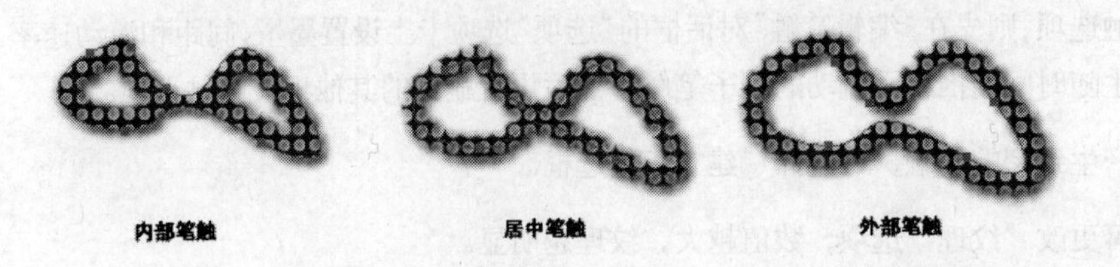

图 5-6-3

使用“笔触选项”窗口中的“笔触相对于路径的位置”下拉列表，可以将笔触从路径的默认位置移到另一个位置，如图 5-6-4 所示。

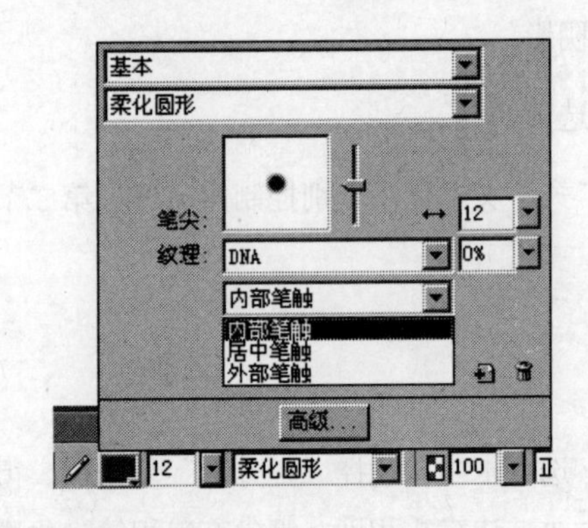

图 5-6-4

在正常情况下，笔触与填充重叠。选择“在笔触上方填充”复选框，将在笔触上绘制填充。如果将此复选框用于具有不透明填充的对象，则位于此路径内部的任何笔触部分都将被遮住。具有一定透明度的填充可能会被路径内部的刷子笔触染色或与其混合在一起。

5.6.4 创建笔触样式

创建笔触样式是指将笔触特性（如墨量、笔尖形状和笔尖敏感度）进行一定的修改后，把其保存为一种样式，以供在多个文档间重复使用。

如果要创建笔触样式，则先要创作自定义笔触，然后在对象“属性”检查器中“描边种类”的下拉列框中，选择“笔触选项”，弹出“笔触选项”窗口，然后编辑所需的刷子笔触属性。编辑完成后，单击右下角的“保存自定义笔触”按钮，将自定义笔触属性保存为样式。

5.6.5 向笔触中添加三维效果

在 Fireworks 中，可以通过添加纹理，为笔触添加三维效果。Fireworks CS6 中增加了许多新的纹理，使对象的笔触显得更为丰富多彩。

向笔触中添加纹理

由于对纹理的修改主要是指修改笔触的亮度而不是色相，因而使笔触看起来减少了呆板的感觉，显得更为自然，就像在有纹理的表面涂上颜料一样。纹理在用于宽笔触时效果更明显。可以向任意笔触中添加纹理。

Fireworks 新增了很多纹理，如“心形”、“鞋线”和“方格”等。图 5-6-5 所示为使用“属性”检查器或“笔触选项”弹出窗口中的“笔触”选项向路径笔触中添加纹理的效果。

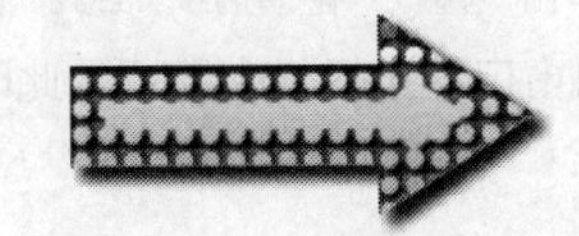
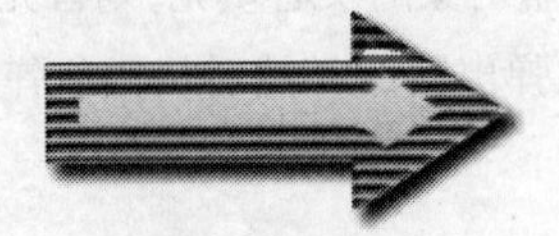

图 5-6-5

向所选对象的笔触添加纹理时，首先单击“属性”检查器中的“笔触纹理”右侧的向下箭头按钮，或单击“描边种类”列表中的“笔触选项”按钮，在“纹理”下拉列表中选择一种纹理或者选择“其他”选项以定位到一个纹理文件。

在输入框中输入一个 0 ～ 100 范围内的百分比值以控制纹理的深度。增加百分比值可以增大纹理强度。

添加自定义纹理

可以将来自 Fireworks 和其他应用程序的位图文件用作纹理。添加新纹理时，它的名称出现在“纹理名称”下拉列表中。可以对以下格式的文件应用纹理：PNG、GIF、JPEG、BMP、TIFF。

如果要用外部文件创建新纹理，首先选中一矢量对象，然后在“属性”检查器的“纹理名称”下拉列表中选择“其他”选项。然后定位到要用作新纹理的位图文件，单击“打开”按钮即可。

新纹理按字母顺序添加到“纹理名称”列表。

5.7 填充的应用

为矢量对象和文本对象创建填充效果时，可使用“油漆桶”或“渐变”工具，基于当前的填充设置来填充像素选区。“油漆桶”表示“工具”面板、“属性”检查器和“混色器”面板中的“填充颜色”框。

5.7.1 创建和编辑实心填充

在 Fireworks 中可以设置在绘制时应用于对象的“矩形”、“圆角矩形”、“椭圆”和“多边形”等绘制工具的填充属性。当前填充出现在“属性”检查器、“工具”面板和混色器中的“填充颜色”框中时，可以在其中的任意位置处更改绘制工具的填充。

设置绘制工具的填充属性

如果要更改矢量绘制工具和“油漆桶”工具的实心填充颜色，则首先选择矢量绘制工具或者“油漆桶”

工具，然后单击“属性检查器”、“工具”面板或“混色器”面板中的“填充颜色”框，打开“填充颜色”弹出窗口，此后可以从样本组中选择填充颜色，或使用“滴管”指针在屏幕上的任意位置采集颜色。最后按所需的方式使用工具即可。

编辑选定矢量对象的实心填充

实心填充是填充对象内部的纯色。可以在“工具”面板、“属性”检查器和“混色器”面板中的“填充颜色”框中更改对象的填充颜色。

如果要编辑所选矢量对象的实心填充，则首先单击“属性”检查器、“工具”面板或“混色器”面板中的“填充颜色”框以打开颜色弹出窗口，然后从颜色弹出窗口中选择样本即可。此时填充出现在所选对象中并成为活动的填充颜色。

5.7.2 创建和应用图案和渐变填充

可以更改填充以显示各种实心、抖动、图案或渐变特性(包括从纯色到渐变)。这些特性类似于缎纹、波纹、折叠或某些渐变(这些渐变与将应用它们的对象的轮廓相衬)。此外，还可以更改各种填充属性，如颜色、边缘、纹理和透明度。

使用图案填充可以借助于位图图形填充路径对象。使用渐变填充可以通过混合颜色来产生各种效果。填充类型有“无填充”、“实色填充”、“渐变填充”和“图案填充”4 种。

在 Fireworks 中，提供了一些预设渐变和图案填充，可以直接进行选择使用，也可以根据设计需要创建自己的渐变和图案填充。可以在属性检查器中编辑填充属性，如图 5-7-1 所示。

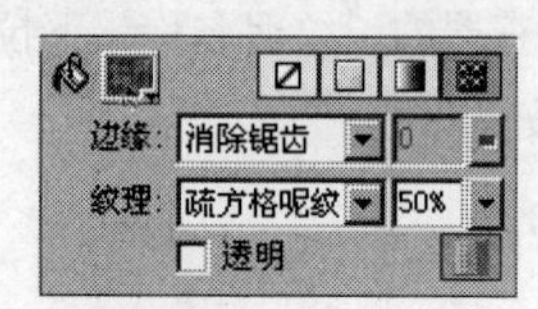

图 5-7-1

应用图案填充

使用位图图形填充路径对象，这就是所谓的图案填充。Fireworks 自身附带了许多种图案填充，如图 5-7-2 所示。

图 5-7-2

如果要对所选对象应用图案填充，则单击“工具”面板中的“填充颜色”框中的“填充选项”按钮，然后从“填充类别”下拉列表中选择“图案”选项，或者直接从“属性”检查器的“填充类别”下拉列表中选择“图案”选项，如图 5-7-3 所示。

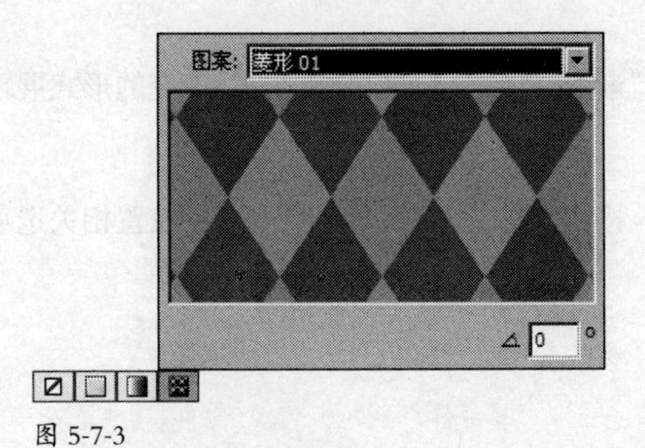

图 5-7-3

从“图案”下拉列表中选择一种图案。图案填充随即出现在所选对象中并成为活动的填充颜色。

添加自定义图案

可以将位图文件设置为新的图案填充，也可以将 PNG、GIF、JPEG、BMP、TIFF 等格式的文件当作图案。当图案填充为 32 位透明图像时，透明度影响 Fireworks 中使用的填充。图像不是 32 位的，则它将变成不透明的。

添加新图案时，图案的名称将出现在“图案填充”弹出窗口的“图案名称”下拉列表中。

如果要用外部文件创建新图案，首先选定一个矢量对象，然后单击“图案填充”按钮，在弹出的“图案填充”框中的从“图案名称”下拉列表中选择“其他”选项，定位到要用作新图案的位图文件，单击“打开”按钮，新图案即按字母顺序添加到“图案名称”列表。

应用渐变填充

渐变填充在平时的创作中会经常遇到，这些填充将颜色混合在一起以产生各种效果。图 5-7-4 所示为具有各种渐变填充的类型。

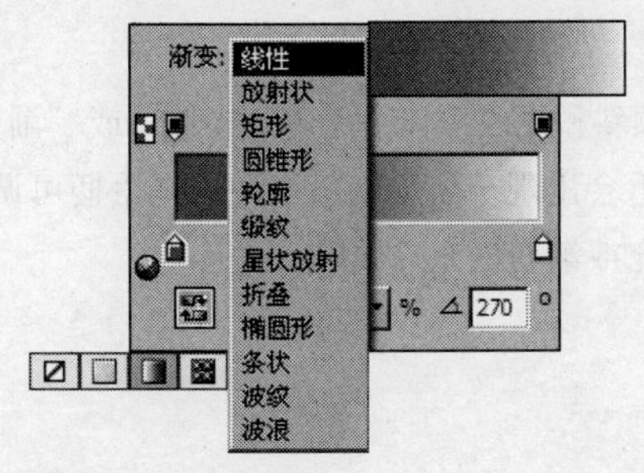

图 5-7-4

对所选对象应用渐变填充，可以从“属性”检查器的“填充类别”下拉列表中选择一种渐变。渐变效果随即出现在所选对象中并成为活动填充。

编辑渐变填充

向一个对象使用渐变填充后，还可以对其进行编辑。方法是选中该渐变填充对象后，单击“属性”检查器或“工具”面板中的“填充颜色”框打开弹出窗口，然后进行相关编辑。

使用“渐变”工具创建填充

“渐变”工具和“油漆桶”工具位于同一个工具组中，通过“渐变”工具可以使填充对象以渐变的形式展现。“渐变”工具保留上次使用的元素的属性。

使用“渐变”工具，可以单击“工具”面板中的“渐变”按钮，然后从“属性”检查器中设置相关选项。如图 5-7-5 所示。

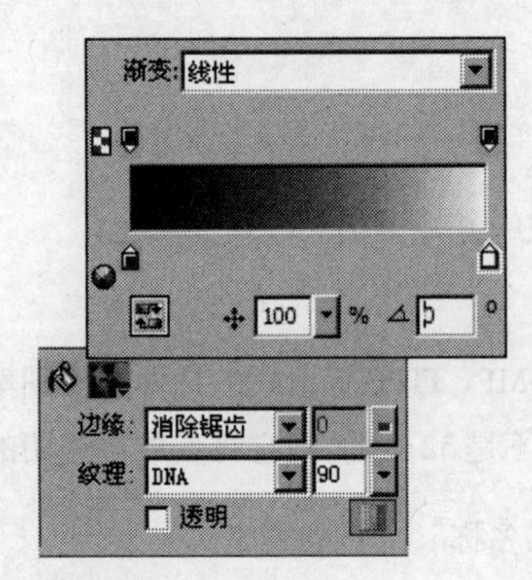

图 5-7-5

“边缘”确定渐变是否具有实边、消除锯齿或羽化的填充边缘。如果选择羽化边缘，可以指定羽化量。

“纹理”提供了许多可供选择的选项，包括“粒状”、“金属”、“阴影线”、“网纹”和“砂纸”。

所有设置完成后，单击并拖动指针，建立渐变起始点以及渐变区域的方向和长度。

在 CS6 中，新增了设置渐变角度和停止位置两个选项，可以更精确地设置渐变的效果。

5.7.3 变形和扭曲填充

将对象的图案填充或渐变填充的宽度，可以进行移动、旋转、倾斜和更改操作。使用“指针”或“渐变”工具，选择具有图案填充或渐变填充的对象时，该对象上或其附近会出现一组手柄。拖动这些手柄可调整对象的填充。图 5-7-6 所示为使用填充手柄以交互方式调整图案填充或渐变填充的效果。

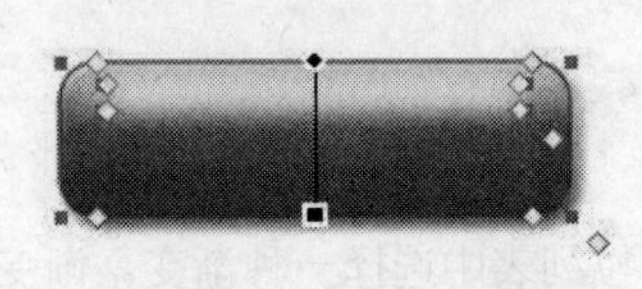
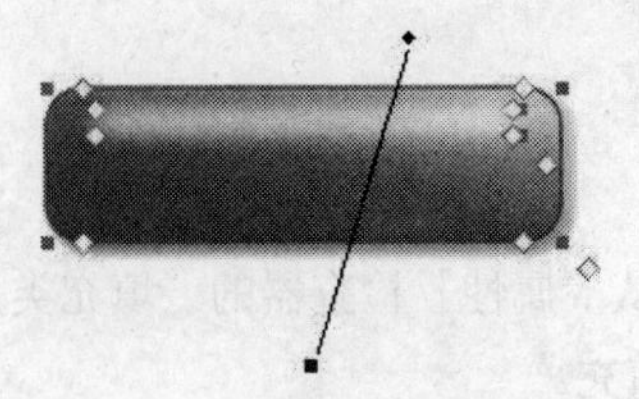

图 5-7-6

如果要在对象内移动填充，可以拖动圆形手柄，或使用“渐变”工具单击填充内的一个新位置。

如果要旋转填充，可以拖动连接手柄的直线。

如果要调整填充宽度和倾斜度，可以拖动一个方形手柄。

在 CS6 中，手柄旋转的角度可以精确到具体数值来实现。

设置硬边边缘、消除锯齿边缘或羽化填充边缘

在 Fireworks 中，可以使填充的边缘成为普通的实线条，也可以通过消除锯齿或羽化处理柔化边缘。在默认情况下，边缘是消除锯齿的。消除锯齿巧妙地将边缘混合到背景中，从而使圆角对象（如椭圆和圆形）中可能出现的锯齿状边缘变得平滑。

羽化则在边缘的任意一侧产生明显的混合效果，这使边缘变得柔和，从而产生出像光晕一样的效果。

若要更改所选对象的边缘，可以直接在“属性”检查器中的“边缘”下拉列表中选择，或者单击“工具”面板中的“填充颜色”框，单击“填充选项”按钮，然后在“边缘”下拉列表中选择。选项为“实边”、“消除锯齿”或“羽化”。

对于羽化边缘，在要羽化的边缘的每一侧选择像素数，默认值为 10，可以在 0 ～ 100 之间进行选择。羽化值越大，效果越明显。图 5-7-7 所示分别为选用了“实边”、“消除锯齿”和“羽化”图形的效果。

图 5-7-7

可以将当前的渐变设置另存为自定义渐变，以便在多个文档中使用。

5.7.4 向填充中添加三维效果

在 Fireworks 中，可以通过添加纹理，为对象添加三维效果。Fireworks 提供了一些纹理，也可以使用外部纹理。

向填充对象添加纹理

可以向任何填充对象添加纹理。Fireworks 附带了几种可供选择的纹理，如“薄绸”、“金属”和“纤维”等，还可以将位图文件用作纹理。这样能够创建几乎所有类型的自定义纹理。图 5-7-8 所示为向填充中添加纹理的效果。

为所选对象的填充中添加纹理，直接单击“属性”检查器中的“填充纹理”或“笔触纹理”，在弹出的下拉列表中选择需要添加的纹理即可。或者从下拉列表中选择“其他”以定位到一个纹理文件。

图 5-7-8

如果对位图对象添加纹理，单击“工具”面板中的“填充颜色”框，在弹出的窗口中选择图案填充按钮，在“图案”下拉列框中选择要应用的纹理，然后选中对象，单击“油漆桶”工具对所选的对象添加纹理，或者从下拉列表中选择“其他”以定位到一个纹理文件。

在纹理后的百分比输入框内输入一个 0 ～ 100 范围内的百分比值，以控制纹理的深度。

选择“透明”复选框，可以在填充中引入透明度级别。“纹理”百分比还控制透明度。

除了系统自带的纹理，还可以添加自定义纹理。如果要用外部文件创建新纹理，首先选中一矢量对象，然后在“属性”检查器的“纹理名称”下拉列表中选择“其他”,再定位到要用作新纹理的位图文件,单击“打开”按钮即可。

6 动态滤镜的应用

学习要点：

- 熟练掌握各种动态滤镜的使用方法及其效果
- 了解在 Fireworks 中应用 Photoshop 动态滤镜的方法
- 熟练掌握编辑动态滤镜的方法
- 熟练掌握提取 CSS 属性的方法和应用

在 Fireworks 中，可以对图片素材进行加工，为原始图片添加各种各样的效果，对矢量对象、位图图像和文本应用动态滤镜，增强一定的效果。

在 Fireworks 中，除了使用系统自带的滤镜效果外，在 CS6 中，还可以使用第三方软件开发商开发的滤镜插件。因此，功能强大的 Photoshop 滤镜在 Fireworks 内也一样可以被方便地安装使用。这些滤镜不仅给专业设计师提供了无限的创作空间，也给初学者提供了丰富的图像处理功能。

滤镜命令都按类别放置在菜单和“属性”检查器中，使用时只需要从该菜单中执行该命令或者选择“属性”检查器的滤镜中的命令即可。

滤镜的操作非常简单，但是真正用起来却很难恰到好处。滤镜通常需要同通道、图层等联合使用，才能取得最佳艺术效果。

Fireworks CS6 自身的动态滤镜包括：斜角和浮雕、增加杂点、调整颜色、阴影和光晕以及模糊和锐化。同一个对象可以同时应用多种滤镜效果，可以重新打开使用的滤镜更改其选项，或者将使用的滤镜进行重新编排从而产生不同的效果。在“属性”检查器中可以打开和关闭动态滤镜或者将其删除。删除滤镜后，对象将会恢复原来的外观。

本章详细介绍了 Fireworks CS6 动态滤镜的使用方法，以及如何编辑动态滤镜等操作。

6.1 应用动态滤镜

在 Fireworks 中，通过“属性”检查器的滤镜选项可以为所选对象添加应用动态滤镜。Fireworks 提供了很多种的动态滤镜，当编辑应用了动态滤镜的对象时，Fireworks 会自动更新动态滤镜，并将该新滤镜添加到“属性”检查器的滤镜列表中。

可以向对象应用多种滤镜效果，也可以随时编辑滤镜选项，或者重新排列滤镜的顺序以尝试应用组合滤镜。

在“属性”检查器中可以打开、关闭动态滤镜或者将其删除。删除滤镜后，对象将恢复到原来的外观。在“属性”检查器中，可以直接单击“添加动态滤镜或选择预设”按钮或“删除当前所选的动态滤镜”按钮为对象编辑效果，所应用的动态滤镜会在已应用的动态滤镜列表中显示。图 6-1-1 所示为向“属性”检查器中添加动态滤镜时的“滤镜”弹出菜单。

当“属性”检查器以半高状态显示时，单击“添加滤镜”或“编辑滤镜”按钮，在弹出的“滤镜”菜单中编辑滤镜。

为对象选择不同的动态滤镜命令，会创建出不同的效果。如选择“调整颜色”滤镜时，会打开相应的“调整颜色”滤镜列表，其中包含了调整颜色特性（亮度 / 对比度、反转、曲线、自动色阶、色相 / 饱和度、色阶以及颜色填充）的控件。选择“斜角和浮雕”、“杂点”、“模糊”、“锐化”或“阴影和光晕”滤镜时，会打开一个对话框或者弹出菜单，可以在其中调整滤镜设置。选择“模糊”或“锐化”滤镜时，它会直接应用于对象。图 6-1-2 所示为使用“阴影和光晕”命令的子命令“内侧阴影”时弹出的对话框。

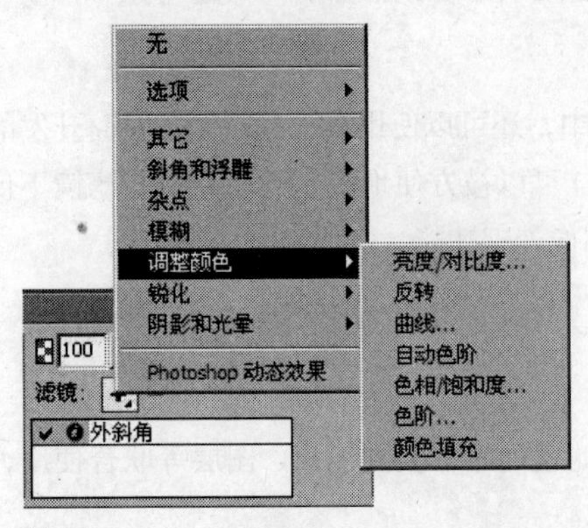

图 6-1-1

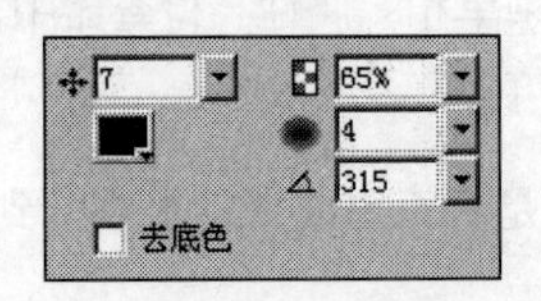

图 6-1-2

在使用动态滤镜时，首先选择要应用滤镜的对象，然后在“属性”检查器中单击“添加动态滤镜或选择预设”按钮，从“滤镜”弹出菜单中选择一种滤镜。该滤镜随即添加到所选对象的“滤镜”列表中。

如果仅对对象中的某一区域应用动态滤镜，可以就地剪切和粘贴该选区以创建一个新的位图图像，然后选择该对像，应用动态滤镜。

对于一个对象可以使用多种动态滤镜，也可以重复使用同一种动态滤镜。动态滤镜的应用是有区分的，可以影响整体滤镜效果。可以拖动动态滤镜重新安排其堆叠顺序。

如果要启用或禁用应用于对象的动态滤镜，可以单击“属性”检查器“滤镜”列表中滤镜旁边的✔ / ✖，将“✔”点取为“✖”，或将“✖”点取为“✔”。

如果要将应用于对象的所有动态滤镜全部禁用，可以在“属性”检查器中，单击“添加动态滤镜或选择预设”按钮,从弹出菜单中单击“选项”→“全部关闭”命令。如果想重新全部使用,可以单击“选项”→“全部开启”命令。

要保存所应用的动态滤镜的效果，在添加和编辑动态滤镜之后，在该设置的弹出菜单外部单击，或者按“Enter”键。

6.1.1 应用斜角和浮雕

在“滤镜”弹出菜单中单击“斜角和浮雕”命令，可以对对象产生一个凸起或凹入的外观，以及在画布上呈现凸起或者凹入的立体效果。在“斜角和浮雕”命令中，包含 4 个动态滤镜子命令：“内斜角”、“凸起浮雕”、“凹入浮雕”和“外斜角”。

应用斜角

使用其中的“内斜角”和“外斜角”动态滤镜可以在对象上创建凸起的外观。图 6-1-3 所示为对一个对象应用内斜角和外斜角动态滤镜后的效果。

图 6-1-3

选择对象后，在“属性”检查器中，单击“添加动态滤镜或选择预设”按钮，在弹出菜单中单击“斜角和浮雕”→“内斜角”或“外斜角”命令，可以为对象添加“内斜角”或者“外斜角”的滤镜效果。在弹出的对话框中可以对滤镜的相关设置进行编辑。外斜角可以设置斜角边缘的颜色，如图 6-1-4 所示为外斜角参数设置。

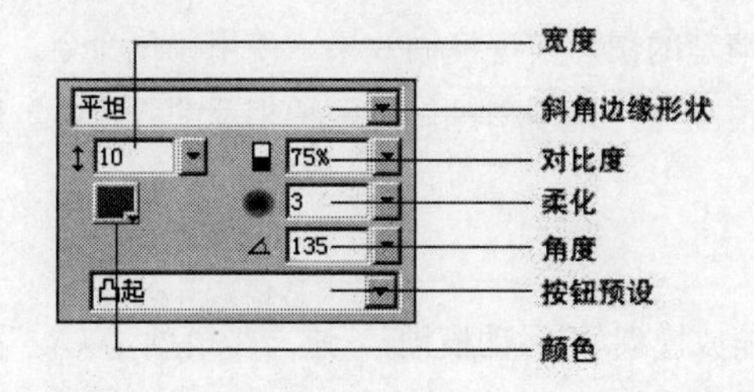

图 6-1-4

在“斜角边缘形状”下拉列表中，有很多的斜角形状，例如平坦、平滑、斜坡等以供选择，在日常的应用中，要根据不同的情况选择相应的斜角形状，达到更理想的效果；在“按钮预设”下拉列表中有 4 个选值，分别为凸起、高亮显示、凹入以及反转，通过设置相关值，可以让所选取对象发生相应的变化，变换参数操作，要将每次变换参数所显示的效果保存或者熟记，以方便以后使用。

对参数设置完后，在对话框外单击或按“Enter”键即可关闭对话框。如果需要重新编辑已经选用的动态效果，可以通过双击滤镜中的效果，在弹出的对话框中重新设置。

应用浮雕

为所选的对象创建立体效果，可以使用“斜角和浮雕”下的“凸起浮雕”和“凹入浮雕”动态滤镜。浮雕滤镜可广泛地应用于位图、路径或文本。图 6-1-5 所示为对一个对象应用凸起浮雕和凹入浮雕后的效果。

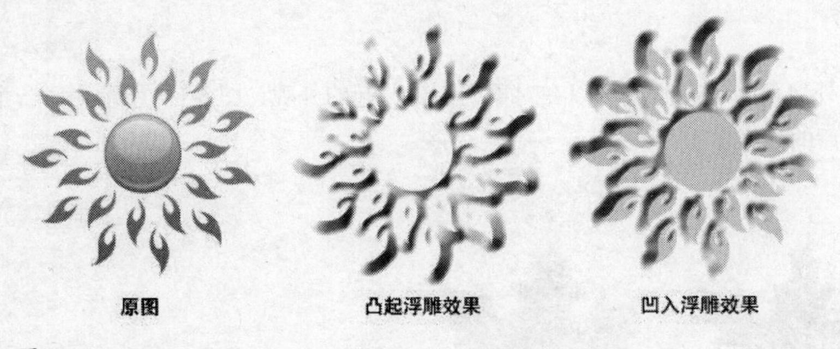

图 6-1-5

在文档内选择一个对象，在“属性”检查器中，单击“添加动态滤镜或选择预设”按钮，在弹出菜单中单击“斜角和浮雕”→“凹入浮雕”或“凸起浮雕”命令，使对象看起来有凹入画布或从画布凸起的感觉。

在弹出的对话框中，也可以编辑滤镜的相关设置。如果希望原始对象在浮雕区域中出现，需要选择“显示对象”复选框。

设置完成后，在对话框外单击或按“Enter”键即可关闭对话框。

6.1.2 应用模糊或锐化

使用动态滤镜下的模糊命令，可以柔化其边缘，使过于清楚的图片实现模糊效果。使用锐化命令，却可以使对象快速聚焦模糊边缘，提高对象的对比度，使图像清晰化。模糊和锐化是两种相反的效果，一般不同时使用。

应用模糊效果

动态滤镜中的“模糊”滤镜包括“放射性模糊”、“模糊”、“缩放模糊”、“运动模糊”、“进一步模糊”以及“高斯模糊”。如图 6-1-6 所示。

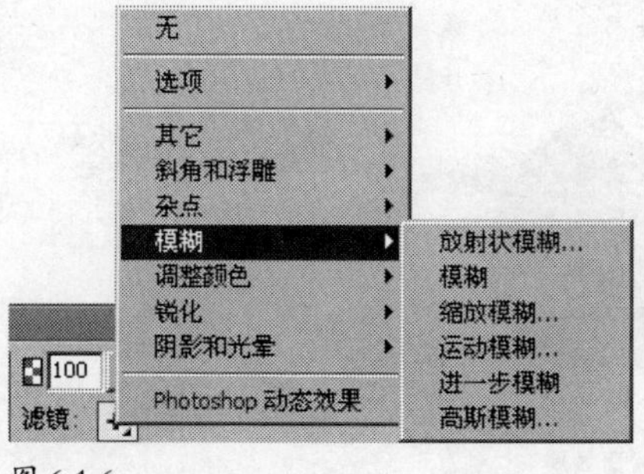

图 6-1-6

在为所选的对象应用模糊效果时，直接点击“添加动态滤镜或选择预设”按钮，选择需要的模糊的效果，并在弹出的对话框中设置模糊参数，如图 6-1-7 所示为对象运用运动模糊滤镜的效果图。

图 6-1-7

应用锐化效果

动态滤镜中的“锐化”滤镜包括“进一步锐化”、“钝化蒙版”和“锐化”。“锐化”可以使对象产生简单的锐化效果，“进一步锐化”比“锐化”效果进一步加强，“钝化蒙版”可以通过设置锐化量、像素半径以及阈值的参数来实现锐化效果。如图 6-1-8 所示为“钝化蒙版”弹出框。

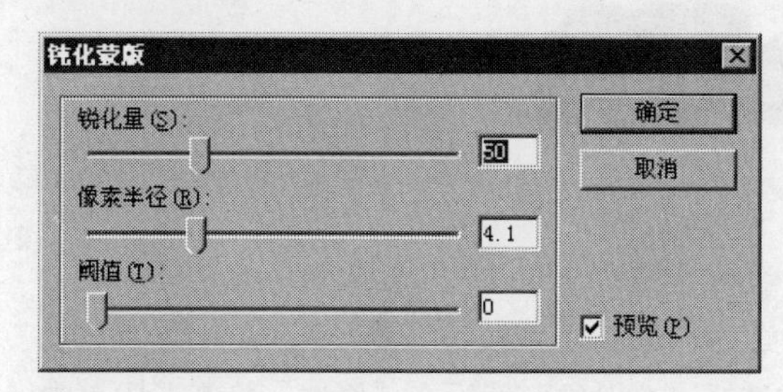

图 6-1-8

6.1.3 应用阴影和光晕

使用动态滤镜下的“阴影和光晕”命令，可以通过为对象添加阴影和光晕效果来增加对象的立体感。在 Fireworks 中可以很容易地将纯色阴影、投影、内侧阴影和光晕应用于矢量对象、位图对象以及文本。为对象添加阴影时，可以指定阴影的角度以模拟照射在对象上的光线。

图 6-1-9 所示为对一个对象分别应用阴影和光晕滤镜后的效果。

图 6-1-9

应用纯色阴影

如果要应用纯色阴影，则首先选定一个对象，然后在“属性”检查器中单击“添加动态滤镜或选择预设”按钮，在弹出菜单中单击“阴影和光晕”→“纯色阴影”命令，弹出“纯色阴影”对话框，如图 6-1-10 所示。

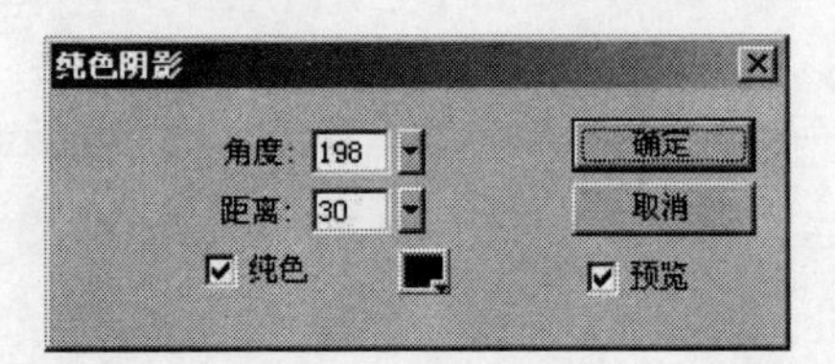

图 6-1-10

在“纯色阴影”对话框中，可以对滤镜进行调整设置：拖动“角度”滑块，可以设置阴影的方向；拖动“距离”滑块，可以设置阴影与对象的距离；选择“纯色”复选框，将会使阴影变成同一种颜色，并可以通过颜色窗口为纯色阴影设置颜色；如果在设置时不想查看纯色阴影的预览，可以取消选择“预览”复选框。图 6-1-11 所示为应用纯色阴影的效果。

Adobe Fireworks CS6

图 6-1-11

应用投影和内侧阴影

如果要应用投影或内侧阴影滤镜，则首先在文档中选择一个对象；然后在“属性”检查器中单击“添加动态滤镜或选择预设”按钮，在弹出菜单中，单击“阴影和光晕”→“投影”或“内侧阴影”命令。

在弹出的对话框中，可以对滤镜的设置进行编辑，如图 6-1-12 所示。

在滤镜设置中，拖动“距离”滑块设置阴影与对象的距离；单击颜色框以打开颜色弹出窗口并设置阴影颜色；拖动“不透明度”滑块设置阴影透明度百分比；拖动“柔化”滑块设置阴影的清晰度；拖动“角度”刻度盘设置阴影的方向；选择“去底色”复选框，隐藏对象而仅显示阴影。

设置完成后，在对话框外单击或按“Enter”键即可关闭对话框。

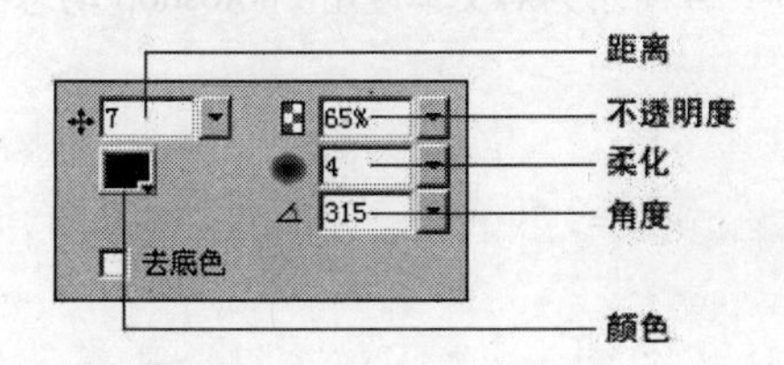

图 6-1-12

应用光晕

对选定的对象应用光晕效果,可以在“属性”检查器中,单击“添加滤镜或选择预设”按钮,然后单击“阴影和光晕”→“光晕”命令。

在弹出的对话框中可以对滤镜设置进行操作。在颜色弹出窗口设置光晕的颜色，拖动“宽度”滑块设置光晕的宽度，拖动“不透明度”滑块设置光晕的透明度百分比，拖动“柔化”滑块设置光晕的清晰度，拖动“偏移”滑块指定光晕与对象的距离。

设置完成后，在对话框外单击或按“Enter”键即可关闭对话框。

6.1.4 应用 Photoshop 动态效果

在 Fireworks 中可直接应用 Photoshop 强大的滤镜效果，嵌入的 Photoshop 动态效果，不仅可以保证导入 Fireworks 的 PSD 文件，保持其原有的滤镜效果，而且还可以编辑该文件中已存在的图层效果，使广大设计工作人员可以在 Fireworks 内方便地使用 Photoshop 动态滤镜效果。

首先要选定对象,然后应用 Photoshop 动态效果。可在“属性”检查器中,单击“添加滤镜或选择预设”按钮,然后在弹出菜单中单击“Photoshop 动态效果”命令，打开“Photoshop 动态效果”对话框，如图 6-1-13 所示。

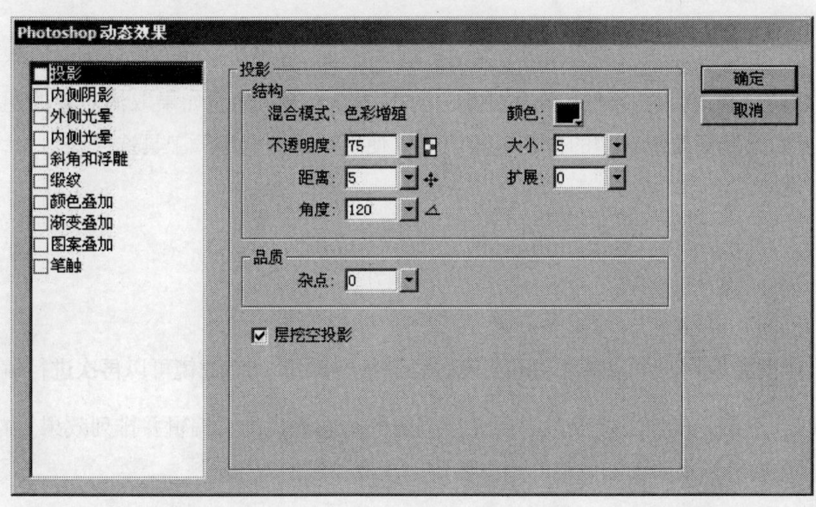

图 6-1-13

在弹出的“Photoshop 动态效果”对话框中，在左侧窗格中选择其中一种或多种效果，然后在右侧窗格中分别编辑其设置。最后单击“确定”按钮以应用图层效果。图 6-1-14 所示为对文本应用 Photoshop 动态滤镜后的效果。

图 6-1-14

6.1.5 对组合对象应用滤镜

在 Fireworks 中，可单独对多个对象应用滤镜，也可将多个对象组合起来后，再对其应用滤镜，所反映出来的效果是不一样的。

对组合对象应用滤镜，首先将多个对象同时选取，然后对它们添加滤镜命令；也可以先将选取的多个对象组合，再对其应用滤镜，如图 6-1-15 所示。

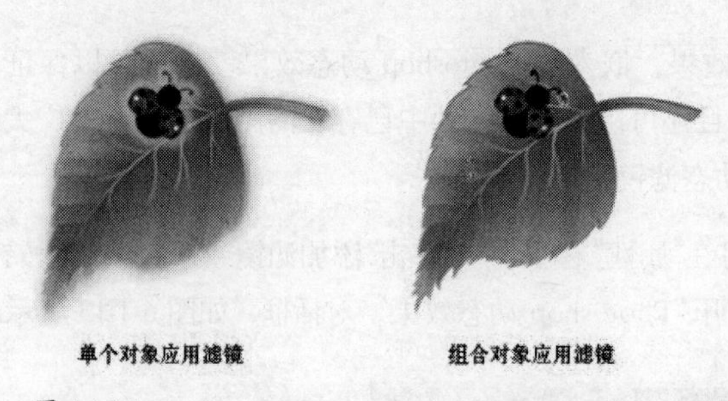

图 6-1-15

如果要对组合对象应用滤镜，则滤镜应用于该组合对象，而不是单个的对象。如果取消对象的组合，那么滤镜效果也会自动消失。如果要更改组合中的个别对象，可以使用“部分选定”工具选择该对象，然后对其进行修改或单独应用滤镜。

6.2 编辑动态滤镜

在 Fireworks 中，可以对一个对象应用一个或多个动态滤镜，并且对已应用的动态滤镜可以再次进行编辑。

在对动态滤镜进行编辑时，单击“属性”检查器中要进行编辑的动态滤镜的“编辑并排列效果”按钮 ，弹出滤镜的属性对话框，然后可以重新设置滤镜的相关参数，改变滤镜的效果。

在“属性”检查器中，单击要编辑的滤镜旁边的“编辑并排列效果”按钮，或者双击滤镜名称，相应的对话框随即打开。重新调整滤镜设置后，在对话框外单击或按“Enter”键即完成了对动态滤镜的重新编辑。

如果某个滤镜不可编辑，则其“编辑并排列效果”按钮呈灰色。

6.2.1 重新排列动态滤镜

在“属性”检查器中，可以将对象应用的动态滤镜，进行重新排列，但排列后的效果会有所变化，而且会改变组合滤镜。对滤镜顺序的重新排列，可以改变滤镜的应用顺序。对一个对象使用同样的两种动态滤镜，设置相同的参数，而更改滤镜的前后顺序，可反映出不同的效果，如图 6-2-1 所示。

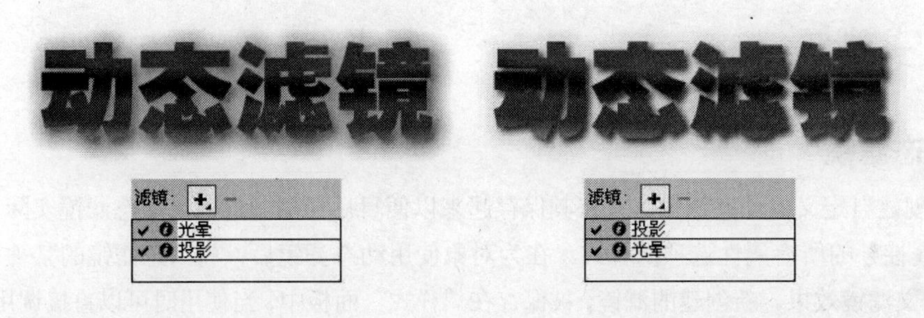

图 6-2-1

可以重新排列应用于对象的滤镜顺序。重新排列滤镜的顺序可以改变滤镜的应用顺序，而这又会改变组合滤镜。

排列对象的动态滤镜，也存在一定的原则。一般而言，在一个对象里如果要同时应用内部、外部滤镜时，应当先应用改变对象内部的滤镜（如“内斜角”滤镜），然后应用改变对象外部的滤镜。例如，应先应用“内斜角”滤镜，然后应用“外斜角”、“光晕”或“阴影”滤镜。

如果要对所选对象应用的滤镜顺序进行重新排列，可以在“属性”检查器中，将所需的滤镜拖动到列表的另一个位置即可。列表顶部的滤镜比底部的滤镜先应用。

6.2.2 删除动态滤镜

在应用动态滤镜时，可能会因为编辑需要或对某种动态滤镜的应用效果不太满意，需要将应用于所选对象的某种动态滤镜删除。

首先在“属性”检查器中选择要从“滤镜”列表中删除的滤镜，然后单击“删除当前所选的动态滤镜”按钮-，则该滤镜效果被删除。

如果要把应用于所选对象的滤镜全部删除，可以在“属性”检查器中，单击“添加动态滤镜或选择预设”按钮，然后在弹出菜单中单击“无”命令，那么全部的滤镜效果将会被删除，对象恢复最初的状态，如图 6-2-2 所示。

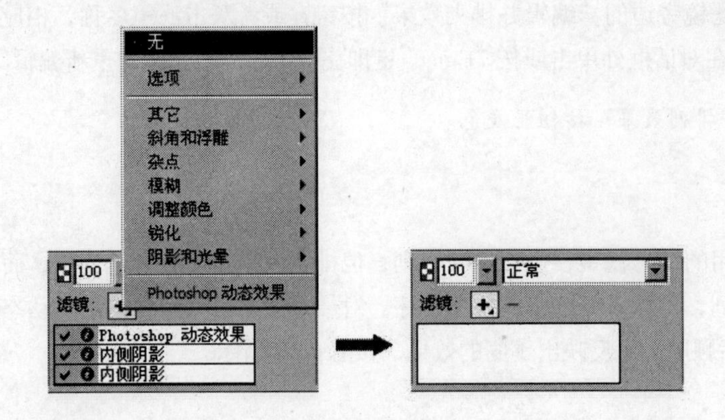

图 6-2-2

6.2.3 创建自定义动态滤镜

在 Fireworks 中，可以创建自定义的动态滤镜，并将其保存起来以便日后使用。自定义动态滤镜实际上是取消选择了除“效果”属性外的所有属性选项的样式。在为对象使用动态滤镜后，将动态滤镜的某种设置组合保存，从而创建自定义滤镜效果。新创建的滤镜，被保存在“样式”面板中，当使用时可以直接调用。通过创建自定义滤镜可以节省设计中的重复工作，并且可以使设计更加统一规范。

创建自定义动态滤镜的方式有很多种,可以在“属性”检查器的“样式”区中直接单击“新建样式”按钮，弹出“新建样式”对话框创建自定义动态滤镜，如图 6-2-3 所示。

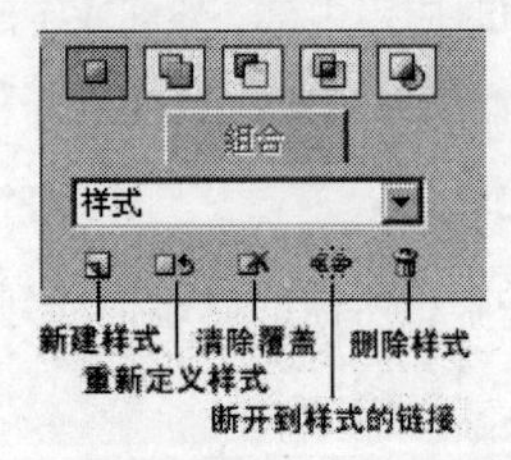

图 6-2-3

在“样式”面板中也可以创建自定义动态滤镜。同样还将从“属性”检查器或“样式”面板中自定义的动态滤镜应用于所选对象。在“属性”检查器的“样式”区或“样式”面板中可以重命名或删除自定义动态滤镜，但是不能重命名或删除标准 Fireworks 滤镜。

在使用“样式”面板创建自定义动态滤镜时，首先要将动态滤镜的设置应用于所选的对象，然后在“样式”面板中，单击“新建样式”按钮，“新建样式”对话框随即被打开。输入自定义名称，最后单击“确定”按钮，自定义动态滤镜将以典型的样式被存放在样式面板中。如图 6-2-4 所示。

如果在“新建样式”对话框中,取消“效果”复选框以外的所有复选框,样式则会以取消对象的滤镜效果，仅以样式效果的形式存放在“样式”面板中。

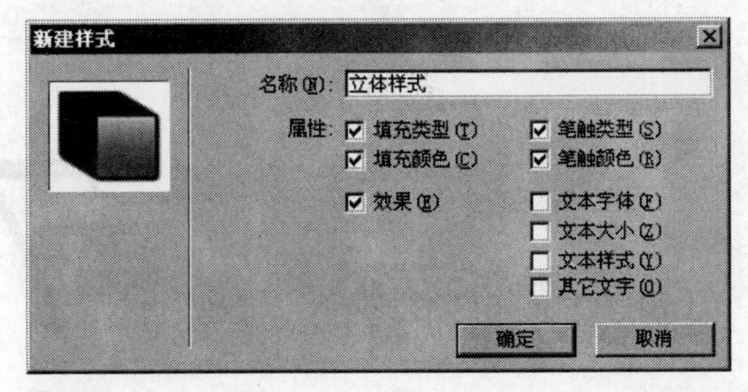

图 6-2-4

自定义动态滤镜被创建后，如果在设计的过程中要对所选对象应用自定义动态滤镜，可以在“属性”检查器的“样式”下拉列表中选择该样式名称，则应用该自定义动态滤镜；或者单击“样式”面板中该自定义动态滤镜的图标。

6.2.4 将动态滤镜保存为命令

为了方便操作，提高效率，可以对所选对象使用的一系列动态滤镜的过程，通过“历史记录”面板保存为命令。

如果要将滤镜的设置保存为命令，首先要将滤镜应用于所选的对象；然后单击“窗口”菜单中的“历史记录”命令,打开“历史记录”面板,在“历史记录”面板中按住“Shift”键选择要保存为命令的动作范围。然后单击“历史记录”面板右上角的按钮，在弹出的菜单中单击“保存为命令”命令，或单击“历史记录”面板底部的“将步骤保存为命令”按钮。在弹出的对话框中输入命令名称并单击“确定”按钮，将命令添加到“命令”菜单中。

7 层、页面、蒙版和混合

学习要点：

- 了解层的基本概念和特性
- 熟练掌握层的创建和编辑
- 了解向单个文档添加多个页面的方法
- 熟练掌握蒙版的使用方法
- 了解混合模式和不透明度的关系，并能使用混合模式创建特殊效果

Fireworks 中的“图层”和 Photoshop 中的“图层”不同，Fireworks 中的层类似于 Photoshop 中的图层组，Photoshop 中的图层则类似于各个 Fireworks 对象。层把 Fireworks 文档分为不连续的平面，就像是在描图纸的不同覆盖面上绘制插图的不同元素一样。

使用“图层”，可以让设计过程更加方便快捷，在层中可以对所有的对象一目了然地进行操作。在 CS6 中，“图层”面板也做了增强，可以更直观地从图层面板中查看对象的缩略图以及对象的类型。

对蒙版的使用，可以创造性地控制层和对象。蒙版可以封闭层图像的一部分。在 Fireworks 中，可以使用多种方法创建蒙版，也可以用矢量对象或位图对象遮蔽下方图像的一部分，创建蒙版。例如，可以粘贴一个椭圆形状作为照片上的蒙版。椭圆以外的区域全部消失，就像是被裁剪掉了一样，图片中只显示椭圆内的那部分区域。

使用混合模式，可以混合重叠对象中的颜色，创建独特的效果，它为用户提供了另一个级别的创造性控制能力，Fireworks 中有多种混合模式可以帮助获得所需的外观。

在 Fireworks 的单个 PNG 文件内可以创建多个页面。每个页面都包含了自己的画布、大小、颜色、图像分辨率以及辅助线的设置。这些设置都可以在每个页面的基础上进行设置，也可以在文档的所有页面中以全局的方式进行设置。还可以为公用元素创建主页。

7.1 使用层

一个文档内的所有对象，都存放并显示在层中。在默认情况下，创建文档时，系统将会自动创建一个“图层 1”，可以在绘制之前创建新层，也可以根据需要再添加层。一个文档可以包含许多层，而每一层又可以包含许多子层或对象。画布位于所有层之下，其本身不是层。

7.1.1 具有层次结构的层

在 Fireworks 中，文档中的层可以根据需要采用简单结构或复杂结构，系统将保留所有具有层次结构的层。创建新文件时，将在同一级别以非层次结构方式组织所有项目。可以根据需要创建新的子层并将项目移到这些子层中，也可以随时将元素从一层移动到另一层，还可以创建多个子层并对其进行分组。层的出现，为图像的编辑带来了极大的便利。

层将文档透视为一个立体的平面，不同的层在不同的横截面上。一个文档可以包含许多个层，而每一层又可以包含很多对象。“图层”面板列出层以及每一层包含的对象。图 7-1-1 所示为层的概念透视图。

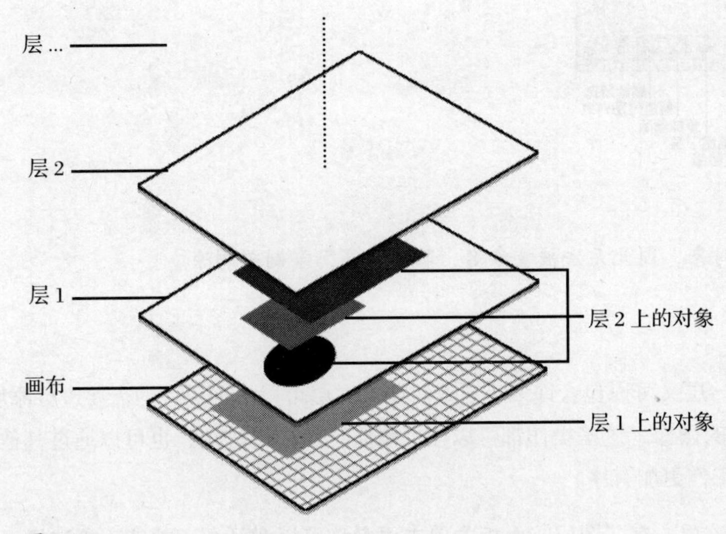

图 7-1-1

使用层将获取更大的设计灵活性，可以根据需要，使用“图层”面板创建和组织层。

层和对象有顺序之分。在“图层”面板中，层和对象的堆叠顺序，决定了它们出现在文档中的顺序。创建文档时，系统将会自动创建一个“图层 1”；可根据需要，再创建新层，最新创建的层将放在最上面。根据需要，可以调整层的顺序，也可以调整层内对象的顺序。“图层”面板显示文档的当前状态中所有层的状态。如果要查看其他状态，可以使用“状态”面板或从“图层”面板底部的“状态”弹出菜单中选择一个选项。

用鼠标单击某个层或某个层上的对象时，该层即成为活动层。如果要对某个层进行操作，例如在该层上创建新对象，将对象粘贴到该层等，首先要激活该层，可以通过在“图层”面板中单击该层的名称，或选择该层上的某个对象；然后绘制、粘贴或导入的对象都将位于活动层的顶部或所选对象的上部。

活动层的名称在“图层”面板中将高亮显示。在“图层”面板中，可以展开层，查看它上面的所有对象的列表。对象以缩略图的形式显示。

图 7-1-2 所示为“图层”面板的整体说明。

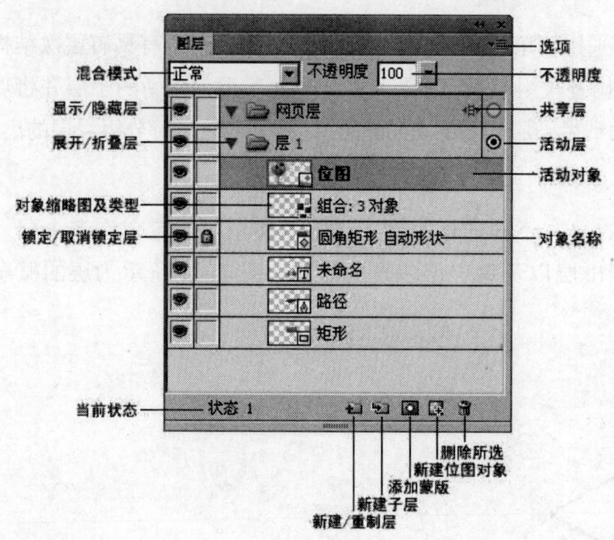

图 7-1-2

因“网页层”包含了热点和切片对象，因此无法被重命名、取消共享、重制或删除。

7.1.2 编辑层

一个文档可以包含许多层，而每一层又可以包含许多子层或对象。对层可以根据设计的需要进行添加、删除和复制现有的层以及层上的对象的操作。这些操作都可以在“图层”面板中进行，也可以通过其他的方式进行。通过这些操作可以使设计工作更加有序。

在对对象进行编辑时，首先激活该层，在“图层”面板中单击层名称可以激活层，或者直接选择层上的对象也可以激活层。操作中所绘制、粘贴或导入的对象都放置在活动层的顶部。

当需要添加新层时，可以通过以下几种方式添加：在“图层”面板中单击“新建 / 重制层”按钮，添加新层；单击“编辑”菜单中的“插入”→“图层”命令添加；单击“图层”面板的右上角的“选项”菜单中的“新建层”命令，并单击“确定”按钮。

在创建新层时，会在当前所选层的上面插入一个空白层。新创建的层自动成为当前的活动层，在“图层”面板中高亮显示。

如果要对层进行删除操作，则可以在“图层”面板中选择该层，然后单击“删除选所”按钮，也可以直接将该层拖到“删除选所”按钮上。还可以选择该层,单击“图层”面板的“选项”菜单中的“删除层”命令。

如果要对某层进行复制操作，可以将该层拖到“新建 / 重制层”按钮上，或者选择层，单击“图层”面板右上角的“选项”菜单中的“重制层”命令，然后在弹出的“重制层”对话框中设置要插入的复制层的数目以及在堆叠顺序中放置的位置，如图 7-1-3 所示。

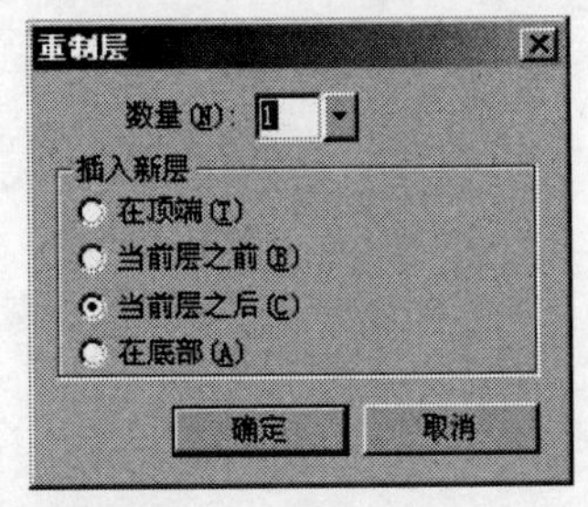

图 7-1-3

在“重制层”对话框中,插入新层的位置,可以为“在顶端”、“当前层之前”、“当前层之后”或“在底部”。“在顶端”单选项，将新层放在“图层”面板的顶端;“当前层之前”单选项将复制层放在所选层的上面;“当前层之后”单选项将复制层放在所选层的下面;“在底部”单选项，将复制层放在“图层”面板的底部。

“网页层”总是最上一层，因此选择“在顶端”单选项时会将复制层放在“网页层”的下方。

在创建复制层时，会添加一个新层，它包含当前所选层所包含的相同对象。复制的对象保留原对象的不透明度和混合模式。可以对复制的对象进行更改而不影响原对象。

如果要复制对象，按住“Alt”键将对象拖到所需的位置即可。

7.1.3 查看层内容

根据图 7-1-1 所示层的概念透视图可以看出，“图层”面板是以层次结构显示对象和层的。

当文档内层及各层上的对象过多时，“图层”面板将显得混乱，在其中查看和编辑对象会很困难。这时，可以对当前不需要编辑的层进行折叠，当需要查看或选择折叠层中的特定对象时，可以再对层进行展开。

如果要展开或折叠单个层，可以在“图层”面板中，单击层名称左侧的三角形按钮▼。

如果要展开或折叠所有层，可以在“图层”面板中，按住“Alt”键并单击层名称左侧的三角形按钮▼。

折叠的层其按钮显示为▶，展开的层其按钮显示为▼。

7.1.4 组织层

在 Fireworks 中进行设计时，如果在“图层”面板中的层过多，将容易搞混淆。可以按照该层内所包含的对象类别或其他方式，对层进行重命名，并且还可以通过对层上下拖动来重新编排层的顺序，也可以对层内对象的顺序进行重编，甚至可以将对象在不同的层内移动。

在“图层”面板中，移动层和对象将更改对象出现在画布上的顺序。在画布上，层顶端的对象出现在层中其他对象的上方，最顶层上的对象出现在下面层上对象的前面。

将层或对象向上或向下拖动到可视区域的边界以外时，“图层”面板将自动滚动。

如果要对层或对象进行重新命名，可以通过在“图层”面板中双击层或对象来进行，如图 7-1-4 所示。

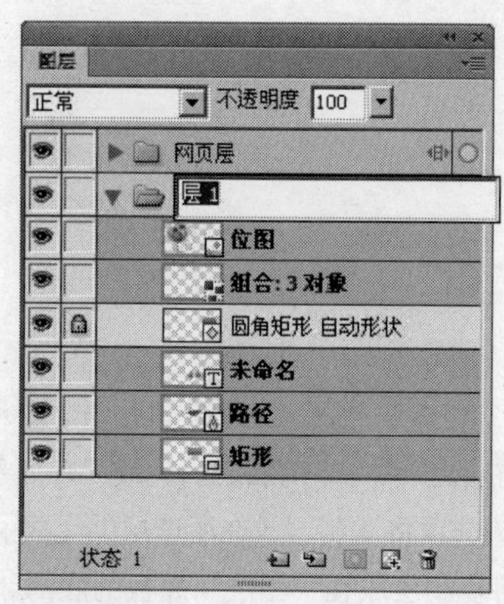

图 7-1-4

然后在输入框中，为层或对象输入新的名称，按“Enter”键，层或者对象即已被重新命名。

“网页层”本身无法重命名，但可以对“网页层”内的网页对象，如切片和热点重命名。

如果要对层或对象进行移动操作，可以通过在“图层”面板中，直接将层或对象拖到所需的位置即可。如果要在移动的同时复制对象，可以按住“Alt”键拖动。

如果要将层上的所有所选对象移到另一个位置，可以直接将层名称旁边的单选按钮拖到另一个层上，或者在目标层的右列中单击一次。但无法将父层拖入其子层中。

7.1.5 锁定或隐藏层和对象

在实际的应用中，为了防止操作对象被意外地选择或编辑，常常需要临时将某层或某些对象进行固定，例如要对背景图上的对象进行某些操作，就可以锁定该层，这样，在对对象进行操作时该图层就不会被选择或编辑。还可以通过隐藏的办法来保护对象和层。

锁定层和对象

如果要将对象锁定，可以单击紧邻对象名称左侧的列中的方形框，当显示挂锁图标时，表示对象已被锁定。锁定对象可以防止选择或编辑该对象。

如果要将层锁定，可以单击紧邻层名称左侧的列中的方形框，当显示挂锁图标时，表示层已被锁定。锁定层可以防止选择或编辑该层上的所有对象。

可以在“图层”面板中，沿“锁定”列拖动指针，这时可以同时锁定多个层或解除多个层的锁定。

如果要锁定或解锁所有层，可以在“图层”面板的“选项”菜单中单击“锁定全部”或“解除全部锁定”命令。

如果希望在编辑活动层时，不干扰到其他的层，可以使用“单层编辑”功能。在“图层”面板的“选项”菜单中单击“单层编辑”命令即可。“单层编辑”功能保证活动层以外的所有层上的对象不被意外地选择或更改。复选标记指示“单层编辑”处于活动状态。

显示和隐藏层及对象

在制作动画的过程中，经常需要隐藏某些对象，在设计的过程中，文档内的某些层或层上的某些对象有时不需要显示出来，此时可以通过“图层”面板，来控制对象或层在画布上的可见性。

在文档导出时，不包括隐藏的层和对象。但是，不论“网页层”上的对象是否隐藏，始终都可以导出。

如果要对层或层上的对象进行显示或隐藏，可以单击层或对象名称左侧第1列中的方形框。当显示眼睛图标时，表示该层或层上的对象是可见的。单击眼睛图标将隐藏该层或层上的对象，此时，眼睛图标也不可以见。

在设计过程中，有时需要显示或隐藏多个层或对象，那么，沿“图层”面板中的“眼睛”列拖动指针即可。

如果要对所有层和对象进行显示或隐藏，可以在“图层”面板的“选项”菜单中单击“显示全部”命令或“隐藏全部”命令。

隐藏或锁定其他层

在对徽标或图标进行编辑时，隐藏或锁定除当前层以外的所有层，可以对其进行精确的编辑。

如果要隐藏或锁定其他层，首先要通过“图层”面板选择需要处理的层，然后单击“命令”菜单中的“文档”→“隐藏其他层”或“锁定其他层”命令，通过这两个命令来隐藏或锁定当前层以外的其他层。

7.1.6 在“图层”面板中合并对象或将对象分散到层

在实际的操作应用中，“图层”面板很容易变得混乱，为了避免这种情况，可以在“图层”面板中将对象合并，也可以通过创建与父层处于相同级别的新层，将对象分散到新层。

在层面板中合并对象

要合并的对象和位图不必在“图层”面板中相邻或驻留在同一层上。如果将所选层的内容合并成一个位图对象，则此位图对象将位于紧邻所选层的下一层的顶端。

向下合并，会将所有所选矢量对象和位图对象平面化为，正好位于最底端所选对象下方的位图对象，其最终获得的是单个位图对象。矢量对象和位图对象一旦合并，就失去了其可编辑性，并且不能再被单独编辑。

如果要合并对象，则首先在“图层”面板上选择与位图对象合并的对象，按住“Shift”键或“Ctrl”键并单击以选择多个对象。然后在“图层”面板的“选项”菜单中单击“向下合并”命令，或单击“修改”菜单中的“向下合并”命令，也可以在选择好的画布的对象上单击右键，在弹出的快捷菜单中单击“向下合并”命令。所选对象随即与位图对象合并，形成了单个位图对象。

"向下合并"命令，不会影响切片、热点和按钮。

将对象分散到层

为了更好地处理对象，避免层的混乱，可以创建新层将杂乱对象分散到新层，新创建的层将保持原有层的层次结构。

如果要将对象分散到层,则首先选择要包含分散的对象的层,然后单击"命令"菜单中的"文档"→"分散到层"命令即可。

7.1.7 共享层

在使用 Fireworks 制作动画时，可以将在所有状态内都显示的对象存放于一个层，然后将该层设置为共享层。这样当更新该层上的对象时，系统会自动在所有的页面或对象中更新该对象，从而提高工作效率。当希望如背景元素之类的对象出现在网站的所有页面上或动画的所有状态上时，要选择共享层。

子层不能在页面或状态之间共享，可以选择其父层。

在状态之间共享所选层

如果要在状态之间共享所选层，可以在"图层"面板的"选项"菜单中单击"在状态中共享层"命令，或者在"图层"面板的"选项"菜单中单击"新建层"命令，然后选择"在状态之间共享"复选框。

在状态之间共享的层在"图层"面板中显示胶片图标。

在页面之间共享所选层

如果要在页面之间共享所选层，直接从"图层"面板的"选项"菜单中单击"将层在各页面间共享"命令即可。

在页面之间共享的层在"图层"面板中显示共享页面图标。

禁用层的共享

如果要禁用层的共享，则首先选择共享层，并在"图层"面板的"选项"菜单中取消选择"在状态之间共享"，弹出取消共享对话框。

7.1.8 网页层

在"网页层"中,包含了用于给导出的 Fireworks 文档指定交互性的网页对象（如切片和热点）。"网页层"在每个文档中均显示为顶层。

对"网页层"不能进行禁止共享、删除、复制、移动或重命名等的操作，也不能对"网页层"上的对象进行合并。"网页层"总是在所有状态之间共享，并且网页对象在每个状态上都可见。

可以对"网页层"中的切片或热点进行重命名，在"图层"面板中双击该切片或热点，然后输入一个新的名称，最后在窗口外单击或按"Enter"键即可。

当重命名一个切片时，会在导出此切片时使用该名称。

7.2 使用页面

在 Fireworks 文档中，可以创建一个或多个页面，可以在开始编辑之前创建所有的页面，也可以边创建边添加。如果在没有创建任何页面的情况下应用程序，会自动创建一个页面，可以在这个页面中进行编辑，此页面被称为活动页面。

活动页面的名称，在“页面”面板中高亮显示，并且显示在活动文档下的活动文档栏中的“页面”弹出菜单中。在“页面”面板中，页面对象以缩略图的形式显示，每个页面中的对象都显示在“页面”面板中的页面名称旁的缩略图中。

在文档页面过多的情况下，查看文件中的页面会非常不便，可以通过“页面”面板，方便地查看文件中的页面。“页面”面板中页面的放置顺序是按照创建的先后顺序进行的。

在每个页面中都有一定的层次结构，每个页面之间的层次结构都是独立的。在文档中存在一个主页，就像一个网站一样，有一个主页，上面放了很多公用的、总的元素，内页都是根据主页创建的，因此在 Fireworks 中，主页上的对象和层的层次结构，将由所有其他页面继承。

7.2.1 添加和删除页面

在 Fireworks 的实际运用中，可能会对所创建的页面执行添加、删除操作，通过“页面”面板，可以添加新页面，删除不需要的页面以及复制现有页面。在添加、删除或移动页面时，Fireworks 会自动更新页面标题左边的数值。这些自动数值可帮助快速定位到多页大型设计中的特定页面。

如果要使用“页面”面板进行编辑操作,则首先打开“页面”面板,单击“窗口”菜单下的“页面”命令,即可显示“页面”面板，如图 7-2-1 所示。

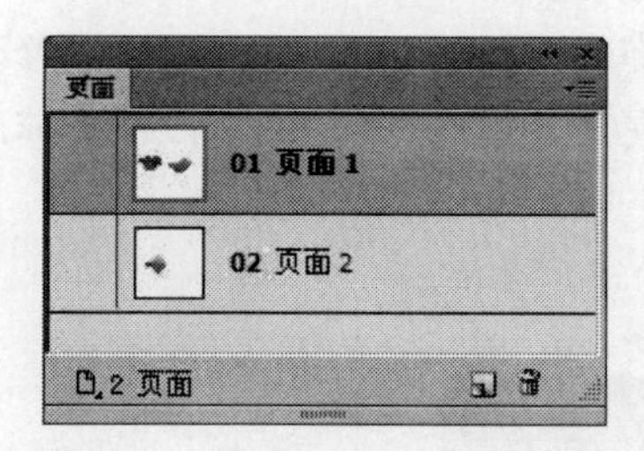

图 7-2-1

在创建新页面时,一般会在页面列表的末尾处插入一个空白页面。那么,新页面成为活动页面,并且在“页面”面板中高亮显示。如果需要删除某个页面，那么，该页面上面的页面成为活动页面。

在设计网站时，内页很多在设计方面是相同的，为了节省设计时间，需要创建一个页面，然后将这个页面进行复制，创建复制页面时会添加一个新页面，它包含与当前所选页面相同的对象和图层层次结构。复制的对象也会保留原对象所运用的所有属性。如果要对复制的对象进行更改,那么将不影响原对象的属性。

如果在设计时需要添加新的页面,可以单击“页面”面板上的“新建 / 复制页”按钮,或者单击“编辑”

菜单中的“插入”→“页”命令,还可以在“页面”面板的“选项”菜单中单击“新建页面”命令,操作完成后,新页面即被添加。

如果需要删除多余的页面，可以在选中要删除的页面后，单击“页面”面板下方的“删除页”按钮，也可以直接将该页面拖到“删除页”按钮上,还可以在“页面”面板的“选项”菜单中单击“删除页”命令。

如果要复制页面,可以直接将页面拖到“新建 / 复制页”按钮上,或者选择页面并在“页面”面板的“选项”菜单中单击“复制页”命令。

如果要重命名该页面，直接双击该页面名称，激活名称后，输入新名称，完成后按“Enter”键或单击页面的其他位置即可，也可以通过在“页面”面板的“选项”菜单中单击“重命名”命令来修改页面名称。

可以通过“页面”面板查看文档中的各个页面。在“页面”面板中的页面或页面中的对象都以缩略图的形式展现,可以很方便地在“页面”面板中来回进行操作。如果有很多页面时,可以使用键盘上的“PageUp”和“PageDown”键。从文档窗口底部的“页面”弹出菜单中可以选择所需的页面。

7.2.2 编辑页面

在 Fireworks 中,可以对每个页面进行编辑。如果修改其中一页,其他页是不会被修改的。在设计网站时，每个页面的大小都不相同，可能主页内容很多，页面会大一些，而有些内容不多，页面会小一些。每个页面都是一个不同的画布文档，可以根据需要对每个页面的画布大小、颜色和图像分辨率进行自定义设置。

如果要对页面的画布大小、颜色或者图像分辨率进行修改，可以在“页面”面板或文档窗口底部的“页面”弹出菜单中选择一个要修改的页面。

如果要修改图像大小，可以单击“修改”菜单中的“画布”→“图像大小”命令;如果要修改画布颜色，可以单击“修改”菜单中的“画布”→“画布颜色”命令;如果要对画布的大小进行修改，可以单击“修改”菜单中的“画布”→“画布大小”命令。在不选中任何文档的情况下,在“属性”检查器中也可以直接修改。如图 7-2-2 所示。

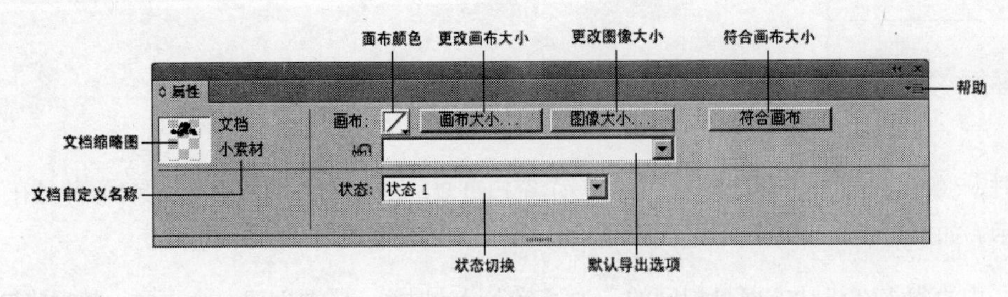

图 7-2-2

然后根据需要进行更改。还可以在选择页面的画布时，使用“属性”面板执行这些更改。

如果要将更改仅应用于所选的页面，可以选中“仅限当前页”复选框；如果要将更改应用于所有页面，可以取消选中该复选框。

7.2.3 使用主页

在 Fireworks 中进行设计时，需要区分主页和其他页。如果在设计时，需要将其他页中的某页转换为主页时，那么该页会移至“页面”面板中的列表顶部，而且会呈现灰色。创建主页时，会将主页图层添加到每个页面的图层层次结构的底部。通过从“图层”面板的“选项”菜单中选择“删除主页图层”命令，可以删除此图层。

通过单击“图层”面板中主页图层左侧的眼睛图标，可以切换主页图层的可见性。如果在一个页面上更改主页可见性，则这种更改会反映在所有页面中。

创建主页

在“页面”面板上，选择一个已创建的页面，通过在“选项”菜单中单击“设置为主页”命令，可将其设置为主页。

主页不能具有共享层，因此将一个页面设为主页时，将删除所有共享层并将其更改为普通（非共享）层。

将页面链接到主页

在文档中创建页面之后，可以选择其中一页为主页，但其他页和主页之间都是相互独立的，如果想从其他页转到主页，那么就需要建立一个链接，这样可以相互进入。

如果要将页面永久链接到主页，可以在“页面”面板中选择相应页面，然后在“选项”菜单中单击“链接到主页”命令，或者在“页面”面板中的页面缩略图左侧的列中单击，即会显示一个链接图标，表示该页面已链接到主页。

如果在已链接到主页的页面上更改设置（如画布颜色），则该设置将覆盖主页设置，指向主页的链接将自动断开。

将主页更改回普通页面

如果希望将其他页更改为主页，那么需要在“页面”面板上，先选择主页，右键选择“设置为主页”命令，则设为主页的页面前面会出现▣。如果将主页更改回普通页面，在“页面”面板中单击右键，在弹出菜单中选择“重置主页”命令，或直接单击选项菜单中“重置主页”命令，则选中的主页将变回普通页面。如图 7-2-3 所示。

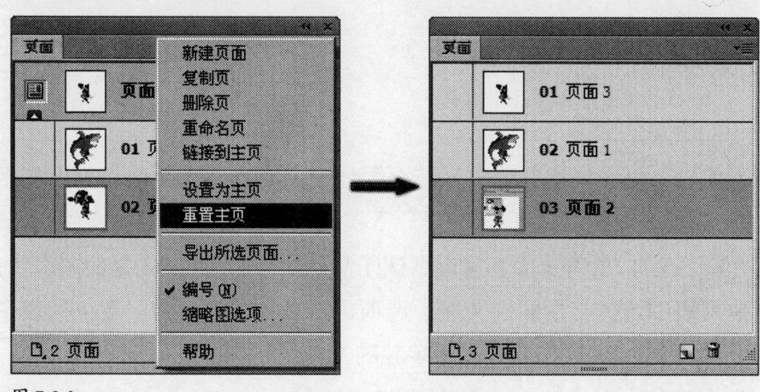

图 7-2-3

7.2.4 将页面导出为 HTML

在网页上查看的页面都是 HTML 页面，如果要将设计的页面都转为 HTML 页面，则可以将所有页面同时导出为多个 HTML 页面。在导出页面前可以先行进入预览页面，通过单击“编辑”菜单中的“在浏览器中预览”→“在浏览器中预览所有页面”命令进行。

将页面导出为 HTML

如果要将页面导出为 HTML，可以单击“文件”菜单中的“导出”命令；然后选择导出文件的位置；再从“导出”下拉列表中选择“HTML 和图像”选项;单击“选项”按钮,从弹出的“HTML 设置”对话框的“常规”选项上的“HTML 样式”下拉列表中，选择 HTML 编辑器，如果没有列出所需要的 HTML 编辑器，可以选择“通用”选项；单击“确定”按钮，返回到“导出”对话框，从“HTML”下拉列表中选择“导出 HTML 文件”选项 ，选择该选项，将在指定的位置生成 HTML 文件及其相关图像文件；如果文档中包含切片，则从“切片”下拉列表中选择“导出切片”命令；如果要导出文件中的所有页面，则取消选择“仅限当前页”复选框；如果要将图像存储在一个单独的文件夹中，选择“将图像放入子文件夹”复选框，可以选择特定文件夹或使用 Fireworks 的默认文件夹（一个名为 images 的文件夹）；单击“导出”按钮。

如果使用“快速导出”按钮导出文件，则只会导出当前选中的页面。

页面导出后，可以在硬盘上看到 Fireworks 导出的文件。如果选择导出所有的页面，将为每个页面创建一个单独的 HTML 文件。在“导出”对话框中，可以指定导出图像和 HTML 文件。

7.2.5 将页面导出为图像文件

可以将页面导出为图像文件，如果要将页面导出为图像文件，可以单击“文件”菜单中的“导出”命令，选择导出文件的位置，可以从“导出”下拉列表中选择“仅图像”选项。如图 7-2-4 所示。

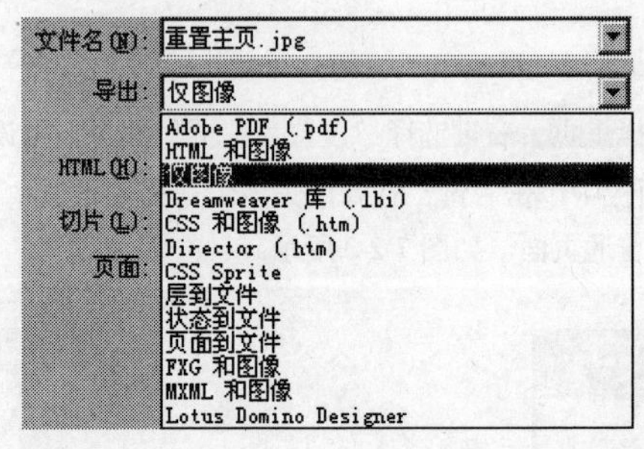

图 7-2-4

然后通过选择或取消选择“仅限当前页”复选框选择导出当前页面还是所有页面，页面将导出到默认图像格式，此格式是使用“优化”面板进行设置的；可以在“导出”下拉列表中选择“页面到文件”选项，然后在“导出为”下拉列表中选择“图像”选项，所有页面都将以默认图像格式导出，此格式是使用“优化”面板进行设置的；可以在“导出”下拉列表中选择“页面到文件”选项，然后在“导出为”下拉列表中选择“Fireworks PNG”选项，每个页面都将以 FW. PNG 格式导出为单独的文件。

7.3 用蒙版遮罩图像

如果在设计的过程中，需要隐藏或者显示对象或图像的某些部分，可以利用蒙版技术。灵活运用多种蒙版技术，可以在设计工作中增添意想不到的效果。

利用蒙版技术，可以创建一个产生渐变效果的蒙版，以显示或隐藏其下方对象的某些部分。此类型的蒙版可使灰度降低或所选对象的可见度提高。还可以创建使用其自身的透明度来影响可见度的蒙版。

创建蒙版后，可以调整画布上被遮罩选区的位置，或修改蒙版的外观。还可以将蒙版作为一个整体应用转换或对蒙版的组件分别应用转换。

7.3.1 蒙版

通过矢量对象创建蒙版对象称之为矢量蒙版，通过位图对象创建蒙版对象称为位图蒙版，也可以使用多个对象或组合对象来创建蒙版，还可以使用文本创建矢量蒙版。CS6 中，可以直接通过右键点击将对象组合为蒙版，使制作蒙版更加方便快捷。

关于矢量蒙版

如果使用过其他矢量插图应用程序，则可能对矢量蒙版并不陌生，它们在有些地方被称为剪贴路径或粘贴于内部。矢量蒙版对象将下方的对象裁剪或剪贴为其路径的形状，从而产生切饼模刀的效果。

创建矢量蒙版时，一个带有钢笔图标的蒙版缩略图会出现在“图层”面板中，表示已经创建了矢量蒙版，如图 7-3-1 所示。

选择矢量蒙版后，“属性”检查器会显示蒙版应用方式的信息。“属性”检查器的下半部分显示其他属性，这些属性可以编辑蒙版对象的笔触和填充。图 7-3-2 所示为“属性”检查器中的矢量蒙版属性。

图 7-3-1

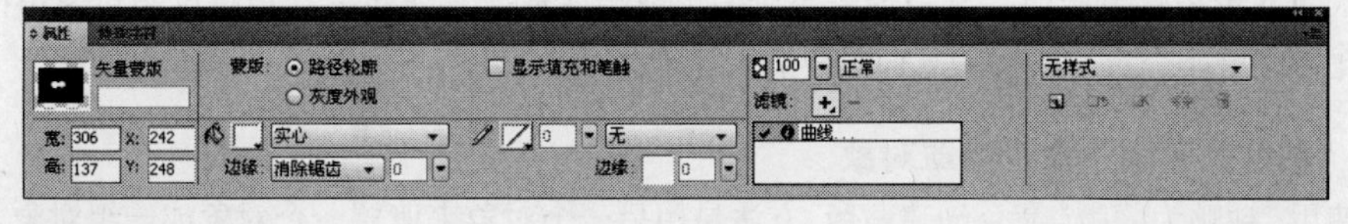

图 7-3-2

在默认情况下，矢量蒙版的应用主要是通过本身路径轮廓实现的，但也可以通过其他方式实现。

关于位图蒙版

如果使用过 Photoshop，则可能对层蒙版并不陌生。Fireworks 位图蒙版与层蒙版的相似之处在于蒙版对象的像素影响下层对象的可见性。但是，Fireworks 位图蒙版的用途要宽广得多，不管是使用其灰度外观还是使用其自身的透明度，都可以轻松更改其应用方式。另外，Fireworks 的“属性”检查器使蒙版属性和位图工具选项更易于访问，从而极大地简化了蒙版的编辑过程。选择蒙版后，“属性”检查器不仅会显示所选蒙版的各种属性，还会显示在编辑蒙版时可能会用到的任意位图工具的各种属性。

图 7-3-3 所示为原始对象和使用灰度外观应用的位图蒙版。

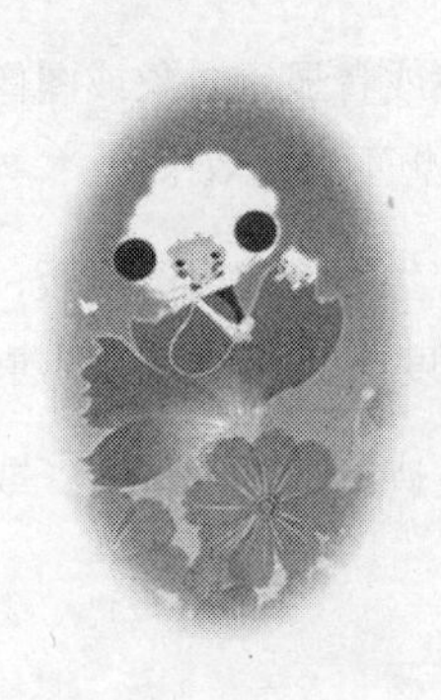

图 7-3-3

创建位图蒙版的方式的两种：可以使用现有对象来遮罩其他对象，此方法类似于应用矢量蒙版。还可以通过创建空蒙版来创建位图蒙版。

空蒙版开始时完全透明或者完全不透明。透明（或白色）蒙版显示整个被遮罩的对象，而不透明（或黑色）蒙版则隐藏整个被遮罩的对象。可以使用位图工具在蒙版对象上绘制或者修改蒙版对象，以显示或隐藏底层的被遮罩的对象。

位图蒙版在进行创建时，“属性”检查器会显示如何应用蒙版的信息。如果在选中位图蒙版时选择了位图工具，则“属性”检查器会显示所选工具的蒙版属性和选项，从而可以简化蒙版编辑过程。

在默认情况下，大多数位图蒙版是以其灰度外观应用的，但也可以用 Alpha 通道来应用。

7.3.2 利用现有对象创建蒙版

当将矢量对象用作蒙版时，其路径轮廓可用于剪贴或裁剪其他对象。当将位图对象用作蒙版时，其像素的亮度和透明度中会有一个影响其他对象的可见性。

使用“粘贴为蒙版”命令遮罩对象

可以使用“粘贴为蒙版”命令创建蒙版，方法是用另一个对象来遮罩一个对象或一组对象。“粘贴为蒙版”可创建矢量蒙版，也可创建位图蒙版。将矢量对象作为蒙版时，“粘贴为蒙版”创建一个矢量蒙版，它使用矢量对象的路径轮廓来裁剪或剪贴被遮罩对象；将位图图像用作蒙版时，“粘贴为蒙版”创建一个位图蒙版，它使用位图对象的灰度颜色值影响被遮罩对象的可见度。

如果要用“粘贴为蒙版”命令创建蒙版，首先选择要用作蒙版的对象，按住“Shift”键并单击可以选择多个对象。

如果将多个对象用作蒙版，则 Fireworks 总是会创建矢量蒙版（即使两个对象都是位图）。

然后定位选区，使它与要遮罩的对象或对象组重叠。

要用作蒙版的对象可以位于要遮罩的对象或对象组的前面或后面。

例如：在一位图对象上创建一个不规则图形来定位选区，使其与要遮罩的位图重叠，如图 7-3-4 所示。

图 7-3-4

通过单击“编辑”菜单中的“剪切”命令，以剪切要用作蒙版的图形。

此时选择要遮罩的位图对象，如图 7-3-5 所示。

图 7-3-5

如果要对多个对象进行遮罩时，必须要将这些对象组合在一起。

然后单击“编辑”菜单中的“粘贴为蒙版”命令或单击“修改”菜单中的“蒙版”→“粘贴为蒙版”命令。图 7-3-6 所示为用黑色画布应用到图像的蒙版效果。

图 7-3-6

使用“粘贴于内部”命令遮罩对象

使用“粘贴于内部”命令可以创建矢量蒙版或位图蒙版，这主要取决于所使用的蒙版对象的类型。

“粘贴于内部”命令，可以通过用矢量图形、文本或位图图像填充封闭路径或位图对象来创建蒙版。路径本身有时称为“剪贴路径”，而它包含的项目则称为“内容”或“贴入内部”。超出剪贴路径的内容被隐藏。

Fireworks 中的“粘贴于内部”命令所产生的效果与“粘贴为蒙版”命令所产生的效果有些类似，但也有一些不同。

使用“粘贴于内部”命令时，剪切并粘贴的对象就是将被遮罩的对象。而在使用“粘贴为蒙版”命令时，剪切并粘贴的对象是蒙版对象。

另外，对于矢量蒙版，“粘贴于内部”显示蒙版对象本身的填充和笔触。在默认情况下，使用“粘贴为蒙版”时，矢量蒙版对象的填充和笔触是不可见的。不过，可以使用“属性”检查器显示或隐藏矢量蒙版的填充和笔触。

通过使用其 Alpha 通道应用位图蒙版，可以创建一个看起来与使用其路径轮廓应用的矢量蒙版相似的蒙版。当使用其 Alpha 通道应用蒙版时，蒙版对象的透明度影响为遮罩对象的可见度。

在创建蒙版时，如果要使用“粘贴于内部”命令，首先要选择用作贴入内部的内容的对象，并使它们与要在其中粘贴内容的对象重叠，如图 7-3-7 所示。

图 7-3-7

只要将用作内部粘贴内容的对象保持选定状态，堆叠顺序可以不用管。这些对象在“图层”面板中可以位于蒙版对象的上方或下方。

然后单击“编辑”菜单中的“剪切”命令将对象移到剪贴板。

选择要粘贴的对象 。此对象将用作蒙版或剪贴路径，如图 7-3-8 所示。

图 7-3-8

最后单击“编辑”菜单中的“粘贴于内部”命令，粘贴的对象看起来位于蒙版对象的内部，或者被蒙版对象剪贴了，效果如图 7-3-9 所示。

图 7-3-9

7.3.3 将文本用作蒙版

在 Fireworks 中，也可以将文本用作蒙版，创建的是矢量蒙版效果。应用文本蒙版的方式与使用现有对象应用蒙版的方式一样，只须将文本用作蒙版对象即可。应用文本蒙版的常用方法是使用其路径轮廓，但也可以使用其灰度外观应用文本蒙版。图 7-3-10 所示为使用其路径轮廓应用的文本蒙版。

图 7-3-10

7.3.4 使用自动矢量蒙版

自动矢量蒙版将预定义的图案作为矢量蒙版应用于位图和矢量对象。可以在应用矢量蒙版以后编辑自动矢量蒙版的外观和其他属性。

使用自动矢量蒙版，首先要选择位图或矢量对象，然后单击“命令”菜单中的“创意”→“自动矢量蒙版”命令，弹出“自动矢量蒙版”对话框，如图 7-3-11 所示。

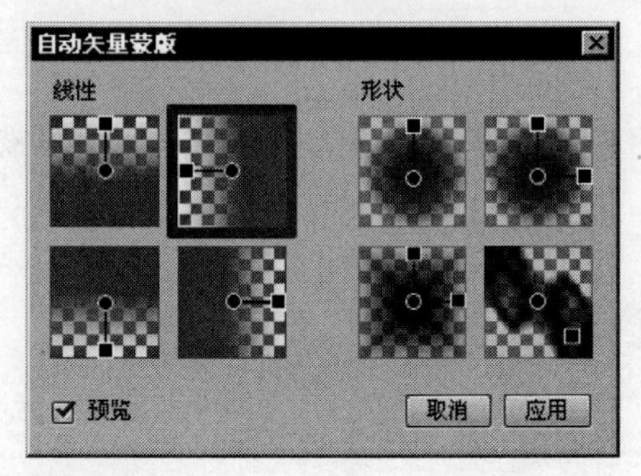

图 7-3-11

选择蒙版类型后单击“ 应用”按钮，即可以将蒙版类型应用于对象。

自动矢量蒙版只能应用灰度外观。

7.3.5 使用“图层”面板遮罩对象

使用“图层”面板可以快速地添加透明的空位图蒙版。“图层”面板在对象中添加一个白色蒙版，可以自定义这个蒙版，方法是用位图工具在它上面绘制。

如果要使用“图层”面板遮罩对象，首先选择要遮罩的对象，然后单击“图层”面板底部的“添加蒙版”按钮。

Fireworks 会将空蒙版应用到所选的对象。“图层”面板显示一个表示空蒙版的蒙版缩略图，如图 7-3-12 所示。

图 7-3-12

如果被遮罩的对象是位图，也可以使用“选取框”或“套索”工具来创建像素选区。

可以从“工具”面板中选择一种位图绘画工具，例如“刷子”、“铅笔”、“颜料桶”或“渐变”工具。

可以在“属性”检查器中设置所需的工具选项。

当蒙版仍处于选定状态时，可以在空蒙版上绘制。在绘制的区域中，下方的被遮罩对象是隐藏的。

7.3.6 利用显示和隐藏掩盖对象

在“修改”菜单的“蒙版”命令的子命令中,有一些可以用于向对象应用空蒙版。可以利用“显示”和“隐藏”等相关的命令来掩盖对象。

关于“显示”和“隐藏”对象的命令主要有以下 4 个。

“显示全部”命令,将透明的空蒙版应用到对象,从而显示整个对象。如果要取得相同的效果,可以单击“图层”面板中的“添加蒙版”按钮。

“隐藏全部”命令，将不透明的空蒙版应用到对象，从而隐藏整个对象。

“显示所选”命令，只能用于像素选区。它使用当前像素选区应用一个透明的像素蒙版。位图对象中的其他像素被隐藏。若要取得相同的效果，可选择像素，然后单击“添加蒙版”按钮。

“隐藏选区”命令，只能用于像素选区。它使用当前像素选区应用一个不透明的像素蒙版。位图对象中的其他像素被显示。如果要取得相同的效果，选择像素，然后按住“Alt”键并单击“添加蒙版”按钮。

使用“显示全部”和“隐藏全部”创建蒙版

如果要使用“显示全部”和“隐藏全部”命令来进行创建蒙版,首先选择要遮罩的对象,然后单击“修改”菜单中的“蒙版”→“显示全部”命令，以显示对象，如果要隐藏全部，则需要单击“修改”菜单中的“蒙版”→“隐藏全部”命令，以隐藏对象。

然后从“工具”面板中选择一个位图绘画工具，如“刷子”、“铅笔”或“颜料桶”，并在“属性”检查器中设置所需的工具选项。

如果已经应用了“隐藏全部”蒙版，则必须选择一种黑色以外的颜色。

设置完成后在空蒙版上进行绘制。在绘制的区域中，下层的被遮罩的对象将被隐藏或显示，具体取决于所应用的蒙版类型。

使用“显示所选”和“隐藏选区”创建蒙版

如果使用“显示所选”和“隐藏选区”命令来创建蒙版，则首先从“工具”面板中选择“魔术棒”工具或者“选取框”、“套索”工具，并在位图中选择像素，如图 7-3-13 所示。

然后,根据情况进行选择,如果要显示像素选区定义的区域,单击“修改”菜单中的“蒙版”→“显示所选”命令,如果要隐藏像素选区定义的区域,单击“修改”菜单中的“蒙版”→“隐藏选区”命令,可以得到如图 7-3-14 所示的效果。

可以进一步编辑该蒙版,使用“工具”面板中的位图工具来显示或隐藏被遮罩对象的其余像素。

显示所选

隐藏选区

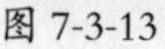

图 7-3-13

图 7-3-14

7.3.7 组合对象以构成蒙版

在 Fireworks 中也可以将两个或更多个对象组合起来创建蒙版,最顶层的对象成为蒙版对象。

可以将对象组合为位图蒙版或矢量蒙版,组合对象的堆叠顺序,决定了所应用的蒙版类型。如果最顶层的对象是矢量对象,则结果为矢量蒙版;如果顶层对象是位图对象,则结果为位图蒙版。

如果要将组合对象以构成蒙版,首先按住“Shift”键并单击两个或更多个重叠的对象,如图 7-3-15 所示。

组合对象可以从不同的层中选择对象。

然后单击“修改”菜单中的“蒙版”→“组合为蒙版”命令,在 CS6 中,新增了右键“组合为蒙版”命令,在选中对象后单击“组合为蒙版”命令,得到效果如图 7-3-16 所示。

图 7-3-15

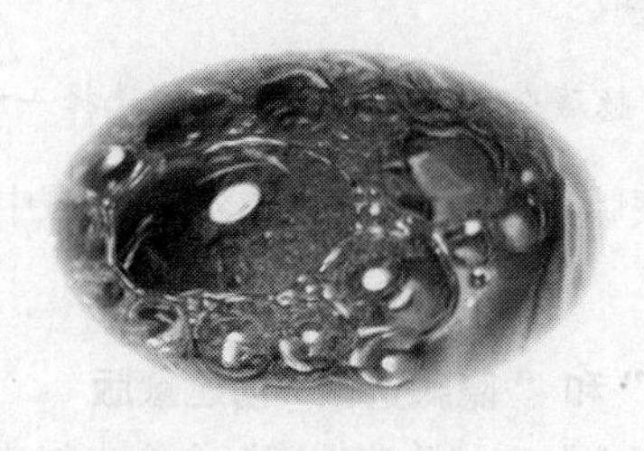

图 7-3-16

7.3.8 导入和导出 Photoshop 层蒙版

在 Fireworks 中，可以导入使用 Photoshop 层蒙版或组合层来遮罩图像的蒙版图像，并且不会失去编辑它们的能力。层蒙版作为位图蒙版导入。

Fireworks 蒙版还可以导出到 Photoshop 中，被转换为 Photoshop 层蒙版。如果被遮罩对象中包含文本，并且希望在 Photoshop 中保持文本可编辑性，则在导出时必须选择“维持可编辑性优先于外观”选项。

如果将文本用作蒙版对象，则它会在导入到 Photoshop 中后转换为位图，而不再是可编辑的文本。

7.3.9 移动蒙版和对象

在对蒙版进行编辑的过程中，有时需要对蒙版和被遮罩对象执行移动操作，可以分别将蒙版或被遮罩对象移动，也可以同时对多个蒙版和被遮罩对象移动，还可以通过移动手柄来移动。

使用蒙版缩略图选择蒙版和被遮罩的对象

使用“图层”面板中的缩略图，可以很容易地标识和选择蒙版和被遮罩的对象。缩略图可以很容易地只选择和编辑蒙版或被应用蒙版的对象，而不影响其他对象。

如果要对蒙版缩略图进行选择，蒙版图标将会出现在“图层”面板中的缩略图旁边。蒙版的属性显示在“属性”检查器中（如果需要可以在此更改这些属性）。

如果要选择蒙版，可以在“图层”面板中单击蒙版缩略图。选择后，“图层”面板在其周围显示绿色高亮。

如果要选择被遮罩对象，可以在“图层”面板中单击被遮罩的对象的缩略图。选择后，“图层”面板在其周围显示蓝色高亮。

使用“部分选定”工具选择蒙版和被遮罩的对象

可以使用“部分选定”工具，在画布上选择个别的蒙版和被应用于蒙版的对象，而不选择其他对象。用“部分选定”工具选择蒙版或被遮罩的对象时，“属性”检查器显示所选对象的属性。

如果要对蒙版或被遮罩对象进行选择，可以在画布上用“部分选定”工具单击要选定的对象。选择后，蒙版将会以绿色高亮显示，而被遮罩对象以蓝色高亮显示。

对蒙版和被遮罩的对象进行移动

可以对蒙版和被遮罩的对象进行移动操作。可以对它们进行一起移动的操作，也可以进行分别移动的操作。

如果要同时对蒙版和它的被遮罩对象进行移动操作，首先要使用“指针”工具在画布上选择蒙版，然后将蒙版拖到新位置，但不要拖动移动手柄，否则会将被应用蒙版的对象从蒙版中单独移出，如图 7-3-17 所示。

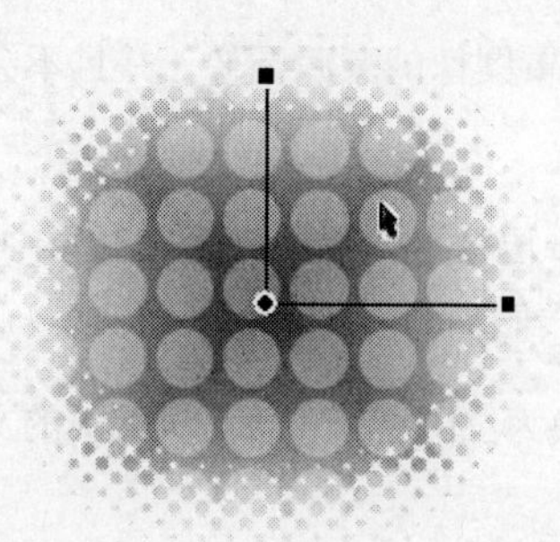

图 7-3-17

如果要断开链接，分别对蒙版和被遮罩的对象进行移动操作，可以在“图层”面板中单击蒙版上的链接图标▣。这将断开蒙版与被遮罩对象的链接，从而可以分别移动这两者，然后选择要移动的对象（蒙版或被遮罩对象）的缩略图，用“指针”工具在画布上拖动对象即可。

如果被遮罩对象不止一个，则所有被遮罩对象都将一起移动。

在“图层”面板中的蒙版缩略图之间单击，会出现链接图标，这将重新链接被遮罩的对象和蒙版。

如果要使用蒙版的移动手柄单独移动蒙版，可以使用“指针”工具在画布上选择蒙版，然后选择“部分选定”工具并将蒙版的移动手柄拖到一个新位置即可。

如果要使用移动手柄独立于蒙版移动被遮罩对象，可以使用“指针”工具，在画布上选择蒙版，然后将移动手柄拖到新位置，对象随即移动，而且不会影响蒙版的位置。

如果被遮罩对象不止一个，则所有被遮罩对象都将一起移动。

如果要移动个别的被遮罩对象，可以用“部分选定”工具单击对象将其选定，然后拖动该对象即可。这是选择并移动个别的被遮罩对象，而不移动其他被遮罩对象的唯一办法。

7.3.10 编辑蒙版

创建后的蒙版，可以对其进行编辑。例如可以移动蒙版的位置，修改蒙版的形状和颜色，还可以更改蒙版的类型和其应用方式。另外，可以进行替换、禁用和删除蒙版等的操作。

蒙版的编辑结果立即可见，即使蒙版对象本身在画布上并不可见。“图层”面板中的蒙版缩略图显示了对蒙版所做的编辑。

可以修改被遮罩的对象，重新排列被遮罩的对象而不必移动蒙版，还可以向现有蒙版组中添加其他被遮罩的对象。

修改蒙版的外观

通过修改蒙版的形状和颜色，可以更改被遮罩对象的可见度。

通过使用位图工具在位图蒙版上进行绘制，以更改其形状。也可以通过移动蒙版对象的控制点，更改矢量蒙版的形状。

如果蒙版是使用其灰度外观来应用的，则可以修改其颜色以影响下层被遮罩的对象的不透明度。在灰度蒙版上使用中间色调颜色将使被遮罩的对象具有半透明外观。使用较亮的颜色显示被遮罩对象，使用较暗的颜色隐藏被遮罩对象。

还可以通过向蒙版添加蒙版对象或使用变形工具来改变它。

如果要对所选蒙版的形状进行修改，可以用任意一种位图绘制工具在位图蒙版上绘制，也可以用“部分选定”工具移动矢量蒙版对象的控制点。

对于灰度位图蒙版，如果要修改其颜色，在使用了各种灰度颜色值的蒙版上使用位图工具进行绘制即可。对于灰度矢量蒙版，更改蒙版对象的颜色即可。

如果要通过添加更多蒙版对象来修改蒙版，则首先单击“编辑”菜单中的“剪切”命令，以剪切要添加的所选对象，然后在“图层”面板中选择被遮罩对象的缩略图。单击“编辑”菜单中的“粘贴为蒙版”命令。当询问是替换现有蒙版还是向其添加时，单击“添加”按钮，对象随即添加到蒙版。

要使用变形工具修改蒙版，则首先使用“指针”工具在画布上选择蒙版，然后使用变形工具或“修改”菜单中的“变形”命令的子命令，对蒙版应用变形。变形随即应用于蒙版和被它遮罩的对象上。可以单独对蒙版对象应用变形，执行变形前要断开蒙版与被遮罩对象的链接，断开后执行的变形就会单独应用于蒙版。

向被遮罩的选区添加对象

如果要向被遮罩选区添加被遮罩对象，首先单击“编辑”菜单中的“剪切”命令以剪切要添加的所选对象，然后在“图层”面板中选择被遮罩对象的缩略图，单击“编辑”菜单中的粘贴于内部”命令。对象随即被添加到被遮罩的对象中。

在现有蒙版上使用“粘贴于内部”命令不会显示蒙版对象的笔触和填充，除非原始蒙版是使用其笔触和填充应用的。

替换、禁用以及删除蒙版

对蒙版可以执行替换、禁用以及删除操作。使用新的蒙版对象可以替换蒙版，禁用蒙版会暂时地隐藏蒙版，删除蒙版会将其永久删除。

如果要用新蒙版对象替换现有蒙版对象。首先单击“编辑”菜单中的“剪切”命令，用以剪切要用作蒙版的所选对象，然后在“图层”面板中，选择被遮罩对象的缩略图，单击“编辑”菜单中的“粘贴为蒙版”命令，当询问用户是替换现有蒙版还是向其添加时，单击“替换”按钮。

如果要对所选的蒙版执行禁用操作，可以从“图层”面板的“选项”菜单中单击“禁用蒙版”命令。或者单击“修改”菜单中的“蒙版”→“禁用蒙版”命令。

蒙版如果被禁用后，蒙版缩略图上会出现一个红色的“×”标记。单击“×”标记可启用蒙版，如图 7-3-18 所示。

如果要删除所选的蒙版,则可以从“图层”面板的“选项”菜单中单击“删除蒙版”命令,或者单击“修改”菜单中的“蒙版”→“删除蒙版”命令，也可以将蒙版缩略图拖到“图层”面板中的“删除所选”按钮上。

在删除蒙版前，会弹出是否应用蒙版到位图对话框，要先进行选择对被遮罩的对象应用蒙版效果还是放弃蒙版效果，如图 7-3-19 所示。

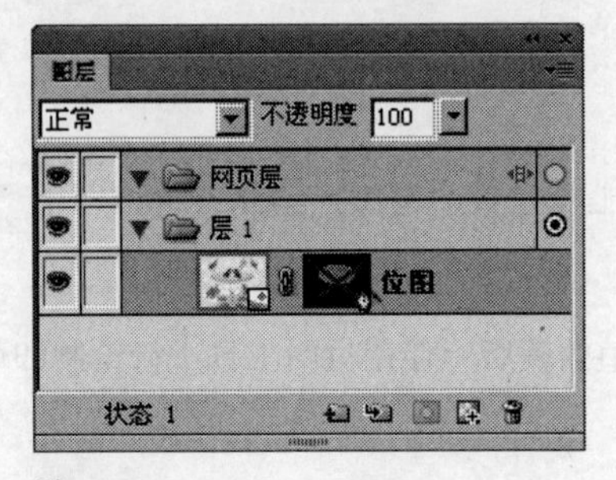

图 7-3-18

图 7-3-19

单击“应用”按钮，保持对对象所做的更改，但蒙版不再是可编辑的，如果被遮罩对象是矢量对象，则蒙版和矢量对象都转换为单个位图图像;单击“放弃”按钮，除去所做的更改并将对象恢复到原来的格式;单击“取消”按钮，终止删除操作并使蒙版保留原样。

更改蒙版的应用方式

使用“属性”检查器可以确保正在编辑的是蒙版和标识所使用的蒙版类型。选择蒙版后，“属性”检查器允许对蒙版的应用方式进行修改。

如果“属性”检查器处于最小化状态，单击扩展箭头切换可看到所有属性。

在默认情况下，矢量蒙版可以使用其路径轮廓来显示蒙版效果，路径或文本的轮廓同样可以用作蒙版，并且可以显示蒙版的填充和笔触。矢量蒙版使用路径轮廓所产生的效果与使用“粘贴于内部”创建蒙版相同。图 7-3-20 所示为启用了“显示填充和笔触”选项时，使用其路径轮廓应用的矢量蒙版效果。

图 7-3-20

可以通过使用其 Alpha 通道，应用位图蒙版，也可以创建与使用其路径轮廓应用的矢量蒙版相似的蒙版。

当使用其 Alpha 通道应用蒙版时，蒙版对象的透明度，会影响被遮罩对象的可见度。

矢量蒙版和位图蒙版都可以应用灰度外观。在默认情况下，位图蒙版是使用其灰度外观应用的。当蒙版是使用其灰度外观应用时，其像素的亮度确定被遮罩的对象的可见性。较亮的像素显示被遮罩的对象。蒙版中较暗的像素将削弱图像的不透明度并显示背景。如果蒙版对象包含图案填充或渐变填充，则使用蒙版的灰度外观来应用它将创建有趣的效果。图 7-3-21 所示为使用其灰度外观应用的具有图案填充的矢量蒙版。

图 7-3-21

可以将矢量蒙版转换为位图蒙版。但是，位图蒙版不能转换为矢量蒙版。

如果要使用其路径轮廓应用矢量蒙版，选择了矢量蒙版后，在“属性”检查器中选择“路径轮廓”。

如果要显示矢量蒙版的填充和笔触，选择了使用其路径轮廓应用的矢量蒙版后，在“属性”检查器中选择“显示填充和笔触”复选框，如图 7-3-22 所示。

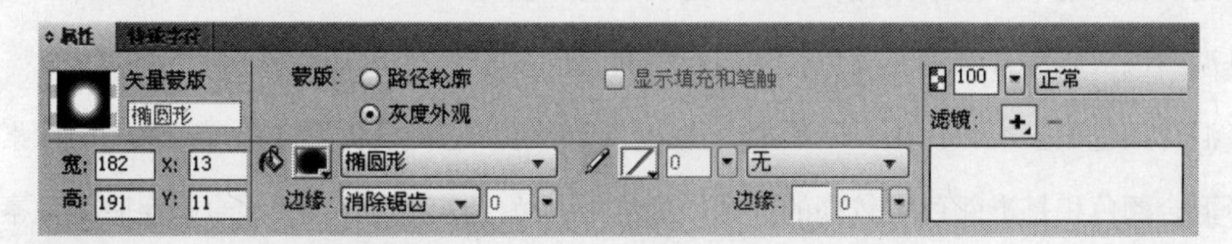

图 7-3-22

如果要使用其 Alpha 通道应用位图蒙版，在选择了位图蒙版后，在“属性”检查器中选择“Alpha 通道”复选框。

如果要使用其灰度外观应用矢量蒙版或位图蒙版，在选择了蒙版后，在“属性”检查器中选择“灰度外观”复选框。

如果要将矢量蒙版转换为位图蒙版，首先在“图层”面板中，选择蒙版对象的缩略图。然后单击“修改”菜单中的“平面化所选”命令。

7.4 混合和透明度

对两个或更多个重叠对象使用混合模式，可以改变对象的透明度以及颜色。灵活使用混合模式，可以创建效果独特的复合图像。混合模式还增加了一种控制对象和图像的不透明度的方法。

7.4.1 关于混合模式

选择混合模式后，Fireworks 会将它应用于所有所选的对象。如果要对层内的所有对象使用混合模式，可以在“图层”面板内选择该层，然后在“图层”面板顶部的“混合模式”下拉列表或“属性”检查器内选择混合模式。如果要对单个对象使用混合模式，首先选择该对象，然后在“图层”面板顶部的“混合模式”下拉列表或“属性”检查器内选择混合模式。

当把具有不同混合模式的对象组合在一起时，组合的混合模式优先级高于单个对象的混合模式。取消组合对象会恢复每个对象各自的混合模式。

层混合模式不能在元件文档中使用。

混合模式包含下列元素。

“混合颜色”，是应用混合模式的颜色。

“不透明度”，是应用混合模式的透明度。

“基准颜色”，是混合颜色下的像素颜色。

“结果颜色”，是对基准颜色应用混合模式所产生的结果。

以下是 Fireworks 中的一些混合模式。

“正常”，是指不应用任何混合模式，当对对象应用了混合模式后，想恢复效果，可在“混合模式”下拉列表中选择“正常”。

“色彩增值”，是指用混合颜色乘以基准颜色，从而产生较暗的颜色。

“屏幕”，是指用基准颜色乘以混合颜色的反色，从而产生漂白效果。

“变暗”，是指选择混合颜色和基准颜色中较暗的那个作为结果颜色。这将只替换比混合颜色亮的像素。

“变亮”，是指选择混合颜色和基准颜色中较亮的那个作为结果颜色。这将只替换比混合颜色暗的像素。

“差异”，是指从基准颜色中去除混合颜色或者从混合颜色中去除基准颜色，从亮度较高的颜色中去除亮度较低的颜色。

“色相”，是指将混合颜色的色相值与基准颜色的亮度和饱和度合并以生成结果颜色。

“饱和度”，是指将混合颜色的饱和度与基准颜色的亮度和色相合并以生成结果颜色。

“颜色”，是指将混合颜色的色相和饱和度与基准颜色的亮度合并以生成结果颜色，同时保留给单色图像上色和给彩色图像着色的灰度级。

“发光度”，是指将混合颜色的亮度与基准颜色的色相和饱和度合并。

“反转”，是指反转基准颜色。

“色调”，是指向基准颜色中添加灰色。

“擦除”，是指删除所有基准颜色像素，包括背景图像中的像素。

图 7-4-1 为两张位图，将 A 图置于 B 图之上，对 A 图运用不同的混合模式，得到如图 7-4-2 所示的效果。

图 7-4-1

图 7-4-2

7.4.2 调整不透明度并应用混合模式

调整对象不透明度并为其应用混合模式,可以在“属性”检查器,或“图层”面板中进行。当“不透明度”设置为 100 时，会将对象渲染为完全不透明；设置为 0 时，会将对象渲染为完全透明。也可以在绘制对象之前设定混合模式和不透明度。

如果要在绘制对象之前指定混合模式和不透明度，可以在“工具”面板中，选定了所需的工具后，在绘制对象之前在“ 属性”检查器中设置混合和不透明度选项。

如果要在绘制对象之后指定混合模式和不透明度，可以直接通过“属性”检查器，设置混合和模式不透明度选项。

在选择“刷子”工具后，可以在“属性”检查器中对混合模式和不透明度的相关选项进行相关设置。

混合模式和不透明度选项并不是对所有工具都可用。

如果要设置两个对象重叠混合模式和不透明度的级别，首先选择上方的对象并从“属性”检查器或者“图层”面板的“混合模式”下拉列表中，选择混合选项；拖动“不透明度”弹出滑块选择一个设置；或者在文本框中输入一个值，效果如图 7-4-3 所示。

图 7-4-3

如果要在绘制对象时，设置应用于对象的默认混合模式和不透明度级别，为了避免不小心应用混合模式和不透明度，可以首先单击“选择”菜单中的“取消选择”命令，取消选择对象；然后在选择了矢量绘制工具或位图绘制工具后，在“属性”检查器中，选择混合模式和不透明度级别，此时选择的混合模式和不透明度级别，将用作此后使用该工具绘制的所有对象的默认值。

7.4.3 关于“填充颜色”动态滤镜

在 Fireworks 中，“填充颜色”动态滤镜允许通过改变对象的不透明度和混合模式来调整对象的颜色。“填充颜色”滤镜所产生的效果相当于将一个对象与另一个具有不同不透明度和混合模式的对象进行重叠。

8 样式、元件和URL

学习要点：

- 熟悉样式、元件、URL 的概念
- 了解提取并导出对象 CSS 属性的方法和应用
- 熟练掌握样式、元件、URL 的导入和导出
- 熟练掌握样式、元件、URL 的创建和编辑
- 了解并运用新增的嵌套元件
- 了解并创建 jQuery Mobile 主题

样式、元件和URL作为3种不同的资源面板，在默认情况下，样式储存在“样式”面板中，元件储存在“公用库”面板中，URL储存在“URL”面板中，这3个面板构成了“资源”面板组。3个面板内的资源都具有重复使用的属性，并且具有储存的功能。使用这3个面板可以在工作中节省重复的操作，提高工作效率。

“样式”面板提供了一组可供选择的预定义Fireworks样式。在Fireworks CS6中，“样式”面板也增加了许多新的样式，增加了描边色点样式组和Web按钮样式组，可以更方便地用于特色边框和按钮的制作。另外，如果创建了笔触、填充、滤镜等属性的组合并想重复使用该组合，可以将这些属性另存为样式。只须将这些属性保存在“样式”面板中，然后将该属性组合应用于其他对象，而不必每次都重建属性。在“属性”面板的右侧，有一个关于样式的对话框，点击向下的三角箭头，就可以选择“样式”面板中的所有样式，可以将其直接应用到图形上。

在CS6中，新增了生成CSS样式代码属性面板，可以将对象的属性提取，直接应用到CSS样式中，CSS属性扩展可以找出能够在CSS中表现的Fireworks对象的所有属性。

元件包括图形元件、动画元件和按钮元件。每种类型的元件都具有适用于其特定用途的特性。所有的元件一经创建，就保存在“公用库”面板中。在“公用库”面板中，除了可以重制、导入和编辑元件外，还可以创建新元件。在Fireworks CS6中，元件保存到“公用库”时，将被保留在画布上。“公用库”面板也增加了许多新的元件，例如光标、手势、常用小图标、iPhone样式以及线框等，这些新元件丰富了原有的公用库，可以使用户更容易地使用公用库的元件制作网页，为实际工作节省了许多时间。

URL，即统一资源定位器，是用于完整地描述 Internet 上的网页和其他资源地址的一种标识方法。Internet 上的每一个网页都具有一个唯一的名称标识，通常称之为 URL 地址，这种地址可以是本地磁盘，也可以是局域网上的某一台计算机，更多的是 Internet 上的站点。简单地说，URL 就是 Web 地址，俗称“网址”。如果要多次使用同一 URL，可将它添加到“URL”面板。

创建 jQuery Mobile 主题是指在 Fireworks 中创建或修改一个 jQuery Mobile 网站的主题。在对网站进行更新后，将其显示在 jQuery Mobile 主题预览窗口中，并导出相应的 CSS 代码和相关联的 sprite 素材。

8.1 样式

“样式”面板自带了一组系统本身的样式效果，可以直接应用。也可以将自己创建的笔触、填充、滤镜或文本属性的组合保存为样式，以便以后重新使用该组合属性。可以直接将保存在“样式”面板中的这些属性组合应用于其他对象，从而节省重复创建属性的时间。

如果将样式应用于对象，那么对象即具备了该样式的特性。图 8-1-1 所示为一个对象应用样式的效果。

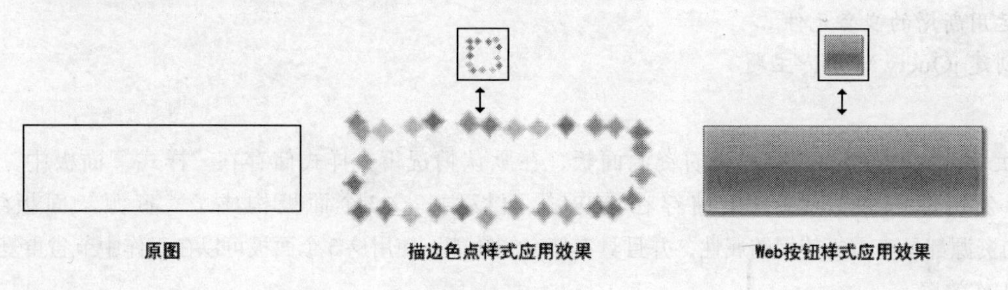

图 8-1-1

对“样式”面板中的预定义样式除了可以进行添加、更改和删除操作外，还可以从其他的 Fireworks 文档或相关网站中导入更多的预定义样式，同样，也可以将预定义样式导出与其他的 Fireworks 用户共享。

在 Fireworks 中，可以通过单击“窗口”菜单下的“样式”命令，弹出“样式”面板将样式应用于对象；也可以通过在“属性”检查器右侧的“当前样式”下拉列表中，单击向下的三角箭头，选择所需的样式，就可以将样式应用于对象了，如图 8-1-2 所示。

在“样式”面板的下方还有 5 个按钮。

“新建样式”按钮，可以把所选择对象上的效果保存为样式。

“重新定义样式”按钮，可以把对当前样式的修改保存到这个样式中。

“清除覆盖”按钮，可以从对象中删除样式的替换。

“断开到样式的链接”按钮，去掉当前对象和所选择的样式之间的关联，这样再次保存成样式，就可以保存成一个新的样式。

“删除样式”按钮，删除所选择的样式。

在 Fireworks 中，样式表发挥样式的强大功能，可以提高工作效率。

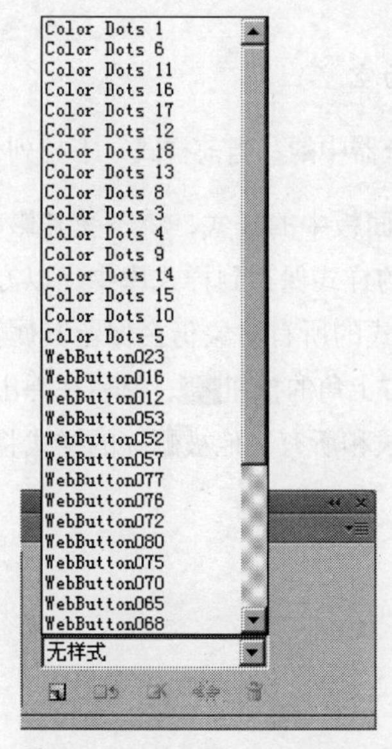

图 8-1-2

8.1.1　应用样式

Fireworks 提供了许多预设样式，对于“样式”面板内的预设样式，可以直接使用，也可以将其应用于位图对象、矢量对象以及文本中。其中位图对象只能接收样式的滤镜属性。单击“窗口”菜单中的“样式”命令，可以打开“样式”面板，如图 8-1-3 所示。

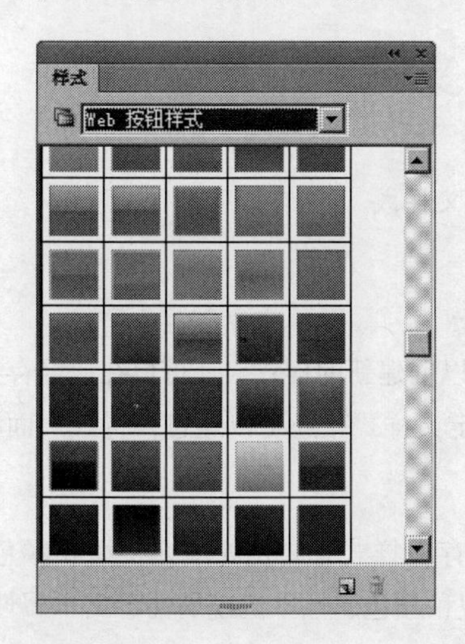

图 8-1-3

在“样式”面板中包含很多不同类型的样式。如果要将样式应用于对象，首先在要应用样式的画布上选择一个对象，然后单击“窗口”菜单下的“样式”命令，打开“样式”面板，在“样式”面板中选择“当前文档”以访问当前使用的样式或从下拉菜单中选择一种预设样式，最后单击面板中的样式，就可以在对象上应用该样式效果。

如果文档中没有样式，则在选择任意预设样式之前，“样式”面板始终为空。

如果需要快速访问在文档中发现的样式子集,可以通过使用“属性”检查器中的“当前样式”下拉列表。

将样式应用于对象后，可以对其进行重复编辑，但所使用的“样式”面板中的样式，将不受其影响。可以自定义样式，也可以在预设样式的基础上创建新的样式。可以将创建的样式保存到样式库中，以方便以后使用。如果是自定义的样式，一经删除，便无法恢复，但是使用该样式的所有对象仍会保留其属性。如果删除的是 Fireworks 自身所带的样式，那么可以通过单击“样式”面板右上角的按钮，然后在弹出的菜单中单击“导入样式库”命令，选择该 Fireworks 样式文件（*.stl），该样式和所有其他被删除的样式将恢复到样式表中，如图 8-1-4 所示。

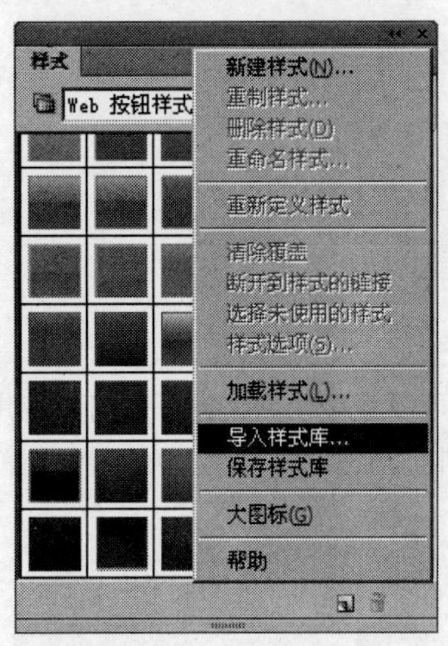

图 8-1-4

执行“重新定义样式”命令时，会删除“样式”面板内添加的自定义样式。

8.1.2 创建和删除样式

在 Fireworks 中，除了使用 Fireworks 自身携带的样式效果外，也可以创建新的样式，还可以在已经存在的样式的基础上进行编辑，将其保存为新的样式。对于预设样式或自定义样式，还可以通过“样式”面板或者“属性”检查器中的“删除样式”按钮，将其删除。

可以根据所选对象的属性来创建样式。对象的一些属性也会被保存在样式中。例如填充类型和颜色，包括图案、纹理以及角度、位置和不透明度等矢量渐变属性；笔触类型和颜色属性；滤镜属性；文本属性，如字体、字号、样式（粗体、斜体或下画线）、对齐方式、消除锯齿、自动字距调整、水平缩放、字距调整以及字顶距等。

如果要创建新的样式，首先要创建或选择具有所需笔触、填充、滤镜或文本属性的矢量对象、文本、组或自动形状，然后单击“样式”面板或者“属性”检查器的“新建样式”按钮，在弹出的“新建样式”对话框中进行设置，如图 8-1-5 所示。

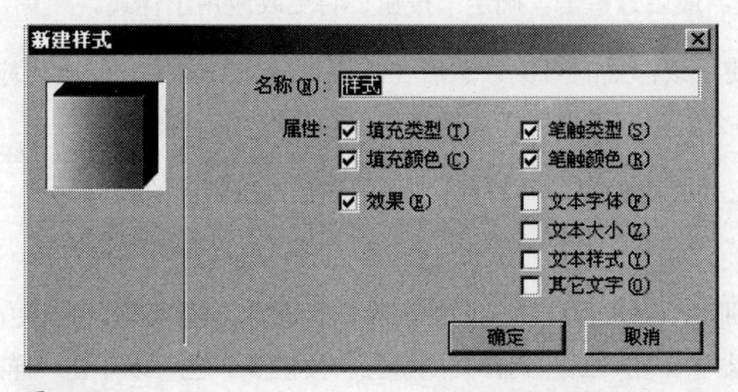

图 8-1-5

在“新建样式”对话框中，可以设置要创建的样式所具有的属性。

如果要对未列出的文本属性，如对齐方式、消除锯齿、自动字距调整、水平缩放、范围微调以及字顶距等进行设置，可以选择“其他文字”选项，然后进行相关的设置。

可以根据需要，对样式进行命名，以方便记忆。打开“新建样式”对话框，然后在“名称”输入框内输入要定义的名称，最后单击“确定”按钮即可。一个表示该样式的图标随即显示在“样式”面板中。

如果要重命名样式，首先从“样式”面板中选择一个样式，然后单击“样式”面板右上角的按钮，在弹出的菜单中单击“重命名样式”命令，接着在“重命名”对话框中输入要重命名的样式的名称，最后单击“确定”按钮。

如果要根据现有的样式再创建新的样式。可以首先将现有的样式应用于所选的对象，然后继续对该对象的属性进行编辑，最后可以通过创建新样式将这些属性保存起来。

如果想删除样式，首先选中要删除的样式，然后单击“样式”面板或者“属性”检查器中的“删除样式”按钮，即可将所选样式删除。

在“样式”面板内，按住“Shift”键并单击，可选择多个相邻的样式；按住“Ctrl”键并单击，可选择多个不相邻的样式。

不是所有的对象属性，都可以保存为样式。可以保存在样式中的属性主要有下列类型：填充类型和颜色，包括图案、纹理角度、位置和不透明度等；笔触类型和颜色；动态滤镜；文本属性，如字体、字号、样式（粗体、斜体或下画线）、对齐方式、消除锯齿、自动字距调整、水平缩放、范围微调以及字顶距等。

8.1.3 编辑样式

在日常工作中，如果对“样式”面板中的样式不满意，则可以进行重新编辑，以启用或禁用特定的属性，例如滤镜、笔触和填充等。重新自定义样式以修改其中包括的任意滤镜。在编辑或重新定义样式时，已应用到样式的所有对象将会自动更新。但是，可以中断所选对象与样式之间的链接。

如果对样式进行编辑，首先取消选择该画布上的所有对象，然后双击“样式”面板中的要修改的样式，弹出“编辑样式”对话框。在该对话框中，选择或者取消选择希望应用到样式的属性的组件选项。在“编辑样式”对话框中包含与“新建样式”对话框相同的选项。最后，单击“确定”按钮，将更改应用于样式。

如果要重新定义样式，首先在画布上选择使用该样式的对象，然后在“属性”检查器中，修改已应用的滤镜，然后单击“重新定义样式”按钮，那么就会把对当前样式的修改保存到这个新样式中。

如果要将一个样式快速替换为“当前文档”样式中的另一个样式，则在按住“Alt”键的同时并将一个样式拖到“样式”面板中的另一个样式。

如果断开对象与所应用的样式之间的链接，那么，对象将保持相同的属性，但是将不再随样式进行更改。首先选择要应用该样式的对象。在“属性”检查器中单击“断开到样式的链接”按钮。也可以单击“样式”面板右上角的按钮，在弹出的菜单中单击“断开到样式的链接”命令。

如果要从对象中删除样式替换，首先选择应用样式后更改的对象，然后单击“样式”面板右上角的按钮，在弹出的菜单中单击“清除覆盖”命令，或者在“属性”检查器中单击“清除覆盖”按钮。

如果要使用“样式”面板的“当前文档”中没有使用的样式，可以单击“样式”面板右上角的按钮，在弹出的菜单中单击“选择未使用的样式”命令，则将所有未使用的样式选中。

在“样式”面板中，还可以对样式进行复制操作，复制的样式将存在于同一个样式类型中。首先从“样式”面板中选择一个要复制的样式，然后单击“样式”面板右上角的按钮，在弹出的菜单中单击“重制样式”命令，被复制的样式将会以另一个名称存于“样式”面板中。如图 8-1-6 所示。

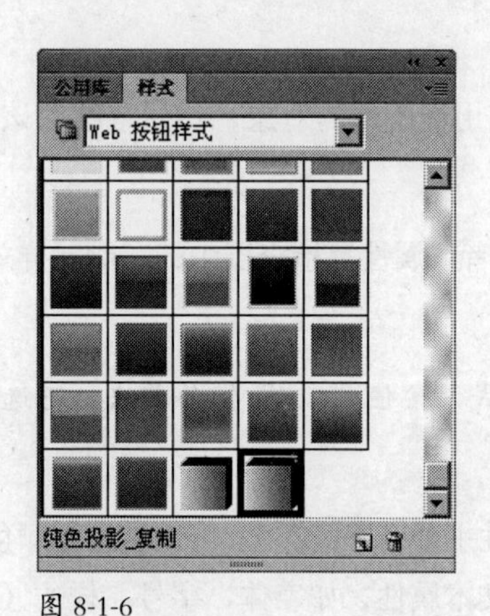

图 8-1-6

8.1.4 保存和导入样式

在 Fireworks 中，不仅可以使用 Fireworks 中预设的样式，还可以自定义样式。无论是自定义的样式，还是预设的样式，都可以对其进行编辑。对于一些常用的样式，还可以将其保存，以方便日后使用。对于本机内 Fireworks 的众多样式，可以将其导出，以便于其他计算机用户重新导入使用，这样在设计的过程中，不仅节省了重新创建样式的时间，也保持了样式的一致性。

如果要将已创建或编辑的样式保存为样式库，首先单击“样式”面板右上角的按钮，在弹出的菜单中单击“保存样式库”命令，弹出“另存为”对话框。然后在“另存为”对话框中输入样式库的名称，以及要保存的位置。最后单击“保存”按钮。新的样式库即被建立。

被创建的样式库，可以被导入到 Fireworks 样式中，以方便使用。首先单击“样式”面板右上角的按钮，在弹出的菜单中单击“导入样式库”命令。

然后在弹出的“打开”对话框中，选择要打开样式库的文档位置和名称。

按住“Shift”键并单击，可选择多个相邻的样式；按住“Ctrl”键并单击，可选择多个不相邻的样式。

最后，单击“打开”按钮，所选的样式库即被导入到“样式”面板中。

新导入的样式会被放置在“样式”面板中所选样式的后面。

如果要将样式加载到当前文档中，首先单击“样式”面板右上角的按钮，在弹出的菜单中单击“加载样式”命令。在弹出的对话框中，选择要加载到当前文档的样式库。被加载的样式可用于当前文档。

如果在操作时，不小心删除了“样式”面板中的自带样式，那么，可以单击“样式”面板右上角的按钮，在弹出的菜单中单击“导入样式库”命令，这时可以将被创建的“样式库”以及预设的“样式库”导入到“样式”面板中。

8.1.5 使用其他对象的样式属性

如果要使用到某个不应用样式的对象的属性效果时，但又不想将其创建为样式，可以通过“粘贴属性”命令将其属性应用于对象。

选择要应用其属性的对象，单击“编辑”菜单中的“复制”命令，然后选择要对其应用新属性的对象，单击“编辑”菜单中的“粘贴属性”命令。所选对象即拥有了与原始对象相同的属性。

能够复制和应用的属性，包括填充、笔触、滤镜和文本属性。

8.2 提取 CSS 属性

在 Fireworks CS6 中，新增 CSS 属性面板，在属性面板中，可以生成在 CSS 中表现的 Fireworks 对象的所有属性，提取属性将样式代码应用到 HTML 中。可提取圆角、渐变、投影以及变形等样式属性。如图 8-2-1 所示。

需要使用 CSS 属性面板提取属性时，先要通过点击“窗口”菜单下的“CSS 属性”，打开“CSS 属性”面板，然后选择对象，则对象的属性样式就会生成在 CSS 属性面板中，可以复制全部选项属性或复制部分选项样式。CSS 属性面板包括三个部分，上面部分显示的为属性值区，中间部分显示的为 CSS 代码显示区，底部复选框为浏览器，可以选择全部浏览器或部分浏览器，这样可以确保产生的 CSS 在发布到网站后能够兼容各个浏览器。

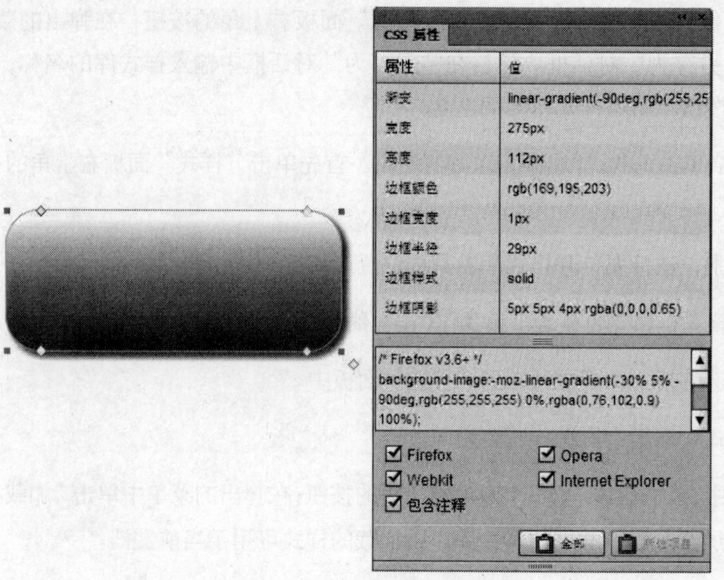

图 8-2-1

然后单击“全部”复制按钮,可以选择和复制提取到的所有属性。如果要选择一个子集的属性,按“Shift”的同时单击所需的规则，或按“Ctrl”+ 单击来选择所需的规则，然后单击“所选项目”按钮，复制部分的对象属性。

使用 Dreamweaver 打开一个网站的 CSS 文档，粘贴新的样式后，返回到 HTML 页面，在“文档”窗口的顶部按下“实时显示”按钮。实时显示能预览该页面出现在浏览器中的样子。另外,可以通过点击文件的“浏览器中预览”在真实浏览器环境测试它。设计的对象将和其在 Fireworks 中显示的一模一样，并且速度上得以优化。

8.3 元件

Fireworks 提供 3 种元件类型：图形、动画和按钮。每种类型的元件都有其特定用途，其编辑形式也各不一样。实例是 Fireworks 元件的表示形式。当对元件对象（原始对象）进行编辑时，实例（副本）会自动更改以反映经过编辑的元件。

如果想对图形元素进行重复使用，元件将会发生它的实用功效。可将实例放在多个 Fireworks 文档中并保留其与元件的关联。元件对于创建按钮以及通过多个帧中的对象制作动画很有帮助。

8.3.1 创建元件

单击“编辑”菜单中的“插入”命令，可以创建元件。也可以从任意对象、文本块或组中创建元件，然后将它存储在“资源”面板的“公用库”选项卡中。在该选项卡中，可以再对其进行编辑并将它放在文档中。如果要在文档中放置实例，只需要将其从“公用库”选项卡拖到画布上即可。

如果要从所选对象中创建新的元件，首先要选择对象，然后单击“修改”菜单中的“元件→转换为元件”命令，弹出“转换为元件”对话框，如图 8-3-1 所示。

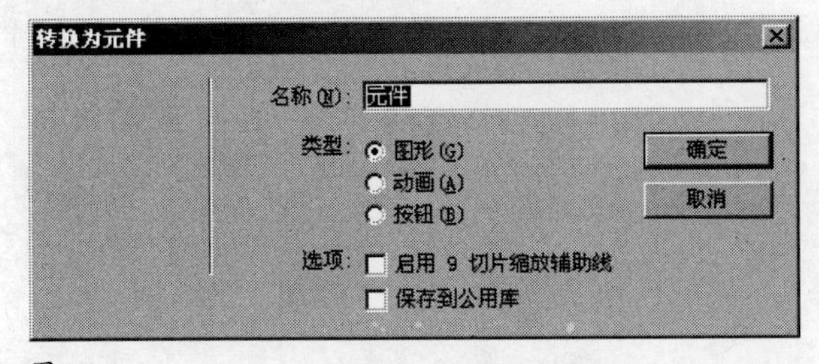

图 8-3-1

在“转换为元件”对话框中，包括元件名称、元件类型以及选项 3 个方面。在创建新元件时，要在“名称”文本框中自定义元件的名称。同时，也要为元件选择一个类型：“图形”、“动画”或“按钮”。如果要缩放元件且不扭曲其几何形状，需要选择“启用 9 切片缩放辅助线”复选框；如果要存储元件，使其可以在多个文档中使用，要选择“保存到公用库”复选框。最后，单击“确定”按钮。所选对象变成该元件的一个实例，并且在“属性”检查器中将显示元件选项，如图 8-3-2 所示。

在“转换为元件”对话框中，如果选择“保存到公用库”复选框，则弹出“另存为”对话框。在“另存为”对话框中，可以选择保存在“公用库”中的位置，以及定义元件的文件名。单击保存命令，则该元件将被保存到公用库中，元件仍在画布中显示。保存在“公用库”中的元件可以在多个文档中使用。如果在当前文档中调用“公用库”中的元件，当前文档中也会显示“公用库”中的元件，如图 8-3-3 所示。

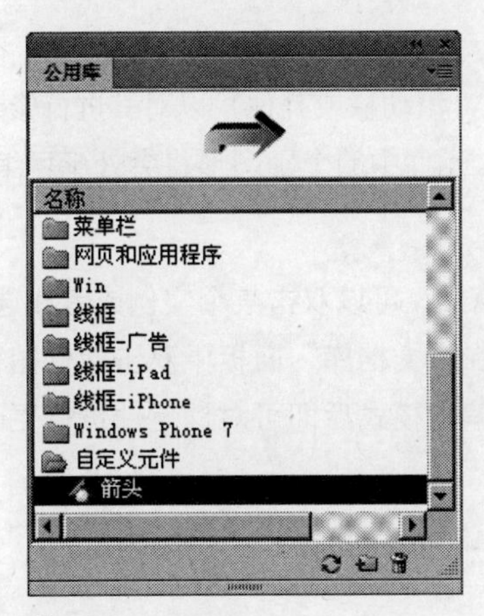

图 8-3-2

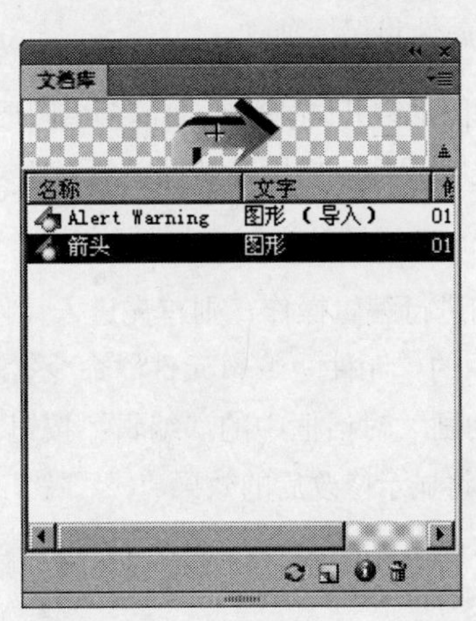

图 8-3-3

如果重新创建元件，则首先单击“编辑”菜单中的“插入”→“新建元件”命令，或者单击“文档库”面板右上角的按钮，在弹出的菜单中，单击“新建元件”命令，然后从弹出的“转换为元件”对话框中选择元件类型：“图形”、“动画”或者“按钮”，并选择选项。如果要使用“9 切片缩放辅助线”缩放元件，则选择“启用 9 切片缩放辅助线”复选框，设置完成后单击“确定”按钮。

最后，使用“工具”面板中的工具创建元件。

放置实例

可以将元件的实例放在当前文档中。如果要放置实例，可以直接将元件从“公用库”面板拖到当前文档中。图 8-3-4 所示为画布上一个元件的实例。

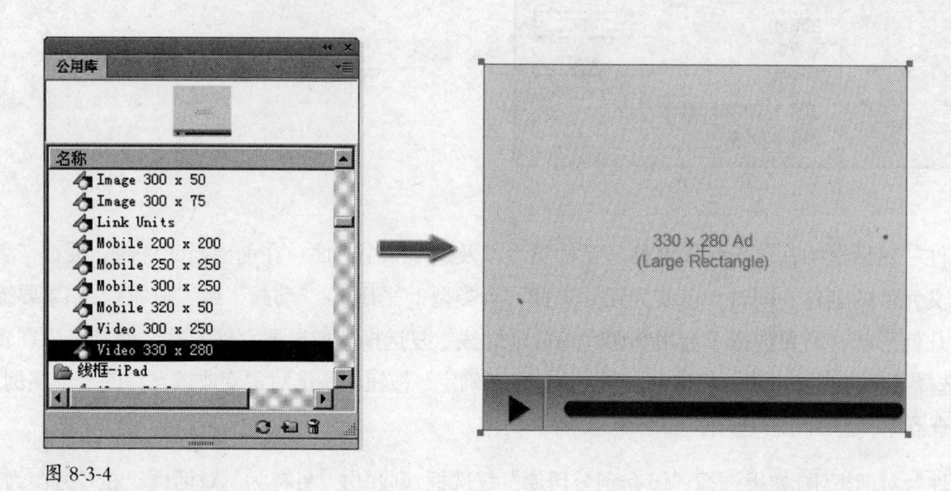

图 8-3-4

8.3.2 编辑元件

对于已经创建的元件，可以对其重新进行编辑修改。在编辑元件时，其所有的相关实例都将自动更新，以显示最新的修改。但是，某些属性将保持独立。

将默认组合在一起的元件和图形分开时，将会取消编组图形（按钮、滚动栏或其他）以对其进行修改，可稍后重新组合图形并将其转化为元件。如果在转换前没有组合图形，元件中的个别图形将会处于可编辑状态。

如果要对元件及其所有实例进行编辑操作，则首先进入元件编辑模式，可以双击某个实例或者在选择某个实例后单击“修改”菜单中的“元件→编辑元件”命令，也可以在“文档库”面板中双击元件图标，如果是动画元件，可以单击“动画”对话框中的“编辑”按钮。进入编辑模式后即可对该元件进行更改。更改完后关闭窗口，所有实例都将显示修改后的效果。

如果没有为所选元件选择“启用 9 切片缩放辅助线”显示复选框，则可以单击“修改”菜单中的“元件→就地编辑”命令。

当编辑元件时，文档面板会进入元件编辑模式。如图 8-3-5 所示。

当画布上还有其他对象时，此模式会使画布上的其他对象变暗，从而可以在整页的上下文中快速修改元件。但使用 9 切片缩放的元件例外，这种情况下元件单独显示。如果要从元件编辑模式切换到页面编辑模式，可以在画布中双击空白区域，或者是在文档面板顶部的托盘中，单击页面图标或向后箭头。如果已嵌套元件，还可以利用托盘访问包含的元件。

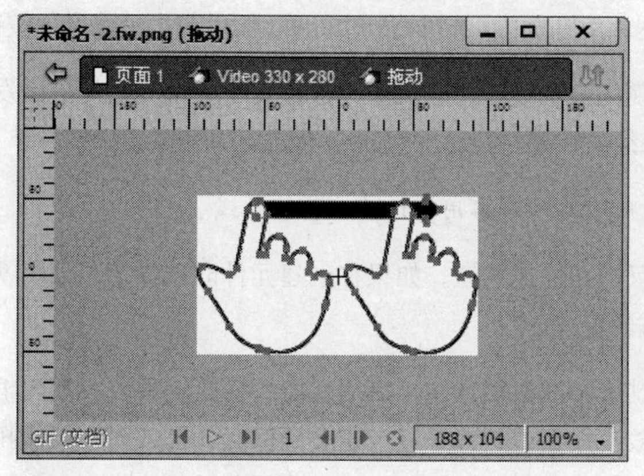

图 8-3-5

如果要对元件进行重命名操作，可以在“文档库”面板中，双击元件名称，然后在弹出的“转换为元件”对话框中更改该名称，最后单击“确定”按钮即可。

如果要复制元件，则首先在“公用库”面板中选择元件，然后单击“公用库”面板右上角的按钮，在弹出的菜单中单击“复制”命令，在复制对话框中输入新的名称，则新的复制元件将在同类型元件的底部显示。如图 8-3-6 所示。

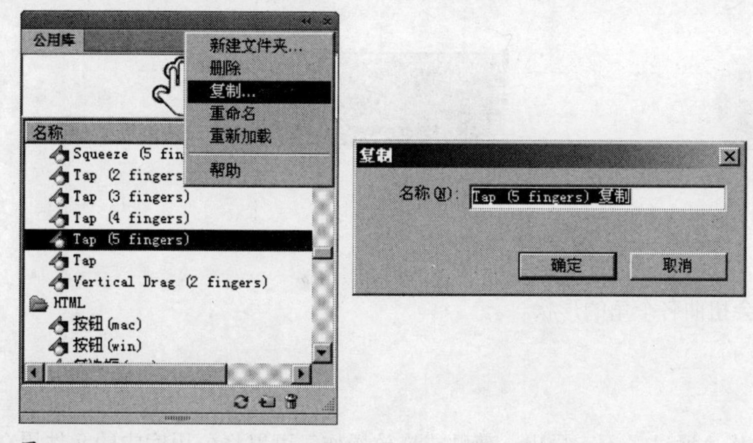

图 8-3-6

如果要对元件的类型进行更改，可以在“文档库”面板中双击元件名称，在弹出的对话框中选择一个不同的元件类型选项即可。

如果要在“文档库”面板中选择所有未使用的元件，可以单击“文档库”面板右上角的按钮，在弹出的菜单中单击“选择未用项目”命令。

如果有些元件不再使用，那么可以对这些元件进行删除操作，首先在“公用库”面板中选择元件，然后单击“公用库”面板右上角的按钮，在弹出的菜单中单击“删除”命令，这时该元件及其所有实例都被删除。

如果在编辑中需要执行交换元件操作，可以用右键单击画布上的某个元件，然后在弹出的快捷菜单中，单击“交换元件”命令，弹出“交换元件”对话框，在该对话框中，选择另一个元件，然后单击“确定”按钮。

在 Fireworks 中的 9 切片缩放功能，可以按照比例缩放矢量元件和位图元件，而不会使其几何形状发生扭曲。根据元件的形状，可以使用 3 个或 9 个区域来缩放该元件。

默认情况下，在元件编辑器和按钮编辑器中，对所有元件都启用 9 切片缩放辅助线。

如果要使用 9 切片缩放功能缩放元件。首先，双击元件或按钮，如果在创建元件时选择了“启用 9 切片缩放辅助线”复选框，那么文档面板会进入元件编辑模式。

然后，对 9 切片缩放辅助线进行编辑。可以通过选中或取消选中“启用 9 切片缩放辅助线”复选框来启用或禁用辅助线，然后移动辅助线并将其正确地放在按钮或元件上，一定要确保元件缩放时不希望扭曲的部分（例如各个角）在辅助线之外，接着将 9 切片缩放辅助线放在如图 8-3-7 所示的按钮上，以便在按钮大小改变时各个角不会发生扭曲。

放好 9 切片辅助线的位置后，通过选择“锁定 9 切片缩放辅助线”复选框，锁定辅助线，以防止它们意外移动，并在元件编辑器或按钮编辑器中单击“完成”按钮。

最后根据需要使用缩放工具对其元件大小进行调整，如图 8-3-8 所示。

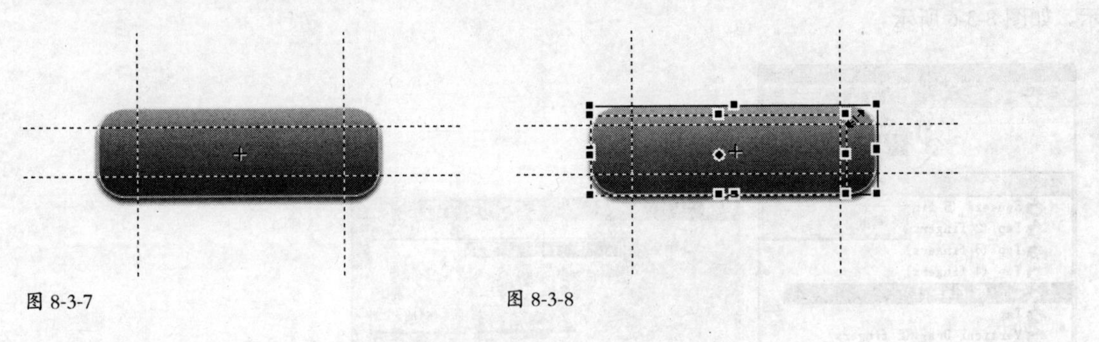

图 8-3-7　　　　图 8-3-8

如果要对其进行缩放操作，不会扭曲各个角的形状。

8.3.3 导入和导出元件

对样式可以进行导入、导出操作，通过导入、导出、剪贴或拖放操作，可以将公用库中的元件用在另一个文档中。

在当前文档中创建的所有元件，都被存放在“文档库”面板中。可以将这些元件导出，并在另一个文档内将导出的元件导入到“公用库”面板中，导出元件时，它是作为 PNG 文件导出的。“文档库”面板特定于当前的文档。

导入元件

Fireworks 在“公用库”面板中，提供了大量的元件，除了可以从中导入导航栏和多元件主题外，还可以导入现成的动画元件、图形元件和按钮元件。使用这些元件，可以快速创建包含高级导航元素的复杂网页，而不必花费时间创建原始元件。

如果要从 Fireworks 元件库，导入一个或多个元件，首先要打开 Fireworks 文档，然后在“公用库”中选择要导入的元件。在 Fireworks 中，包含以下类型的库：“动画”库，打开动画元件的集合；“项目符号”库，打开类似于各种列表项目符号的图形元件的集合；“按钮”库，打开具有 2 个、3 个和 4 个状态的 Fireworks 按钮元件的集合；“主题”库，打开动画、图形和按钮元件列表，每个主题由以相似方式设计和命名的 3 种元件组合而成，这些元件的颜色搭配很协调，能够一起使用；“其他”将打开“打开”对话框，从中可以定位到先前导出的元件库 PNG 文件中导入文件。

如果要将元件从其他文件中导入到当前文档中，可以单击“文档库”面板右上角的按钮，在弹出的菜单中，单击“导入元件”命令，在弹出的“打开”对话框中，选择要导入的元件。选取元件后，弹出“导入元件”对话框，如图 8-3-9 所示。

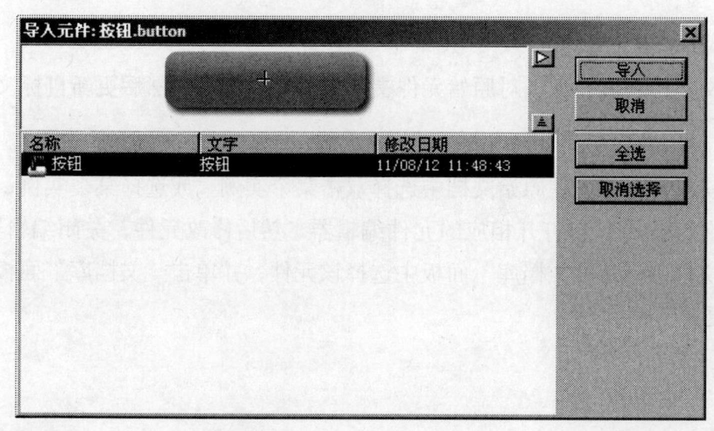

图 8-3-9

导入的元件将随即出现在“文档库”面板中。

可以通过拖放或复制、粘贴实例，也可以将独立的元件导入到多个文档的“文档库”面板中或者将其从多个文档的“文档库”面板中导出。

如果要通过拖放或复制、粘贴操作，对元件进行导入，可以直接将元件实例从包含该元件的文档拖到目标文档中；或者在包含该元件的文档中复制一个元件实例，然后将其粘贴到目标文档中即可。

该元件将被导入到目标文档的“文档库”面板中，同时保留与原始文档中的元件的关系。

导出元件

在 Fireworks 文档中创建或导入的元件，如果希望将其保存，以便在其他文档中重新使用或与他人共享，可以单击“文档库”面板右上角的按钮，在弹出的菜单中单击“导出元件”命令，弹出“导出元件”对话框，如图 8-3-10 所示。

在“导出元件”对话框中，选择要导出的元件，然后单击“导出”按钮。选择要保存到的文件夹，为该元件文件输入一个名称，最后单击“保存”按钮即可。

Fireworks 将这些元件保存在单个 PNG 文件中。

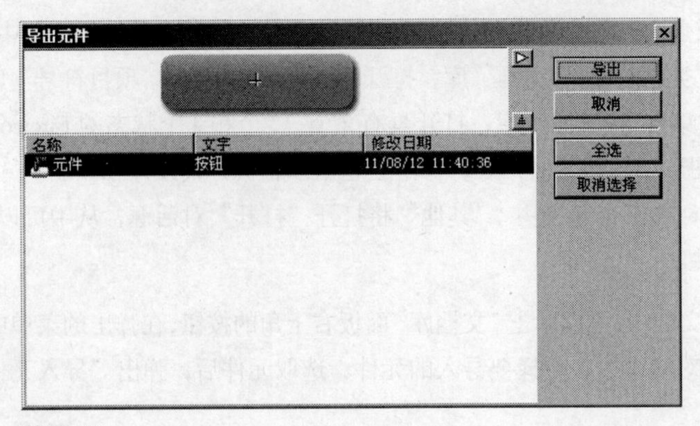

图 8-3-10

在多个文档中更新已导出的元件和实例

导入的元件会保持与其原始元件文档的链接。可以对原始元件文档进行编辑操作，然后更新目标文档以反映所做的编辑。

如果要更新所有已导出的元件和实例，则首先在原始文档中选择双击某个实例，或选择某个实例，单击“修改”菜单中的“元件→编辑元件”命令，以打开相应的元件编辑器。然后修改元件，关闭编辑器，保存该文件。最后在导入了该元件的文档中，从“文档库”面板中选择该元件，并单击“文档库”面板右上角的按钮，在弹出的菜单中单击“更新”命令。

8.3.4 创建嵌套元件

嵌套元件是指在元件内创建的元件。

如果要创建嵌套元件，则先使用矢量工具在页面上创建对象，比如用矢量工具创建一个矩形。然后用右键单击该矩形，在弹出的快捷菜单中单击“转换为元件”命令，在弹出的“转换为元件”对话框中，输入元件的名称，如“元件 A”。如果打算对该元件应用 9 切片缩放功能，要选择“启用 9 切片缩放辅助线”复选框，单击“确定”按钮，元件 A 创建成功。此时，双击该元件中心的“+”图标，则创建新的“元件 A”文档。再在“元件 A”文档的基础上以同样的方法创建一个新的元件 B，由于元件 B 是在元件 A 中创建的，因此元件 B 是元件 A 的嵌套元件，如图 8-3-11 所示。

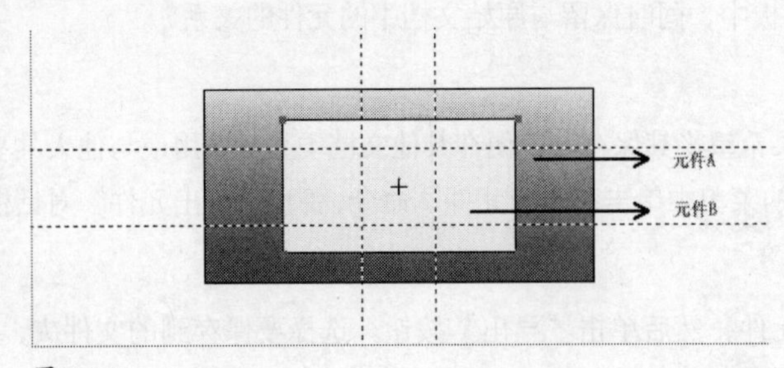

图 8-3-11

可以创建多个嵌套元件。

8.3.5 9 切片缩放嵌套元件

可以对一个元件中创建的多个元件即嵌套元件单独进行缩放编辑。

如果要对某个元件进行 9 切片缩放操作，首先在创建元件时选择“启动 9 切片缩放辅助线”复选框，并确保处于缩放的元件在“编辑”模式中。然后双击内部元件中的“+”图标可移到元件编辑模式。

转换基于 9 切片缩放设置的嵌套元件时，可以单独缩放嵌套元件。例如，考虑三级嵌套的元件——元件 A 位于元件 B 中，而元件 B 位于元件 C 中。可以根据其各自的 9 切片辅助线缩放元件 A（最内部）和元件 B（中间）。确保处于内部元件的“编辑”模式以使用 9 切片缩放。在“就地编辑”模式中，只能通过“库”面板查看用于嵌套元件的 9 切片缩放。双击画布上的某个元件不会显示 9 切片缩放辅助线。

如果要为现有的元件启用 9 切片缩放，首先要移到创建元件的视图，单击“窗口”菜单中的“文档库”命令，打开“文档库”面板，在“文档库”面板中选择“元件”并单击“元件属性”，在弹出的“转换为元件”对话框中，选择“启用 9 切片缩放辅助线”复选框。

8.4 URL

URL 的中文释义是统一资源定位器，指的是 Internet 文件在网上的地址。因此，在 Fireworks 中，URL 面板主要是用来存放链接地址的。当在文档内创建了热点、按钮和切片网页对象时，可以为它们指定 URL。如果打算多次使用同一个 URL，则可以在“URL”面板中创建一个 URL 库并将这些 URL 储存在该库中。可使用“URL”面板添加、编辑和组织 URL。

通过使用“查找和替换”功能可以对出现在多个文档中的 URL 进行批量更改。

8.4.1 绝对 URL 和相对 URL 的使用

在“URL”面板中可以输入绝对的或相对的 URL。如果要链接到的网页位于自己的网站之外，则必须使用绝对 URL；如果要链接到的网页位于自己的网站之内，则可以使用绝对 URL 或相对 URL。

绝对 URL 是包含服务器协议（对网页而言通常为 http://）的完整 URL。不管源文档的位置如何，绝对 URL 始终都能保持链接无误，但在目标文档已经更改或移动的情况下，绝对 URL 将无法正确链接。

相对 URL 是相对于包含源文档的文件夹。如果要使链接到的文件，始终位于与当前文档相同的文件夹中，使用相对 URL 通常是最简单的。

8.4.2 创建 URL 库

可以将 URL 分组放在库中。这样可以将相关的 URL 放在一起，从而使它们更易于访问，也更便于管理。可以将 URL 保存在默认的 URL 库、URLs.htm 或新创建的 URL 库中，也可以导入现有 HTML 文档的 URL，然后为它们创建一个库。

URLs.htm 和创建的所有新库，被存储在 URL Libraries 文件夹中，创建的所有新库都存储在 Adobe/Fireworks CS6/URL Libraries 文件夹中。如图 8-4-1 所示。

新建 URL 库

如果要创建一个 URL 库，首先单击“URL”面板右上角的按钮，在弹出的菜单中单击“新建 URL 库”命令，弹出“新建 URL 库”对话框，

在弹出的“新建 URL 库”对话框中，输入库名称，然后单击“确定”按钮。新库名称随即出现在“URL”面板的“库”下拉菜单中。

将新的 URL 添加到 URL 库

如果将新的 URL 添加到 URL 库中，可以从“库”下拉菜单中选择一个库，然后在“链接”文本框中输入一个 URL，单击加号按钮 +。随即将当前 URL 添加到库中。

将 URL 指定给网页对象并添加到库

如果在将 URL 指定给网页对象的同时将它添加到库中，首先要选择该对象，单击“URL”面板右上角的按钮，在弹出的菜单中单击“添加 URL”命令，在弹出的对话框中输入一个绝对或相对的 URL，然后单击“确定”按钮。或者直接在“链接”文本框中输入一个 URL，然后单击“将新 URL 添加到库”按钮以添加 URL。该 URL 随即出现在“URL”预览区中，如图 8-4-2 所示。

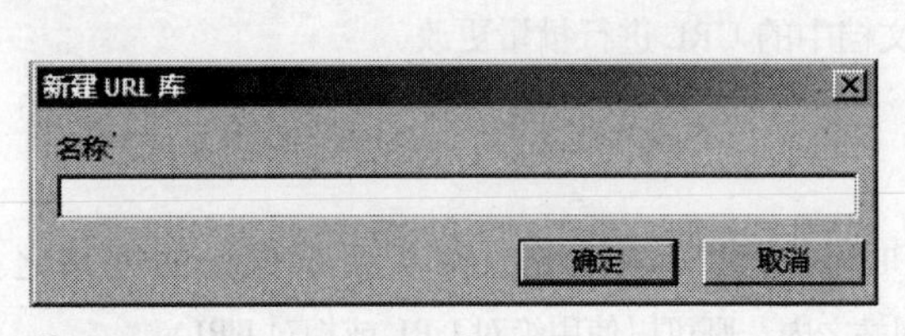

图 8-4-1

图 8-4-2

添加和删除 URL

如果要将已使用的 URL 添加到 URL 库中，可以从“库”下拉菜单中选择一个库，然后单击“URL”面板右上角的按钮，在弹出的菜单中单击“将使用的 URL 添加到库”命令。

如果要将所选 URL 从“URL”预览区中删除，可以单击“URL”面板底部的“从库中删除 URL”按钮。

如果要删除库中所有未使用的 URL，可以单击“URL”面板右上角的按钮，在弹出的菜单中单击“清除未用的 URL”命令，最后单击“确定”按钮即可。

8.4.3 编辑 URL

在“URL”面板内可以对 URL 进行编辑。可以对某个链接地址单独进行编辑，也可将所做的更改应用于整个文档。

如果要对 URL 进行编辑，首先从“URL”预览区中选择要编辑的 URL，然后单击“URL”面板右上角的按钮,在弹出的菜单中单击“编辑 URL”命令。编辑 URL 后,如果希望在整个文档中更新该链接,则在“编辑 URL”对话框中选择“更改文档中的所有此类匹配项”复选框，如图 8-4-3 所示。

图 8-4-3

8.4.4 导入和导出 URL

如果要在其他 Fireworks 文档中，使用当前文档的 URL，可以将当前文档的“URL”面板信息导出。还可以将它这信息轻松地导入到任何其他 Fireworks 文档中。

在 Fireworks 中，可以导入任何现有 HTML 文档中的所有 URL。

导出 URL

如果要导出 URL，则首先单击“URL”面板右上角的按钮，在弹出的菜单中单击“导出 URL”命令。在弹出的“另存为”对话框中，输入文件名，并选择存放路径，最后单击“保存”按钮，即可创建一个 HTML 文件。该文件包含已导出的 URL。

导入 URL

如果要导入 URL,首先从“URL”面板的“选项”菜单中选择“导入 URL”。然后选择一个 HTML 文件，单击“打开”。该文件中的所有 URL 随即被导入。

8.5 创建 jQuery Mobile 主题

在 Fireworks CS6 中,可以基于默认 Sprite 和色板创建或修改 jQuery Mobile 网站主题。在对网站进行更新后，可以将其显示在 jQuery Mobile 主题预览窗口，并将其导出为 CSS 代码和 Sprite 相关素材。

8.5.1 使用 jQuery Mobile 框架

jQuery Mobile 框架是一个 JavaScript 框架，可以快速构建适用于移动设备的网站。它是一个 touchoptimized 的网络框架，是专为智能手机和平板电脑而设计的。jQuery Mobile 适用于绝大多数现行的桌面系统、智能手机、平板电脑和电子书平台。jQuery Mobile 框架包含了 Web 方式特有的控件，例如按钮、滑动条、列表元素以及更多的 Web 控件，更易于使用。

jQuery Mobile 主题皮肤设计插件在 Fireworks 工作空间的基础上进行了加强，能够创建或修改默认的 jQuery Mobile 主题，还可以生成相关的 CSS 样式表和 sprites 素材。可以使用 Fireworks 生成的 CSS 修改 jQuery Mobile 页面的默认主题，当将 CSS 代码应用于适用于移动设备的 jQuery 网页时，主题的显示会与在 Fireworks 中预览的设计时看到的完全相同。

8.5.2 创建和修改 jQuery 主题模板

jQuery Mobile 主题包含一些默认的 sprite 图片和颜色样本。用户可以使用 Fireworks 插件提供的功能来修改这些 sprite 图片和颜色样本。也可以通过复制一个已有的页面然后对它的一个副本进行定制化设计的方式来创建多个颜色样本。

创建 jQuery Mobile 主题

要创建移动主题，首先选择“命令”菜单下的“jQuery Mobile 主题”，点击“新建主题”命令。这时文档会打开一个包含了默认 sprites 和相关素材的模板，如图 8-5-1 所示。

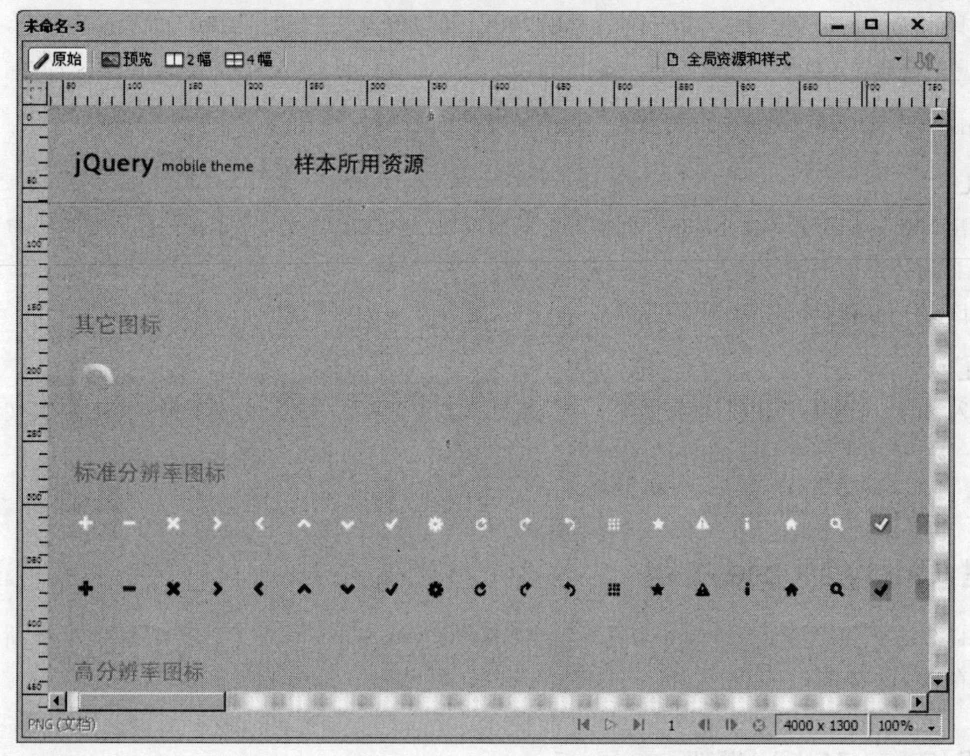

图 8-5-1

该模板包含了a、b、c、d、e五种主题样本，通过点击“全局资源和样式”可以在主题样本之间查看并切换。在默认情况下，框架会将颜色样本“A”分配给所有的页眉和页脚，因为页眉和页脚元素通常会在一个移动应用中突出显示。要将一个标题栏的颜色设置为一个不同的颜色样本，需要将data-theme属性添加到页眉或页脚，然后设置一个替代的颜色样本字母代码，例如“B”或“D”，来应用这个特定的主题颜色样本的颜色。

修改 jQuery Mobile 模板

为匹配网站设计风格，可以通过Fireworks，修改基于主题的皮肤。修改主题时，首先在页面中选择要修改的元素，在画布上修改单个元素，比如文本样式、颜色、填充、应用特效等，然后点击保存命令。画布上的每个对象都与某个颜色样本中的CSS代码的一部分相对应。每个对象的标题指示出了与之对应的代码部分。如图8-5-2所示。

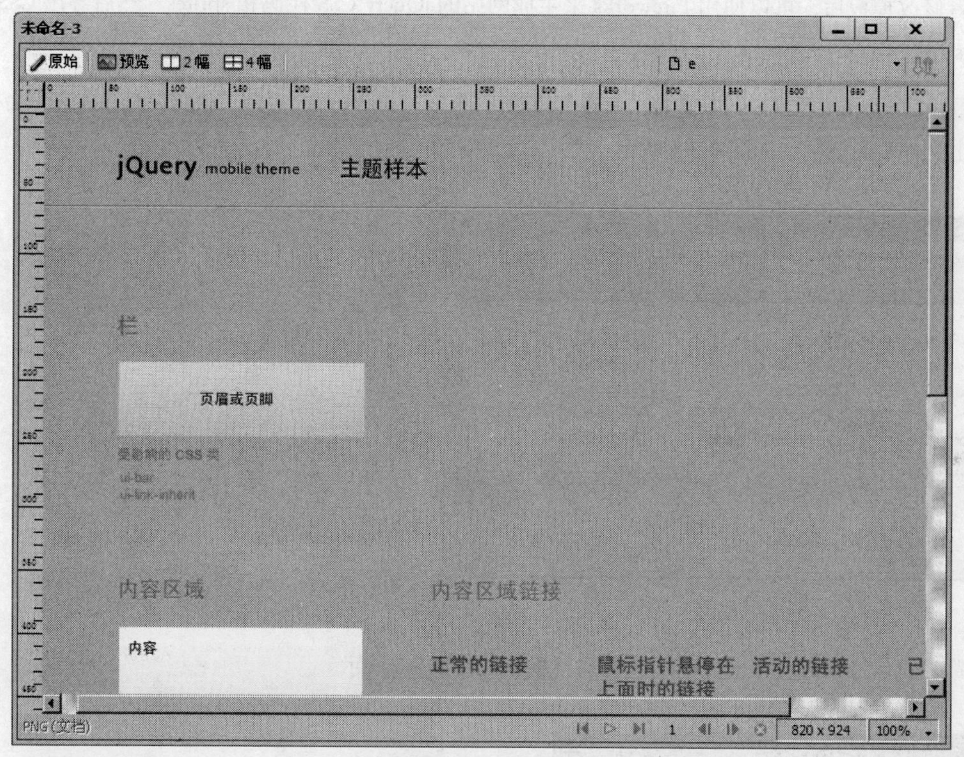

图 8-5-2

8.5.3 预览和导出 jQuery 主题模板

jQuery Mobile主题修改完成后，可以在浏览器中预览效果，并导出CSS颜色样本和sprites。

预览 jQuery Mobile 主题

在浏览器中预览移动主题时，选择“命令”菜单下的“jQuery Mobile主题”，选择“预览主题”命令。弹出处理脚本对话框，如图8-5-3所示。

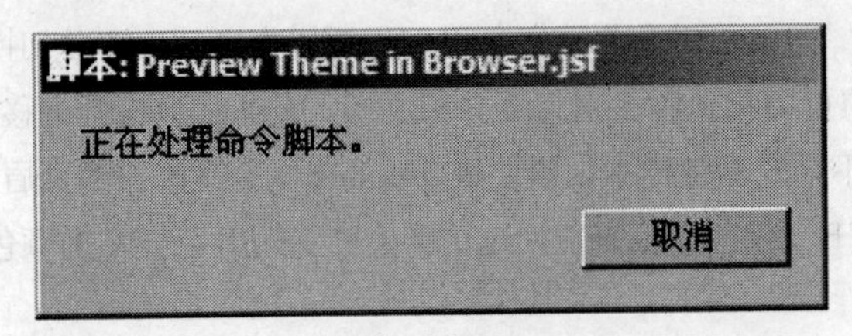

图 8-5-3

脚本处理后，修改后的主题将在浏览器中显示。点击主题顶部列出的选项卡，可以在不同的主题之间进行切换，预览应用于不同元素的各个颜色样本。

生成并导出 jQuery CSS 和 sprites

在创建或者修改模板后，可以使用 Fireworks 来生成网站的 jQuery CSS 代码和 sprites，然后导出 CSS 颜色样本和 sprites。

将移动主题导出为 sprite 和 CSS 时，选择“命令”菜单下的“jQuery Mobile 主题”，选择“导出主题”命令，会弹出选择导出文件夹对话框，如图 8-5-4 所示。

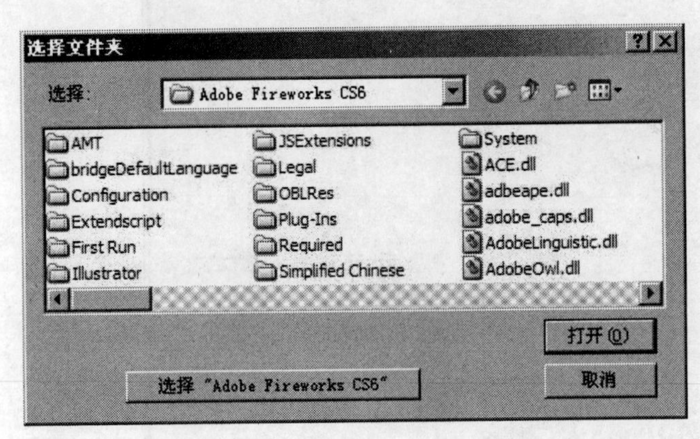

图 8-5-4

选择导出路径，点打开，会弹出自定义名称对话框，如图 8-5-5 所示。

[Javascript]
输入 CSS 文件名。
jQuery
确定 取消

图 8-5-5

“导出主题”命令将一次性导出所有的颜色样本和 sprites。

8.5.4 将生成的 CSS 文件应用于一个 jQuery 页面

以上操作已经创建了用于更新手机网站主题的新的 CSS 样式表文件，将 CSS 文件关联到手机网站时，首先要启动 Dreamweaver，打开一个已有的网站，或者选择“文件”菜单下的“新建”命令，创建一个空白的 HTML 页面。

然后选择“插入”命令下的“jQuery Mobile”>“页面”命令，创建 jQuery Mobile 页面。在出现的 jQuery Mobile 文件对话框中，保留所有的默认设置，并点击确定。

这样一个基于默认的 jQuery 主题的网页就被创建好了。从代码中可以看到，标题下面的 link 标签已经将通用的 CSS 样式表文件与 Dreamweaver 中默认的 jQuery HTML 页面关联起来了。

在代码窗口中，编辑 link 标签使其指向使用 Fireworks 生成的 jQuery CSS 样式表。通过这种方法，可以将在 Fireworks 中创建的新主题应用到整个页面或者是页面中特定的元素。

与 jQuery Mobile 框架一样，Fireworks 不会导出纹理，便于优化导出内容的尺寸。

9 切片、变换图像和热点

学习要点：

- 理解切片的概念并熟练创建和编辑切片
- 熟悉使用拖放变换图像方法将交互性附加到切片
- 熟悉热点的创建方法
- 了解用热点创建图像映射、变换图像的方法
- 熟练掌握在切片上使用热点的方法

Fireworks 可以美化图像，但最主要的是进行网页设计。网页的最基本的组成单位是切片，而在 Fireworks 中进行网站设计主要是以图像的形式展现的，怎么将这些图像在网页上体现呢？这需要将图像进行切割导出，转变为切片，并在一些 HTML 编辑器（如 Adobe Dreamweaver）内将这些切片重新编排成在 Fireworks 中设计的效果。

使用切片，可以将这些必须导出的图像区域创建成独立的选块，以便导出为独立的文件。使用切片，能够优化图像获得最快的下载速度，能够增加交互性使图像能够快速响应鼠标事件，并且易于更新适用于经常更改的网页部分。

使用拖放变换图像方法，可以将交互性附加到切片，以便在工作区中快速创建变换图像和交换图像效果。利用热点，可以将交互性结合到网页中。在 HTML 文档中可以定义热区的 HTML 代码。通过热点，还可以接收鼠标事件，使得 JavaScript 行为在切片中起作用。

在 CS6 中，新增了将切片导出到 CSS Sprite，这样可以将文档中的对象分割，然后将其导出为单个 CSS Sprite 图像。通过 CSS Sprites，将多个图片整合到一个图片中，然后再用 CSS 来定位，有效地通过减少服务器请求的数量来缩短网站的载入时间，提高网站浏览速度。

9.1 切片

切片是 Fireworks 中用于创建交互效果的基本构造块。可以使用“切片”工具选择文档内图像的要导出的区域，并创建切片对象。通过进一步的操作，可以将 Fireworks 文档分割成多个较小的部分并将每部分导

出为单独的文件。导出时，Fireworks 会创建了一个包含表格代码的 HTML 文件，在浏览网页时，可以重新将导出的切片组合成一个图形。

切片是最终以 HTML 代码形式存在的网页对象，可以通过“图层”面板中的“网页层”选项进行查看、选择和重命名它们，可以将选择的切片重新进行编辑和删除。

使用切片的方式，分块切割要导出网页图形前，可以对所选择的切片区域进行单独的优化，可以指定要导出区域的文件格式和压缩设置，还可以通过切片响应某些区域，形成交互性。除此之外，如果网页上某些区域需要经常修改，也可以通过更改切片完成，这样可以节省大量的时间。综合以上，得知图像切片有 3 个主要优点：优化图像获得最快的下载速度；增加交互性使图像能够快速响应鼠标事件；易于更新，适用于经常更改的网页部分。

9.1.1 创建切片

在“工具”面板中有一套“Web”工具组,可以利用“Web”工具组内的“切片”工具，创建切片对象。使用“切片”工具，可以在对象上创建矩形切片和多边形切片。如图 9-1-1 所示。

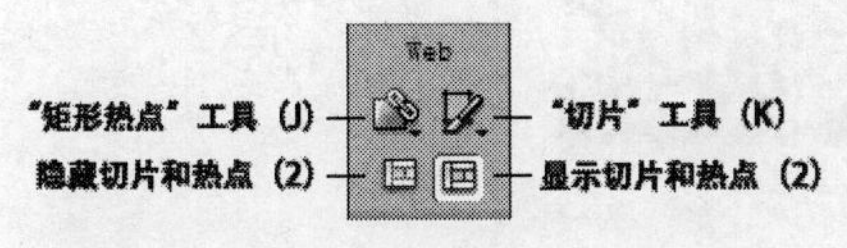

图 9-1-1

创建矩形切片

要为一个设计好的网页图形创建切片，可以使用“切片”工具绘制。在选择“切片”工具后，拖动，即可绘制切片对象。创建的切片对象出现在“网页层”中，从切片对象延伸的线是切片辅助线。切片辅助线可以确定导出文档时将文档拆分成的单独图像文件的边界。默认情况下，这些辅助线为红色，如图 9-1-2 所示。

图 9-1-2

也可以基于所选对象插入切片以创建切片。首先单击“编辑”菜单中的“插入”→“矩形切片”命令。该切片是一个矩形，它的区域包括所选对象最外面的边缘。如果选择了多个对象，可以对应用切片的方式进行选择，即可以选择“单个”，以创建覆盖全部所选对象的单个切片对象，或者选择“多个”，为每个选定对象创建一个切片对象。

如果要在以拖动方式绘制切片时，调整切片的位置，则在按住鼠标左键的同时，按住空格键，然后将切片拖动到画布上的另一个位置，释放空格键后，将继续绘制切片。

创建多边形切片

如果要从矢量对象或路径创建多边形切片，则首先选择一个矢量路径，然后单击“编辑”菜单中的“插入”→“插入多边形切片”命令，即可创建。如图 9-1-3 所示。

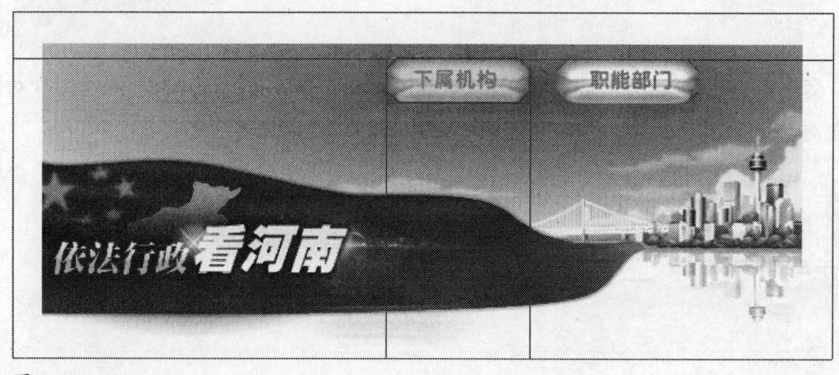

图 9-1-3

创建 HTML 切片

如果想将文档中的文本导出后还以文字形式存在，而不是图像形式，可以将其创建为 HTML 切片。HTML 切片不导出图像，它导出由切片定义的表格单元格中的 HTML 文本。

HTML 切片有助于快速更新出现在站点中的文本，而无须创建新图形。

如果要创建 HTML 切片，则首先绘制切片对象并将其保留为选定状态，再在“属性”检查器的“类型”下拉菜单中选择“HTML”，如图 9-1-4 所示。

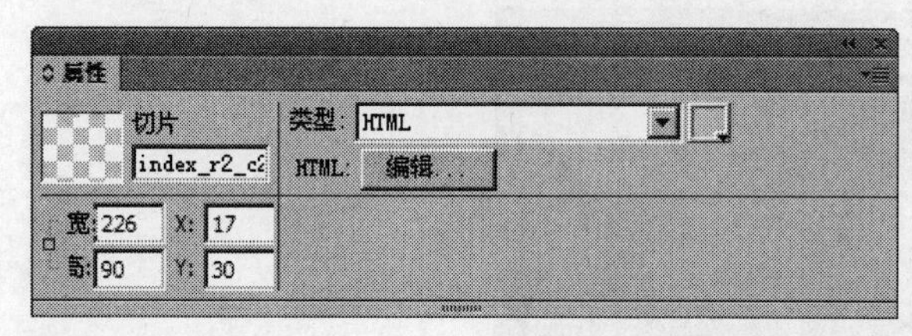

图 9-1-4

然后单击“编辑”按钮，在“编辑 HTML 切片”对话框中，输入文本。通过添加 HTML 文本格式设置标签设置文本的格式，也可以在导出 HTML 之后应用 HTML 文本格式设置标签。编辑完成后，单击“确定”

按钮。应用更改并关闭“编辑 HTML 切片”对话框。输入的文本和 HTML 标记，将以原始 HTML 代码的形式出现在 Fireworks PNG 文件中切片的正文上，如图 9-1-5 所示。

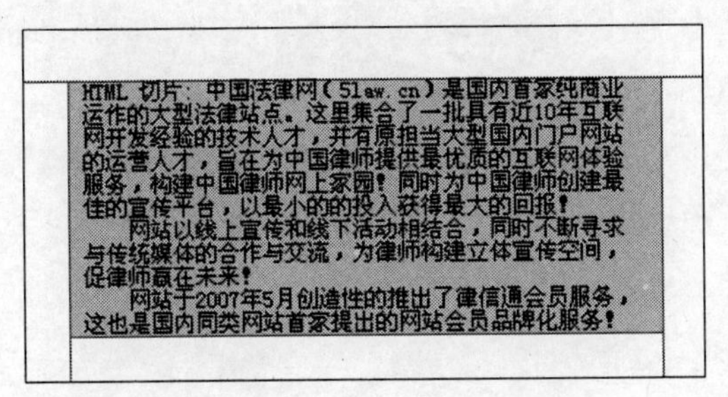

图 9-1-5

在不同的浏览器以及不同的操作系统中查看 HTML 文本切片时，它们的外观可能会有所变化，这是因为在浏览器中可以设置字体大小和类型。

除了以上手工绘制切片的方法外，还可以基于所选对象插入切片。

选择所要插入切片的对象,然后单击“编辑”菜单中的“插入”→“切片”命令。如果选择了多个对象，会弹出如图 9-1-6 所示的对话框。选择“单一”或“多重”创建单一切片或多重切片。

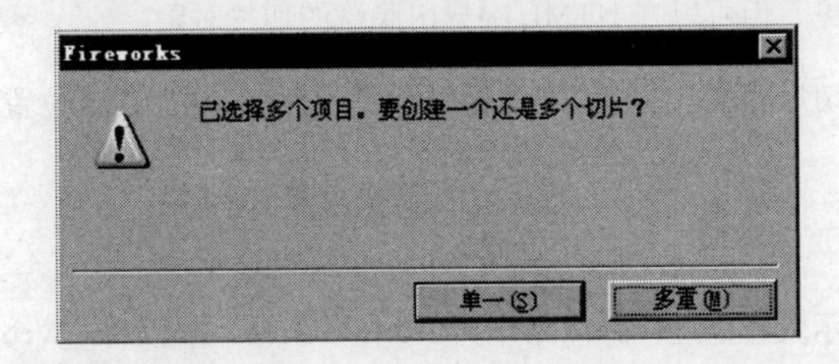

图 9-1-6

9.1.2 查看并显示切片和切片辅助线

当在文档的对象上创建切片后，文档上将附上一层浅绿的颜色。如果要对文档进行编辑，将会影响编辑效果。因此，可以通过“图层”面板和“工具”面板将文档中的切片对象进行隐藏，当隐藏切片时，切片辅助线也将被隐藏。在切片与下面的对象颜色一致时，还可以为每个切片对象指定唯一的颜色或更改切片辅助线的颜色。

查看切片

在“图层”面板的网页层可以进行查看并选择切片操作。在“网页层”中显示文档中当前网页对象的完整列表。

要打开“图层”面板，可以单击“窗口”菜单中的“图层”命令。单击“网页层”前的三角形按钮▶，可以展开“网页层”，当“网页层”展开时，按钮将会变成倒三角形▼，如图 9-1-7 所示。

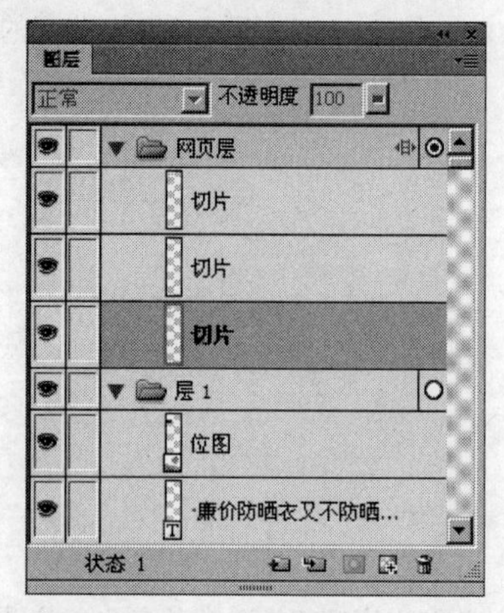

图 9-1-7

在“网页层”内，单击一个切片名称，则会选中该切片。此时该切片在“网页层”中高亮显示，并且在画布上处于选定状态。单击“网页层”右上角的按钮“”，可以选中文档中所有的切片。

显示和隐藏切片

当创建切片后再对文档进行编辑时，为了不影响视线，可以将创建的切片和其他网页对象进行隐藏。隐藏切片时可使该切片在 Fireworks PNG 文件中不可见，但可以在 HTML 中导出隐藏的切片对象。

单击各个网页对象旁边的眼睛图标，可以将该切片隐藏，此时眼睛图标位置显示为空，再单击该位置，可以使切片重新可见。

单击“网页层”旁边的眼睛图标，可以将在“网页层”的所有切片隐藏。

如果要将文档内所有热点、切片和辅助线进行显示或者是进行隐藏操作，可以在“工具”面板的“Web”工具区中，单击“隐藏切片热点”按钮，即可以将切片隐藏，单击“显示切片和热点”按钮，则可以将切片显示。

将切片在文档中隐藏后，虽然在文档内显示不可见，但导出到 HTML 后，该切片区域照样会被导出。

如果要在任意文档视图中隐藏或显示切片辅助线，可以单击“视图”菜单中的“切片辅助线”命令。

更改切片对象和辅助线的颜色

为各个切片和切片辅助线指定唯一的颜色有助于查看和组织它们。

如果要更改所选切片对象的颜色，在“属性”检查器的颜色框中选择新颜色。

如果要更改切片辅助线的颜色，单击“编辑”菜单中的“首选参数”命令，在“首选参数”对话框左侧的“辅助线和网格”类别中选择新的切片辅助线颜色。

当预览文档时，取消选择的切片显示为白色层叠。

9.1.3 编辑切片

在 Fireworks 中，可以对切片的布局进行设计，可以直接拖动切片辅助线调整其大小。Fireworks 会自动调整所有相邻的矩形切片的大小。另外，可以像对待矢量对象和位图对象一样，通过使用“属性”检查器调整切片大小以及将切片变形。

移动切片辅助线调整切片的大小

切片辅助线可以用来定义切片的周长和位置。超出切片对象的切片辅助线用来定义，在导出时如何对文档的其余部分进行切片。通过拖动矩形切片对象周围的切片辅助线，可以更改其形状。不能通过移动切片辅助线，进行调整非矩形切片对象的大小。图 9-1-8 所示为拖动切片对象的切片辅助线后调整大小的效果。

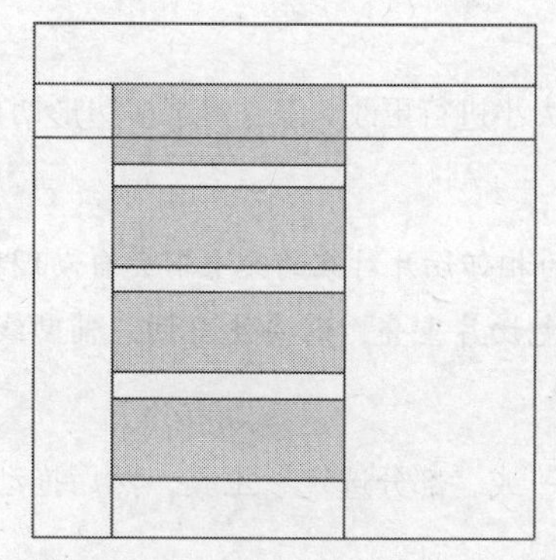

图 9-1-8

如果多个切片对象沿单个切片辅助线对齐，则可以通过拖动该切片辅助线调整全部切片对象的大小，如图 9-1-9 所示。

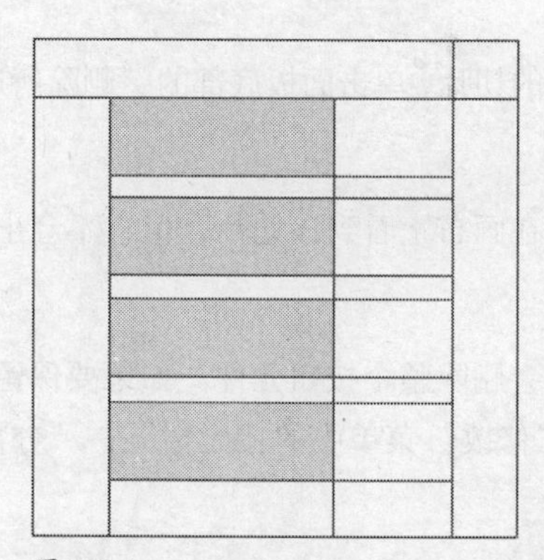

图 9-1-9

另外，如果沿着给定的坐标拖动一个辅助线，则同一坐标上的其他所有辅助线将会随之一起移动。

如果在文档窗口中拖动某个按钮周围的切片辅助线，Fireworks 将自动调整该按钮活动区域的切片大小。但是，不能通过拖动按钮周围的切片辅助线来删除该按钮的活动区域。

如果要调整一个或多个切片的大小，则首先将“指针”或“部分选定”工具放在切片辅助线上，此时指针变为辅助线移动指针✥；然后将切片辅助线拖动到所需位置，切片大小即被调整，并且所有相邻切片也自动调整大小。

使用“指针”和“部分选定”工具可以将切片辅助线拖出画布的边缘，也可以将切片辅助线重新定位到画布的边缘。

如果要移动相邻的切片辅助线，可以首先在按下“Shift”键的同时拖动一个切片辅助线，然后在所需位置释放该切片辅助线，拖动时经过的所有切片辅助线都将移到此位置。

在释放鼠标左键之前释放“Shift”键，可以取消此操作。此时所有已选取的切片辅助线将重新对齐到原来的位置。

使用工具编辑切片对象

使用“指针”、“部分选定”和“变形”工具可以对切片的形状和切片的大小进行更改。但是对于多边形切片，只能使用“倾斜”和“扭曲”工具编辑。

在调整切片大小和更改切片形状时，会导致切片相互重叠，这是因为相邻切片对象的大小不会自动调整。当切片相互重叠时，如果发生交互，则最顶层的切片优先。如果要避免切片重叠，则要使用切片辅助线编辑切片。

如果要对切片的形状进行编辑，首先选择切片，接着选择“指针”或“部分选定”工具，然后拖动切片的角点，修改其形状或者使用变形工具执行所需的变形。

可以对矩形切片进行变形处理，可能会更改它的形状、位置或尺寸，但切片本身仍保持为矩形。

另外，也可以在“属性”检查器中，通过调整数字编辑切片的大小和位置。

删除切片

如果要删除切片，则在“图层”面板的“网页层”中，选择要删除的切片，单击面板底部的“删除所选”按钮。

将按钮元件从公用库拖动到页面时，会自动创建一个切片，可以在画布上看到该切片，但它不会出现在“网页层”中。

如果使用“指针”工具在画布上选择了切片并将该切片删除，则会删除整个按钮元件。如果要保留底层图形，先使用“指针”工具在画布上选择切片 / 对象，然后单击“修改”菜单中的“元件”→“分离”命令。该切片消失，但会保留该按钮图形。

9.2 使切片交互

使用切片对象，可以在Fireworks中创建具有交互效果的基本块。Fireworks提供了两种使切片交互的方式：一种是拖放变换图像方法，这是使切片交互的最简单方法，只需要拖动切片的行为手柄并将其放在目标切片中，即可快速创建简单的交互效果；另一种是在“行为”面板中创建更复杂的交互，“行为”面板包含各种交互行为，可以将它们附加到切片中。通过将多个行为附加到单个切片，可以创建有趣的效果，也可以从触发交互行为的多种鼠标事件中进行选择。

Fireworks 中的行为与 Dreamweaver 中的行为兼容。在将 Fireworks 变换图像导出到 Dreamweaver 时，可以使用 Dreamweaver 的“行为”面板编辑 Fireworks 的行为。

9.2.1 使切片具有简单的交互效果

使用拖放变换图像方法，可以快速创建变换图像和交换图像效果。

具体来说，就是利用拖放变换图像的方法，确定指针经过一个切片时该切片所发生的变化。最终结果通常称为变换图像的图形。

当选定切片时，一个带有十字的圆圈将会出现在切片的中央，这被称为行为手柄，如图 9-2-1 所示。

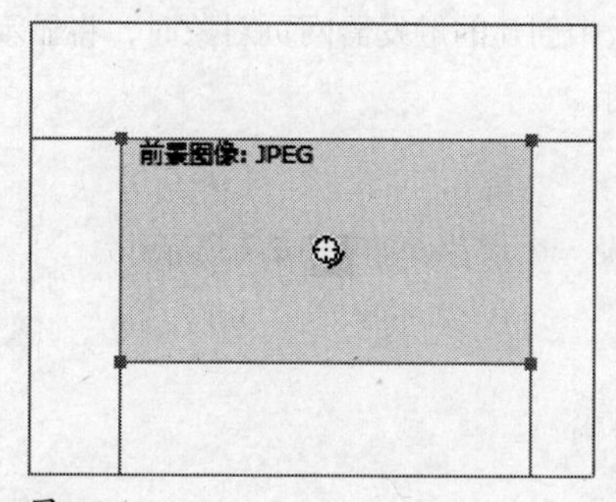

图 9-2-1

通过触发切片，拖动行为手柄并将其放置在目标切片上，可以轻松地创建变换图像和交换图像效果。触发器和目标可以是同一切片。热点也具有用于结合变换图像效果的行为手柄，如图 9-2-2 所示。

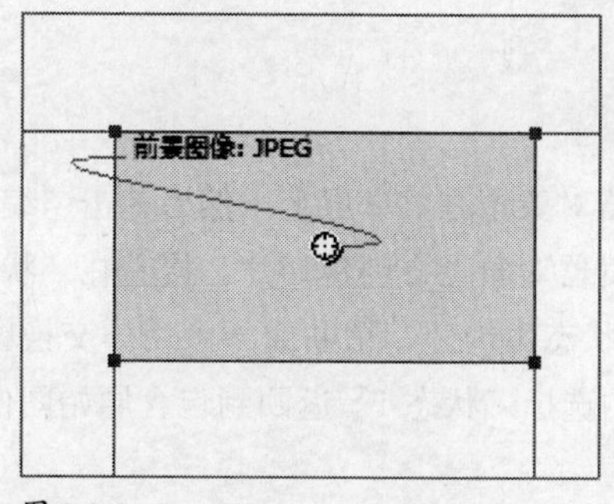

图 9-2-2

关于变换图像

变换图像的工作方式是当指针滑过一个图形时，该图形将触发另一个图形的显示。触发器始终是一个网页对象（切片、热点或按钮）。

最简单的变换图像，是将第 1 状态中的一个图像与紧挨着它的第 2 状态中的图像，进行交换。也可以生成更加复杂的变换图像。交换图像的变换图像，可以交换来自任何状态的图像；不相交变换图像在图像中从非触发器切片的切片进行交换，如图 9-2-3 所示。

图 9-2-3

当在 Fireworks 中选择一个行为手柄，或者选择在“行为”面板中创建的触发器网页对象时，将显示它的所有行为关系。默认情况下，变换图像交互由一条蓝色行为线表示。

创建简单的变换图像

创建简单的变换图像是将两个重叠的状态进行交换，并且只涉及一个切片，如图 9-2-4 所示。

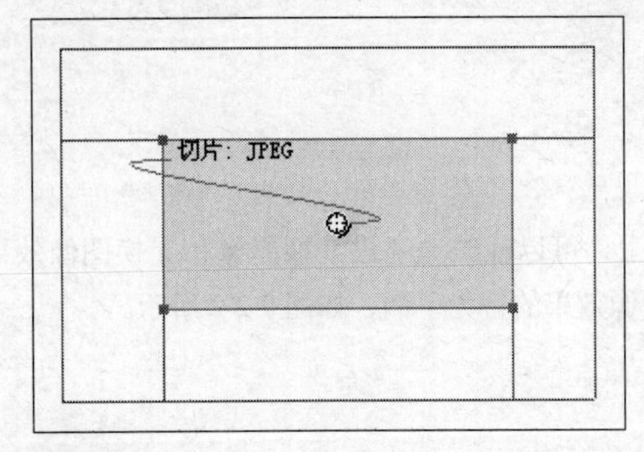

图 9-2-4

如果需要将简单变换图像附加到切片，首先应该确保该触发器对象不在共享层上。然后单击“编辑”菜单中的“插入”→“矩形切片”或“多边形切片”命令，在触发器对象上方创建切片。接着在“状态”面板中单击“新建 / 重制状态”按钮创建一个新的状态。在新状态上创建、粘贴或导入用作交换图像的图像。将该图像放在刚才创建的切片的下方。在“状态”面板中选择“状态 1”返回到包含原始图像的状态。

选择切片，并将指针放在行为手柄上方，指针随即变为手形。用鼠标右键单击行为手柄，在弹出的快捷菜单中单击“添加简单变换图像行为”命令，如图 9-2-5 所示。

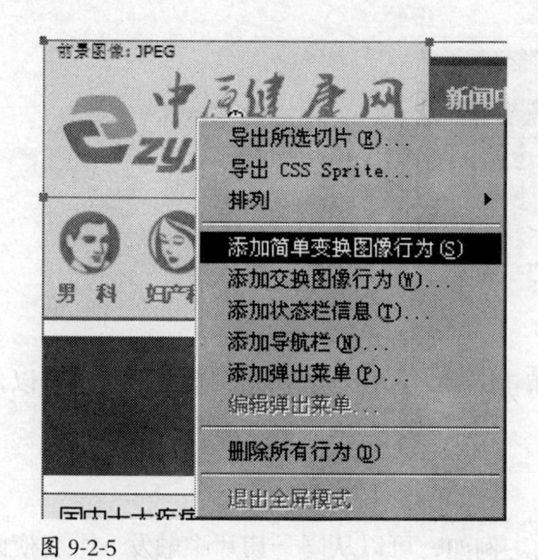

图 9-2-5

单击“预览”选项卡，测试简单变换图像，或者按“F12”键，在浏览器中进行预览。

创建不相交变换图像

当在浏览网页时，经常会出现一些奇特的现象。例如将指针在一个网页对象上方滚动时，在网页的另一个位置会出现一幅图像，这就是不相交变换图像的效果。不相交变换图像交换的是另一个与其自身位置不同的网页图像。当指针滑过或单击一个触发器图像时，在网页的另一个位置中作为响应会出现一个图像。鼠标滑过的图像被视为触发器，发生更改的图像被视为目标。

创建不相交变换图像，首先必须对触发器、目标切片和交换图像所驻留的状态进行设置。然后，使用一条行为线将触发器链接到目标切片。

不相交变换图像的触发器不一定是切片。热点和按钮也具有可用于创建不相交变换图像的行为手柄。

如果要将不相交变换图像附加到所选图像，首先单击“编辑”菜单中的“插入”→“矩形切片”命令、“多边形切片”命令或者“热点”命令，将切片或热点附加到触发器图像。

如果所选对象是按钮，或者切片或热点已经附加到图像，则无须执行以上操作。

然后在“状态”面板中单击“新建 / 重制状态”按钮，创建一个新状态。在画布上所需位置的新状态中再放置一个用作目标的图像，可将该图像放在不与刚创建的切片重合的任意位置。选择图像，然后单击“编辑”菜单中的“插入”→“矩形切片”或“多边形切片”命令将切片附加到图像上。

在“状态”面板中，选择“状态 1”返回到包含原始图像的状态。选择覆盖触发器区域（原始图像）的切片、热点或按钮，然后将指针放在行为手柄上，指针随即变为手形。将触发器切片或热点的行为手柄，拖到第二次创建的目标切片，这时出现一条从触发器中心延伸到目标切片左上角的行为线，同时打开了“交换图像”对话框，如图 9-2-6 所示。

图 9-2-6

从“交换图像”下拉菜单中，选择新创建的状态 2，然后单击“确定”按钮。单击“预览”选项卡以预览和测试不相交变换图像。

将多个变换图像应用到切片

可以从单个切片中拖动多个行为手柄来创建多个变换行为。例如，可以从同一切片中触发一个变换图像和一个不相交变换图像。图 9-2-7 所示为用来触发变换图像行为和不相交变换图像行为的切片。

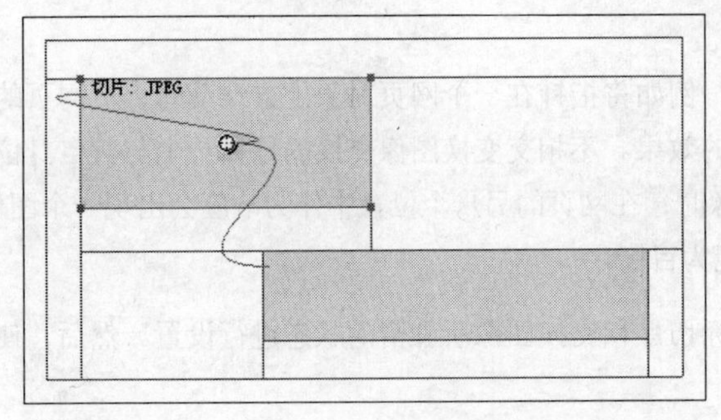

图 9-2-7

如果要在所选切片中应用多个变换图像，可以将行为手柄从所选切片拖到同一切片的边缘或其他切片上。将手柄拖动到同一切片的左上边缘时可创建一个交换图像，将手柄拖动到其他切片时可创建不相交变换图像。

删除拖放变换图像

如果要从所选网页对象或按钮中删除拖放变换图像，首先选择要删除的蓝色行为线，然后单击“确定”按钮，即可删除交换图像行为。

9.2.2 使用“行为”面板向切片添加交互效果

除了使用变换图像创建交互效果外，还可通过使用“行为”面板，向切片中附加其他类型的交互效果。可通过编辑现有行为创建自定义交互。“行为”须经过“行为”面板应用于“切片”或“热点”对象中。

图 9-2-8 所示为“行为”面板中所列的行为选项。

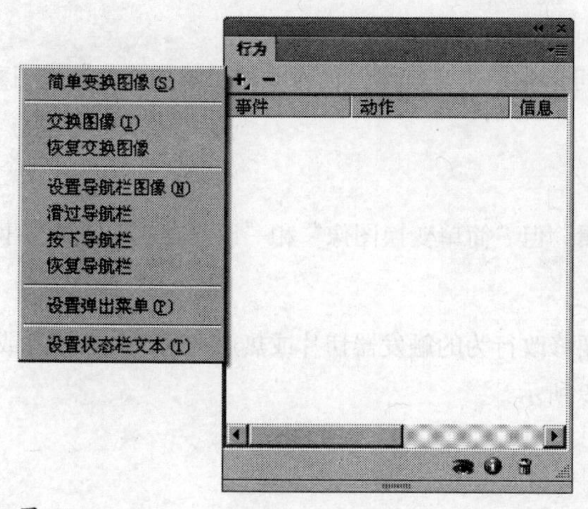

图 9-2-8

尽管可以使用“行为”面板创建变换图像，但对于简单、不相交和复杂的变换图像，还是建议使用拖放变换图像的方法。

“简单变换图像”选项，是通过将“状态 1”设为“弹起”状态，将“状态 2”设为“滑过”状态，向所选切片添加变换图像行为的。选择此选项后，需要使用同一切片在“状态 2”中创建一个图像，以创建“滑过”状态。“简单变换图像”选项实际上是包含“交换图像”和“恢复交换图像”行为的行为组。

“交换图像”选项，可以使用另一个状态的内容，或者外部文件的内容来替换指定切片下面的图像。

“恢复交换图像”选项，可以将目标对象恢复为它在“状态 1”中的默认外观。

“设置导航栏图像”选项，可以将切片设置为 Fireworks 导航栏的一部分。作为导航栏的一部分的每个切片都必须具有此行为。“设置导航栏图像”选项是一个包含“滑过导航栏”、“按下导航栏”和“恢复导航栏”行为的行为组。当使用按钮编辑器创建一个包含“包括按下时滑过”状态或者“载入时显示按下图像”状态的按钮时，在默认情况下自动设置此行为。当创建两种状态的按钮时，会为其切片指定“简单变换图像”行为。当创建 3 种或 4 种状态的按钮时，会为其切片指定“设置导航栏图像”行为。

“滑过导航栏”选项，为作为导航栏一部分的当前所选切片，指定“滑过”状态，还可根据需要指定“预先载入图像”状态和“包括按下时滑过”状态。

“按下导航栏”选项，为作为导航栏一部分的当前所选切片，指定“按下”状态，还可根据需要指定“预先载入图像”状态。

“恢复导航栏”选项，可以将导航栏中的所有其他切片，恢复到它们的“弹起”状态。

“设置弹出菜单”选项，将弹出菜单附加到切片或热点上。当应用弹出菜单时，可以使用“弹出菜单编辑器”。

“设置状态栏文本”选项，能够定义在大多数浏览器窗口底部的状态栏中显示的文本。

附加行为

如果要使用“行为”面板向所选切片附加行为，可以先单击“行为”面板中的“添加行为”按钮，然后从下拉菜单中选择一个或多个行为。

编辑行为

在“行为”面板中，还能够对现有的行为进行编辑。但“简单变换图像”和“设置导航栏图像”事件不能更改。

如果要更改激活行为的鼠标事件，首先选择包含要修改行为的触发器切片或热点，这时与该切片或热点关联的所有行为都显示在“行为”面板中，如图 9-2-9 所示。

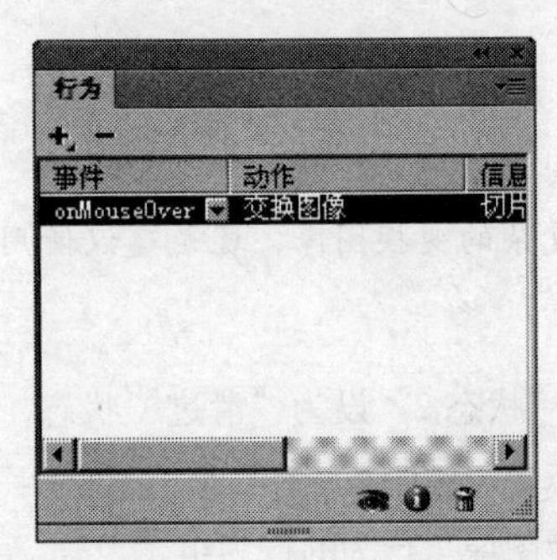

图 9-2-9

然后选择要编辑的行为，并单击事件旁边的箭头，从弹出菜单中选择一个新事件。“onMouseOver”事件，在指针滑过触发器区域时触发行为；“onMouseOut”事件，在指针离开触发器区域时触发行为；“onClick”事件，在单击触发器对象时触发行为；“onLoad”事件，在载入网页时触发行为。

使用外部图像文件作为交换图像

可以将当前 Fireworks 文档外部的图像用作交换图像的来源。源图像可以是 GIF、GIF 动画、JPEG 或 PNG 格式。如果选择将外部文件作为图像源，则在 Web 浏览器中触发“交换图像时，Fireworks 会将该文件与目标切片相交换”。该文件的宽度和高度与它交换到的切片相同。如果不相同，则浏览器会调整该文件的大小使之适合切片对象。调整文件大小时可能降低文件质量，尤其是 GIF 动画的质量。

如果要选择外部图像文件作为交换图像的来源，可以在“交换图像”对话框、“滑过导航栏”对话框或“按下导航栏”对话框中，选择“图像文件”单选项，然后单击文件夹按钮，如图 9-2-10 所示。

如果在“交换图像”对话框中未看到此选项，则单击“更多选项”按钮。

从图像文件导航到要使用的文件，然后单击“打开”按钮。如果外部文件是 GIF 动画，则要取消选择“预先载入图像”，因为预缓存可能妨碍将 GIF 动画显示为变换图像状态。

Fireworks 可创建图像文件的文档相关路径。如果想导出文档以便在网页上使用，必须确保可以从导出的 Fireworks HTML 中访问外部图像文件。在 Fireworks 中，将外部文件用作交换图像之前，要先将它们放置在本地站点中，并且在将文件上传到网页时，确保上传外部图像。

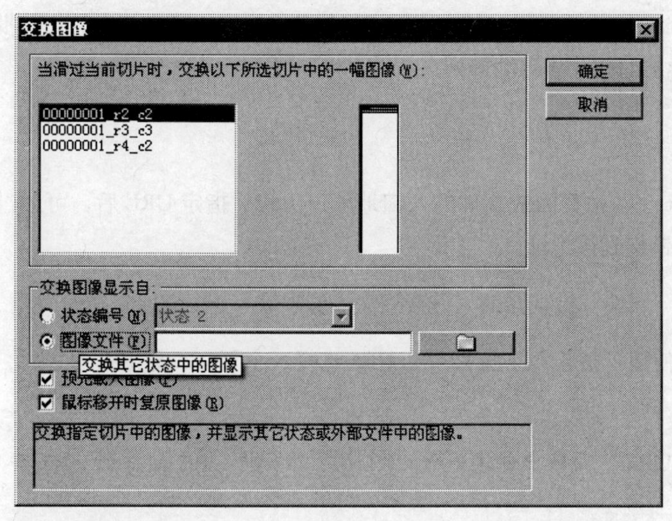

图 9-2-10

9.3 将准备的切片导出

如果要将准备好的切片导出，可以在“属性”检查器中，为切片指定链接和目标框架；也可以指定图像在载入时，浏览器中显示的替换文本，还可选择一种导出文件格式优化所选切片。图 9-3-1 所示为“属性”检查器中的切片属性。

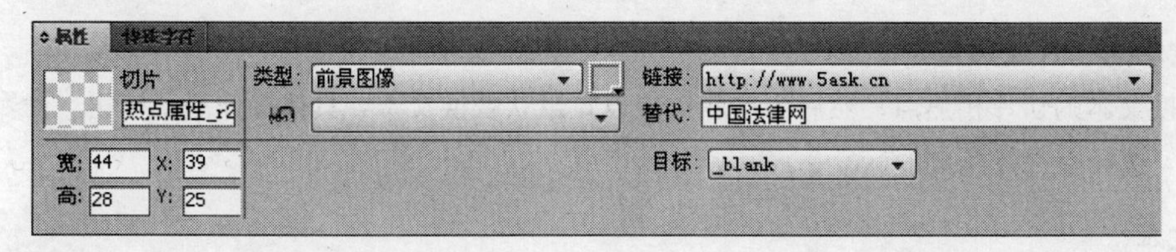

图 9-3-1

如果“属性”检查器处于最小化状态，单击右下角的扩展箭头可看到所有切片属性。

“属性”检查器或“图层”面板可以为切片提供唯一的名称，在导出文件时会使用指定的名称来命名。如果未输入切片名称，在导出文件时，Fireworks 将自动命名切片。

Fireworks 将经过切片的文档导出为一个 HTML 文件和一系列图形文件，在“HTML 设置”对话框中可以设置导出的 HTML 文件的属性。

将切片导出到 CSS Sprite

使用 CSS Sprite 可以使在网站打开时，通过减少对服务器请求的数量缩短网站的加载时间，提高网站速度。在切片导出时，会将文档中的对象分割，然后将其导出为单个 CSS Sprite 图像。

将切片与图像文件一起导出为 CSS Sprite 图像时，会生成包含位移值的 CSS 文件。右键单击切片或切片组，选择“导出 CSS Sprite”，在“导出”对话框中，输入 PNG 文件名，单击“导出”命令。

将切片导出到 CSS Sprits 是 Fireworks CS6 的新增功能，是个非常实用的功能，它能将文档中的切片批量导出，生成与文档名相同的 PNG 文档，导出的切片将自动排列在新的 PNG 文档中。

9.3.1 指定 URL

URL（即统一资源定位器）是 Internet 上网站页面或文件的入口地址。为切片指定 URL 后，可通过在其 Web 浏览器中单击切片所定义的区域，链接到该地址。

如果要为所选切片指定 URL，可以在“属性”检查器的“链接”文本框中输入一个 URL。

如果文件包含多个要导出的页面，则使用“链接”下拉菜单为 URL 选择一个页面。导出页面之后，此链接自动将用户带入指定页面。

如果要重复使用同一个 URL，可在“URL”面板中创建一个 URL 库，然后将 URL 储存到 URL 库中。

9.3.2 输入替换文本

在打开网页下载图像时，替换文本出现在图像上，替换文本还能替换未能下载的图形。在某些较新版本的浏览器中，该文本还出现在指针旁边作为工具提示。

输入简短而有意义的替换文本，在网页设计中非常重要。视觉障碍人士使用屏幕朗读应用程序时，当指针经过网页上的图形时，该应用程序将替换文本转换为计算机生成的语音。

如果要为所选切片或热点指定替换文本，则在“属性”检查器的“替代”文本框中，输入文本即可。

选择不含替换文本的切片或热点

选择尚未输入替换文本的切片和热点，然后为这些对象设置默认替换文本。具体操作是：单击“命令”菜单下的“网页”→“选择空白替换文本”命令。

设置默认替换文本

选择尚未输入替换文本的切片和热点，并为所有这些切片和热点设置默认替换文本。具体操作是：单击“命令”菜单下的“网页”子菜单“设置替换文本”，输入默认替换文本。

9.3.3 指定目标

目标是在其中打开链接文档的替换网页框架或网页浏览器窗口。可以在“属性”检查器中为所选切片指定目标。

如果要在“属性”检查器中为所选切片或热点指定目标，可以在“目标”文本框中，输入 HTML 框架的名称，或直接从“目标”下拉菜单中，选择一个目标。

“blank”选项，表示将链接文档加载到一个新的未命名浏览器窗口中。

“parent”选项，表示将链接的文档加载到包含该链接的框架的父框架集或窗口中，如果包含该链接的框架不是嵌套的，则将链接的文档加载到整个浏览器窗口。

“self”选项,表示将链接的文档加载到链接所在的框架或窗口中,此目标是默认的,因此通常无须指定它。

“top”选项，表示将链接的文档加载到整个浏览器窗口，从而删除所有框架。

9.3.4 命名切片

切片是将一个图像分割为若干个部分，每一个部分都有一个名称，且分别是独立的。切片在导出时都会自动得到一个名称，可以接受默认的命名，也可以为切片指定名称。为切片指定名称，可以在站点文件结构中轻松地标识切片文件。例如，如果导航栏上有一个返回到主页的按钮，则可以将该切片命名为主页。

如果要输入自定义切片名称，则首先在画布上选择切片，然后在“属性”检查器的“对象名称”框中输入一个名称后按“Enter”键；或者在“网页层”中双击切片，在弹出的文本框中输入一个新名称，然后按“Enter”键。

自动命名切片文件

如果没有在“属性”检查器或“图层”面板中输入切片名称，那么 Fireworks 会恢复导出时所进行的自动命名。自动命名将根据默认的命名惯例自动为每个切片文件指定唯一的名称，不会出现重复。

如果要自动命名切片文件，则当导出经过切片的图像时，在弹出的“导出”对话框的“文件名”文本框中输入一个名称。不要添加文件扩展名，Fireworks 会在导出时自动为切片文件添加文件扩展名。

更改默认的自动命名惯例

可以对默认的自动命名惯例进行更改。可以在“HTML 设置”对话框的“文档特定信息”选项卡中，对切片的命名惯例进行更改。也可以使用范围广泛的命名选项，来指定新的命名约定。创建的命名约定最多可包含 8 个元素。

如果要更改默认的自动命名惯例,则首先单击“文件”菜单中的“HTML 设置”命令,弹出“HTML 设置”对话框，然后选择“文档特定信息”选项卡。在“切片文件名”区中，从下拉列表中进行选择以创建新的命名惯例。如果要将此信息设置为所有新文档的默认值，则单击“设为默认值”按钮，如图 9-3-2 所示。

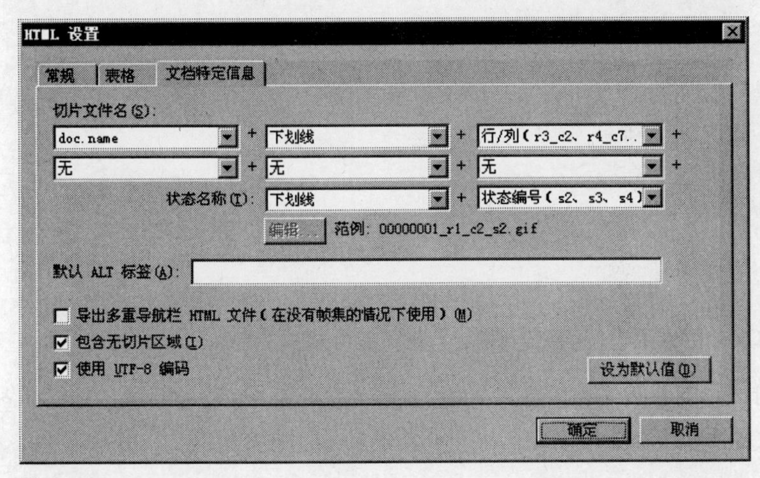

图 9-3-2

当选择“无”作为切片自动命名的菜单选项时，要注意，如果选择“无”作为前3个菜单中任意一个的选项，Fireworks将导出互相覆盖的切片文件，从而仅导出单个图形并在每个单元格中都显示该图形的表格。

9.4 使用热点和图像映射

使用热点，可以为较大图形中的各个小部分添加链接，将网页图形的区域链接到URL。通过从包含热点的文档中导出HTML，可以在Fireworks中创建图像映射。

热点和图像映射需求的资源，通常比切片图形要求的资源少。对于Web浏览器来说，切片要求的资源会更多，因为Web浏览器必须下载附加的HTML代码，并且需要Web浏览器具备重新装配切片图形的能力。

在导出切片图像映射时，通常会生成许多图形文件。

如果要将图像的某些区域链接到其他网页，但不需要这些区域为响应鼠标的移动或动作，而高亮显示或者产生变换图像效果，则使用热点是理想的解决方案。如果要使用相同的文件格式和优化设置，导出整个图形，则使用热点和图像映射都是理想的解决方案。

9.4.1 创建热点

在源图形中标识出可作为导航点的区域后，就可以创建热点，然后为它们指定URL链接、弹出菜单、状态栏消息和替换文本。

创建热点时，可以使用“矩形热点”工具、“圆形热点”工具或“多边形热点”（非常规形状）工具，在图形的目标区域周围绘制热点；也可以选择一个对象，然后在该对象上插入热点。

热点可以是矩形或圆形，也可以是由多个点组成的多边形。

创建矩形或圆形热点

如果要创建矩形或圆形热点，则首先从“工具”面板的“Web”工具区选择“矩形热点”工具或“圆形热点”工具，如图9-4-1所示。

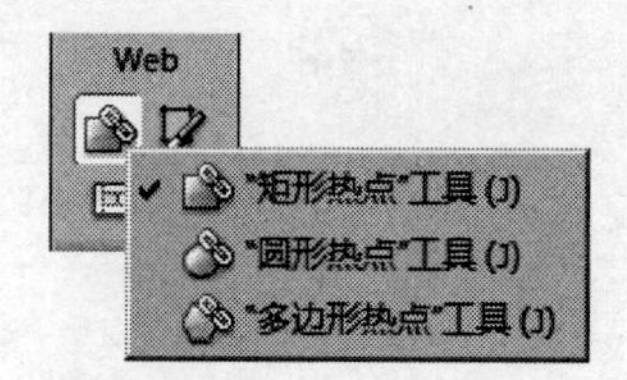

图 9-4-1

然后拖动热点工具，在图形的某个区域上进行绘制。按住“Alt”键可以从中心点开始绘制。

在拖动指针以绘制热点的同时可以调整热点的位置。在按住鼠标左键的同时按住空格键，可将热点拖动到画布上的另一个位置，释放空格键可继续绘制热点。

创建非常规形状热点

如果要创建非常规形状热点，可以选择“多边形热点”工具，单击，以放置矢量点。这与使用“钢笔”工具绘制直线段类似，不管路径是开口的还是闭合的，填充都可以定义热点区域。

通过跟踪选定对象创建热点

如果要通过跟踪一个或多个选定对象创建热点，可以单击“编辑”菜单中的“插入”→“热点”命令。

如果已选择多个对象，则会显示一条消息，询问用户是要创建覆盖所有对象的单个矩形热点，还是要创建多个热点，其中一个对象对应一个热点，如图 9-4-2 所示。

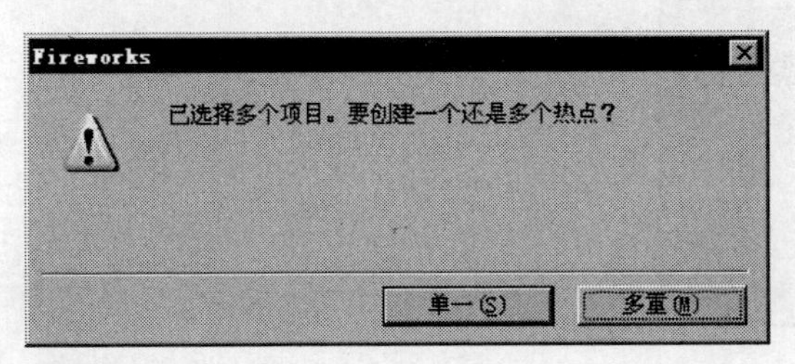

图 9-4-2

可以通过单击“单一”按钮或“多重”按钮，在“网页层”中显示新的热点。

9.4.2 编辑热点

使用“指针”工具、“部分选定”工具或者“变形”工具点，对热点进行编辑。

在“属性”检查器或“信息”面板中，可以通过更改数据来更改热点的位置和大小。以及通过“形状”下拉列表更改热点的形状，有“矩形”、“圆形”和“多边形”三个选项。

在“属性”检查器中，还可以为热点指定 URL、替换文本、目标和自定义名称，如图 9-4-3 所示。

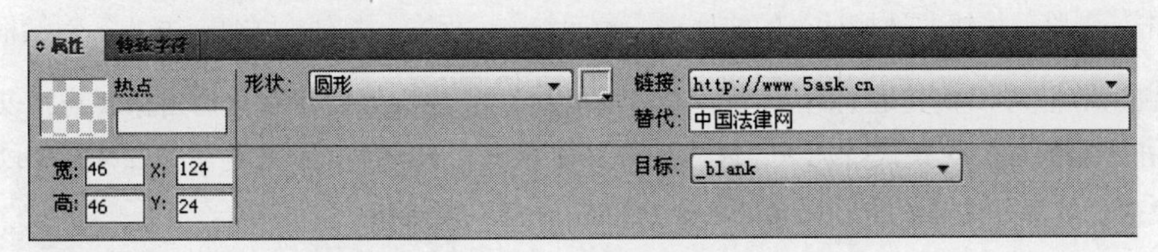

图 9-4-3

指定热点属性的操作方法与指定切片属性的操作方法相同。

9.4.3 用热点创建图像映射

在图形上插入几个热点后，要将该图形导出为图像映射，才能使其在 Web 浏览器中运行。导出图像映射时，将生成包含有关热点及相应 URL 链接的映射信息的图形和 HTML 文件。

在导出时，Fireworks 只产生客户端图像映射。

除了可以导出之外，还可以将图像映射复制到剪贴板中，然后将其粘贴到 Dreamweaver 或其他 HTML 编辑器中。

如果要导出图像映射或将其复制到剪贴板中,则首先对图形进行优化,使其做好导出准备。接着单击“文件”菜单中的“导出”命令。然后指定要存放 HTML 文件的文件夹,为文件命名后,在“导出”下拉列表中,选择“HTML 和图像”，在“HTML”下拉列表中选择一个选项，如图 9-4-4 所示。

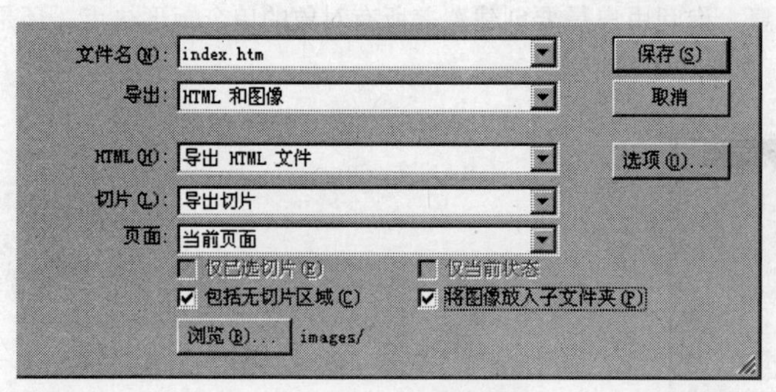

图 9-4-4

“导出 HTML 文件”选项，可以生成 HTML 文件和相应的图形文件，以后可以将这些文件导入到 Dreamweaver 或其他 HTML 编辑器中。

“复制到剪贴板”选项，可以将所有必需的 HTML 文件（如果文档经过切片，则包括表格），复制到剪贴板中，以便以后将其粘贴到 Dreamweaver 或其他 HTML 编辑器中。

对于“切片”下拉列表，只有在文档不包含切片时才选择“无”选项。

可以根据需要选择“将图像放入子文件夹”复选框,如果在“HTML”下拉列表中选择“复制到剪贴板”选项，则“将图像放入子文件夹”选项会被禁用。

设置完成后，单击“浏览”按钮，选择适当的文件夹。最后单击“保存”按钮，关闭“导出”对话框。

在导出文件时，Fireworks 可以使用 HTML 注释，来明确地标记在 Fireworks 中创建的图像映射，以及其他网页功能代码的开头和结尾。在默认情况下，HTML 注释不包括在代码中。如果要包括注释，可以在“HTML 设置”对话框的“常规”选项卡中，选择“包含 HTML 注释”复选框。

9.4.4 用热点创建变换图像

可以使用拖放变换图像的方法向热点附加不相交的变换图像效果，但是目标区域必须由切片定义。将变换图像效果应用于热点的方式与将其应用于切片的方式是相同的，如图 9-4-5 所示。

一个热点只能触发一个不相交的变换图像，但不能是来自其他热点或者切片的变换图像的目标。在用热点创建了不相交的变换图像之后，只有在选择了该热点时，才能够看到蓝色的链接线。

9.4.5 在切片上使用热点

当对一个图形创建切片后，如果图形面积很大，只希望将其中很小一部分用作某个动作的触发器，可以将热点放在切片上以触发一个动作或行为。

例如，在一个大图形中包含了文本，而只希望用该文本来触发一个动作或行为（如变换图像效果）。可以创建一个切片，将切片放在图形上，然后在文本上放置一个热点。只须滑过文本，即可触发变换图像效果，如图 9-4-6 所示。但在发生变换图像效果时，切片下的整个图形，都会被交换出去。一定要避免创建覆盖多个切片的热点，否则可能会产生无法预料的行为。

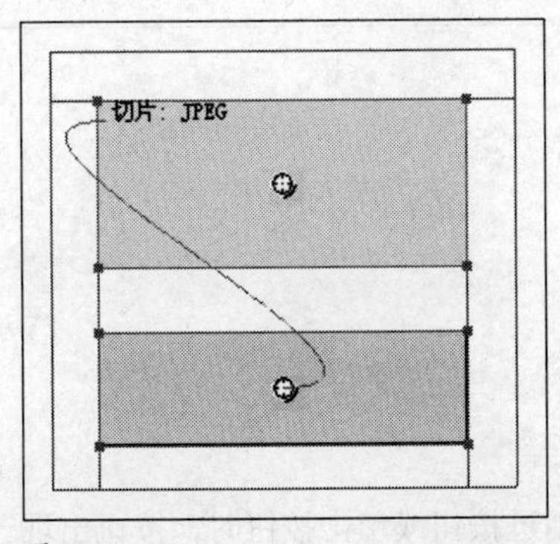

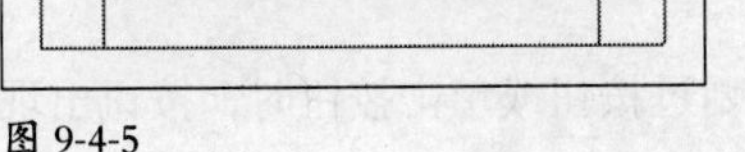

图 9-4-5

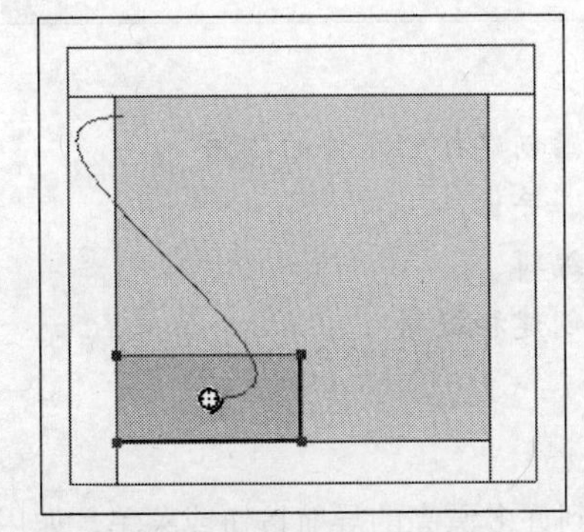

图 9-4-6

如果要使用切片上的热点创建变换图像效果的触发器，则首先将一个切片插入到要交换出去的图像上。在“状态”面板中创建一个新状态，然后插入要用作被交换图像的图像，确保将其放在刚插入的切片下方。

将一条行为线从热点拖到包含要交换的图像的切片上，打开“交换图像”对话框。

在“交换图像自”下拉列表中选择保存有变换图像的状态，最后单击“确定”按钮。

按钮和弹出菜单 10

学习要点：

- 熟练掌握用按钮编辑器创建按钮元件的方法
- 了解按钮元件的导入、导出
- 熟练掌握按钮元件的编辑
- 熟练掌握弹出菜单的创建和编辑
- 了解弹出菜单的导出

在浏览网页时，会看到许多漂亮的导航按钮或菜单，如用鼠标划过按钮或单击按钮时，按钮出现一个下拉菜单等。以往这都是在HTML编辑器内，通过复杂的JavaScript和CSS代码才能创建的效果。现在即便对JavaScript和CSS代码一无所知，也可以在Fireworks CS6中轻松创建。

通过可视化的按钮编辑器，可以轻松完成按钮的创建过程，并且自动完成许多按钮的制作任务。利用弹出菜单编辑器，可以快速方便地创建垂直或水平弹出菜单，还可以对创建的弹出菜单进行个性化的设计。

10.1 创建导航栏

导航栏是成组的超链接的集合，其中可包含按钮或纯文本超链接。超链接主要是指带有颜色和下画线的文字或图形，单击后可以转向Internet中的文件以及文件的位置或者网页。超链接还可以转到新闻组或Gopher、Telnet和FTP站点。允许网站访问者浏览网站上的页面或其他外部目标。使用导航栏可为网站访问者提供一种网站上的定位信息，并且提供浏览网站的不同页面的方法。

可以在网站上添加多个导航栏，以区别网站的主要和次要导航结构。例如，可以在主页上插入一个主导航栏，以链接到网站上的主要页面。然后，在这些主要页面中的每个页面上，插入其他导航栏，以指引访问者进入由这些主要页面分支出来的特定页面。如果要组织一系列指向外部目标的链接，也可添加其他导航栏。

导航栏在网页上可以水平放置，也可以垂直放置。在一个页面上可以添加多个导航栏，对导航栏按钮的尺寸、颜色、外观等都可以进行更改，在导航栏上可以显示当前页面的选定状态，可以对水平导航栏在一行中显示的链接数进行相关的设置。

如果要创建一致的导航栏，可以使用元件实例复制按钮元件。如果对原始元件的外观或功能进行重新编辑，则所有关联的实例都会自动更新。

如果要创建导航栏，则首先创建一个按钮元件。

然后从“文档库”面板中，将该元件的一个实例拖到工作区中创建副本，也可以选中该按钮实例，单击“编辑”菜单中的“克隆”命令；或者在按住“Alt”键的同时，拖动该按钮实例，以制作该按钮实例的副本。

按住“Shift”键并拖动按钮实例可使其水平或垂直对齐，如果要进行更为精确的控制，可以使用方向键来移动实例。

根据需要，可以创建多个按钮实例。选择每个实例，在“属性”检查器中，为其指定唯一的文本、URL和其他属性。

10.2 创建按钮元件

在 Internet 上，按钮是网页的导航元素。网页上的那些漂亮按钮，将会有效地吸引人访问，促使更多的访客以点击更多的内容。可以将网页上所有的图形、文本对象创建成按钮，当然，也可以自己设计从而创建更具个性化的按钮。

如果需要更改按钮的图形外观，可以将按钮实例从元件库拖到文档中，然后更改其图形外观，更改完成后将自动更新导航栏中所有按钮实例的外观。

在 Fireworks 中，几乎任何图形或文本对象都能成为一个按钮。可以通过单击“修改”菜单中的“元件”→“转换为元件”命令，将现有的对象转换为按钮元件；也可以通过单击“编辑”菜单中的“插入”→“新建按钮”命令或单击“文档库”面板右上角的按钮，在弹出的菜单中单击“新建元件”命令，创建新的按钮元件。

如果要导入已存在的按钮，可以在“公用库”面板中选择一个文件夹，然后将元件从“公用库”中导入到文档；或者单击“文档库”面板右上角的按钮，在弹出的菜单中单击“导入元件”命令，将元件从其他文档中导入到文档；也可以通过拖放操作或复制和粘贴操作导入元件。

单击“文档库”面板右上角的按钮，在弹出的菜单中单击“导出元件”命令，可以导出元件。

可以对一个按钮实例的文本、URL 和目标重新编辑，而不会影响该按钮的其他实例应用并且不会断开元件和实例之间的关系。按钮实例都是经过封装的，当移动文档中的按钮时，将会移动与按钮相关联的所有组件和状态。与其他元件一样，按钮都有一个注册点，在编辑按钮时，它是将文本和不同按钮状态对齐的中心点。

10.2.1 按钮状态与创建

按钮最多可具有 4 种不同的状态：弹起、滑过、按下和按下时滑过。一种状态表示一种该按钮在响应当前鼠标事件时所显示的外观。在实际工作中，大多数按钮并不需要 4 种状态都具备。

当创建一个新的按钮元件时，“状态”面板将显示 4 种状态，如图 10-2-1 所示。

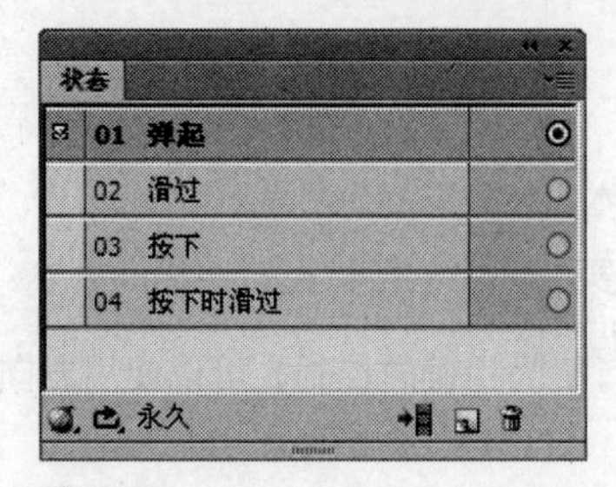

图 10-2-1

“弹起”状态，是按钮的默认外观和静止时的外观。

“滑过”状态，是当指针滑过按钮时该按钮的外观，此状态提醒用户单击鼠标时很可能会引发一个动作。

“按下”状态，是单击后按钮的外观，按钮的凹下图像通常用于表示按钮已被按下。

“按下时滑过”状态，是用户将指针滑过处于“按下”状态的按钮时，按钮的外观，此按钮状态通常表明指针正位于多按钮导航栏中，当前网页的按钮上方。

通常情况下，具有两种状态的按钮包含“弹起”和“按下”状态。具有 3 种状态的按钮还包括“滑过”状态。这些状态表示指针滑过按钮时按钮的外观，按钮会弹起（滑过）或按下（按下时滑过）。

可以使用具有两种状态或 3 种状态的按钮创建导航栏。注意，只有包含所有 4 种状态的按钮才能利用 Fireworks 中内置的导航栏行为。

使用按钮编辑器，可以创建一些不同的按钮状态和用来触发按钮动作的区域。

在按钮的“属性”检查器中，还可以创建和编辑 JavaScript 按钮元件。按钮的“属性”检查器中每个选项的提示，有助于决定如何设计这 4 种按钮状态。

创建具有两种状态的简单按钮

要创建具有两种状态的简单按钮，首先要进入元件编辑模式。可以双击画布上的按钮进入，也可以通过单击“编辑”菜单中的“插入”→“新建按钮”命令进入。

然后导入或创建“弹起”状态图形。可以通过单击“文件”菜单下的“导入”命令，将要显示为按钮的“弹起”状态的图像导入到相应的工作区中，也可以在相应工作区拖放图像，创建“弹起”状态图像。

当然也可以使用绘图工具创建一个图形，或者使用“文本”工具创建基于文本的按钮。

单击“属性”检查器中的“导入按钮”，并从“导入元件 : 按钮”对话框中选择已准备好的可编辑按钮，如图 10-2-2 所示。

使用此选项，每个按钮状态都会自动填充相应的图形和文本。

使用“9 切片缩放”工具的切片辅助线，可以在调整按钮大小时不会使按钮形状扭曲。

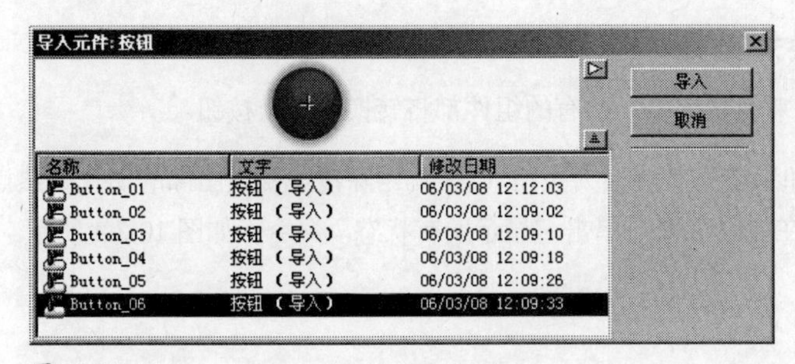

图 10-2-2

如果要创建“滑过”状态，可以从“属性”检查器的“状态”下拉列表中选择“滑过”，然后单击“复制弹起时的图形”按钮，如图 10-2-3 所示。

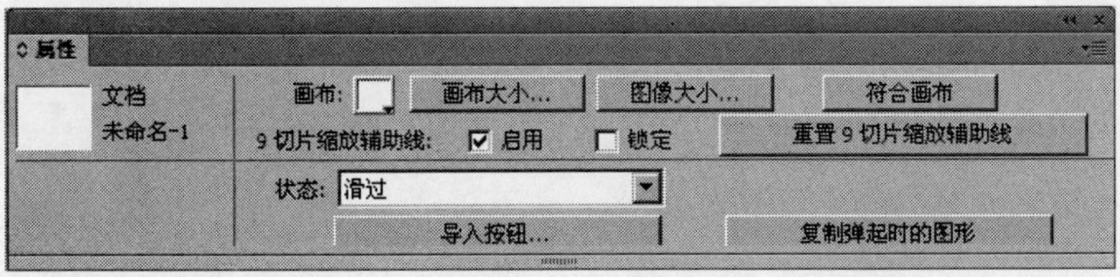

图 10-2-3

将“弹起”状态按钮的副本粘贴到“滑过”窗口中，然后对其进行编辑。也可以直接拖放、导入或绘制图形。

创建具有 3 种或 4 种状态的按钮

为了创建复杂的按钮效果，可以在按钮编辑器内为“按下”状态和“按下时滑过”状态添加按钮图形，以此来创建生动活泼的按钮特效。这样，也能够利用 Fireworks 内置的导航栏行为。

如果要创建具有 3 种或 4 种状态的按钮，首先在元件编辑模式下，在画布中打开具有两种状态的按钮，从“属性”检查器的“状态”下拉列表中选择“按下”，然后单击“复制滑过时的图形”，将“滑过”状态按钮的一个副本粘贴到“按下”窗口中，然后对其进行编辑以更改它的外观。也可以通过拖放、导入或绘制图形来创建“按下”状态的图形。如果在添加“按下时滑过”状态，在确定“按下”状态按钮是打开的情况下，运用同样的方法创建“按下时滑过”状态的图形。

当为“按下”或“按下时滑过”状态插入或创建图形时，将自动选中用于在导航栏中包括该状态的选项。

为按钮添加滤镜

对按钮的各种状态，可以使用不同的动态滤镜命令，更改其外观，以此来实现按钮的完美显示效果。例如，创建包含 4 种状态的按钮，可以对“弹起”状态图形应用“内斜角”滤镜，对“按下”状态图形应用“凹入浮雕”滤镜等。

如果使用动态滤镜创建每种状态的常用外观，可以选择要添加动态滤镜的图形，然后在“属性”检查器中单击“添加动态滤镜或选择预设”按钮。在“滤镜”弹出菜单中单击“斜角和浮雕”滤镜中的“内斜角”、“凸起浮雕”、“外斜角”或“凹入浮雕”滤镜。可以为每个状态都选择按钮预设滤镜。

10.2.2 将 Fireworks 变换图像转换为按钮

可以利用在 Fireworks 中创建的变换图像来创建按钮。所有的组件都将转换为一个按钮。

可以将Fireworks变换图像转换为按钮。如果要将其转换为按钮,则首先删除覆盖变换图像的切片或热点，在“状态”面板中单击“洋葱皮”按钮，在弹出菜单上单击“显示所有状态”命令，如图 10-2-4 所示。

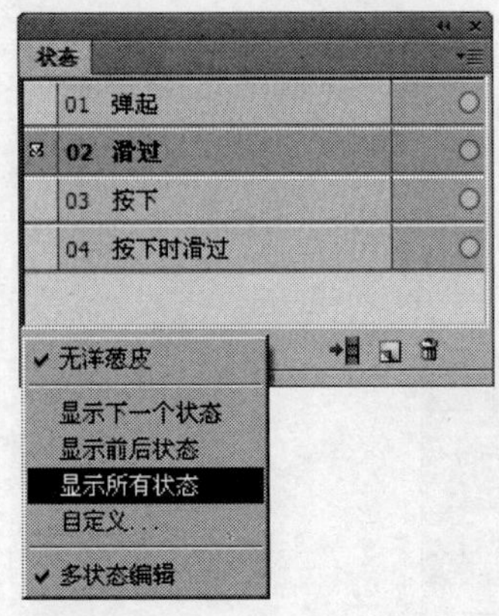

图 10-2-4

然后选择要包括在按钮中的所有对象。使用“选择后方对象”工具选择隐藏的对象。单击“修改”菜单中的“元件”→“转换为元件”命令，弹出“转换为元件”对话框。在“名称”文本框中输入元件的名称，并为对象选择“按钮”类型，最后单击“确定”按钮，新按钮即被添加到库中。

可以将包含 4 个状态的动画转换为按钮。只须选择这 4 个对象，每个对象就处于各自的按钮状态中了。

10.2.3 将按钮元件插入或导入到文档中

在文档内创建的按钮元件，同时也存放在“公用库”面板内，可以将“公用库”面板中的按钮元件的实例插入或导入到文档中。

插入按钮元件

如果要将按钮元件的实例插入到文档中，首先打开“公用库”面板，然后将按钮元件拖到文档中即可。

如果要将更多按钮元件实例放置到文档中，可以先选择一个实例，然后单击“编辑”菜单中的“克隆”命令，复制出一个实例，新实例将放在所选实例的前面，变为所选对象；可以从“公用库”面板中将另一个按钮实例拖到文档中创建实例;可以通过按住“Alt”键并拖动画布上的一个实例，以创建另一个按钮实例;可以通过复制、粘贴操作，创建更多实例。

导入按钮元件

在 Fireworks 中，“公用库”面板中的按钮元件是与创建它的文档相关联的，每个“公用库”面板内的元件对应创建它的文档。当另创建一个文档时，该新文档中的“公用库”面板将是空的。如果想在一个文档使用另一个文档内的按钮元件，可以通过多种方法将按钮元件从一个文档的“公用库”面板导入到另一个文档的“文档库”面板。如：可以将按钮实例从其他 Fireworks 文档拖放到该文档，可以将按钮实例从其他 Fireworks 文档剪切并粘贴到该文档；可以从某个 PNG 文件中导入按钮元件；可以将按钮元件从其他 Fireworks 文档导出到 PNG 库文件，然后将按钮元件从“公用库”面板导入到该文档。

10.3 编辑按钮元件

Fireworks 按钮元件都具有两种属性，例如：当进入按钮编辑状态修改按钮的属性时，文档内所有关联的按钮效果将同步进行更改，而当在文档内修改某一个按钮实例的属性时，则其他按钮实例不会发生改变。因此按钮元件是一种特殊的元件，它提供两个级别的属性修改，一个是元件级属性编辑，另一个是实例级属性编辑。

编辑元件级属性

通过双击按钮，在“属性”检查器中可以对按钮元件进行编辑。可修改的元件级属性是指在导航栏按钮中通常一致的属性，如图形外观、笔触颜色和类型、填充颜色和类型、路径形状以及图像、应用于按钮元件中的各个对象的动态滤镜和不透明度、活动区域的大小和位置、核心按钮行为、优化和导出设置、URL 链接、目标状态。其中，URL 链接和目标状态也可用作实例级属性，

如果要对元件级的按钮属性进行编辑，可以先双击工作区中的按钮实例或在“公用库”面板中双击按钮预览或按钮元件旁边的元件图标，然后在更改按钮的特性后，单击“完成”按钮返回文档，所做的更改将应用于按钮元件的所有实例。

编辑实例级属性

选择单个实例后，可在“属性”检查器中编辑其实例级属性。可以更改实例的属性，而不会影响该元件的关联元件或任何其他实例。

如果要对单个按钮元件实例的实例级属性进行编辑，可以先在工作区域中选择按钮实例，然后在“属性”检查器中设置其属性，如图 10-3-1 所示。

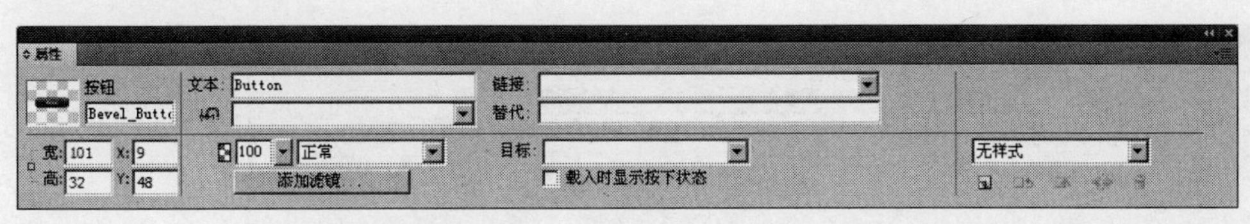

图 10-3-1

在“属性”检查器中，可以对实例的对象名称进行修改，它显示在“层”面板中，用于在导出时为按钮实例命名导出的切片；可以对应用于整个实例的动态滤镜或不透明度进行设置；可以对文本字符和文本格式进行设置；可以指定 URL 链接，这里的 URL 优先于以元件级属性形式存在的 URL；可以对“替找图像描述”一项进行设置;可以对“URL 目标窗口”进行设置，优先于以元件级属性形式存在的任何目标框架，使用“行为”面板可为实例指定的其他行为。

在导航栏内实例的“属性”检查器中，选择“载入时显示按下状态”复选框时，在进行“从‘按下’状态开始”就可以显示了。

当从“HTML 设置”对话框的“文档特定信息”选项卡中选择“导出多重导航栏 HTML 文件”选项并导出导航栏时，Fireworks 会将每个 HTML 页面与相应按钮的“按下”状态一起导出。

设置和编辑交互按钮的属性

在“属性”检查器中，可以对按钮做一些设置从而对按钮进行控制。例如按钮的“活动区域”、按钮元件或者实例的“URL”、按钮的“目标”、按钮元件或实例的“替换文本”。对按钮元件的目标、URL 或替换文本进行修改都不会更改该元件的现有按钮实例。

“活动区域”选项:当用户在 Web 浏览器中将指针滑过活动区域或单击它时，活动区域将触发交互作用。按钮的活动区域是元件级属性，并且是按钮元件所独有的。从“状态”下拉列表中选择“活动区域”选项，以编辑按钮切片或绘制热点对象。如果要绘制新切片，则新切片会替换以前的切片。

“按钮元件或实例的 URL”选项：URL 可以是元件级按钮属性，也可以是实例级按钮属性。它将按钮链接到另一个网页、网站或相同网页上的锚点。可以在“属性”检查器或“URL”面板中将 URL 附加到所选按钮实例上。

“按钮目标”选项：按钮目标是指在单击按钮实例时用来显示目标网页的窗口或框架。如果没有在“属性”检查器中输入目标，则网页将显示在调用它的链接所在的框架或窗口中。目标可以是元件级按钮属性，也可以是实例级按钮属性。可以设置元件的目标，以使该元件的所有实例都具有相同的目标选项。

“按钮元件或实例的替换文本”选项：下载图像时，替换文本将出现在图像占位符上方或图像占位符附近；如果下载失败，则替换文本将替换图像。如果将浏览器设置为不显示图像，则替换文本也会替换图形。替换文本可以是元件级按钮属性，也可以是实例级按钮属性。

如果要编辑交互按钮属性，则首先在元件编辑模式下先打开按钮元件。如果要在按钮元件的活动区域中编辑切片或热点，则可以从“状态”下拉列表中选择“活动区域”选项，如图 10-3-2 所示。

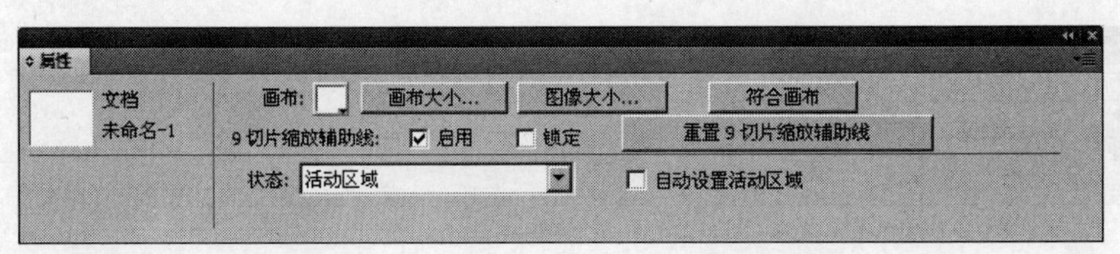

图 10-3-2

然后使用“指针”工具移动切片、切片辅助线或更改其形状，也可以使用任意切片或热点工具来绘制新的活动区域。

如果要设置按钮元件的“URL”，则首先在“状态”下拉列表中选择“活动区域”选项。然后在“属性”检查器中的“链接”框中输入 URL，也可以从下拉列表中选择一个页面，或从“URL”面板中选择一个 URL。

在输入站点内的绝对 URL 时，可以将 URL 附加到元件中，以便使每个实例的“属性”检查器的“链接”框中显示相同的 URL。

如果要设置按钮元件的目标，则可以在工作区中打开该按钮。然后，在“目标”框中输入目标，或从“属性”检查器中的“目标”下拉列表中选择预设目标。Fireworks CS6 中的预设目标主要有：

“无”或“self”选项，主要将网页加载到链接所在的框架或窗口中。

“blank”选项，将网页加载到一个新的未命名的浏览器窗口中。

“parent”选项，将网页加载到该链接所在框架的父框架集或窗口中。

“top”选项，将网页加载到整个浏览器窗口中并删除所有框架。

如果要设置按钮元件或按钮实例的替换文本，可以在工作区中选择相应的按钮实例，然后，在“属性”检查器中输入要应用的文本或描述。

10.4 创建弹出菜单

弹出菜单是常见的一种网站导航形式。当用户将指针移到触发网页对象上或单击这些对象时，浏览器中将显示弹出菜单。可以将 URL 链接附加到弹出菜单项以便于导航。例如，可以使用弹出菜单来组织与导航栏中的某个按钮相关的若干个导航选项，可以根据需要在弹出菜单中创建任意多级子菜单。

每个弹出菜单项都以 HTML 或图像单元格的形式显示，具有“弹起”状态和“滑过”状态，并且在这两种状态中都包含文本。按“F12”键可以在浏览器中预览弹出菜单。Fireworks 工作区中的预览不会显示弹出菜单。

10.4.1 关于弹出菜单编辑器

使用弹出菜单编辑器，并根据它的引导，可以轻松地完成整个弹出菜单的创建过程。控制弹出菜单特征的选项被组织在 4 个选项卡中，如图 10-4-1 所示。

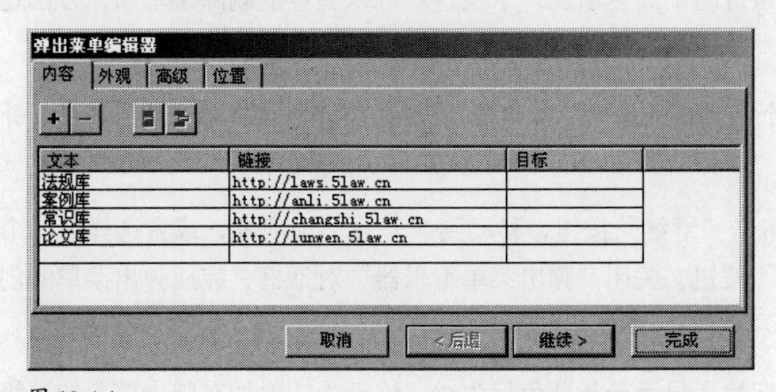

图 10-4-1

在“弹出菜单编辑器”对话框的“内容”选项卡中，包含基本菜单结构选项以及每个菜单项的文本、URL 链接和目标选项。

“外观”选项卡包含每个菜单单元格的“弹起”状态和“滑过”状态的外观选项，以及菜单的垂直和水平方向选项。

“高级”选项卡包含单元格尺寸、边距、间距，单元格边框宽度和颜色，菜单延迟以及文字缩进选项。

“位置”选项卡包含菜单和子菜单位置选项：“菜单位置”，将相对于切片放置弹出菜单；“预设位置”，包括切片的底部、右下部、顶部和右上部；“子菜单位置”，将弹出子菜单放在父菜单的右侧、右下部或者放在其底部。

根据弹出菜单的设计要求，可能不需要使用弹出菜单编辑器中所有的选项卡或选项。可以随时编辑任意选项卡中的设置，但至少应该在“内容”选项卡中添加一个菜单项，才能创建可在浏览器中预览的菜单。

10.4.2 创建基本弹出菜单

在“弹出菜单编辑器”对话框的“内容”选项卡内，可以对弹出菜单内容、链接地址及菜单的结构进行设置。

如果要创建简单的弹出菜单，则首先选择一个热点或切片，将它们作为弹出菜单的触发器区域。然后单击“修改”菜单中的“弹出菜单”→“添加弹出菜单”命令，或用右键单击切片中间的行为手柄，在弹出的快捷菜单中单击“添加弹出菜单”命令，弹出“弹出菜单编辑器”对话框。

在该对话框的“内容”选项卡上单击“添加菜单”按钮⊞以添加一个空菜单项，双击每个单元格并输入或选择适当的信息。

“文本”选项，指定该菜单项的文本。

“链接”选项，确定该菜单项的 URL，可以输入自定义链接，也可以从“链接”下拉列表中选择一个链接（如果存在链接）。如果已经为文档中的其他网页对象输入了 URL，则这些 URL 将出现在“链接”下拉列表中。

“目标”选项，指定 URL 的目标。可以输入自定义目标，也可以从“目标”下拉列表中选择一个预设目标。

在对话框中的最后一行输入内容后，该行的下面会增加一个空行。可以随意地删除菜单项，方法是高亮显示该项，然后单击“删除菜单”按钮。

如果要从一个活动单元格定位到另一个单元格并继续输入信息，可按“Tab”键在单元格间移动，并使用向上方向键和向下方向键垂直滚动列表。

“内容”选项卡的内容设定完毕后，单击“继续”按钮，移动到“外观”选项卡，或者选择另一个选项卡继续生成弹出菜单。最后单击“完成”按钮，关闭“弹出菜单编辑器”对话框，完成弹出菜单的创建工作。

在工作区中，生成弹出菜单的热点或切片会显示一条蓝色行为线，该行为线附加在弹出菜单的顶级菜单轮廓上。

10.4.3 创建弹出菜单内的子菜单

可以为弹出菜单创建子菜单。在“弹出菜单编辑器”对话框中，使用“内容”选项卡上的“缩进菜单”和“左缩进菜单”按钮可以创建弹出菜单的子菜单。即当用户将指针滑过或单击另一个弹出菜单项时显示的弹出菜单。可以根据需要创建足够多级子菜单。

如果要创建弹出子菜单，则首先要打开“弹出菜单编辑器”对话框中的“内容”选项卡，开始进行创建菜单项。同时也可以创建子菜单，可以将其直接放在上一级菜单项下。然后单击以高亮显示子菜单项的弹出菜单项，单击“缩进菜单”按钮，将该项指定为菜单项列表中的子菜单项，如图 10-4-2 所示。

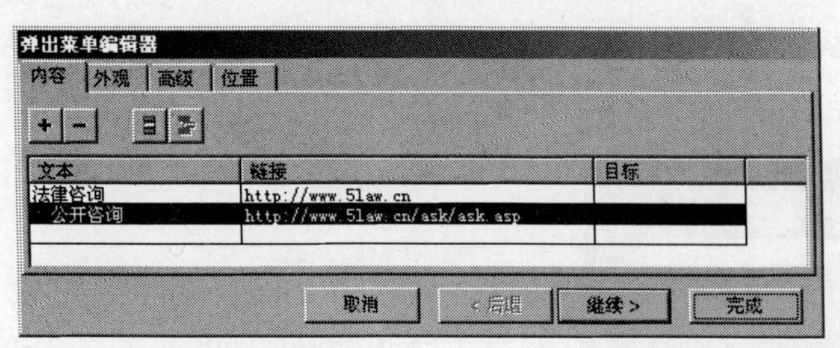

图 10-4-2

如果在创建的子菜单中，需要将创建的下一个项目添加到子菜单中。可以通过单击它以进行高亮显示，然后单击“缩进菜单”按钮。所有在同一级别上缩进的相邻项构成单个弹出子菜单。

可以对一个菜单或子菜单项进行高亮显示，然后单击“添加菜单”按钮，可以在紧邻该高亮显示项的下方插入一个子菜单项。

如果要创建弹出子菜单的弹出子菜单，可以在“弹出菜单编辑器”对话框中的“内容”选项卡中，高亮显示一个子菜单项，然后单击“缩进菜单”按钮将该项再次缩进，以使其从上方的相邻子菜单项缩进，如图 10-4-3 所示。

除了创建弹出子菜单的弹出子菜单外，还可以继续缩进，以便根据需要创建任意多级嵌套的子菜单。

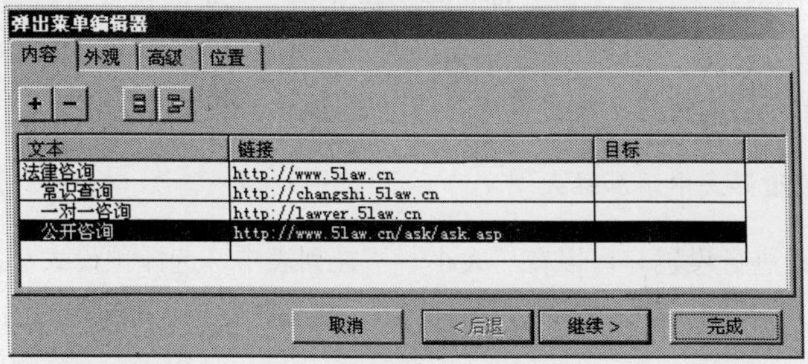

图 10-4-3

如果弹出菜单中的有些项目需要移到别的菜单项下，只需要在“弹出菜单编辑器”中，选中所要移动的菜单项，然后将其拖到列表中的新位置即可。

10.4.4 设计弹出菜单的外观

在网站上进行浏览时，或者在某些应用程序上，可以看到一些非常漂亮的弹出菜单。那么这些弹出菜单是怎么创建的呢？

通过“弹出菜单编辑器”对话框中的“内容”选项卡，可以为弹出菜单创建最基本菜单样式，也可以根据需要，创建个性化的菜单效果。具体的设置是在“弹出菜单编辑器”对话框中的“外观”选项卡中进行的。例如：可以对文本的格式进行设置，对“滑过状态”和“弹起状态”应用图形样式，并选择垂直或水平方向等。

如果要对弹出菜单的方向进行设置，首先在“弹出菜单编辑器”对话框中，使所需弹出菜单处于打开状态，然后选择“外观”选项卡，如图 10-4-4 所示。

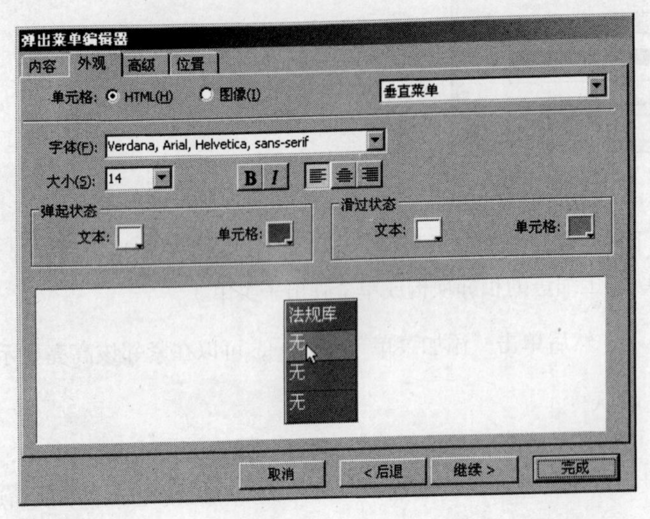

图 10-4-4

从“方向”下拉列表中，可以选择“垂直菜单”或“水平菜单”选项，对菜单的方向样式创建设计。

如果要设置的弹出菜单是基于 HTML，还是基于图像，可以通过在“单元格”选项内选取进行设置：“HTML”单选项仅使用 HTML 代码设置菜单的外观，该设置产生的页面具有较小的文件体积；“图像”单选项提供一组精选的图形图像样式，可用作单元格的背景，该设置产生的页面具有较大的文件体积。

可以通过创建自定义弹出菜单样式，向该组样式中添加样式。

如果要在当前弹出菜单中，对文本的格式进行设置。可以在“大小”下拉列表中，选择预设大小，或者在其文本框中输入一个值；可以在“字体”下拉列表中，选择一个字体组，或者输入自定义字体的名称。

选择字体时要谨慎，不要选择一些不常用的字体。如果用户在查看网页时，其系统上没有安装选择的字体，则 Web 浏览器中将显示替换字体，效果将会有所差异。

可以通过单击文本样式按钮，设置应用粗体或斜体样式；可以通过单击对齐按钮，使文本左对齐、右或居中对齐；可以在“文本颜色”选项中，对文本的颜色进行选择。

如果要对菜单单元格的外观也进行个性化的设置，可以单击“继续”按钮，然后选择“高级”选项卡，或者选择其他选项卡继续生成弹出菜单。

10.4.5 添加弹出菜单样式

对弹出菜单的单元格样式，也可以自行进行设置。当选择“图像”选项作为单元格类型时，自定义单元格样式可以与预设选项一起显示在“外观”选项卡上。

如果要向弹出菜单编辑器中，添加自定义单元格样式，首先要将笔触、填充、纹理和动态滤镜的任意组合应用于对象，然后使用“样式”面板将该组合保存为样式，接着在“样式”面板中选择该新样式，再单击“样式”面板右上角的按钮，在弹出的菜单中单击“导出样式”命令，将新样式导出到硬盘上的 Menu Bars 文件夹内。

当返回到“弹出菜单编辑器”对话框中的“外观”选项卡，并选择了“图像”单选项时，就会发现，在“弹起状态”和“滑过状态”的预设样式内已经有了该样式。

10.4.6 设置高级弹出菜单属性

以上都是对弹出菜单进行最基本的设置，也可以对弹出菜单进行更高级的设置，使创建出的弹出菜单更加个性化。在“弹出菜单编辑器”对话框中的“高级”选项内，可以对弹出菜单进行更加精确的设置，可以对单元格大小、边距、间距、文字缩进进行设置，也可以对菜单延迟时间以及边框宽度、颜色、阴影和高亮等进行设置，如图 10-4-5 所示。

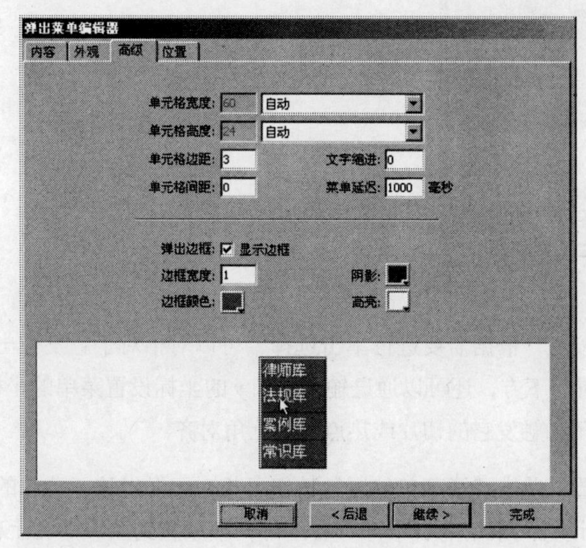

图 10-4-5

在“自动 / 像素”下拉列表中，可以选择宽度和高度约束：“自动”选项，强制单元格高度符合在“弹出菜单编辑器”的“外观”选项卡中设置的文本大小，并强制单元格宽度符合包含最长文本的菜单项；“像素”

选项，允许以像素为单位在“单元格宽度”和“单元格高度”文本框中输入特定尺寸。

向“单元格边距”文本框中输入一个值，可以设置弹出菜单文本和单元格边缘之间的距离。向“单元格间距”文本框中输入一个值，可以设置菜单单元格之间的间距。向“文字缩进”文本框中输入一个值，可以设置弹出菜单文本的缩进量。向“菜单延迟”文本框中输入一个值，可以设置当指针从菜单移开后，菜单仍保持可见的时间量（单位为毫秒）。

“显示边框”复选框，允许显示或隐藏弹出菜单边框。“边框宽度”选项，可以设置弹出菜单边框的宽度。“边框颜色”、“阴影”和“高亮”选项，可以对弹出菜单边框的颜色进行修改。

如果在“外观”选项卡上，选择了“图像”单元格类型，那么上述的一些选项，将会被禁止使用。

10.4.7 控制弹出菜单和子菜单的位置

弹出菜单创建完毕后，还需要设置它在页面上显示的位置。选择一个合适醒目的位置非常重要。在Firewroks CS6中，可以通过“弹出菜单编辑器”对话框中的“位置”选项卡，指定弹出菜单的位置，并且还可以对子菜单的位置进行有效的控制，当“网页层”可见时，还可以通过在工作区中拖动顶级弹出菜单的轮廓来调整其位置，如图10-4-6所示。

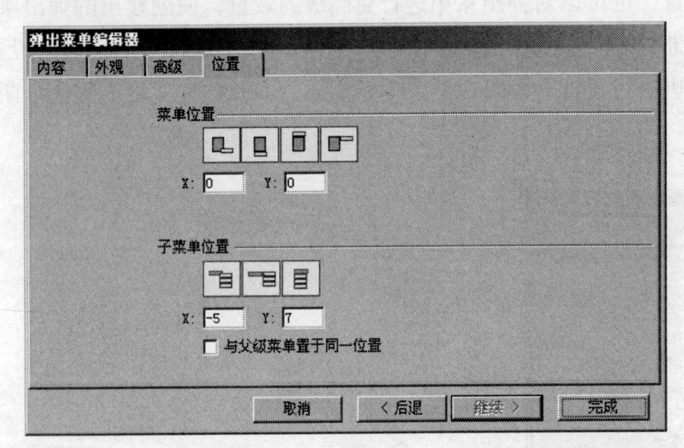

图 10-4-6

在“位置”选项卡中，有4个“菜单位置”按钮，根据需要进行单击选择，可以对相对于触发弹出菜单的切片，对菜单的位置进行调整。在“菜单位置”下方，还可以通过输入*x*和*y*的坐标设置菜单的坐标。如果把坐标设为（0，0），可以使弹出菜单的左上角和触发它的切片或热点的左上角对齐。

在“位置”选项卡中，还可以定义子菜单位置，单击“子菜单位置”按钮可相对于触发该子菜单的弹出菜单项调整子菜单的位置。可以将子菜单位置设置到菜单的右下部、右上部，或放置到菜单的左上部。可以输入*X*和*Y*坐标确定子菜单的位置。如果坐标为（0，0），则会将弹出子菜单的左上角和触发它的菜单或菜单项的右上角对齐。

如果要对相对于触发子菜单的父级菜单项来排列每个子菜单的位置，则取消选择“与父级菜单置于同一位置”复选框。如果要相对于父级弹出菜单来排列每个子菜单的位置，则选择“与父级菜单置于同一位置”选项。

10.4.8 导出弹出菜单

对弹出菜单的整个设置创建完毕后，就可以将其导出为 Web 页面效果了。Fireworks 会自动生成在浏览器中查看弹出菜单所必需的代码。

如果选择对弹出菜单使用 CSS 代码，则包含弹出菜单的 Fireworks 文档会导出为使用 CSS 代码的 HTML 文件。也可以选择将 CSS 写入到一个外部 .css 文件中，并将此文件与 mm_css_menu.js 文件一起导出到与 HTML 文件相同的位置。

如果没有选择对弹出菜单使用 CSS 代码，则会使用 JavaScript。在这种情况下，包含弹出菜单的 Fireworks 文档会导出为 HTML 文件，同时会将一个名为 mm_menu.js 的 JavaScript 文件导出到与该 HTML 文件相同的位置。

在上传文件时，应该将 mm_css_menu.js（或针对 JavaScript 的 mm_menu.js）上传到与包含该弹出菜单的网页相同的位置。如果希望将该文件发布到其他位置，必须在 Fireworks HTML 代码中更新引用 mm_css_menu.js 和 .css 文件（或 mm_menu.js）的超级链接，以便反映自定义位置。对于每个包含 CSS 弹出菜单的文档，在从 Fireworks 中导出为 HTML 和图像时，会导出唯一的 .css 文件。

当包含子菜单时，Fireworks 会生成一个名为 arrows.gif 的图像文件。该图像是一个出现在菜单项旁边的小箭头，它告诉用户存在一个子菜单。无论文档中包含多少个子菜单，Fireworks 总是使用同一个 arrows.gif 文件。

创建动画 11

学习要点：

- 熟练掌握多种创建动画的方法
- 熟悉并运用在导出时对动画的优化以及导出动画的方法
- 了解如何编辑现有的动画

在 Fireworks 中创建 GIF 动画，不仅简单，而且快捷、方便。可以说，Fireworks 是最理想的 GIF 动画制作软件。通过 Fireworks 可以创建能够移动的网页横幅广告、徽标和卡通形象等动画图形。如果以前没有使用 Flash 制作动画的经验，也不用担心，通过一个简单的命令就可以解决这个问题。本章详细介绍如何创建动画。

11.1 创建动画

在 Fireworks 中，可以在文档中创建动画元件，然后通过设置其属性来制作动画。通过设置动画元件的属性将其分解成多个状态，状态中包含组成每一步动画的对象。图 11-1-1 所示为一个从左向右运动并逐渐变小的 6 个状态动画分解显示的效果。

图 11-1-1

在一个动画中，可以有多个元件，而每个元件可以有不同的动作。不同的元件可以包含不同数目的状态。当所有元件的所有动作都完成时，就完成了动画的播放。

如果要在 Fireworks 中使用动画元件制作动画，则首先要创建一个动画元件，既可以创建新的动画元件，也可以将现有的对象转换为动画元件。然后在“属性”检查器或“动画”对话框中设置动画元件的属性。可以设置动画的状态数、移动的角度和方向、缩放、不透明度（淡入或淡出）以及旋转的角度和方向。

“移动”和“方向”项只能在“动画”对话框中找到。

使用“状态”面板中的“状态延迟”对话框，可以设置动画动作的速度，最后将文档优化为 GIF 动画文件，并作为 GIF 动画文件或者 SWF 文件导出，或者保存为 Fireworks PNG 文件并导入到 Adobe Flash 中进行进一步编辑。

11.1.1 动画元件创建动画

可以使用动画元件创建动画，通过设置其属性来完成动画制作，由于其有一定的规则性，因此使用动画元件可以创建流畅的动画。

动画元件可以是在文档内创建的图形，也可以是从文档外导入的任意对象。一个文档中可以创建多个动画元件，每个元件都有它自己的属性并可独立运动。可以创建在其他动画元件淡入、淡出或收缩时在屏幕上移动的动画元件。

创建动画元件

如果要创建动画元件，则首先单击“编辑”菜单中的“插入”→“新建元件”命令，然后在弹出的“转换为元件”对话框中，输入新元件的名称，选择“动画”单选项，最后单击“确定”按钮，如图 11-1-2 所示。

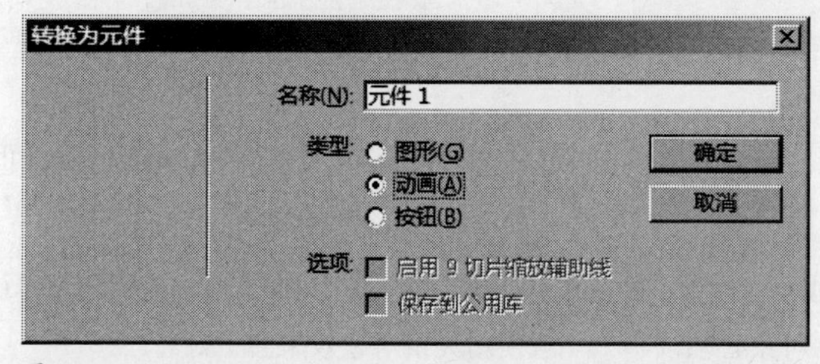

图 11-1-2

在弹出的动画编辑框中，可以设置动画中状态的数量、动画移动的距离、动画移动的方向、缩放动画的总量、动画的起始和终止不透明度、旋转动画的总量以及旋转动画的方向。如图 11-1-3 所示。

动画控件出现在对象的定界框上，而动画元件的副本则添加到“文档库”中。

如果要对动画元件的属性进行更改，可以选择该动画元件，然后单击“修改”菜单中的“动画”→“设置”命令，弹出“动画”对话框，在该对话框中对其属性进行修改。

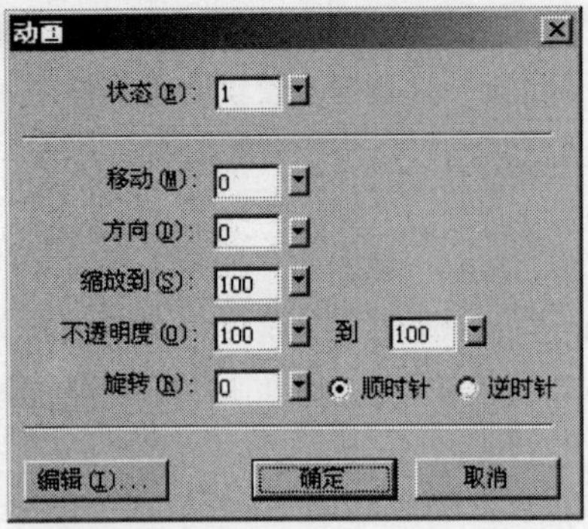

图 11-1-3

在动画对象的“属性”检查器中，也可对动画元件的属性进行更改，但不能更改动画的移动距离和移动方向两个属性，这两个属性的更改只能通过“动画”对话框进行。在文档中，可以使用文本工具创建一个新对象，或者绘制一个矢量对象或位图对象，在完成对该元件的编辑之后，切换到整页。Fireworks 将动画元件放入到“文档库”中，并将一个副本放在画布上。

可以使用“属性”检查器中选项设置动画参数，如图 11-1-4 所示。

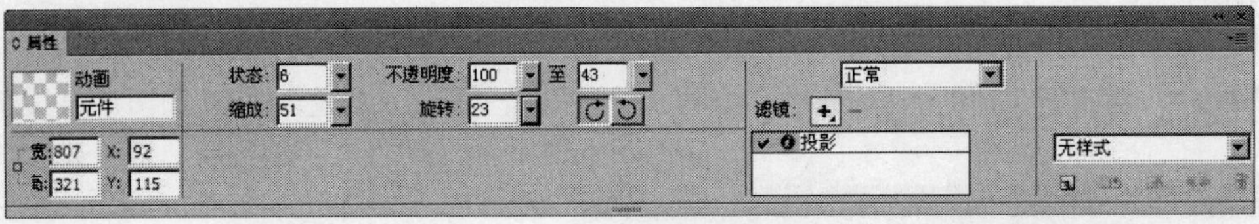

图 11-1-4

“状态”属性，指动画中状态的数量，可以用滑块指定状态数，通过滑块可以调节的最大值为 60，也可以在“状态”框中输入任意数字。

“缩放”属性，指元件的缩放从开始到完成，元件大小的变化百分比。默认值为 100，可选值的范围为 0 ～ 250。如果要将对象从 0% 缩放到 100%，原始对象必须很小；一般使用矢量对象效果会更好。

“不透明度”属性，指从开始到完成，元件淡入或淡出的度数。可选值的范围为 0 ～ 100，默认值为 100。创建淡入或者淡出需要同一元件的两个实例：一个播放淡入，另一个播放淡出。

“旋转”属性，指从开始到完成，元件旋转的度数。可选值的范围为 0 ～ 360°。要想让元件旋转不止一圈，可以输入更高的值，默认值为 0。

“顺时针旋转”属性和“逆时针旋转”属性，主要是指对象旋转的方向。

可以将对象运用滤镜效果，则滤镜效果会同时运用到所有状态对象中。

编辑动画元件

对创建好的动画元件，可以对其进行修改。例如：可以更改动画元件的动画速度、不透明度、淡入淡出和旋转等各种属性。

动画的关键属性是它的状态数，状态数确定动画元件是分几步完成动画的。当设置动画元件的状态数时，Fireworks 自动将所需的状态数添加到文档中以完成动作。如果动画元件需要的状态数比动画中现有的状态数多，Fireworks 会询问是否需要添加额外的状态。

动画元件和按钮元件一样是库项目，因此如果更改文档内任一动画实例的外观，所有其他实例也会更改。

在 Fireworks CS6 中，通过从“文档库”中删除动画元件或者删除元件中的动画，可以删除动画。

如果要删除所选动画元件中的动画，可以单击“修改”菜单中的“动画”→“ 删除动画”命令。

如果要从“文档库”中删除元件，则首先在“文档库”面板中选择所需的动画元件。然后将元件拖到右下角的“删除元件”按钮上即可。如果所要删除的元件处于编辑状态，Fireworks 会提示关闭编辑窗口。

编辑动画元件运动路径

可以对动画元件的运动路径进行修改。当在文档的画布上点取一个动画元件时，可以看到一个指示动画元件移动方向的运动路径和一个边框，这里的边框和运动路径都是唯一的。

运动路径上的绿点表示起始点，而红点表示结束点。路径上的蓝点代表状态。通过改变路径的角度可以改变运动的方向。在将动画元件的动画起始手柄或结束手柄拖到新位置时，按住“Shift”键，可将移动方向限制为 45° 的增量，如图 11-1-5 所示。

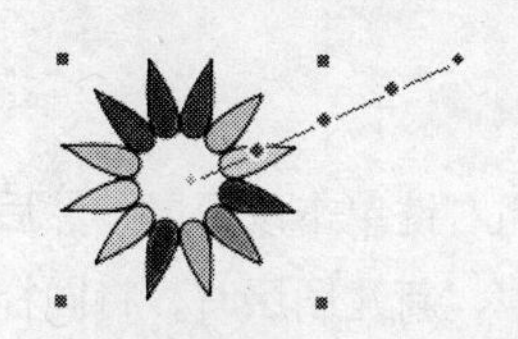

图 11-1-5

拖动蓝点可以改变对象的起始位置，移动红点用来改变动画的运行轨道，拖动红点可以改变动画各状态之类的移动距离。

11.1.2 状态

除了可以用动画元件创建动画外，还可以通过在“状态”面板上创建新的状态并附加内容来生成动画。

使用“状态”面板，可以查看每个状态的内容。“状态”面板是创建和组织状态的地方。每个状态都有若干相关的属性，可以通过设置状态延迟或隐藏状态，从而在制作和编辑过程中，使动画达到自己想要的效果，如图 11-1-6 所示为“状态”面板。

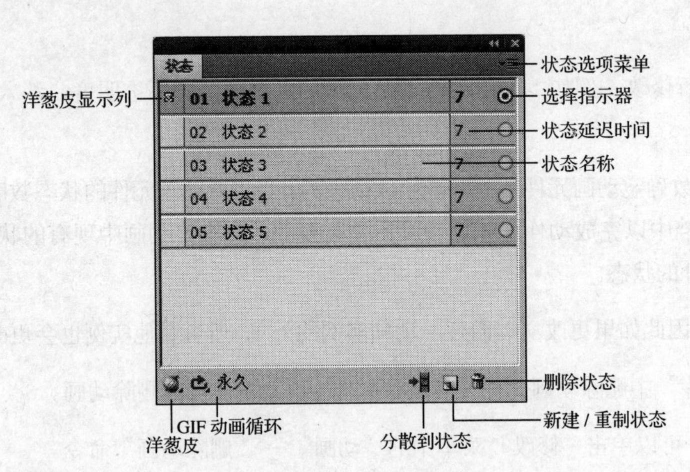

图 11-1-6

可以在动画中使用层来组织构成动画的布景或背景的对象，为了使对象出现在整个动画中，要将对象放置在层上，然后使用“图层”面板在状态间共享层。在状态间共享的层中的对象在每个状态下都是可见的。

状态和图层

页面包含状态，状态包含图层。一个新页面仅包含一个状态。创建的所有图层和那些图层上的所有对象只有一个状态。

当从“状态”面板创建状态时，新状态拥有与前一个状态相同数目的图层。但是，这些图层都是空的且不包含前一个状态的对象。如果要在状态间复制对象，则要创建一个相同图层而不是创建空图层。当在状态间复制时，与对象的每个实例都无关。

从任意状态删除图层将会从所有状态中删除该图层。

如果要在状态之间共享图层中的对象，在“图层”面板中选择该图层，并用右键单击该图层，然后在弹出的快捷菜单中单击“在状态中共享层”命令。图层中的对象已在状态间共享，新建图层时，将同样与其共享。其他状态中相应图层的所有对象都将删除并使用共享图层中的对象进行替换。对共享图层中的对象所做的任何修改都会在状态间反映。

状态和主页

主页状态与文档中的其他页面状态直接关联。在常规页面 A 上复制“状态 1”时，它从页面 A“状态 1”将所有对象复制到页面 A“状态 2”，并且它将共享主页“状态 2”。由于主页只有一个状态，所以其他页面上的“状态 2”是空白的。

如果在主页中通过复制“状态 1”创建“状态 2”，则主页上的背景图层也会复制到主页的“状态 2”中。主页的“状态 2”将与文档中所有页面的“状态 2”共享。

总之，主页的“状态 1”与所有页面的“状态 1”共享，主页的“状态 2”与所有页面的“状态 2”共享，依次类推。如果常规页面的状态多于主页，则不会从主页与多出的那些状态共享任何对象，除非在主页上创建该状态。

同时使用按钮和动画来创建原型 / 演示页面

包含按钮和动画的 Fireworks 文档在多数情况下不会显示。Fireworks 假定动画就是整个页面，尽管按钮认为仅在该幻灯片下切换图像。播放动画时，它将更改页面上的所有信息，包括按钮状态。

动画和按钮必须分别创建和导出到网页中。翻转按钮使用 Javascript 来显示不同状态，但 Fireworks 的动画将导出为 GIF 或 SWF 格式，它们都为自包含格式。

设置状态延迟

在“状态”面板内，可以通过“状态延迟”对话框设置状态显示的时间。

在 Fireworks CS6 中，首先选择一个或多个状态，如果要选择一系列相邻的状态，可以通过在按住“Shift”键的同时单击第一个状态的名称和最后一个状态的名称实现；如果要选择不相邻的多个状态，可以通过在按住“Ctrl”键的同时并单击要选择的状态名称实现。

然后在“状态”面板的“选项”菜单中单击“属性”命令，打开“状态延迟”对话框，双击状态延迟列也可以弹出“状态延迟”对话框，如图 11-1-7 所示。

图 11-1-7

在弹出的“状态延迟”对话框中，可以为“状态延迟”输入一个值，按“Enter”键或在面板外单击以关闭该对话框。

如果希望动画中的某些状态在播放时不显示也不被导出，则可以将其隐藏。隐藏后的状态还可以再次显示。

如果要显示或隐藏状态，可以在“状态”面板的“选项”菜单中单击“属性”命令，或者双击状态延迟列，在弹出的“状态延迟”对话框中，取消选择“导出时包括”复选框，就可以显示或者隐藏要播放的状态。

命名动画状态

在默认情况下，“状态”面板中的状态，以“状态 1”、“状态 2”、“状态 3”等命名，以状态创建的先后显示。当在面板中移动状态时，Fireworks 会重新按照“状态 1”、“状态 2”等命名每一个状态。这样，当进行多次移动后，状态就会发生混淆。因此，为了便于控制和跟踪这些状态，最好对状态进行命名，这样就始终可以确定哪个状态包含动画的哪个部分了。

如果要对状态的名称进行更改，可以在“状态”面板中，双击状态的名称，如图 11-1-8 所示。

图 11-1-8

然后在弹出的文本框中，输入一个新名称，最后按“Enter”键即可。

自定义状态名称

可以通过“文件”菜单下的“HTML 设置”命令来自定义状态名称。

首先单击“文件”菜单下的“HTML 设置”命令，在弹出的“HTML 设置”对话框中选择“文档特定信息”选项卡，在“状态名称”下拉列表中选择“自定义”，如图 11-1-9 所示。

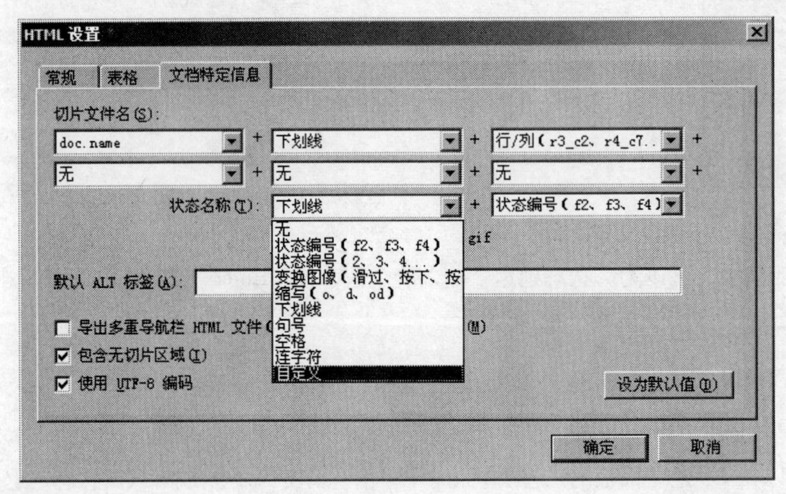

图 11-1-9

选择“自定义”后，会弹出“自定义状态名称”对话框，如图 11-1-10 所示。

在“自定义状态名称”对话框中，输入在“弹起”、“滑过”、“按下”、“按下时滑过”4 种情况下状态的名称。

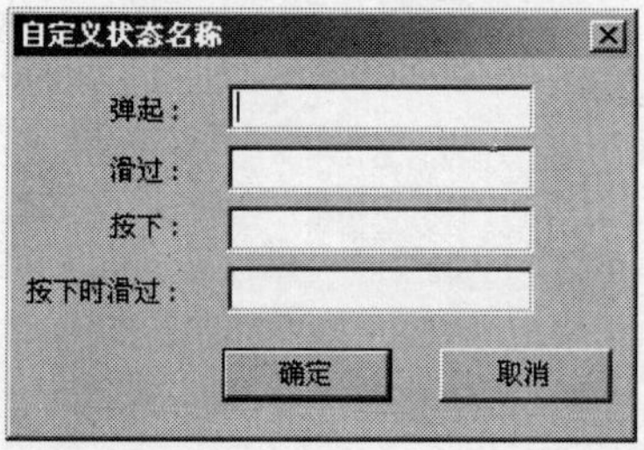

图 11-1-10

状态的操作

通过“状态”面板，还可以轻松地添加、复制、删除状态和更改状态的顺序。

如果要添加新的状态，可以单击“状态”面板底部的“新建 / 重制状态”按钮，这样在“状态”面板中的最后一个状态下会添加一个新的状态；也可以用右键单击状态名称，在弹出的快捷菜单中单击“添加状态”命令，或单击“状态”面板的“选项”菜单中的“添加状态”命令，弹出“添加状态”对话框，在该对话框中可以按顺序向特定的位置添加状态，如图 11-1-11 所示。

在“添加状态”对话框的“数量”选项中可以通过拖动滑块或输入数值，添加状态的数目。在“插入新状态”区中可以选择新状态插入的位置，包括“在开始”、“在结尾”、“在当前状态之前”或“当前状态之后”4 个选项。设置完成后，单击“确定”按钮。

如果要复制当前状态，可以将当前状态，拖到“状态”面板底部的“新建 / 重制状态”按钮上。

如果复制所选状态并按顺序放置，首先在“状态”面板的“选项”菜单中单击“重制状态”命令，弹出“重制状态”对话框，如图 11-1-12 所示。

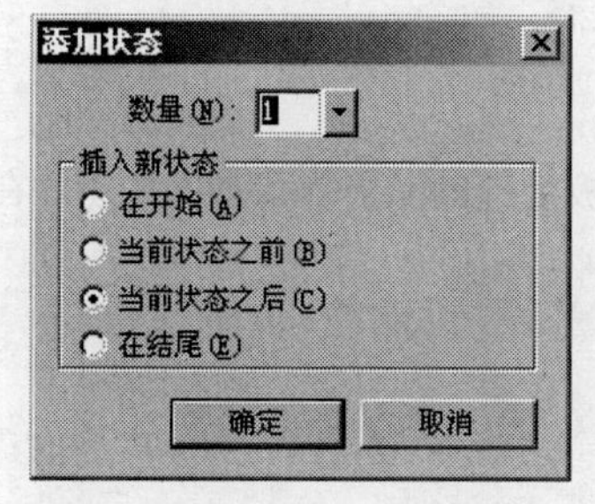

图 11-1-11

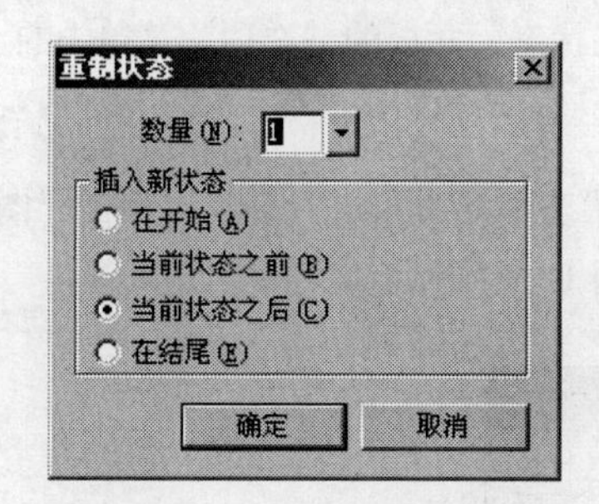

图 11-1-12

输入要为所选状态创建的重制数，指定要插入重制状态的位置，包括“在开始”或“在结尾”、“当前状态之前”或“当前状态之后”4 个选项。设置完成后，单击“确定”按钮。

当希望对象在动画的其他部分重新出现时，重制状态很有用。

将状态依次拖到列表中的新位置，可以对状态进行重新排序。

也可以反向所有状态的顺序或选定范围内的状态顺序。单击选择“命令”菜单中的“文档”→“反向状态”命令，弹出“反向状态”对话框，如图 11-1-13 所示。

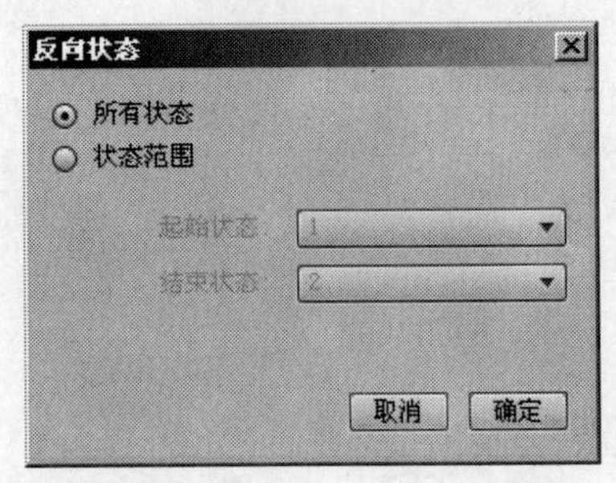

图 11-1-13

在“反向状态”对话框中，可以选择“所有状态”单选项，以反向从开始到结束的状态顺序，也可以选择“状态范围”单选项，选择开始状态和结束状态，以反向所选范围之内的状态顺序。最后单击“确定”按钮。

在“状态”面板中，可以将对象移动到另一个状态。仅出现在一个状态中的对象会在播放动画时消失，也可以使它们在不同的时间消失和重新出现。

在“状态”面板中，状态延迟时间右侧的小圆圈表示该状态中的对象状态。如果在“状态”面板中移动所选对象，首先在画布上选择要显示在另一个状态上的对象，然后在“状态”面板中将选取指示器拖到新的状态上。

如果要将选定对象复制到其他状态，可以在按住“Alt”键的同时拖动这些对象。

如果要对所选状态进行删除操作，可以单击“状态”面板中的“删除状态”按钮，或将状态拖到“删除状态”按钮上，也可以单击“状态”面板的“选项”菜单中的“删除状态”命令。

查看特定状态中的对象

可以通过“图层”面板对状态中的对象进行查看。单击“图层”面板底部的“当前状态”按钮，在弹出菜单中选择所需的状态，如图 11-1-14 所示。

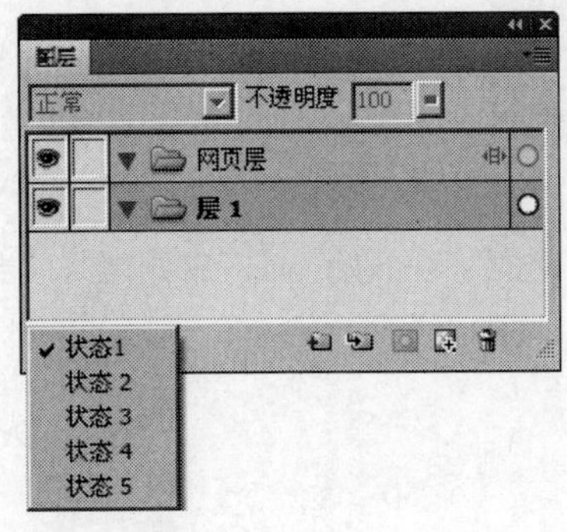

图 11-1-14

所选状态中的所有对象即在“图层”面板中列出并显示在画布上。

使用“洋葱皮”

在传统动画制作中，通常把用来制作后一张画面的纸和前一张画稿进行重叠，然后放到灯箱上，根据映射过来的半透明图像，创作第二张画面，这样保证了前后两状态连续画面对齐的准确性。

在 Fireworks 中，“洋葱皮”就是基于这个原理设置的。在“状态”面板中，使用“洋葱皮”按钮，可以查看当前所选状态之前的和之后的状态的内容，还可以使对象变为很流畅的动画，而不用在对象中来回跳跃，图 11-1-15 所示为“洋葱皮”的弹出菜单。

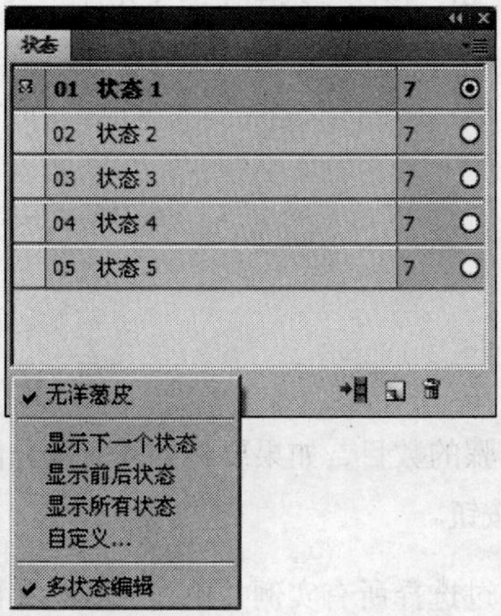

图 11-1-15

打开“洋葱皮”后，当前状态之前和之后的状态中的对象将会变暗，以便与当前状态中的对象区别开。

在默认情况下，“多状态编辑”是启用的，这意味着不用离开当前状态就可以选择和编辑其他状态中变暗的对象。可以使用“选择后方对象”工具按顺序选择状态中的对象。

如果要调整当前状态之前和之后的可见状态的数目，可以单击“状态”面板中的“洋葱皮”按钮，在弹出的菜单中选择一个命令。

“无洋葱皮”命令，指只显示当前状态的内容。

“显示下一个状态”命令，指显示当前状态和下一状态的内容。

“显示前后的状态”命令，指显示当前状态和与当前状态相邻的状态的内容。

“显示所有状态”命令，指显示所有状态的内容。

“自定义”命令，用来设置自定义状态数，并控制洋葱皮的不透明度。

“多状态编辑”命令，用来选择和编辑所有可见对象。如果取消选择此选项，则只选择和编辑当前状态中的对象。

还可以通过单击“洋葱皮”按钮显示状态列表，来实现选择或取消状态操作。

11.1.3 创建补间动画

所谓补间动画又叫做中间状态动画、渐变动画，只要建立起始和结束的画面，中间部分将由软件自动生成，省去了中间动画制作的复杂过程。

在 Fireworks 中，补间混合了同一元件的两个或更多的实例，使用插值属性创建中间的实例。补间是一个手动过程，对于在画布上做更复杂的移动的对象以及动态滤镜在动画的每一状态都改变的对象很有用。

如果要创建补间实例,首先选择同一元件的两个或多个实例,然后单击“修改”菜单中的“元件”→“补间实例”命令，弹出“补间实例”对话框。如图 11-1-16 所示。

图 11-1-16

在“补间实例”对话框中，输入要插入到原始状态之间的补间步骤的数目，如果要将补间对象分散到不同的状态中，可以选择“分散到状态”复选框，最后单击“确定”按钮。

如果没有选择“分散到状态”复选框，还可以在以后的操作中通过选择所有实例并单击“状态”面板中的“分散到状态”按钮来执行此操作。

在多数情况下，使用动画元件创建动画比使用补间创建动画更可取。

11.2 浏览动画

在制作动画的过程中和动画制作完毕后，都可以查看动画的效果。也可以将动画优化处理后，在浏览器内预览其效果。

如果要在工作区中预览动画，可以使用文档窗口底部的状态控件，如图 11-2-1 所示。

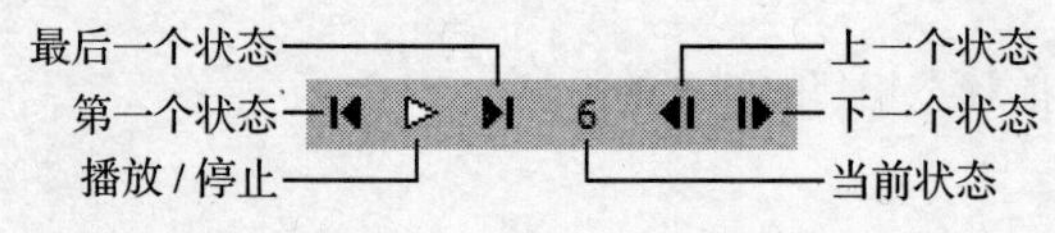

图 11-2-1

如果要在“预览”视图中预览动画，可以单击文档窗口左上角的按钮“预览”，或者直接使用状态控件。

如果要在 Web 浏览器中预览动画，可以单击“文件”菜单中的“在浏览器中预览”命令，并从子命令中选择一个浏览器。

在“优化”面板中必须选择“GIF 动画”作为“导出”文件格式，否则在浏览器中预览文档时将看不到动画。

11.3 优化和导出动画

在 Fireworks 文档中，将动画制作完毕后，就可以将其优化并导出。在导出之前及导出的过程中，需要进行一些设置，例如动画的优化设置和播放设置等。优化设置可以将动画的体积压缩到最小，有利于提高网页的下载速度，并利于在打开网页时顺利地打开网页中的动画；在播放设置中，可以设置播放的循环次数和播放中动画的透明度。

如果打算将动画导入到 Adobe Flash 中进行进一步编辑，则不需要将它导出。Flash 可直接导入 Fireworks PNG 源文件。

11.3.1 设置动画循环

可以使用“状态”面板下的“GIF 动画循环”按钮，设置动画的循环方式，可以将动画设置为只播放一遍，或者指定播放的次数，也可以让动画无休止地循环播放。

如果要设置所选动画的循环，则首先单击“窗口”菜单中的“状态”命令，打开“状态”面板，然后在“状态”面板中单击面板底部的“GIF 动画循环”按钮，如图 11-3-1 所示。

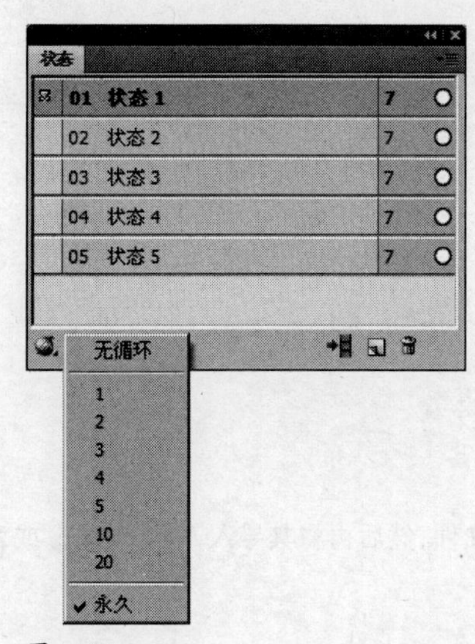

图 11-3-1

最后，选择动画第一遍播放后重复播放的次数。例如，选择 3，则动画共播放 4 遍；选择“永久”，则永久性地重复播放动画。

11.3.2 优化动画

优化处理可以使动画文件在保证画面质量的同时，将体积压缩到最小，以便在网站上能够快速下载，从而极大地提高了页面的显示速度。

作为优化处理的一部分，可以使 GIF 动画文件中的一种或多种颜色在 Web 浏览器中显示为透明。这在需要网页背景色或图像透过动画显示时很有用。

如果要对动画进行优化，则首先单击“窗口”菜单中的“优化”命令，打开“优化”面板，如图 11-3-2 所示。

在“优化”面板中，可以选择导出的文件格式；可以对“色版”、“抖动”和“失真”项进行选择；可以对显示的最大颜色数通过“颜色”项进行选择；可以对透明效果类型进行选择，可以选择“索引色透明”或“Alpha 透明度”项；可以使用透明度工具选择透明的颜色；可以在“排序依据”下拉列表中选择颜色表排序方式，主要有“无”、“亮度”、“使用次数”3 种，如果需要重新构建颜色表，可以单击“重建”按钮。

优化完成后，使用“状态”面板设置状态延迟时间，最后导出动画。

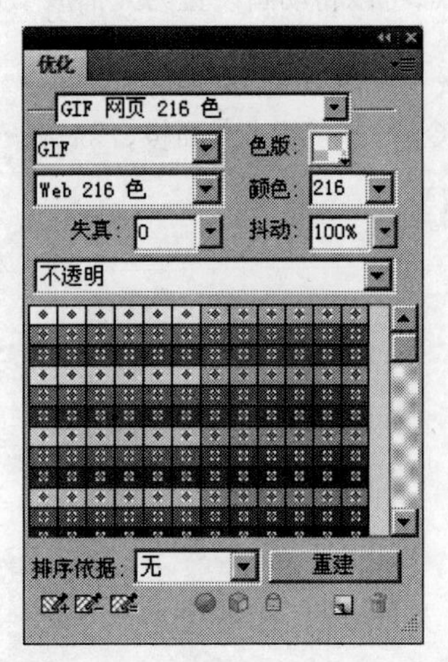

图 11-3-2

11.3.3 动画导出格式

除了将动画导出为 GIF 格式外，还可以将动画导出为 Flash SWF 文件，然后再将其导入 Adobe Flash；或者，可以跳过导出步骤而将 Fireworks PNG 源文件直接导入 Flash。

可以导入动画中的所有层和状态，然后在 Flash 中进行进一步编辑。还可以将动画中的状态或层作为文件导出。

11.4 编辑现有动画

可以将一个 GIF 动画导入到 Fireworks 文件中，也可以将 GIF 动画作为新文件打开并进行编辑从而形成新的动画。

当导入 GIF 动画时，Fireworks 将它转换为一个动画元件并放在当前选定的状态中。如果该动画的状态比当前动画的状态多，可以选择自动添加更多的状态。

导入的 GIF 会失去它们原来的状态延迟设置，而采用当前文档的状态延迟。由于导入的文件是一个动画元件，因此可以对它应用其他的动作，可以在“动画”对话框中对其进行设置，例如设置方向及其一些动作属性让元件对象具有一些动画属性。也可以通过单击“命令”菜单中的“创意”→“螺旋式渐隐”命令，创建对象沿着一个扭转的路径淡入和淡出的动画效果。

11.4.1 导入或打开 GIF 动画

如果要导入 GIF 动画，则首先单击“文件”菜单中的“导入”命令，然后找到所需要导入的文件，并单击“打开”按钮。导入文件后，需要将文件的格式设置为 GIF 动画格式，以方便能够从 Fireworks 中导出此动作。

如果想要打开 GIF 动画，可以直接单击“文件”菜单中的“打开”命令，打开 GIF 文件。打开的 GIF 动画会自动创建一个新的文件，并且 GIF 中的每个状态都放在一个单独的状态中。尽管 GIF 不是一个动画元件，但它保留了原始文件中的所有状态延迟设置。

11.4.2 将多个文件用作一个动画

在 Fireworks CS6 中，可以将一组图片通过 Fireworks 打开，然后进行动画设置，最后形成一个动画。例如，打开几个现有的图形文件，并将它们放在同一个文档中的不同状态中，就可以创建一个幻灯片广告。

如果要打开多个文件用作一个动画，则首先单击“文件”菜单中的“打开”命令。然后按住“Shift”键并单击，以选择多个连续文件，或按住“Ctrl”键并单击，以选择多个不连续的文件，选择“以动画打开”复选框，最后单击“确定”按钮，文件就可以以动画的形式进行浏览。

Fireworks 在一个新的文档中打开这些文件，并按照选择时的顺序将每个文件放在一个单独的状态中。

11.4.3 创建螺旋式渐隐动画

可以使用“螺旋式渐隐”命令创建一个对象的多个实例，使该对象沿着一个扭转的路径淡入和淡出。创建第一个对象之后，可以根据它在“螺旋式渐隐”对话框中的设置，自动创建后面的实例，还可以对这些对象设置动画，并且将动画保存为 GIF 文件。

如果要创建螺旋式渐隐动画，则首先在画布上创建或放置一个对象。然后单击“命令”菜单下的“创意”→“螺旋式渐隐”命令，打开“螺旋式渐隐”对话框，如图 11-4-1 所示。

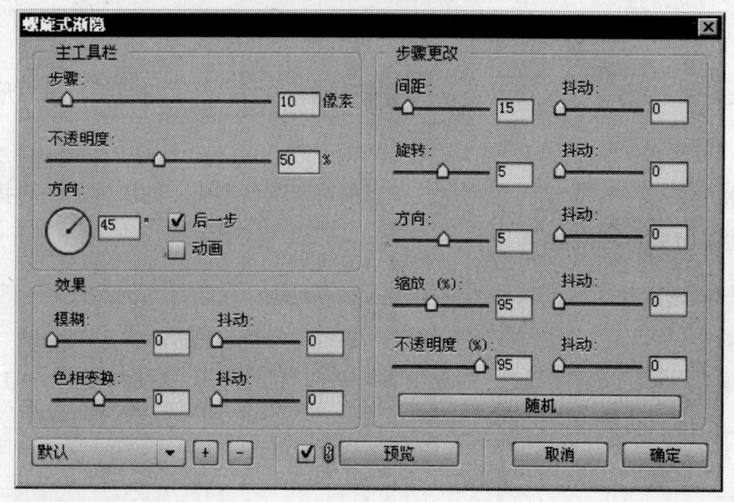

图 11-4-1

在“螺旋式渐隐”对话框中，可以通过操纵对话框中的各项以自定义效果。可以调整对话框位置以便于预览所进行的更改。“螺旋式渐隐”对话框中主要包括三大部分的设置：主工具栏、效果和步骤更改设置。

“主工具栏”部分可以设置动画的步骤、不透明度以及方向等。

“步骤”选项：设置创建对象的实例数目。

“不透明度”选项（主工具栏区）：设置创建对象的不透明度。

“方向”选项：设置创建的连续对象的方向（相对于第一个对象）。

“后一步”复选框：每个对象都移到集合中下一对象的后面。

“动画”复选框：可以把创建的对象集设置成动画。

“效果”可以设置动画的显示效果，可以设置模糊效果或更改对象的颜色等。

“模糊”选项：将对象应用模糊效果后，会增加此字段中的值。

“色相变换”选项：更改该值可更改所创建对象的颜色。

“步骤更改”部分用来设置动画的间距、旋转的范围、对象的方向、缩放以及不透明度等。

“间距”选项：增加该值可增大所创建对象之间的间距。

“旋转”选项：设置旋转连续对象的范围。

“方向”选项：设置后面对象与第一个对象对齐的角度。

“缩放”选项：设置后面对象相对于第一个对象的可伸缩性。

“不透明度”选项（步骤更改区）：设置后面对象相对于第一个对象的不透明度。

“随机”按钮：可以试验由系统选择的一组随机值。

“抖动”选项：向所选的选项添加一些变化。设置的值确定变化的量。

“上次使用的预设”选项：可以选择最适合需要的预设。最好从预设开始，然后根据需要配置各种选项。还可以选择“默认”以使用默认的首选项集，或选择“上次使用”以使用以前的首选项集。“预设”选项下拉列表中主要有旋转、上踢、疯狂蠕虫、混乱、视觉深度和幽灵舞者几种效果。可以通过单击预设选项后面的按钮+和-来增加和删除预设效果。

“预览”选项：选择“预览”复选框后单击“预览”按钮可以在设置选项之后立即查看对象的更改效果。

如果选择了“动画”复选框，则单击“确定”按钮之后图形会从工作区中消失。

设置完成后，可以在“属性”对话框中，从“格式”下拉列表选择“动画 GIF 接近网页 128 色”对动画进行优化。

可以取消对创建对象的编组，其方法与取消对象编组方法相同。

优化和导出 12

学习要点：

- 熟悉掌握用“导出向导”进行优化和导出的方法
- 熟练掌握运用“图像预览”优化和导出的方法
- 熟练掌握在 Fireworks CS6 工作区中优化的方法
- 熟练掌握从 Fireworks CS6 工作区中导出的方法

在 Fireworks 中，利用强大的工具组合、动态滤镜及丰富的样式等，对网页图形进行一番精心的设计，会使网站更加美观、生动，但如果使用的图像色彩过多，体积就会过大，这样就会使网页打开的速度越来越慢。在制作用于网络的图像时，往往需要既保持图像品质又使文件尽可能小，以减少下载时间，使两者之间保持平衡。这种平衡就是优化，即寻找颜色、压缩和品质的最佳组合。

在 Fireworks CS6 中，使用预览、选择性 JPEG 文件压缩以及各种导出控件以优化图形。还可以交付透明的 Web 图形，创建带有透明 Alpha 图层的图形，它们在任何浏览器中都可以正确显示。在 Fireworks 中优化设计并将它们作为 PNG-8 文件导出，以实现真正的跨浏览器透明度。

在导出图形前，需要准备好要导出的文档或各个切片图形，选择优化设置并对预览结果进行比较，在保证最基本的品质下尽可能地将文件体积减至最小。

对于网页设计的初学者，可以使用“导出向导”导出图像。在对优化和导出网页图形不熟悉的情况下，依然可以通过该向导完成导出过程。它为用户提出设置方面的建议，它还显示“图像预览”对话框，在该对话框内可以尝试使用各种文件格式和设置相关的参数来对文档进行优化，通过对比查看，选择最优。在 Fireworks 中，“图像预览”可以与“导出向导”分开使用。

如果对优化和导出图形较为熟悉，就可以使用“优化”面板和文档窗口中的“预览”按钮预览，来实时查看优化结果，然后执行“导出”命令。

在有些情况下，可以只保存图形而不将其导出。

12.1 优化

在网络中，有两大因素影响图片浏览速度：一是颜色，二是像素。图像中的颜色种类和像素越多，图像效果越逼真，图像的尺寸也就越大。

在进行网页设计时，如果想得到较好的图片质量，尽量保持图片原有的颜色和像素，会使文件体积过大而导致下载速度过慢，甚至于会出现网页打不开的现象。但如果想保证浏览速度，而一味地减小文件的体积，这样又会影响图像的质量，导致图像失真。

针对上述情况 Fireworks 提供了一个优化方案，即通过选择图片格式、调节图像的导出质量以及其他相应的设置，可以在保证图片质量的同时，最大限度地减小文件的体积。

对图像进行优化主要考虑几个方面的因素：一是选择最佳文件格式，因为每种文件格式都有不同的压缩颜色信息的方法，为图像选择最佳的显示格式可以大大减小文件的体积；二是设置格式特定的选项，每种图形文件格式都有一组唯一的选项，可以用诸如色阶这样的选项来减小文件的体积，某些图形格式（如 GIF 和 JPEG）还具有控制图像压缩的选项；三是调整图形中的颜色（仅限于 8 位文件格式），可以通过将图像局限于一个称为调色板的特定颜色集来限制颜色，然后修剪掉调色板中未使用的颜色，调色板中的颜色越少意味着图像中的颜色也越少，从而使在用该调色板的图像文件的体积减小。

12.1.1 使用“导出向导”优化

在 Fireworks CS6 中进行优化图像时，如果对图像优化设置不够了解，可以使用“导出向导”，轻松优化导出图形。

“导出向导”会引导用户逐步完成优化和导出过程。回答关于文件目的地和预期用途的问题后，“导出向导”将就文件类型和优化设置提出建议。

如果要使目标文件优化一定大小，则“导出向导”将优化导出的文件，使其适合设置的大小限制。当对优化和导出操作熟悉后，可以使用“优化”面板和文档窗口中的“预览”按钮进行图形优化，它们比“导出向导”更方便，并且为熟悉优化过程的用户提供了更多的优化控制。用这种方式优化图形后，必须另外执行一个步骤才能导出图形。

如果要使用“导出向导”导出文档，单击“文件”菜单中的“导出向导”命令，弹出“导出向导”对话框如图 12-1-1 所示。

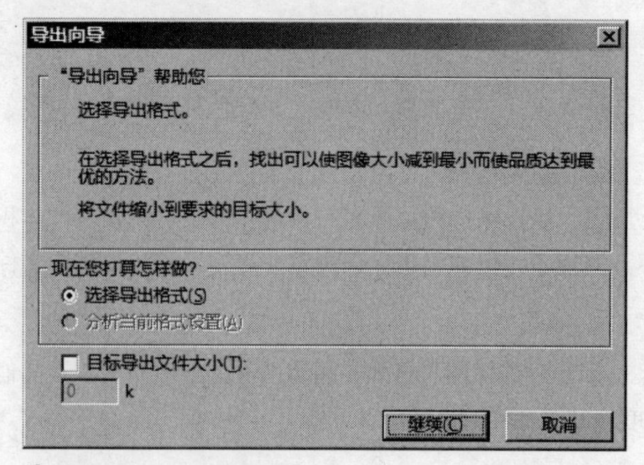

图 12-1-1

在“导出向导”对话框中，有个“目标导出文件大小”复选框，如果选择此复选框，就可以在其下的文本框中输入值，以优化到最大的所允许的文件大小。

当对图形应用“导出向导”时，单击“继续”按钮后，将弹出选择导出图像用途对话框，其有 4 种选择，分别是“网站”、“一个图像编辑应用程序”、“一个桌面出版应用程序”和“Dreamweaver”，如图 12-1-2 所示。

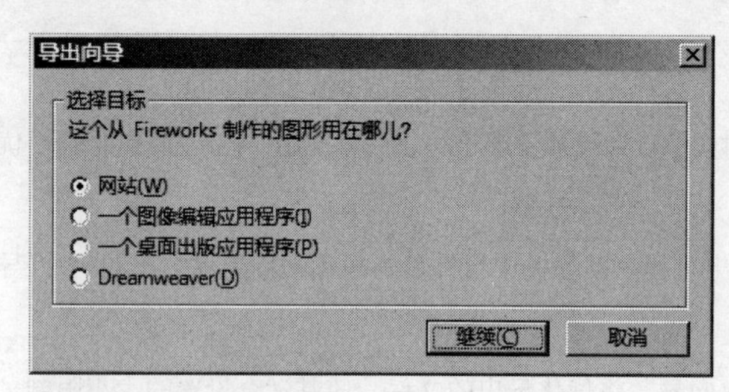

图 12-1-2

当选择“网站”或“Dreamweaver”单选项时，图像将以 GIF 或 JPEG 格式输出，而选择另外两个单选项时，通常输出为 TIFF 格式的文件。默认的是“网站”单选项。

单击“继续”按钮后，会弹出“Fireworks 分析结果”对话框，该对话框为用户提出了一个适合的优化方案。

单击“退出”按钮后系统将显示优化了的“图像预览”对话框，其中的优化参数均为系统推荐选用的参数。图 12-1-3 所示为选择“网站”单选项时弹出的“图像预览”对话框。

“图像预览”对话框右侧分别为导出 JPEG 和 GIF 格式时的预览图像。选择适合的优化方案后，单击“导出”按钮将导出图像。

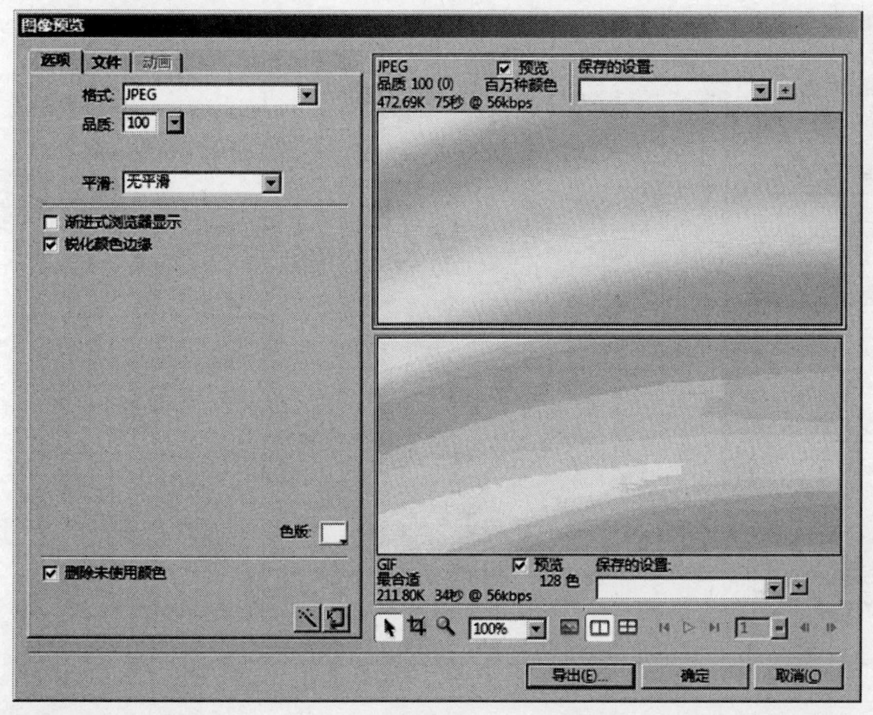

图 12-1-3

当对动画应用“导出向导”时，单击“继续”按钮后，将会弹出选择导出状态对话框，可以将动画导出为“GIF动画”、“JavaScript 变换图像”或“单一图像文件”。默认为 GIF 动画，如图 12-1-4 所示。

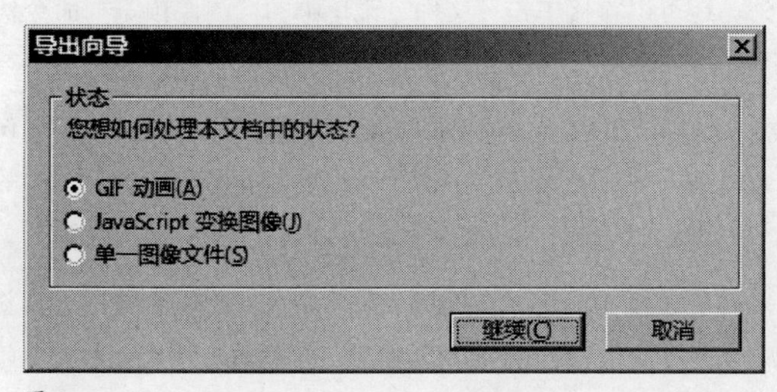

图 12-1-4

单击“继续”按钮，系统将显示优化了的“图像预览”对话框，其中的优化参数均为系统推荐选用的参数。如图 12-1-5 所示为选择“GIF 动画”时的“图像预览”对话框。

单击“导出”按钮，将按选择的状态导出动画。

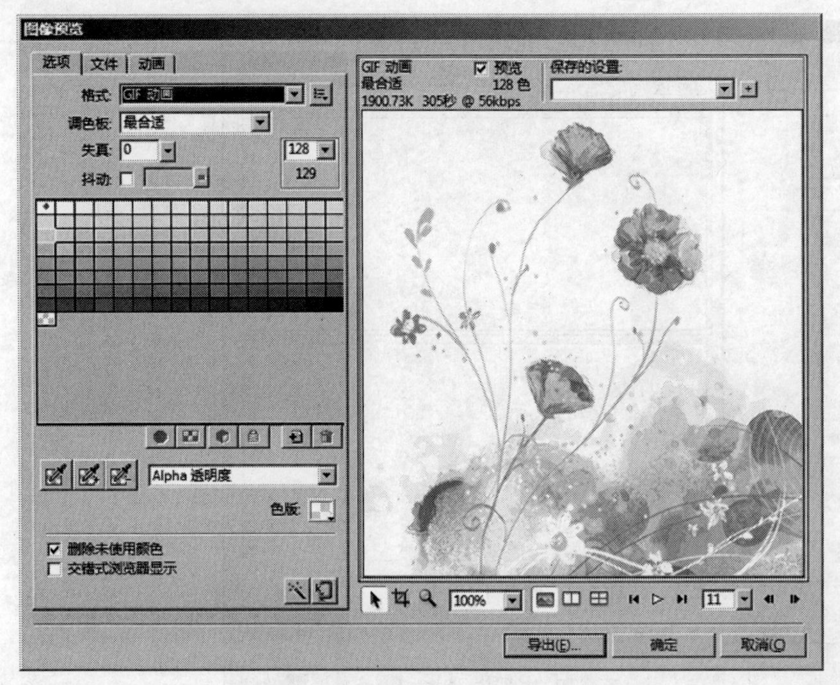

图 12-1-5

12.1.2 使用“图像预览”优化

通过“导出向导”可以帮助优化导出，在弹出的“图像预览”对话框中，可以为当前文档显示系统推荐的优化和导出参数。除使用“导出向导”外，还可以直接单击“文件”菜单中的“图像预览”命令优化导出。在 Fireworks 中，“图像预览”与“导出向导”可以分开独立使用。

“图像预览”的预览区域所显示的文档或图形与导出时的完全相同，左边区域是所选导出的一组已保存的设置，在右边区域的上方有文件大小和下载时间的估计、预览选中的导出设置以及保存活动视图中的导出设置，右侧区域下方有一系列的操作预览区域的按钮，如图 12-1-6 所示。

如果要提高“图像预览”的重绘速度，则取消选择“预览”复选框。如果要在更改设置时停止预览区域的重绘，按“Esc”键即可。当导出 GIF 动画或者导出 JavaScript 变换图像时，预估的文件大小所表示的是所有状态的总大小。

在“图像预览”对话框的“选项”选项卡中，可以编辑优化的各种设置；在“文件”选项卡中，可以对导出图像的大小及导出的区域进行设置。在“动画”选项卡中，可以对动画进行所需的设置。

“动画”选项卡只有在导出为 GIF 动画时，才能被激活。

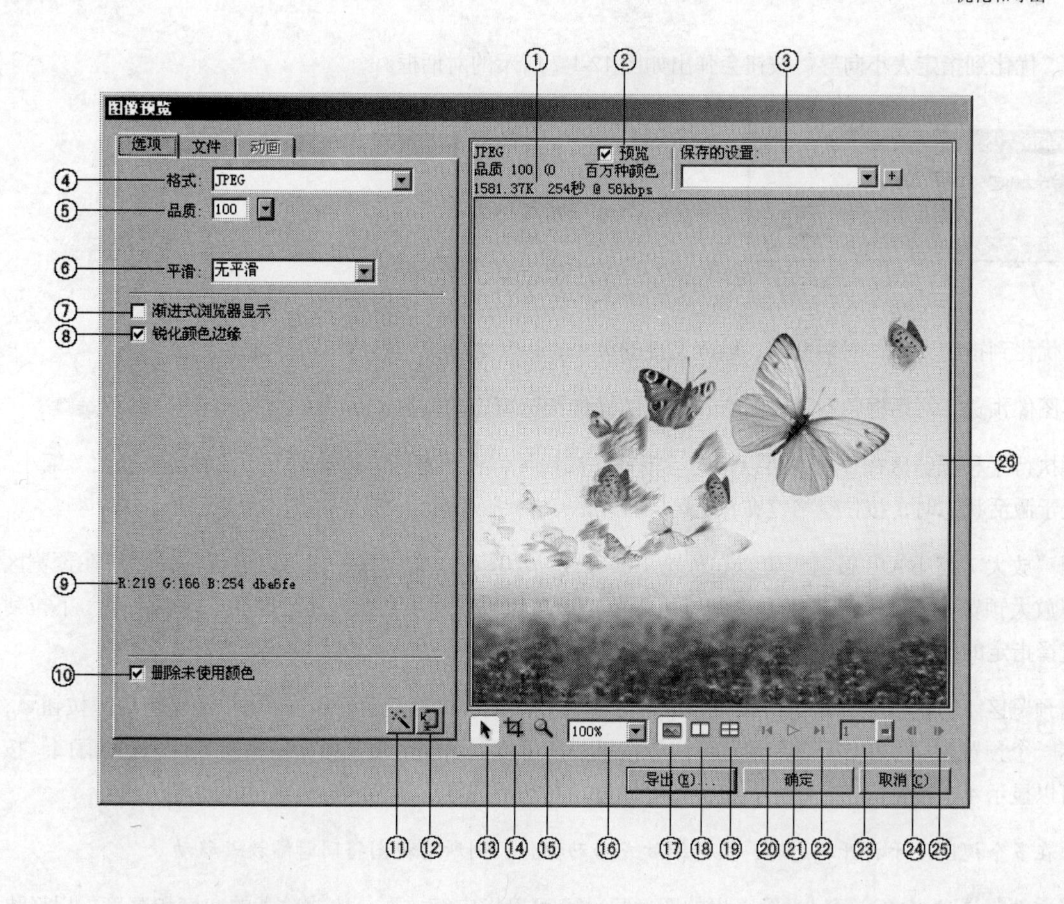

① 导出对象基本参数
② 预览选中对象的导出效果
③ 保存活动视图的导出设置
④ 导出文件格式
⑤ JPEG品质
⑥ 平滑级别
⑦ 渐进式图像
⑧ 不压缩实边
⑨ 目标颜色代码
⑩ 优化图像以得到更小的文件
⑪ 启动“导出向导”
⑫ 优化到指定大小向导
⑬ 指针
⑭ 导出区域
⑮ 放大/缩小
⑯ 设置缩放比例
⑰ 1个预览窗口
⑱ 2个预览窗口
⑲ 4个预览窗口
⑳ 转到第一个状态
㉑ 播放/停止
㉒ 转到最后一个状态
㉓ 当前状态
㉔ 上一个状态
㉕ 下一个状态
㉖ 图像预览区域

图 12-1-6

当导出的图像格式选择为“JPGE”时，在“图像预览”对话框的左侧，选择“渐进式浏览器显示”复选框导出为渐进式图像；选择“锐化颜色边缘”复选框，则不压缩导出图像实边；选择“删除未使用颜色”复选框，则会优化图像以得到更小的文件。

“图像预览”对话框左下方的启动‘导出向导’按钮,可以帮助完成优化导出。“优化到指定大小向导”按钮，可以根据文件的大小优化图像。

单击“优化到指定大小向导”按钮会弹出如图 12-1-7 所示的对话框。

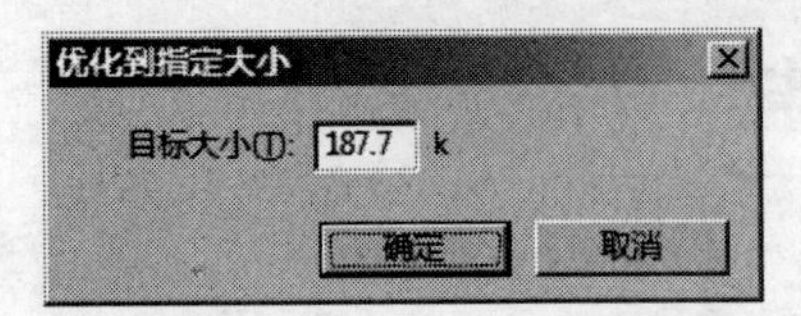

图 12-1-7

在“优化到指定大小”对话框中，输入文件的大小，以 k 为单位，然后单击“确定”按钮。

在“图像预览”对话框的右下方，有一系列的操作预览窗口的按钮。

当要执行平移预览区操作时，可以单击“指针”按钮，在预览区中拖动对象；或者当“放大 / 缩小”按钮处于激活状态时，按住空格键在预览区中拖动。

使用“放大 / 缩小”按钮，可以在预览中放大或缩小图像。单击该按钮可以激活它，然后在预览区中单击以放大预览；按住“Alt”键并在预览区中单击该按钮可以缩小预览。还可以在“缩放比率”下拉列表中，选择指定的比率来缩小或放大预览显示图像。

使用预览区下方的 3 个“预览”按钮，可以分割预览区域以比较设置。单击“1 个预览窗口”按钮，可以显示一个预览窗口；单击“2 个预览窗口”按钮，可以显示两个预览窗口；单击“4 个预览窗口”按钮，可以显示 4 个预览窗口，每个预览窗口可以显示具有不同导出设置的图形预览。

如果在多个视图处于打开状态时，执行缩放或移动操作，则所有视图将同时缩放或移动。

在“文件”选项卡中，可以设置导出的图像尺寸。可以指定缩放百分比或输入的宽度和高度，以像素为单位，如图 12-1-8 所示。

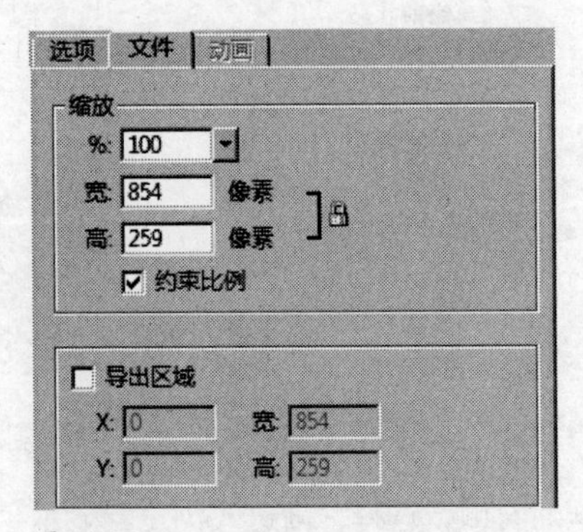

图 12-1-8

选择“约束比例”复选框，可以按比例缩放宽度和高度。选择“导出区域”复选框，可以定义图像的哪部分用于导出。

当选择“导出区域”复选框，导出一部分图像时，“图像预览”对话框下方的“导出区域”按钮被激活。此时拖动出现在预览区的虚线框，直到它包围导出区域为止。（在预览内拖动可将隐藏区域移动到视图中）或者输入导出区域边界的像素坐标。

当在“选项”选项卡中选择导出的格式为“GIF 动画”时，“动画”选项卡将被激活，如图 12-1-9 所示。

“动画”选项卡左侧显示的是各个状态及相关的控件，右侧显示的是文件大小和下载时间估计、预览选中的导出设置、保存活动视图中的导出设置，以及相关的控件。

如果要显示单个状态，可以从对话框左侧的列表中选择该状态，还可以使用右侧图像预览下方区域中的状态控件显示状态。如果要播放动画，单击“播放 / 停止”按钮▷。

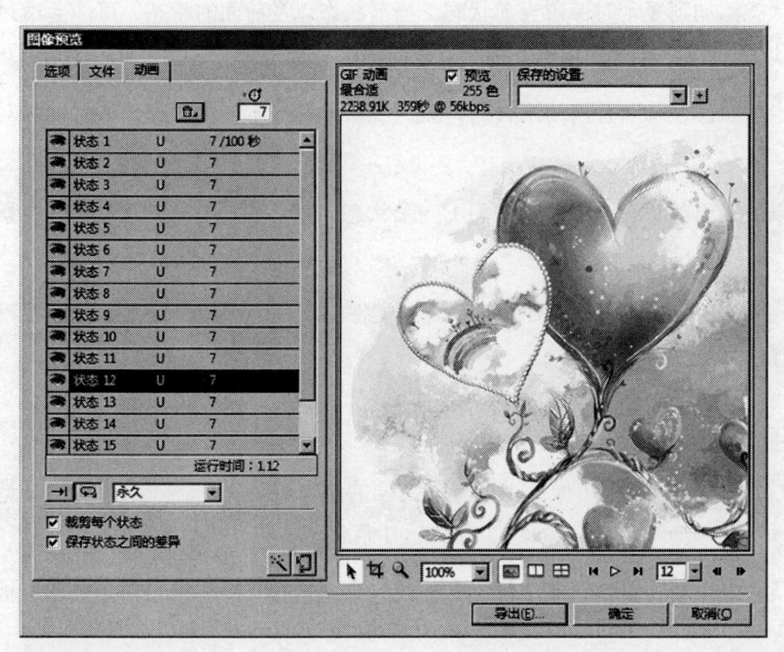

图 12-1-9

如果要设置状态延迟，可以从列表中选择一个状态，并在“状态延迟”文本框中输入延迟时间，以百分之一秒为单位。

如果要将动画设置为反复播放，可以单击“循环”按钮，并从下拉菜单中选择重复次数。

如果要裁剪每个状态以便只输出状态之间不同的图像区域，可以选择“裁剪每个状态”复选框。此操作可减小文件体积。

如果要仅输出状态间更改的像素，可以选择“保存状态间的差异”复选框。此操作可减小文件体积。

如果要指定状态的处置方式，可以单击“处置方式”按钮，从弹出的菜单中选择一个方式，如图 12-1-10 所示。

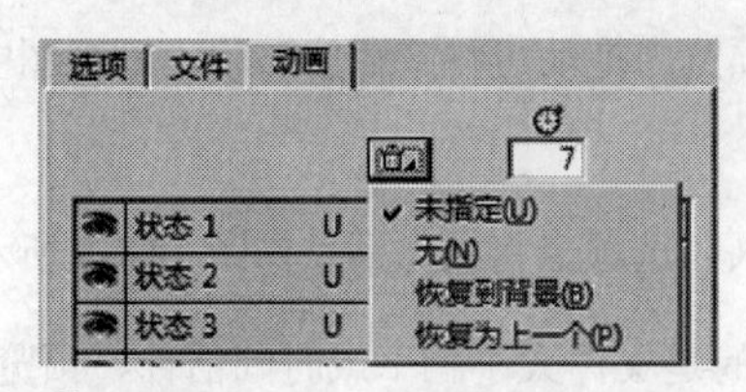

图 12-1-10

“未指定”方式，可以自动确定当前状态的处置方式。如果下一个状态包含层透明度，则放弃当前状态。对于大多数动画，此默认的处置方式，可以产生最佳的视觉效果和最小的文件大小。

“无”方式，可以将下一个状态添加到显示时保留当前状态。当前状态以及前面的状态，可能会透过下一个状态的透明区域显示。也可以通过浏览器准确预览使用此方式的动画。

“恢复到背景”方式，放弃当前状态，临时替换为网页的背景。一次只能显示一个状态，如果动画对象在透明背景上移动，则选择此方式。

“恢复为上一个”方式，可以放弃当前状态，临时替换为上一个状态。如果动画对象在不透明的背景上移动，则选择此方式。

完成设置后，单击“导出”按钮，并在“导出”对话框中输入文件的名称，选择目标，根据需要设置其他选项，最后单击“保存”按钮即可优化导出图像。

12.1.3 在工作区中优化图像

使用“导出向导”和“图像预览”方法优化图像，主要是对文档的整体进行优化。如果想更精细地对文档的单个图像及局部细节进行优化，则可以在 Fireworks 的工作区中优化。

“优化”面板中包含了用于优化的主要控件。对于 8 位文件格式，它还包含一个显示当前导出调色板中各种颜色的颜色表。

当前的选定对象决定“优化”面板中所显示的内容。当选定切片时，“优化”面板会显示所选切片的优化设置。同样，当选定整个文档时，“优化”面板会显示整个文档的优化设置。

优化个别切片

选择切片后，在“属性”检查器中有一个“切片导出设置”下拉菜单，从中可以选择预设或保存的优化设置，如图 12-1-11 所示。

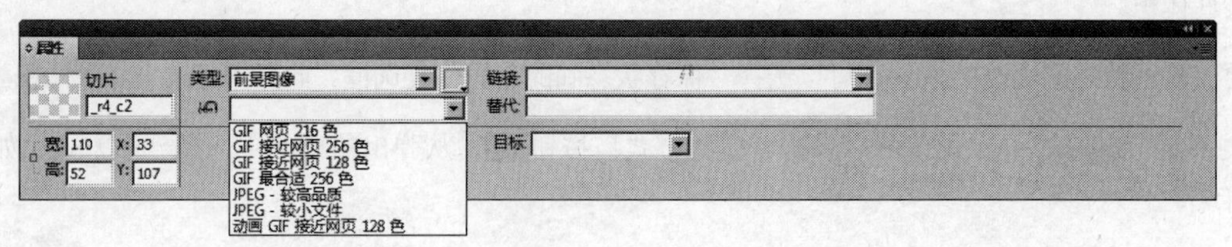

图 12-1-11

也可以通过“优化”面板优化切片。首先选择切片，按住“Shift”键并单击可以选择多个切片，然后在“优化”面板中选择优化设置。

预览和比较优化设置

使用文档窗口中的“预览”按钮，可以使当前的优化设置，以 Web 浏览器的方式显示图形。它可以预览变换图像、导航行为以及动画，如图 12-1-12 所示。

图 12-1-12

预览区显示文档的总大小、预计下载时间和文件格式。预计下载时间是指用 56 K 调制解调器下载所有切片和状态所花费的平均时间。“2 幅”和“4 幅”视图显示随所选文件类型的不同而变化的附加信息。

在查看预览时，可以优化整个文档或仅优化所选切片。切片层叠有助于将当前正在优化的切片与文档的其余部分区分开，如图 12-1-13 所示。

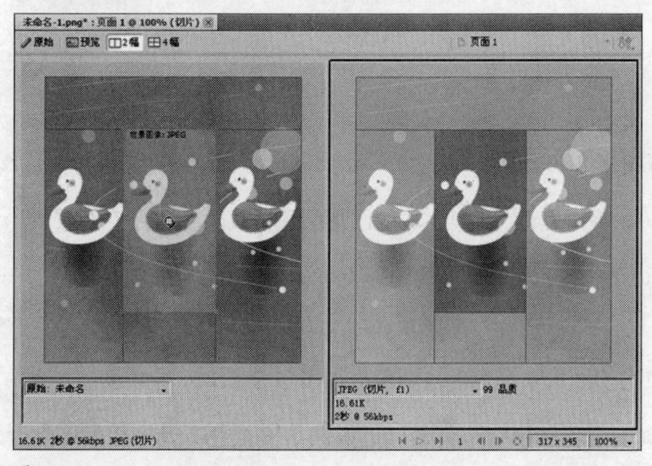

图 12-1-13

预览时，在“工具”面板中单击“隐藏切片”工具，可隐藏切片及切片辅助线。

当选择“2 幅”或“4 幅”视图时，第一个拆分视图显示原始 Fireworks PNG 文档，以便将它与优化版本进行比较。可以在该视图与其他优化版本之间切换。

可以从“2 幅”或“4 幅”模式中的优化视图切换到原始视图，首先选择稳定优化视图，然后从预览窗口底部的下拉列表中选择“原始（没有预览）”项。也可以从“2 幅”或“4 幅”模式中的原始视图切换到优化视图，首先选择原始视图，然后在预览窗口底部的下拉列表中选择“图像预览”项。

使用优化设置

使用“属性”检查器或“优化”面板中的常用优化设置，可以快速设置文件格式并应用一些特定的格式设置。如果从“属性”检查器的“默认导出选项”下拉列表中，选择了一个选项，则会自动设置“优化”面板中的其他选项。如果需要，可以进一步分别地调整每个选项。

如果需要的自定义优化设置，超出了预设选项所提供的设置，则可以在“优化”面板中创建自定义优化设置。还可以用“优化”面板中的颜色表来修改图形的调色板。

如果要选择预设的优化，可以直接从“属性”检查器或“优化”面板的下拉列表中选择一种预设。在选择预设选项时，系统会自动设置“优化”面板中的其余选项，如图 12-1-14 所示。

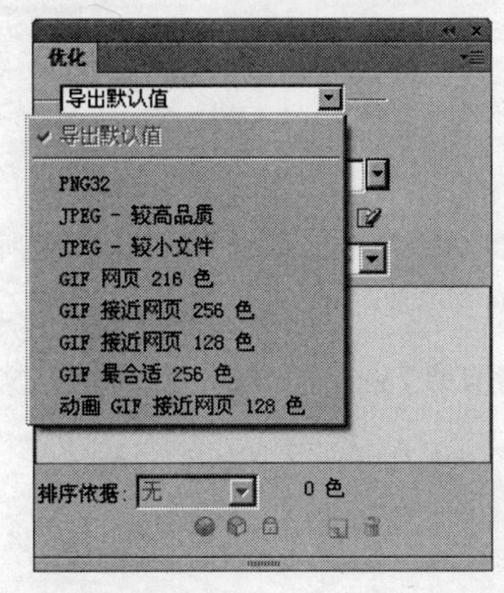

图 12-1-14

在 Fireworks CS6 中，文档的默认导出格式为 PNG32。

“JPEG- 较高品质”选项，将品质设为 80、平滑度设为 0，生成的图形品质较高，但占用空间较大。

“JPEG- 较小文件”选项，将品质设为 60、平滑度设为 2，生成的图形大小不到“JPEG- 较高品质”的一半，但品质有所下降。

“GIF 网页 216 色”选项，强制所有颜色均为网页安全色。该调色板最多包含了 216 种颜色。

“GIF 接近网页 256 色”选项，将非网页安全色转换为与其最接近的网页安全色。调色板最多包含 256 种颜色。

“GIF 接近网页 128 色”选项，将非网页安全色转换为与其最接近的网页安全色。调色板最多包含 128 种颜色。

“GIF 最合适 256 色”选项，是一个只包含图形中实际使用颜色的调色板。调色板最多包含 256 种颜色。

“动画 GIF 接近网页 128 色”选项，将文件格式设为“GIF 动画”，并将非网页安全色转换为与其最接近的网页安全色。调色板最多包含 128 种颜色。

如果要指定自定义文件类型，可以在“优化”面板中，从“导出文件格式”下拉列表中选择一种选项。可以命名并保存自定义优化设置。

当选择切片、按钮或画布时，将在“优化”面板和“属性”检查器的“设置”弹出菜单的预设优化设置中显示已保存设置的名称，如图 12-1-15 所示。

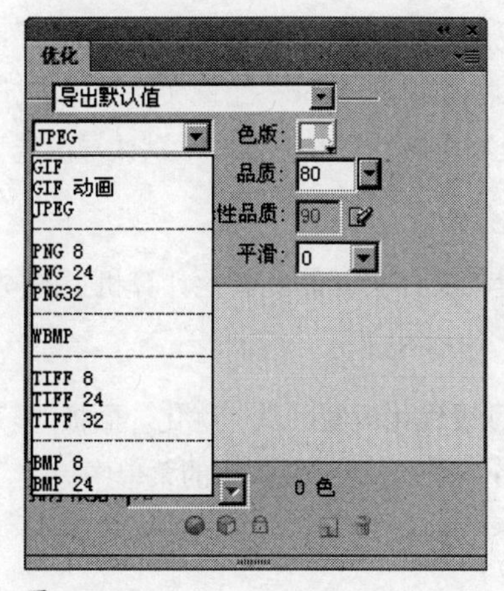

图 12-1-15

“GIF”，图形交换格式是一种流行的 Web 图形格式，适合于卡通、徽标、包含透明区域的图像以及动画。在导出为 GIF 文件时，包含纯色区域的图像的压缩质量最好。

“JPEG”,是专门为照片或增强色图像开发的,JPEG 支持数百万种颜色。JPEG 格式最适合于扫描的照片、使用纹理的图像、具有渐变颜色过渡的图像和任何需要 256 种以上颜色的图像。

“PNG”，可移植网络图形，是支持最多 32 位颜色的通用 Web 图形格式，可包含透明度、Alpha 通道，并且可以是连续的。但是，并非所有的 Web 浏览器都能查看 PNG 图像。虽然 PNG 是 Fireworks 的固有文件格式，但是 Fireworks PNG 文件包含其他应用程序特定的信息，这些信息不会存储在导出的 PNG 文件或用其他应用程序创建的文件中。

“WBMP”，无线位图是一种为移动计算设备创建的图形格式。此格式用于无线应用协议 WAP 网页。由于 WBMP 是一位格式，因此只显示两种颜色：黑色和白色。

“TIFF”，标签图像文件格式是一种用于存储位图图像的图形格式。TIFF 文件最常用于印刷出版。许多多媒体应用程序也接受导入的 TIFF 文件。

“BMP”，是 Microsoft Windows 图形文件格式，许多应用程序都可以导入 BMP 图像。

保存优化设置

在 Fireworks 中，可以对图像或者动画的优化设置进行保存以便于重复利用，这样可以在以后的工作中节省大量的时间。对保存自定义优化设置，可以用于优化处理或批处理，或者将保存的优化设置进行共享。

通过对“文件”菜单中的“保存”、“另存为”或“导出”命令的选择，Fireworks 会对最后使用过的优化设置进行保存，并且会将这些设置应用于新的文档。

新切片从父文档中获取默认的优化设置。

“优化”面板中的设置和颜色表以及“状态”面板中选择的状态延迟设置（仅限于动画）都将保存在自定义预设优化中。

单击“优化”面板右上角的按钮，在弹出的菜单中单击“保存设置”命令，在弹出的“预设名称”对话框中输入优化预设的名称并单击“确定”按钮。预设文件将保存在特定的 Fireworks 配置文件夹内的“导出设置”文件夹中。同时,被保存的优化设置将会出现在“优化”面板和“属性”检查器中“默认导出选项”下拉列表的底部。

可以对优化设置进行共享，将保存的优化预设文件从“导出设置”文件夹复制到其他计算机上的同一文件夹。“导出设置”文件夹的位置随操作系统的不同而不同。

对自定义预设优化设置也可以进行删除,但不能删除 Fireworks 的预设优化设置。从“优化”面板的“保存的设置”下拉列表中选择已保存的优化设置,然后单击“优化”面板右上角的按钮,在弹出的菜单中单击“删除设置”命令，可以删除自定义预设优化设置。

12.1.4 优化 GIF、PNG、TIFF、BMP 和 PICT 文件

Fireworks 中的每种图形文件格式，都有一组相关的优化选项。GIF、PNG 8、TIFF 8 和 BMP 8 等 8 位文件类型提供最大量的优化控制。对于连续色调 Web 图形,可以使用 24 位格式,例如 JPEG 格式类型的文件。

所有的 8 位图形文件格式的 Fireworks 优化设置都基本一样。对于 GIF 和 PNG 等 Web 文件格式，可以指定压缩量。在尝试不同的优化设置时，可以使用“2 幅”和“4 幅”按钮来测试和比较图形的外观并预计文件大小。

关于调色板

所有 8 位图形都包含一个多达 256 种可用颜色的调色板。图像只使用这些颜色，但可能不会使用所有这些颜色。

在“优化”面板中，所有 8 位图形都可以从“索引调色板”下拉列表中选择调色板，如图 12-1-16 所示。

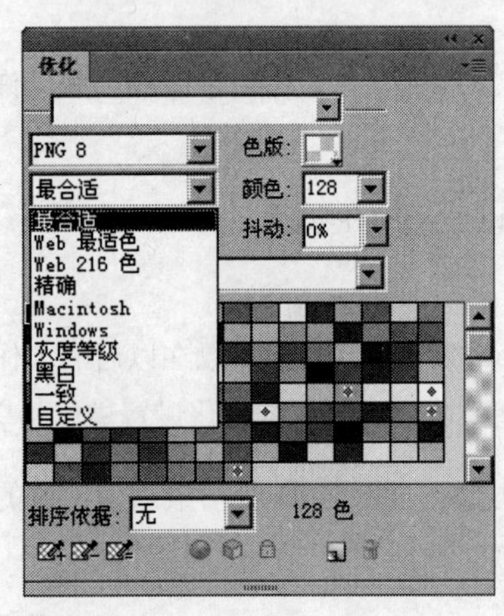

图 12-1-16

在“索引调色板”下拉列表中，有以下选项。

“最合适”选项，一个派生自文档的实际颜色的自定义调色板。通常会产生最高品质的图像。

“Web 最适色”选项，其中的颜色已转换为与其最接近的网页安全色的最适色彩调色板。网页安全色是来自“Web216 色”调色板的颜色。

“Web216 色”选项，一个包含 Windows 计算机颜色的调色板。此调色板通常称为“网页安全”或“浏览器安全”调色板，这是因为在 8 位显示器上查看时，它在任意一个平台上的各种 Web 浏览器中都产生相当一致的效果。

“精确”选项,包含图像中使用的精确颜色。只有包含 256 种或更少颜色的图像才能使用“精确”调色板。否则，调色板会切换到“最合适”调色板。

“Windows”选项，包含由 Windows 平台标准定义的 256 种颜色。

“灰度等级”选项,一个包含 256 种或更少的灰色阴影的调色板。选择此调色板可将图像转换为灰度图像。

“黑白”选项，一个只包含黑、白两种颜色的调色板。

“一致”选项，一个基于 RGB 像素值的数学调色板。

“自定义”选项，一个经过修改或从外部调色板 ACT 文件或 GIF 文件加载的调色板。

可以用“优化”面板中的颜色表来优化和自定义调色板。

导入自定义调色板

如果需要导入自定义调色板,可以单击“优化”面板右上角的按钮,在弹出的菜单中单击“加载调色板”命令，或者从“优化”面板的“索引调色板”下拉列表中选择“自定义”选项，从弹出的对话框中导航到 ACT 或 GIF 调色板文件并单击“打开”按钮。ACT 或 GIF 文件中的颜色将添加到“优化”面板的颜色表中。

8 位图形的颜色

色阶是图形中颜色的数目。减少色阶可使文件变小，但是也会降低图形品质。减少色阶将放弃图形中的一些颜色，最先被放弃的是那些使用最少的颜色。被放弃颜色的像素将转换为调色板上剩余颜色中与之最接近的颜色。可以从“优化”面板的“颜色”下拉列表中选择一个选项，或者在文本框中键入值，范围为 2 ～ 256。

颜色表底部的数目，表示图像中可见的颜色的实际数目。如果看不到该数目，可以单击“重建”按钮。

单击“优化”面板右上角的按钮，在弹出的菜单中单击“删除未使用颜色”命令，会删除 8 位图像中未使用的颜色，这会使文件变小。

取消选择“删除未使用的颜色”，将包括调色板中的所有颜色，其中包括保存的图像中没有的颜色。

查看和编辑调色板中的颜色

如果需要查看和编辑调色板中的颜色，可以使用 8 位或更少颜色时，“优化”面板中的颜色表显示当前预览中的颜色。还可以对图形的调色板进行修改。当在“预览”模式下工作时，颜色表自动更新。如果同时优化多个切片，或者不是以 8 位格式进行优化，则颜色表显示为空。

有些颜色样本上出现各种小符号，表示个别颜色的某些特性。如下所示。

“◱”，表示颜色已经过编辑，仅影响导出文档，编辑颜色不会更改源文档中的颜色。

“”，表示颜色被锁定。

“”，表示颜色是透明的。

“”，表示颜色是网页安全色。

“”，表示颜色具有多种属性，在这种情况下，颜色是网页安全色、已锁定颜色且已编辑。

重建颜色表可以显示文档中的编辑。“重建”按钮显示在“优化”面板的底部，单击“重建”按钮以重建颜色表，如图 12-1-17 所示。

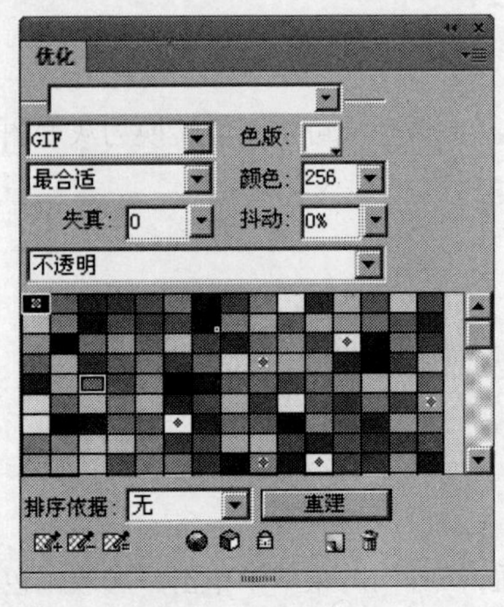

图 12-1-17

可以对调色板中的颜色进行选择。如果要选择一种颜色，则在“优化”面板颜色表中单击该颜色。如果要选择多种颜色，则按住“Ctrl”键并单击这些颜色。如果要选择一个颜色范围，单击一种颜色，然后按住“Shift”键并单击该范围中的最后一种颜色。

在“优化”面板中，可以对文档中包含特定颜色的所有像素进行浏览，首先单击文档窗口左上角的预览按钮预览，然后单击并按住“优化”面板颜色表中的一个颜色样本。包含所选颜色样本的像素将暂时更改为其他高亮显示颜色，直到释放鼠标键为止。

当用“2 幅”或“4 幅”视图来浏览文档中的像素时，要选择原始视图以外的视图。

可以对调色板中的颜色执行锁定或解锁操作。可以锁定个别的颜色，这样在更改调色板或减少调色板中的颜色数目时，就无法删除或更改锁定的颜色。如果在颜色被锁定之后切换到另一个调色板，则锁定的颜色将添加到新的调色板中。

如果要切换对所选颜色样本的锁定，则单击“优化”面板底部的“锁定颜色”按钮，或用右键单击颜色样本，在弹出的快捷菜单中单击“锁定颜色”命令。如果要解锁所有颜色，可以单击“优化”面板右上角的按钮，在弹出的菜单中单击“解锁全部颜色”命令。

可以对调色板中的颜色进行编辑，编辑颜色将替换已导出或另存为位图的图像中该颜色的所有实例，除位图外，该项编辑不会替换原始图像中的颜色。如果正在处理位图，以 PNG 文件的格式保存该图像的一个副本，以保留原始图像的可编辑版本。选择颜色并单击“优化”面板底部的“编辑颜色”按钮，或者在颜色表中双击一种颜色，然后更改颜色。

右键单击调色板中的颜色可以显示编辑命令。

网页安全色是常见于 Windows 平台的颜色，当在设置为 256 色的计算机显示器上用 Web 浏览器查看时，这些颜色不会抖动。对于 Fireworks PNG 文件，在“优化”面板中，将颜色更改为网页安全色只会影响图像的导出版本，而不会影响实际图像。

如果要强制所有的颜色均为网页安全色，则从“优化”面板中的“索引调色板”下拉列表中选择“网页 216 色”选项。如果要创建支持网页安全色的“最合适”调色板，则从“优化”面板中的“索引调色板”下拉列表中选择“Web 最适色”选项。如果要将颜色强制为与其最接近的等效网页安全色，则在“优化”面板颜色表中选择颜色，然后单击“接近网页安全色”按钮。

使用抖动模拟调色板缺少的颜色，抖动通过替换颜色相似的像素，模拟当前调色板中没有的颜色。从远处看，各种颜色混合后看起来与缺少的颜色相似。当导出具有复杂混合或渐变的图像时，或将照片图像导出为 8 位图形文件格式时，抖动尤其有用。可以在“优化”面板的“抖动”文本框中输入一个百分比值设置抖动，抖动可极大地增加文件大小。

保存调色板

可以将自定义调色板保存为外部调色板文件，使其能够用于其他 Fireworks 文档或支持外部调色板文件的其他应用程序，保存的调色板文件具有 .act 扩展名。单击“优化”面板右上角的按钮，在弹出的菜单中单击“保存调色板”命令，然后在弹出的对话框中输入名称并选择目标文件夹，最后单击“保存”按钮可以将该调色板保存。也可以将保存的调色板文件加载到“样本”面板或“优化”面板中，供导出其他文档时使用。

调整压缩

如果需要调整压缩，可以通过更改 GIF 文件的失真设置来实现。较高的失真设置可以产生较小的文件，但是图像品质较低。介于 5 和 15 之间的失真设置通常最佳。可以在“优化”面板中，输入失真设置。输入值为 0 ～ 100，失真值越大，图像越不清晰，如图 12-1-18 所示。

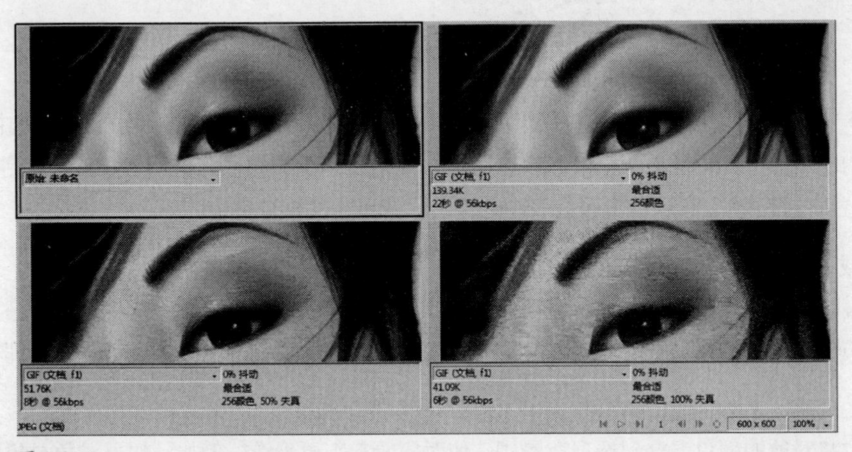

图 12-1-18

使区域透明

在 Fireworks 中，可以创建带有透明 Alpha 图层的图形，它们在任何浏览器中都可以正确显示。借助 Fireworks 优化设计并将它们作为 PNG-8 文件导出，以实现真正的跨浏览器透明度。

在 GIF 和 8 位 PNG 文件中的透明区域，网页背景能够透过这些区域显示。在 Fireworks 中，文档窗口中的灰白棋盘表示透明区域。

对于 GIF 图像，使用索引色透明，会打开或关闭具有特定颜色值的像素。在默认情况下，GIF 图像导出时不具有透明度。即使图像或对象后方的画布在 Fireworks 中的原始视图中显示为透明，该图像的背景也可能不是透明的，除非在导出前选择了“索引色透明”选项。

对于 PNG 文件，可以使用 Alpha 透明度，它通常用在包含渐变透明度和半不透明像素的导出图形中。

将颜色设为透明只影响图像的导出版本，而不影响实际图像。如果要查看导出图像的外观，可单击“预览”按钮。

在设计时,可以将图像背景变为透明。单击文档窗口左上角的“预览”按钮、“2 幅”或“4 幅”按钮。在“2 幅”或“4 幅”视图中，单击除原始视图之外的某个视图，然后在“优化”面板中，选择 GIF 或 PNG 8 作为文件格式,在“请选择透明效果类型”下拉列表中选择“索引色透明”选项。画布颜色在预览中变为透明，图形准备好导出，如图 12-1-19 所示。

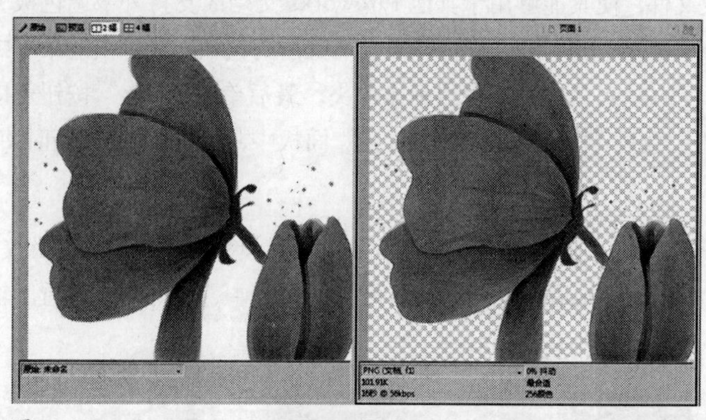

图 12-1-19

如果要为透明度选择一种颜色，可以单击“选择透明色”按钮，然后单击“优化”面板颜色表中的颜色样本，或单击文档中的颜色。如果需要添加和删除透明色，则单击“添加颜色到透明效果中”按钮或“从透明效果中删除颜色”按钮，然后单击颜色表中的样本，或单击文档预览中的颜色。

交错图像以逐渐下载

在 Web 浏览器中查看时，交错式图像会先以低分辨率显示，到下载结束时，再过渡为完整分辨率。如果要想使图像以交错式格式显示，单击“优化”面板中上角的按钮，在弹出的菜单中单击“交错”命令即可。

匹配目标背景色

“消除锯齿”选项通过将对象的颜色混合到选项背景中，使对象看起来更平滑。例如，如果对象是黑色，而它所在的页面是白色，则“消除锯齿”选项将在对象边框周围的像素中添加若干灰色阴影，以便使黑色和白色之间更平滑地过渡，如图 12-1-20 所示。

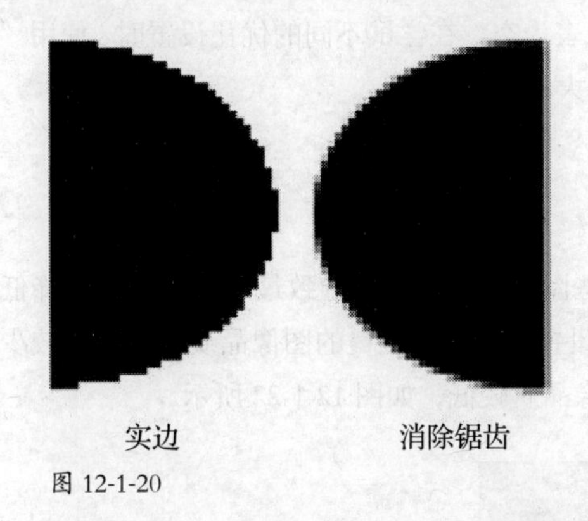

图 12-1-20

从“优化”面板的“色板”弹出窗口中选择一种颜色。匹配时使它尽可能地接近将在其中放置图形的目标背景色。“消除锯齿”只适用于直接放在画布上面的柔边对象。

删除光晕

当在消除锯齿的图像上将画布颜色变为透明时，消除锯齿的像素保持不变，而当导出图形并将其放在具有不同背景色的网页上时，消除锯齿的对象周围的像素可能显示为光晕，在深色背景上尤其明显。

为了防止在 Fireworks PNG 文件和导入的 Photoshop 文件中出现光晕，可以将“属性”检查器中的画布颜色或“优化”面板中的色板颜色设为目标网页背景的颜色，也可以在选择了要导出的对象后，从“属性”检查器的“边缘”下拉列表中选择“实边”选项。

可以从 GIF 或其他图形文件中手动删除光晕。在 Fireworks 中打开文件后，单击文档窗口左上角的“预览”、“2 幅”或“4 幅”按钮，在“2 幅”或“4 幅”视图中，单击除原始视图之外的某个视图。然后从“优化”面板的“请选择透明效果类型”下拉列表中选择“索引色透明”选项。接着单击“添加颜色到透明效果中”按钮。最后单击光晕中的一个像素，此时具有相同颜色的所有像素即在预览中被删除。如果光晕仍然存在，需要重复删除操作，如图 12-1-21 所示。

图 12-1-21

12.1.5 优化 JPEG 文件

使用“优化”面板，即可通过设置压缩和平滑选项来优化 JPEG。JPEG 总是以 24 位颜色保存和导出的，因此无法通过编辑其调色板优化它。当选择 JPEG 图像时，颜色表为空。在尝试不同的优化设置时，使用“2 幅”和“4 幅”按钮来测试和比较 JPEG 文件的外观和预计文件大小。

可直接在“另存为”对话框中保存 JPEG。

调整 JPEG 品质

JPEG 是一种有损格式，也就是说在压缩图像时会放弃一些图像数据，从而导致最终文件的品质降低。用“优化”面板的“品质”弹出滑块调整品质。较高的百分比设置可以维持优良的图像品质，但压缩较少，因此产生的文件较大；较低的百分比设置产生较小文件，但图像品质较低，如图 12-1-22 所示。

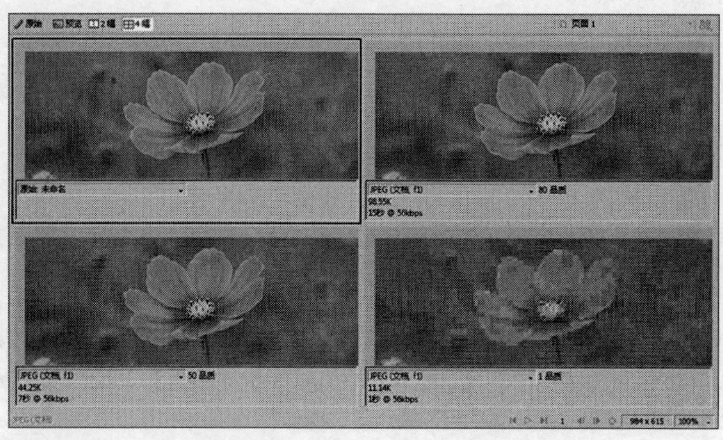

图 12-1-22

选择性地压缩 JPEG 的各个区域

可以在减小图像总大小的同时保留较重要区域的品质，引人注意的区域可以以较高品质级别压缩，重要性较低的区域可以以较低品质级别压缩。

在原始视图中，首先使用“选取框”工具选择压缩的图形区域；然后单击“修改”菜单中的“选择性 JPEG”→“将所选保存为 JPEG 蒙版”命令;再从“优化”面板中的“导出文件格式”下拉列表中选择“JPEG”选项；接着在“优化”面板中单击“编辑选择性品质选项”按钮，弹出“可选 JPEG 设置”对话框。如图 12-1-23 所示。

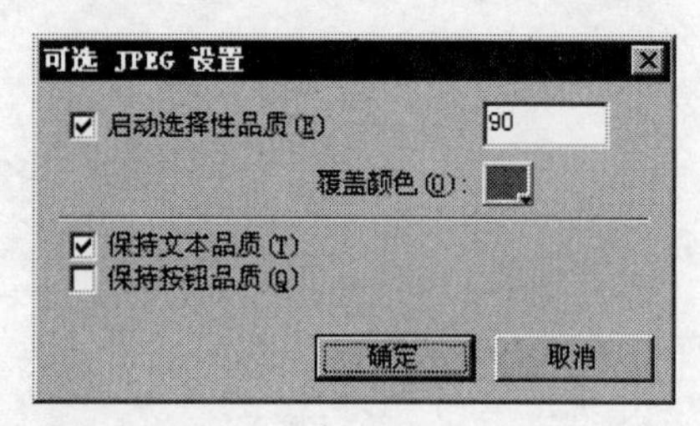

图 12-1-23

在“可选 JPEG 设置”对话框中选择“启动选择性品质”复选框,并在文本框中输入一个值,输入较小值时,所选区域的压缩程度高于图像的其余部分，输入较大值时所选区域的压缩程度低于图像的其余部分；可以更改选择性 JPEG 区域的覆盖颜色，而不会影响输出；如果要按较高级别导出所有文本项而不管“选择性品质”值，选择“保持文本品质”复选框；如果要按较高级别导出按钮元件，选择“保持按钮品质”复选框。

设置完成后，单击“确定”按钮。

如果要修改选择性 JPEG 压缩区域，则首先单击“修改”菜单中的“选择性 JPEG”→“将 JPEG 蒙版恢复为所选”命令，然后使用“选取框”工具或其他选择工具对区域的大小进行更改，再单击“修改”菜单中的“选择性 JPEG”→“将所选保存为 JPEG 蒙版”命令即可。也可以更改“优化”面板中的“选择性品质”设置。如果要撤销选择，单击“修改”菜单中的“选择性 JPEG”→“删除 JPEG 蒙版”命令。

模糊或锐化 JPEG 细节

在 JPEG 中，平滑对实边进行模糊处理不易于进行压缩。在“平滑”中的数值较大时，将在导出或保存的 JPEG 中产生较多的模糊。平滑设置为 3 左右可以减小图像的大小，同时保持适当的品质。导出或保存包含文本或细节的 JPEG 时，使用“锐化 JPEG 边缘”，以保持这些区域的锐度。此设置会增加文件大小。

如果要模糊细节,则可以选择“优化”面板中的“平滑”下拉列表中的选项;如果要锐化细节,则单击“优化”面板右上角的按钮，在弹出的菜单中单击“锐化 JPEG 边缘”命令即可。

创建连续的 JPEG 图像

连续的 JPEG 图像最初以较低的分辨率显示，然后随着下载的进行品质逐渐提高。

如果要创建连续的 JPEG 图像，可以单击“优化”面板右上角的按钮，在弹出的菜单中单击“连续的 JPEG”命令。有些旧的位图编辑应用程序无法打开连续的 JPEG。

12.2 导出

在对图形或文档进行完优化后，就可以将其从 Fireworks 中导出或保存了。可以将文档导出为 GIF、JPEG 或其他图形文件格式的单个图像，也可以将整个文档导出为 HTML 文件及其相关的图像文件，或者只导出所选切片和文档的指定区域，此外，还可以将 Fireworks 状态和层导出为单独的图像文件。

在 Fireworks 中可以将页面作为图像导出。单击“文件”菜单中的“导出”命令，在弹出的“导出”对话框中选择导出的位置。

然后从“导出”下拉列表中选择“仅图像”选项,选择或取消选择“仅当前状态”复选框。页面会导出为“优化”面板上设置的图像格式；或者在“导出”下拉列表中选择“页面到文件”选项，然后在“导出为”下拉列表中选择“图像”选项，页面会导出为“优化”面板上设置的图像格式；也可以在“导出”下拉列表中选择“页面到文件”选项后，从“导出为”下拉列表中选择“Fireworks PNG”选项，每个页面导出为向后与 Fireworks 8 兼容的单独 PNG 文件。

如果要以所选的格式导出所有页面，则选择所有页面，然后优化设置。

12.2.1 导出单个图像

对文档编辑优化后，单击“文件”菜单中的“导出”命令，可以导出图形。

首先在“优化”面板中选择要用于导出的文件格式，设置特定于格式的选项，然后单击“文件”菜单中的“导出”命令，弹出“导出”对话框，在该对话框中选择图像文件的导出位置，输入文件名。

无须输入文件扩展名，Fireworks 会在导出时使用在优化设置中指定的文件类型。

最后从“导出”下拉列表中选择“仅图像”选项，单击“保存”按钮即可。

如果要使用 Fireworks 中已打开的现有图像，则可以保存图像而不将其导出。要只导出文档中的某些图像，必须首先将文档切片，然后只导出所需的切片。

12.2.2 导出切片的文档

当导出包含切片的 Fireworks 文档时，将导出一个 HTML 文件及其相关图像。导出的 HTML 文件可以在 Web 浏览器中查看，或导入其他应用程序以供进一步编辑。导出前，要确保在“HTML 设置”对话框中选择了适当的 HTML 样式。

如果要导出所有切片，则单击“文件”菜单中的“导出”命令。在弹出的对话框中选择文档的导出位置，从“导出”下拉列表中选择“HTML 和图像”选项，在“文件名”文本框中输入文件名，在“HTML”下拉列表中选择“导出 HTML 文件”选项，在“切片”下拉列表中选择“导出切片”选项，如果希望将图像单独放置在一个文件夹，可以选择“将图像放入子文件夹”复选框，最后单击“导出”按钮即可。

可以单独导出 Fireworks 文档中的所选切片，按住“Shift”键并单击，可选择多个切片，单击“文件”菜单下的“导出”命令，在弹出的对话框中选择存储导出文件的位置，在“导出”下拉列表中选择“HTML 和图像”选项，输入无扩展名的文件名，扩展名会在导出过程中根据文件类型添加。如果导出的是多个切片，则 Fireworks 使用所输入的名称作为所有导出图形的根名称，但不包括那些用“图层”面板或“属性”检查器自定义命名的图形。然后，从“切片”下拉列表中选择“导出切片”选项，如果要仅导出在导出之前选定的切片，需要选择“仅已选切片”复选框，并确保不选择“包括无切片区域”复选框，最后单击“保存”按钮。

如果已经导出了切片文档，并且随后在 Fireworks 中对原始文档进行了更改，则可以只更新更改的图像或切片。

要使查找替换切片变得容易，需要自定义切片的名称。首先要隐藏切片并编辑其下的区域，然后再次显示切片，用右键单击切片，在弹出的快捷菜单中单击“导出所选切片”命令，选择与具有相同基本名称的原始切片相同的文件夹，单击“保存”按钮，当要求替换现有文件时，单击“确定”按钮。

不要在 Fireworks 中调整切片大小使其超出原导出大小，否则在更新切片之后，HTML 文档中将出现意外的结果。

12.2.3 导出动画

完成动画的创建并进行优化后,就可以将其导出了。可以将动画以“GIF 动画”、“Flash SWF”文件或“多个文件”的形式导出。

“GIF 动画”，可以使剪贴画和卡通图形达到最佳效果。

“Flash SWF”，将动画导出为 SWF 文件以便导入到 Flash，或者，通过将 Fireworks PNG 源文件直接导入到 Flash 跳过导出步骤。使用此直接方法，可以导入动画的所有层和状态，然后在 Flash 中进一步编辑。

“多个文件”，当在同一对象的不同层上有许多元件时，将动画状态或层导出为多个文件非常有用。

如果文档中包含多个动画，可以在每个动画上插入切片，用不同的动画设置导出每个动画。

如果要将动画导出为 GIF 动画,则首先单击“编辑”菜单中的“取消选择”命令,取消选择所有切片和对象,并在“优化”面板中选择“GIF 动画”作为文件格式。然后单击“文件”菜单中的“导出”命令,在“导出”对话框中输入文件名称并选择目标文件夹，最后单击“保存”按钮即可。

如果要将具有不同动画设置的多个动画导出为 GIF 动画，先按住“Shift”键并单击动画将其全部选择。然后单击“编辑”菜单中的“插入”→“矩形切片”或“多边形切片”命令，弹出消息框，询问是想要插入一个切片还是多个切片，单击“多个”按钮。分别选择每个切片并使用“状态”面板为每个切片设置不同的动画设置。

选择要进行动画处理的所有切片，然后在“优化”面板中选择“GIF 动画”作为文件格式。右键单击每个切片，在弹出的快捷菜单中单击“导出所选切片”命令，分别导出每个切片。在“导出”对话框中为每个文件输入名称，选择目标文件夹并单击“保存”按钮。

12.2.4 导出状态或层

除了将文件整体从 Fireworks 内导出外，还可以通过“优化”面板中指定的优化设置，将文档内的每个层或状态导出为单独的图像文件。导出的文件以层或状态的名称命名。该导出方法有时用于导出动画。

如果要将状态或层导出为多个文件，则首先单击“文件”菜单中的“导出”命令，然后在弹出的对话框中输入文件名并选择目标文件夹。在“导出”下拉列表中，选择“状态到文件”选项将状态导出为多个文件；选择“层到文件”选项将层导出为多个文件。如果要自动裁剪每个导出的图像以使其只包括每个状态中的对象，可选择“修剪图像”复选框。相反，如果要包括整个画布，则取消选择此复选框。最后，单击“保存”按钮。

12.2.5 导出文档自定义区域

要导出文档中自定义的区域，首先从“工具”面板中选择“导出区域”工具，拖动一个选取框，定义要导出的文档的某个部分。释放鼠标键时，导出区域保留为选中状态。如果要按比例调整导出区域选取框的大小，按住“Shift”键并拖动手柄；如果要从中心调整选取框的大小，按住“Alt”键并拖动手柄；如果要约束比例并从中心调整大小，按住“Alt+Shift”组合键并拖动手柄。调整选取框后，在选取框内部双击转到“图像预览”对话框，在“图像预览”对话框中调整设置后，单击“导出”按钮。在“导出”对话框中输入文件名并选择目标文件夹，在“导出”下拉列表中，选择“仅图像”选项，单击“保存”按钮。

如果要取消而不导出，在导出区域选取框外双击、按“Esc”键或选择其他工具即可。

12.2.6 导出 HTML

默认情况下，在导出切片的 Fireworks 文档时，会导出一个 HTML 文件及其图像。如果要定义 Fireworks 导出 HTML 的方式，使用“HTML 设置”对话框设置。Fireworks 生成大多数 Web 浏览器和 HTML 编辑器都能够读取的纯 HTML 文本。默认情况下，导出将指定 UTF-8 编码。

有多种方式导出 Fireworks HTML：导出 HTML 文件，以后可以在 HTML 编辑器中将其打开进行编辑；将 Fireworks 文件中的每页导出到单独的 HTML 文件；将 HTML 代码复制到 Fireworks 的剪贴板中，并将该代码直接粘贴到现有 HTML 文档中；导出 HTML 文件，在 HTML 编辑器中将其打开，手动从文件中复制代码的某些部分，然后将该代码粘贴到其他 HTML 文档中；将 HTML 导出为层叠样式表 (CSS) 层和 XHTML；使用“更新 HTML”命令对先前创建的 HTML 文件进行更改。

任务自动化 13

学习要点：

- 熟练掌握查找和替换的各种操作方法
- 熟悉并运用在批处理中导出、缩放和查找替换的方法
- 熟练掌握在批处理中创建脚本的方法
- 掌握撰写脚本的方法

在设计的过程中，经常要花费大量的时间做重复的工作。例如：将一组图片中的任意一张都添加阴影效果，将客户提供的图片都缩小为一个同样的大小等。现在，利用 Fireworks 的强大功能，可以将许多枯燥乏味的绘制、编辑和文件转换任务简化并自动完成。

大多数的应用程序都有“查找和替换”功能，相信使用计算机的人都使用过“查找和替换”命令，它可以节省大量的时间，提升工作效率。在 Fireworks 中不仅将“查找”作为命令，而且将其作为面板来使用，这样可以方便操作。“查找和替换”功能可以在一个文件或多个文件中搜索和替换元素，例如 URL、文本、颜色等，而不用一点点去查找再修改从而加快编辑过程。

在 Fireworks 中，使用“批处理”功能，可以将整组的图像文件转换为其他格式或对其更改大小等，也可以将自定义的优化设置应用于文件组。它是创建缩略图的最佳工具。使用“历史记录”面板，可以将操作的步骤保存为命令，从而创建作为常用功能快捷方式的命令。甚至可以编写 JavaScript 命令在 Fireworks 中执行，使非常复杂的任务自动执行完成。可以通过 JavaScript 控制所有 Fireworks 命令或设置。

13.1 查找和替换

在用 Dreamweaver 进行网页制作时，经常会使用“查找和替换”命令，批量更改一些文字，从而节省工作时间。在 Fireworks 内，也可以使用“查找和替换”功能，搜索和替换文档内的某些元素，如文本、URL、字体和颜色。该功能可以搜索当前文档或多个文件。但是，“查找和替换”功能仅适用于 Fireworks PNG 文件或包含矢量对象的文件。

在文档编辑中，如果要选择搜索源，首先要打开文档，单击“窗口”菜单或“编辑”菜单中的“查找和替换”命令，打开“查找和替换”面板，也可以通过按快捷键“Ctrl+F”，打开面板，如图 13-1-1 所示。

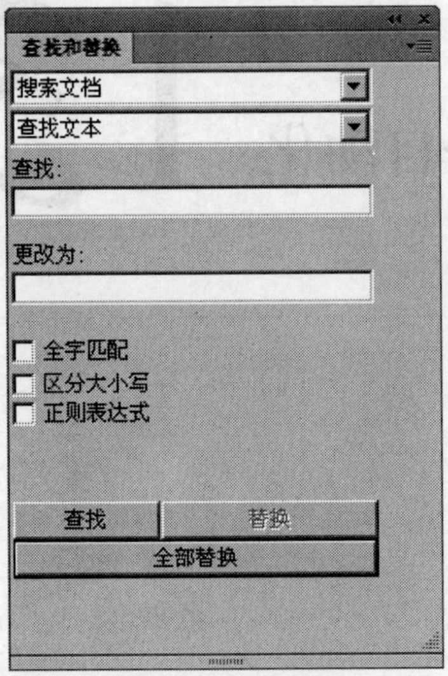

图 13-1-1

然后，在“搜索”下拉列表中，选择搜索源，它主要包含以下选项。

“搜索所选范围”选项，仅在当前所选对象和文本中查找和替换元素。

“搜索状态”选项，仅在当前状态中查找和替换元素。

“搜索当前页面”选项，在活动的当前页面查找和替换元素。

“搜索文档”选项，在活动文档中查找和替换元素。

“搜索文件”选项，在多个文件中查找和替换元素，单击它将打开一个对话框，可以从中选择要搜索的文件。如果在“搜索”下拉列表中已经选择了“搜索文件”选项，则在单击“查找”、“替换”或“全部替换”按钮开始搜索操作之后，可以选择要搜索的文件。

从“查找和替换”面板中，选择要查找的属性，面板中的选项因所选内容不同而不同。可以查找文本、查找字体、查找颜色、查找 URL、查找非网页 216 色。

选择一种查找和替换操作，它主要包括以下内容：“查找”按钮，可以定位元素的下一个实例，找到的元素在文档中显示为选定状态；“替换”按钮，可以将找到的元素改为“更改为”文本框的内容；“全部替换”按钮，在整个搜索范围内查找和替换找到的每个匹配项。

在多个文件中替换对象将自动保存这些文件，不能单击“编辑”菜单中的“撤销”命令取消所做的更改。

为在多个文件中执行的查找和替换操作设置选项

在多个文件中进行查找和替换操作时，可以在确定搜索之后，自动处理多个打开的文件。

如果要在搜索每个文件之后保存、关闭和备份该文件，可以单击“查找和替换”面板右上角的按钮，在弹出的菜单中单击“替换选项”命令，弹出“替换选项”对话框，如图 13-1-2 所示。

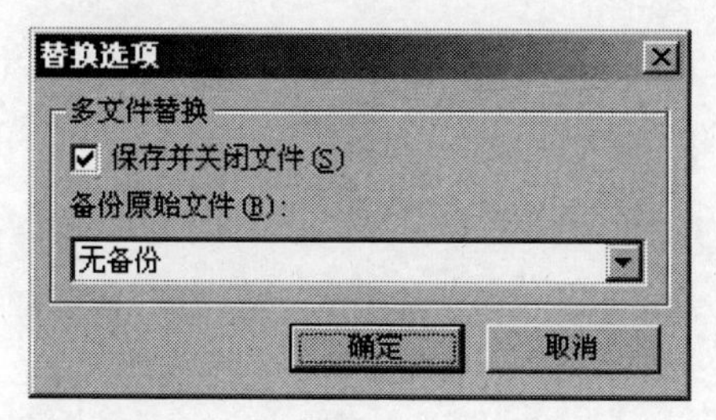

图 13-1-2

选择“保存并关闭文件”复选框，可以在查找和替换之后保存并关闭每个文件，只有最初的活动文档仍处于打开状态。

如果已禁用“保存并关闭文件”，并且用户正在对大量文件进行批处理，则 Fireworks 可能会因内存不足而取消批处理操作。

查找和替换文本

在 Fireworks 中可以轻松地搜索和替换文本。有各种用于缩小搜索范围的选项，如区分大小写、查找整个单词或单词的某些部分。

如果要搜索和替换单词、短语或文本字符串，在“查找和替换”面板的“查找”下拉列表中选择“查找文本”选项，在“查找”文本框中输入要搜索的文本，在“更改为”文本框中输入替换文本。

搜索选项“全字匹配”复选框，是指仅查找与“查找”选项中的文本形式相同的文本，不查找作为任何其他单词一部分的文本；“区分大小写”复选框，是指在搜索期间区分大写和小写字母；“正则表达式”复选框，是指在搜索期间按条件匹配单词或数字的一部分。

查找和替换字体

在 Fireworks 文档中可以进行快速查找和替换字体。首先在“查找和替换”面板的“查找”下拉列表中，选择“查找字体”选项，然后选择要查找的字体和样式，在“更改为”区域中指定替换时所使用的字体、字体样式和字号，如图 13-1-3 所示。

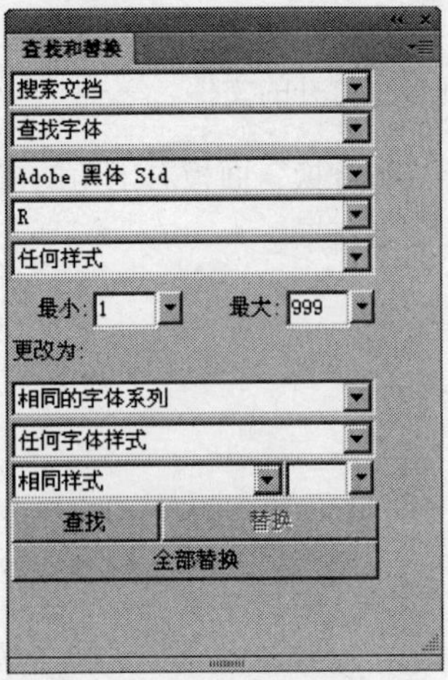

图 13-1-3

可以通过最小和最大字号来限制搜索。

查找和替换颜色

可以在 Fireworks 文档中查找某一颜色的所有实例，然后将其更改为其他颜色。

在“查找和替换”面板的“查找”下拉列表中，选择“查找颜色”选项，在“查找”颜色弹出窗口中点取要查找的颜色以及更改后的颜色。

“应用到”下拉列表中有以下选项:“填充和笔触”选项,对填充和笔触颜色都进行查找和替换;“所有属性”选项，查找和替换填充、笔触和效果颜色;“填充”选项，查找和替换填充颜色，图案填充内的颜色除外;“笔触”选项，仅查找和替换笔触颜色；“效果”选项，仅查找和替换效果颜色。

查找和替换颜色时的“查找和替换”面板如图 13-1-4 所示。

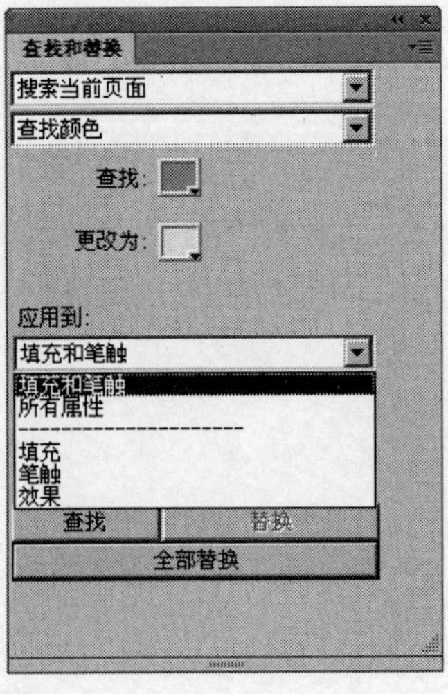

图 13-1-4

查找和替换 URL

除通过查找和替换单词、字体和颜色外，Fireworks 还允许在文档中查找和替换分配给交互元素的 URL。特别是在修改网页时，在网页中会用到很多相同的 URL，如果逐个查找并进行替换，会浪费很多的时间，但如果利用“查找和替换”面板来进行操作，那么就可以节省大量的时间。

在“查找和替换”面板的“查找”下拉列表中选择“查找 URL”选项。在“查找”文本框中输入要搜索的 URL，在“更改为”文本框中输入要替换的 URL。在“查找和替换”面板中，还有进一步的搜索选项：“全字匹配”、“区分大小写”和“正则表达式”选项，其中“正则表达式”单选项在搜索期间按条件匹配单词或数字的部分。如图 13-1-5 所示。

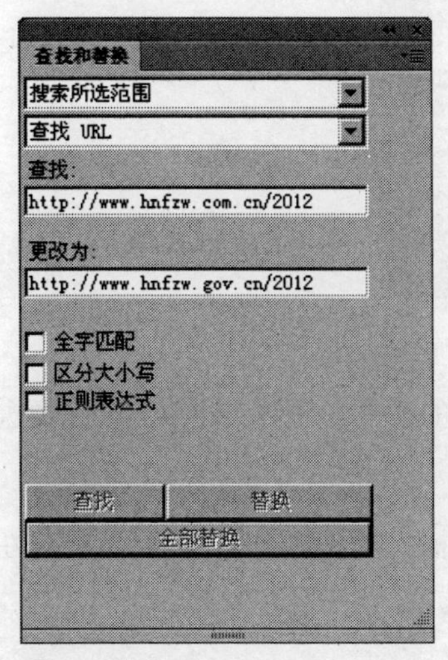

图 13-1-5

13.2 批处理

使用批处理功能，可以快速地对一组图形文件进行统一处理。可以将所选文件批量转换为其他格式，使用不同的优化设置将所选文件转换为相同的格式，批量缩放导出文件以及批量查找和替换文本、字体、颜色、URL 和非网页 216 色等，还可以使用批处理命令对一组图形文件统一添加前缀、添加后缀、替换子字符串和替换空白的任意组合来重命名文件组等，也可以先创建一命令，然后对所选文件统一执行命令。

如果要对所选文件进行统一批处理，首先单击“文件”菜单中的“批处理”命令，弹出“批次”对话框。在“批次”对话框中，单击“增加”按钮，可以将所选的文件和文件夹添加到要进行批处理的文件列表中。如果选定了一个文件夹，则将该文件夹中所有有效的、可读取的文件都添加到批处理中。“添加全部”按钮，将当前所选文件夹中的所有有效文件，都添加到要进行批处理的文件列表中。“删除”按钮，是指从要进行批处理的文件列表中删除所选文件。如图 13-2-1 所示。

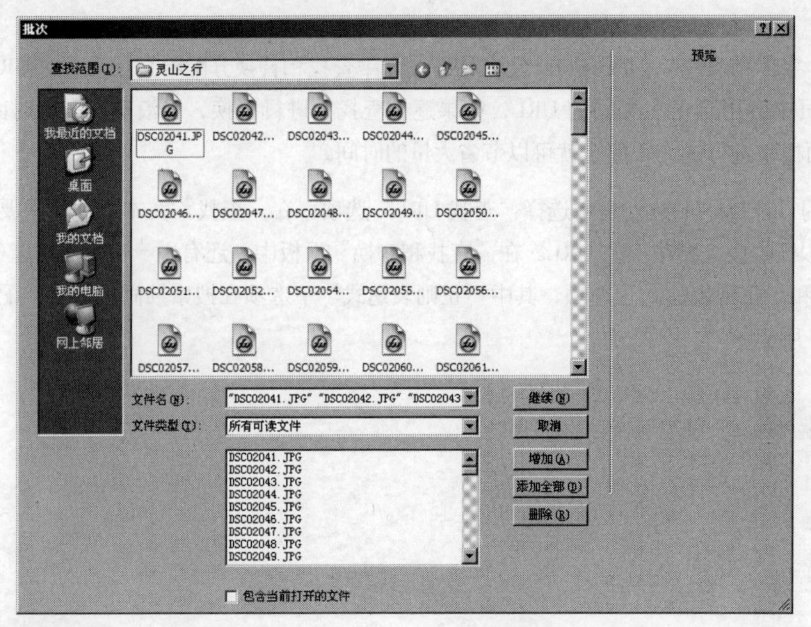

图 13-2-1

如果选择“包含当前打开的文件”复选框，则要添加所有当前打开的文件，这些文件不出现在要进行批处理的文件列表中，但它们包含在处理中。

选定要批处理的文件后，单击“继续”按钮，弹出“批处理”对话框，在“批处理”对话框中，左侧显示的是可以添加到批处理的选项，右侧显示的是当前批处理已包含的选项。如图 13-2-2 所示。

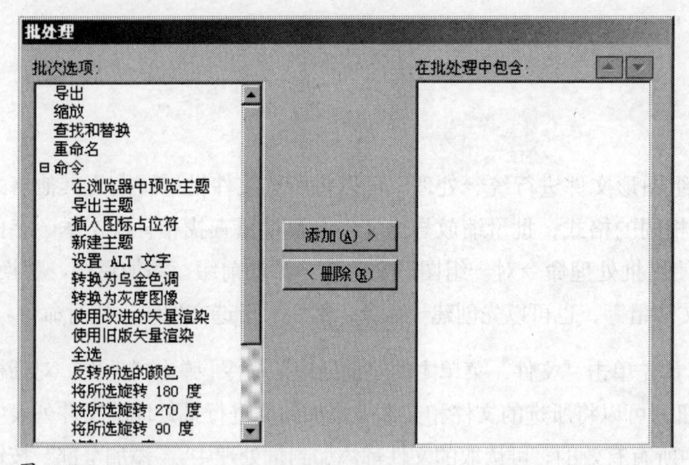

图 13-2-2

如果要将一个任务添加到批次中，可以在“批次选项”列表中选择它，然后单击“添加”按钮。每个任务只能添加一次。

如果要更改批处理的顺序，可以选择“在批处理中包含”列表中的任务，然后单击向上和向下箭头按钮。

在"在批处理中包含"列表中,任务出现的顺序就是它在批处理期间的执行顺序,但"导出"和"重命名"任务总是最后执行。

如果要查看任务的额外选项,可以在"在批处理中包含"列表中选择任务,然后根据需要选择每个选项的设置。如果要从列表中删除选项,选中选项后,单击"删除"按钮。

设置完后,单击"继续"按钮。然后在对话框中选择用于保存已处理文件的选项。如图 13-2-3 所示。

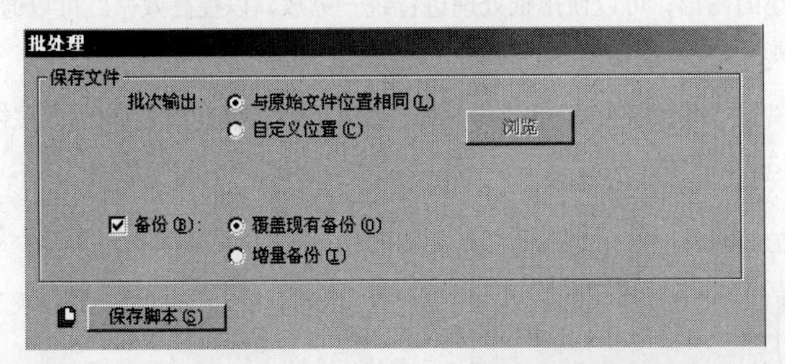

图 13-2-3

"与原始文件位置相同"单选项,将文件保存在与源文件相同的位置,文件名和格式都相同则覆盖源文件。"自定义位置"单选项,允许选择一个位置来保存已处理的文件。

选择"备份"复选框可以选择原始文件的备份选项,"覆盖现有备份"或"增量备份"。

如果希望保存批处理设置,以供日后使用,可以单击"保存脚本"按钮。然后单击"批次"按钮以执行批处理。在批处理结束时,如果添加到批次中的某个文件无法处理,则会出现通知提醒问题。

此外,在批处理过程中会创建一个名为 FireworksBatchLog.txt 的日志文件,里面列出了所有处理过的文件、无法打开的特定文件(如果有)以及其他信息。

使用批处理更改优化设置

在 Fireworks 的批处理中,可以进行优化设置。在"批处理"对话框中的"导出"选项,可以更改文件的优化设置。

要在批处理时对导出进行优化设置,首先从"批处理选项"列表中,选择"导出"选项,然后单击"添加"按钮。在"设置"下拉列表中进行选择,如图 13-2-4 所示。

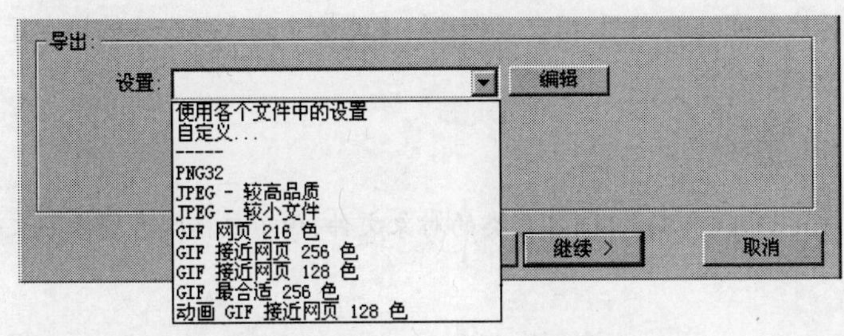

图 13-2-4

“使用各个文件中的设置”选项，可以在批处理期间保持各个文件上一次的导出设置。选择“自定义”选项或单击“编辑”按钮，可以更改“图像预览”对话框中的设置。选择一种预设的导出设置，所有的文件都将转换为此设置。

接着单击“确定”按钮，可以继续进行批处理设置。最后单击“确定”按钮。

使用批处理缩放图形

在进行网页设计时会有很多不同大小的图形，可以使用批处理进行统一缩放，以提高效率。可以通过使用“批处理”对话框中的“缩放”选项，对要导出的图像的高度和宽度进行缩放。

在对批处理文件进行缩放设置时，首先从“批处理选项”列表中选择“缩放”选项，然后单击“添加”按钮。在“缩放”下拉列表中进行选择，如图 13-2-5 所示。

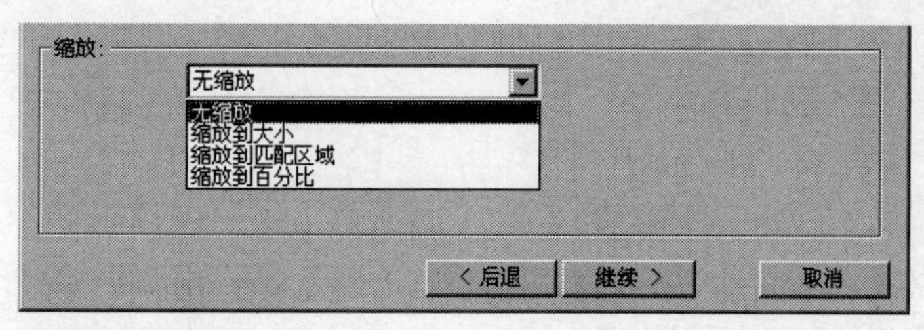

图 13-2-5

“无缩放”选项，将导出文件不进行任何缩放；“缩放到大小”选项，将图像缩放到指定的确切宽度和高度；“缩放到匹配区域”选项，使图像按比例缩放以适合指定的最大宽度和高度范围；“缩放到百分比”选项，可以按百分比缩放图像。

单击“继续”按钮以继续进行批处理。

选择“缩放到匹配区域”选项可将一组图像转换为大小统一的缩略图图像。

在批处理期间进行查找和替换

在批处理期间也可以进行查找和替换操作。通过使用“批处理”对话框中的“查找和替换”选项，可以对按钮、热点或切片内的文本、字体、颜色或 URL 进行批量替换操作。

如果要在批处理期间选择要查找和替换的属性，首先要从“批处理选项”列表中选择“查找和替换”选项，然后单击“添加”按钮，再单击“编辑”按钮，弹出“批量替换”对话框，如图 13-2-6 所示。

从“查找”下拉列表中选择要查找和替换的属性的类型，再在“查找”文本框中输入要查找的特定元素，在“更改为”文本框中输入要替换的特定元素。

单击“确定”按钮，存储“查找和替换”设置。

“批量替换”里面的替换选项可应用于 Fireworks 和 FreeHand 之类的对象文件，但不包括只有图像的文件，如 GIF 或 JPEG。

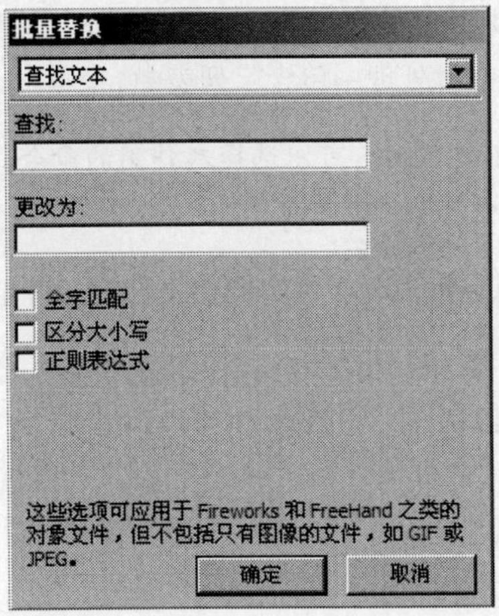

批量替换
查找文本
查找:
更改为:
全字匹配
区分大小写
正则表达式
这些选项可应用于 Fireworks 和 FreeHand 之类的对象文件，但不包括只有图像的文件，如 GIF 或 JPEG。
确定 取消

图 13-2-6

利用批处理更改文件名

在进行批处理的过程中，通过使用“批处理”对话框中的“重命名”选项，更改正在处理的文件的名称。首先在“批处理选项”列表中选择“重命名”选项，然后单击“添加”按钮，并指定“批处理”对话框底部“重命名”区的各选项，如图 13-2-7 所示。

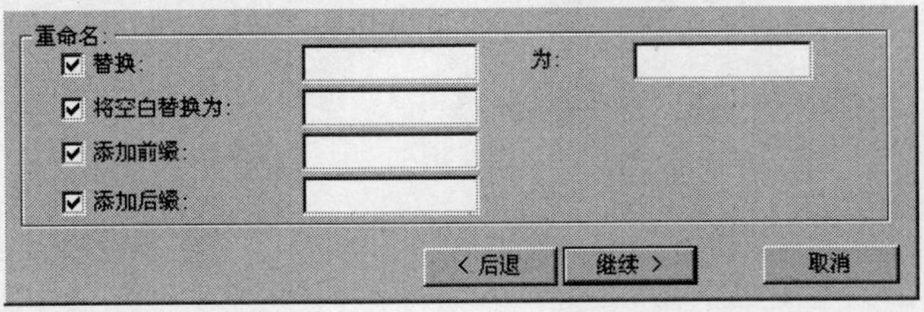

重命名:
替换: 为:
将空白替换为:
添加前缀:
添加后缀:
< 后退 继续 > 取消

图 13-2-7

对于每个要更改的文件名，都可以执行“替换”、“将空白替换为”、“添加前缀”和“添加后缀”的任意组合。

“替换”选项，允许用指定的其他字符替换每个文件名中的字符，或者从每个文件名中删除字符。

“将空白替换为”选项，允许用指定的一个或几个字符替换文件名中存在的空白，或者从每个文件名中删除所有空白。

“添加前缀”选项，允许输入要添加到文件名开头的文本。

“添加后缀”选项，允许输入要添加到文件名末尾（在文件扩展名之前）的文本。

使用批处理执行命令

可以在批处理过程中执行命令，这样可以使操作更加快捷。通过使用“批处理”对话框中的“命令”选项进行。

如果要为批处理文件设置命令，可以单击“批处理选项”列表中“命令”选项旁边的按钮⊞以查看可用的命令。然后选择一个命令，最后单击“添加”按钮将其添加到“在批处理中包含”列表中。

“批处理选项”中的命令不能进行编辑，在批处理期间某些命令不起作用，可以选择起作用的命令。

指定批处理保存位置

进行完“批处理”操作后，还要选择用于保存文件的选项，可以在批处理中保存原始文件的备份副本。文件的备份副本所处的文件夹以及每个原始文件处于的文件夹，都在同一文件夹中。

如果要对批处理文件进行备份，则首先选择批次输出的位置，可以选择“与原始文件位置相同”或“自定义位置”单选项，然后选择“备份”复选框以设置备份方式。

“覆盖现有备份”，覆盖以前的备份文件。

“增量备份”，保留所有备份文件的副本。

单击“批次”按钮完成批处理操作，如图 13-2-8 所示。

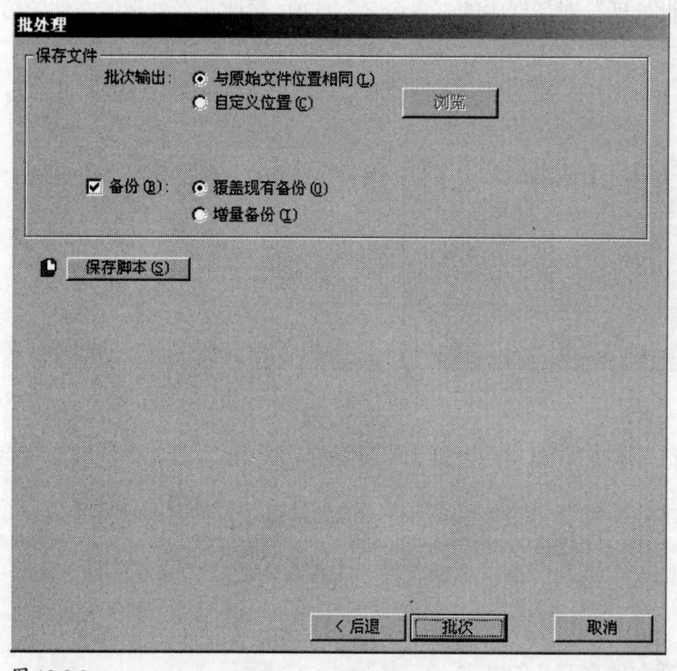

图 13-2-8

如果要取消选择“备份”复选框，则在文件名相同时，以相同文件格式运行批处理会覆盖原始文件。不过，以不同文件格式运行批处理会创建一个新文件，并且不会移动或删除原始文件。

将批处理保存为脚本

在 Fireworks 中，可以将批处理设置保存为脚本，以便日后轻松地重新创建该批处理。

如果要创建批处理脚本，则首先单击“保存脚本”按钮以创建批处理脚本，在弹出的“另存为”对话框中输入脚本的名称和保存位置，单击“保存”按钮，脚本将被保存到硬盘上的 Commands 文件夹中，随即将它添加到 Fireworks 中的“命令”菜单，以便于使用。

将批处理保存为脚本之后，如果要运行批处理脚本，可以在 Fireworks 中，单击“命令”菜单中的“运行脚本”命令；也可以双击硬盘上的脚本文件名。然后从中选择一个脚本并单击“打开”按钮，接着选择要使用该脚本处理的文件，当前打开的文件或者自定义文件。最后，单击“确定”按钮即可。

除了以上运行脚本的方法，还可以进行拖放运行脚本。将脚本文件图标拖动到 Fireworks 桌面图标上，或者将脚本文件图标拖到一个打开的 Fireworks 文档中。

将多个脚本文件和多个图形文件拖动到 Fireworks 中，将每个脚本运行一次，从而可以多次处理图形文件。

13.3 扩展 Fireworks 和撰写脚本

Fireworks 扩展能使功能进一步增强，Fireworks 的功能扩展管理器可以扩展 Fireworks 的功能，并且可以创建自定义命令，增强其处理能力。

通过使用 Extension Manager 可以安装和管理扩展了 Fireworks 功能的功能扩展。还可以编写自定义 JavaScript 代码，并在 Fireworks 中将它用作自定义命令。也可以在 Fireworks 中使用 Adobe Flash SWF 电影作为自定义命令。可以将颜色值直接从 Flash Actionscript 粘贴到 Fireworks 的颜色框中。

另外，Fireworks 的“历史记录”面板提供了易于使用的界面，使能够通过一系列已记录的任务创建自定义命令。

在安装了功能扩展或创建了自定义命令后，Fireworks 会将其放在“命令”菜单中。

“历史记录”面板记录了在使用 Fireworks 时所执行的步骤。每个步骤作为单独的一行存储在“历史记录”面板上，最近的步骤排在最前面。

在默认情况下，该面板记录 20 个步骤。可以在“首选参数”中更改可撤销步骤，步骤越多，需要的计算机内存也就越大，最多可设置 1 009 次。也可以通过单击“历史记录”面板右上角的按钮，在弹出的菜单中单击“清除历史记录”命令清除步骤，以释放内存和磁盘空间，但不能从已经清除的步骤中撤销编辑操作。

创建命令

可以将“历史记录”面板中的步骤组，保存为可以重用的命令。在任意 Fireworks 文档中都可以执行已保存的命令，它们并不针对某个文档。保存的命令以 JSF 文件的形式存储在特定的 Fireworks 配置文件夹的 Commands 文件夹中。

如果要将步骤保存为命令，则首先选择要保存为命令的步骤。可以单击某个步骤，然后按住“Shift”键并单击另一步骤，以选择要保存为命令的步骤范围；也可以按住“Ctrl”键并单击选择不连续的步骤。

然后单击“历史记录”面板底部的“将步骤保存为命令”按钮，在“保存命令”对话框中输入命令的名称，单击“确定”按钮。该命令即出现在“命令”菜单中。

撤销或重复、重放命令

在 Fireworks 中,可以对已记录的命令或在“历史记录”面板中选择的步骤随时执行重放操作,也可以在“历史记录”面板中撤销或重复命令，以提高工作效率。

如果要撤销或重复步骤,可以将面板上的“撤销标记”向上拖动到希望撤销或重复的最后一步,或者在“历史记录”面板的左侧沿“撤销标记”轨迹单击,已撤销的步骤仍保留在将以灰色高亮显示在“历史记录”面板中。

如果要重放已保存过的命令，首先要选择一个或多个对象，然后从“命令”菜单中选择此命令即可。如果要重放所选的步骤,首先在“历史记录”面板选择一个或多个步骤,单击面板底部的“重放”按钮即可。

带“×”标记的步骤是不可重复的，因此不能重放。分隔线指示选择了不同的对象。用跨分隔线的步骤创建的命令会产生不可预测的结果。

在进行设计时，可以将所选操作步骤应用于多个文档中的对象。首先要选择步骤范围，然后单击“历史记录”面板底部的“将步骤复制到剪贴板”按钮。接着选择任意一个 Fireworks 文档中的一个或多个对象，单击“编辑”菜单中的“粘贴”命令即可。

单击“编辑”菜单中的“重复命令脚本”命令，可以重复上一步骤。

与其他应用程序的结合 14

学习要点：

- 熟练掌握 Dreamweaver 与 Fireworks 的结合应用
- 熟练掌握 Flash 与 Fireworks 的结合应用
- 熟练掌握 Photoshop 与 Fireworks 的结合应用

Fireworks 不仅在网页图形设计领域有超强表现，而且还可以与其他软件结合使用，其与 Dreamweaver 和 Flash 的完美切换使它赢得了“网页设计三剑客”之一的称号，同时，与其他软件的结合也使它越来越受到设计者的青睐。

与其他应用软件的协同工作、多种优化设计过程的高度集成，使 Fireworks CS6 可以设计出更加完美的效果。

14.1 与 Dreamweaver 的结合

Dreamweaver 是集网页制作和网站管理于一身的所见即所得的网页编辑器，它是第一套针对专业网页设计师特别发展的视觉化网页开发工具，利用它可以轻而易举地制作出跨越平台限制和跨越浏览器限制的充满动感的网页。Firewroks 可以将带有外部样式表、符合标准、即将完工的 CSS 版面导出到 Adobe Dreamweaver 中。

在 CS6 中，Firewroks 与 Dreamweaver 结合更为紧密，新增主功能全部都与样式代码有关，需要结合 Dreamweaver 共同完成。

Fireworks 与 Dreamweaver 共享的“自由导入导出 HTML”集成功能，使得在 Dreamweaver 和 Fireworks 中交替处理文件变得十分容易。Dreamweaver 和 Fireworks 可以识别以及共享许多相同的文件编辑结果，其中包括对链接、图像映射、表格切片等的更改。这两个应用程序共同为在 HTML 页面中编辑、优化和放置网页图形文件提供了一个优化的工作流程。

如果要对放置在 Dreamweaver 文档中的 Fireworks 图像和表格进行修改，可以通过 Dreamweaver 的“属性”检查器，然后启动 Fireworks，对其进行编辑，再返回到 Dreamweaver 中的已更新文档。

如果要对图像或者动画进行快速优化编辑，可以在 Dreamweaver 的“属性”检查器中，通过打开 Fireworks 的“导出预览”对话框，然后进行重新设置。在任何情况下，放置在 Dreamweaver 中的文件会进行再编辑；如果打开了源 Fireworks 文件，则源文件也会更新。

为了对网页设计的工作流程，进行进一步优化，可以在 Dreamweaver 中为将来的 Fireworks 图像创建图像占位符。然后，可以通过选择那些占位符，并启动 Fireworks，按照 Dreamweaver 占位符图像所指定的尺寸，创建所需的图形。只要进入 Fireworks，就可以根据需要对图像尺寸进行更改了。

14.1.1 在 Dreamweaver 文件中放置 Fireworks 图像

如果要将 Fireworks 图像放入到 Dreamweaver 文档中，可以使用很多的方法：可以通过 Dreamweaver 中的“文件”面板插入;可以使用“插入”菜单放置可以使用 Dreamweaver 图像占位符创建新的 Fireworks 文档。

使用前两种方法的前提是必须从 Fireworks 中导出图像。在 Dreamweaver 中插入 Fireworks JPEG 文件时，文件质量会自动进行计算，有些文件值可能为 79。

在将 Fireworks 图像放置在 Dreamweaver 文件之前，必须确保在“HTML 设置”对话框中选择了 Dreamweaver 作为 HTML 类型。

如果要使用“文件”面板将 Fireworks 图像插入到 Dreamweaver 文档中，则首先将图像从 Fireworks 中导出到 Dreamweaver 定义的本地站点文件夹中，然后打开 Dreamweaver 文档，并确保文档是在“设计”视图中接着就可以把图像从“文件”面板拖到 Dreamweaver 文档中了。

如果要使用“插入”菜单将 Fireworks 图像插入到 Dreamweaver 文档中，则首先要将插入点放在 Dreamweaver 文档窗口的所希望图像出现的位置。然后，单击“插入”菜单中的“图像”命令，或者在“插入”栏的“常用”类别中，单击“图像”中的“图像”按钮。最后，选择要从 Fireworks 中导出的图像，单击“打开”按钮，这时图像就被插入到 Dreamweaver 文档中了。

如果该图像文件，不在 Dreamweaver 站点中，那么将出现一条提示消息，询问是否要将该文件复制到站点文件夹中。

除了可以通过使用“文件”面板和“插入”菜单在 Dreamweaver 中放置 Fireworks 图像外，还可以使用 Dreamweaver 占位符创建新的 Fireworks 文件。

在为网页设计时，创建最终的图片之前，会尝试各种不同的网页布局，将 Fireworks 和 Dreamweaver 的功能结合起来。此时，就需要用到图像占位符。图像占位符能够在为页面创建最终图片之前尝试各种不同的网页布局。使用图像占位符可以指定以后要在 Dreamweaver 中放置的 Fireworks 图像的大小和位置。

当使用 Dreamweaver 图像占位符创建 Fireworks 图像时，系统会用与所选占位符尺寸相同的画布创建一个新的 Fireworks 文档。在创建的 Fireworks 的内部时，可以像在 Fireworks 应用程序中一样，使用 Fireworks 中的任意工具进行创建。其具有和 Fireworks 应用程序相同的功能。

在 Fireworks 内应用的所有行为在返回到 Dreamweaver 时都会保留下来。同样，应用于图像占位符的大部分 Dreamweaver 行为在用 Fireworks 启动和编辑时也会保留下来。但有一个例外：应用到 Dreamweaver 中图像占位符的不相交变换图像在 Fireworks 中打开和编辑时不会保留。

如果 Fireworks 会话结束，并且返回到 Dreamweaver，则所创建的新 Fireworks 图形会取代最初选择的图像占位符。

如果要使用 Dreamweaver 中的图像占位符创建 Fireworks 图像，则可以在 Dreamweaver 中，将所需的 HTML 文档保存到 Dreamweaver 站点文件夹中；然后将插入点放在文档中的所需位置，单击“插入”菜单中的“图像对象”→“图像占位符”命令，或者在“插入”栏的“常用”类别中，单击“图像”中的“图像”按钮，并选择“图像占位符”命令，打开“图像占位符”对话框，如图 14-1-1 所示。

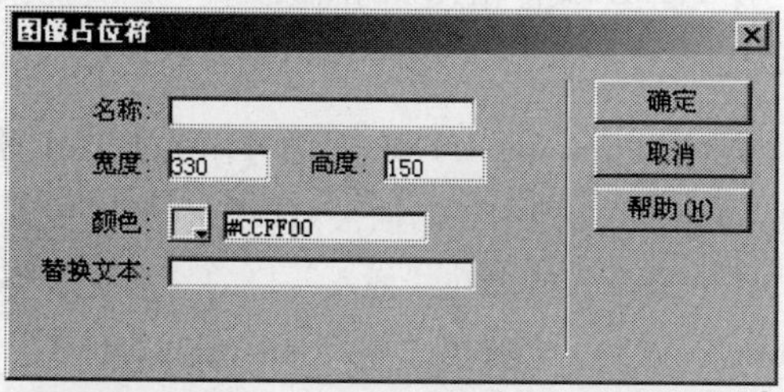

图像占位符
名称：
宽度：330 高度：150
颜色：#CCFF00
替换文本：
确定
取消
帮助(H)

图 14-1-1

在“图像占位符”对话框中，可以对图像占位符的名称、尺寸、颜色以及替换文本进行设置，设置完成后，单击“确定”按钮。

这时，图像占位符就会插入到 Dreamweaver 文档中，并显示占用的尺寸，如图 14-1-2 所示。

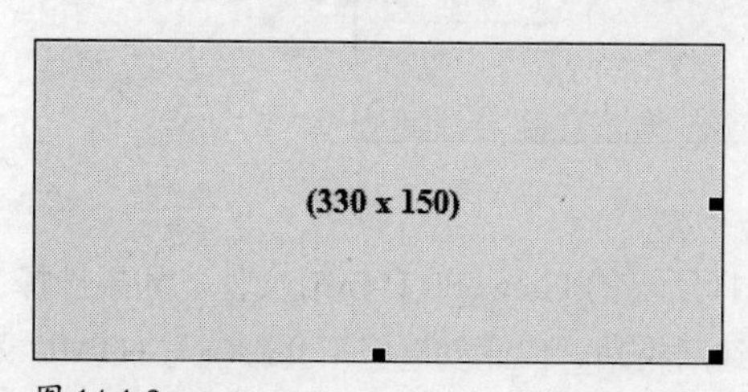

图 14-1-2

接着，在“属性”检查器中，选择图像占位符，并单击“创建”按钮，或者按住“Ctrl”键，并双击图像占位符，也可以在 Fireworks 中单击右键，在弹出的快捷菜单中单击“创建图像”命令。此时，Fireworks 将会打开，并显示一个大小与占位符图像完全相同的空画布。文档窗口指示编辑的是 Dreamweaver 中的图像。

在 Fireworks 中创建图像，完成后单击“完成”按钮；在“保存类型”对话框中指定源 PNG 文件的名称和位置，单击“保存”按钮。

如果在 Dreamweaver 的“属性”检查器中，输入了图像占位符的名称，则该名称在 Fireworks 中被用作默认文件名。

在弹出的“导出”对话框中，为导出的图像文件指定名称，这些图像文件就是显示在 Dreamweaver 中的那些图像文件。为导出的图像文件指定位置。所选的位置应在 Dreamweaver 的站点文件夹内。最后单击“保存”按钮，进行保存。

当返回到 Dreamweaver 时，所创建的新 Fireworks 图像或表格，将会取代最初选择的图像占位符。

14.1.2 将 Fireworks HTML 代码放入 Dreamweaver

将 Fireworks 文件导入到 Dreamweaver 可分两步进行。首先，将文件从 Fireworks 直接导出到一个 Dreamweaver 站点文件夹中。此操作将在指定的位置生成一个 HTML 文件和关联的图像文件。然后，使用“插入 Fireworks HTML”功能将 HTML 代码放入 Dreamweaver 中。

要将 Fireworks HTML 代码放入 Dreamweaver 中，首先要把 Fireworks HTML 文档导出为 HTML 格式。在 Dreamweaver 中，将文档保存到已定义的站点中。将插入点放在文档中开始插入 HTML 代码的位置。然后单击“插入”菜单中的“图像对象”→“Fireworks HTML”命令，或者在“插入”栏的“常用”类别中单击“图像”中的“图像”弹出菜单，选择 Fireworks HTML”。此时，会弹出“插入 Fireworks HTML”对话框，如图 14-1-3 所示。

图 14-1-3

在“插入 Fireworks HTML”对话框中，单击“浏览”按钮，选择所需的 Fireworks HTML 文件。如果选择“插入后删除文件”复选框，将会在操作完成后将 HTML 文件移到回收站。但此复选框不会影响与 HTML 文件关联的源 PNG 文件。

最后单击“确定”按钮，将 HTML 代码连同它的相关图像、切片和 JavaScript 一起插入到 Dreamweaver 文档中。

复制 Fireworks HTML 代码在 Dreamweaver 中使用

在将 Fireworks HTML 代码复制到剪贴板时，与该 Fireworks 文档关联的所有 HTML 和 JavaScript 代码都会复制到 Dreamweaver 文档中，图像导出到指定的位置，Dreamweaver 会将包含文档相关链接的 HTML 更新到这些图像。

此方法仅适用于Dreamweaver。它不能用于其他HTML编辑器。

在Fireworks中可以将HTML代码复制到剪贴板，然后将其粘贴到Dreamweaver文档中。

还可以在Dreamweaver中打开导出的Fireworks HTML文件，然后将所需的部分手动复制并粘贴到另一个Dreamweaver文档中。

将Fireworks文件导出到Dreamweaver库

库项目是站点根文件夹中名为“Library”的文件夹中的HTML文件的一部分。库项目在Dreamweaver的“资源”面板中显示为类别。在Dreamweaver中，库项目可简化对常用网站组件的编辑和更新。可以将库项目（带.lbi扩展名的文件）从“资源”面板中拖到网站中的任何页面。

不能在Dreamweaver文档中直接编辑库项目，只能编辑主库项目。然后，可以在整个网站中放置该主库项目时，让Dreamweaver更新它的每个副本。Dreamweaver库项目与Fireworks元件非常相似，对主库（LBI）文档所做的更改在整个网站的所有该库的实例中都会反映出来。

Dreamweaver库项目不支持弹出菜单。

如果要将Fireworks文件导出到Dreamweaver库，首先单击“文件”菜单中的“导出”命令，在弹出的“导出”对话框的“导出”下拉列表中选择“Dreamweaver库”。在Dreamweaver站点中创建名为Library的文件夹，作为文件的保存位置，名称要区分大小写。然后输入一个文件名。如果图像包含切片，要选择切片选项。如果选择“将图像放入子文件夹”复选框，将会选择一个单独的文件夹来保存图像。最后，单击“保存”按钮就可以将文件导出到Dreamweaver库。

Dreamweaver不会识别Library文件夹以外的文件为库项目。

14.1.3 在Dreamweaver中编辑Fireworks文件

在网页设计时，可以将Fireworks图像、HTML代码放到Dreamweaver中。在Dreamweaver中也可以对Fireworks文件进行编辑。“自由导入导出HTML”是一个强大的功能，可以将Fireworks和Dreamweaver紧密集成在一起。它可以把在一个应用程序中进行的更改，完整地反映到另一个应用程序中。利用“自由导入导出HTML”功能，可以使用启动并编辑集成功能来编辑Fireworks生成的、放置在Dreamweaver文档中的图像和表格。对于放置在Dreamweaver文档中的图像或表格，Dreamweaver自动打开它们的Fireworks源PNG文件，可以在Fireworks中进行所需的编辑。再返回到Dreamweaver时，在Fireworks中进行的更新会应用于放置的图像或表格。

自由导入导出HTML

Fireworks识别并保留在Dreamweaver中对文档所做的大多数类型的编辑，包括更改的链接、编辑的图像映射、HTML切片中编辑的文本和HTML以及在Fireworks和Dreamweaver之间共享的行为。Dreamweaver中的“属性”检查器，帮助识别文档中Fireworks生成的图像、表格切片和表格。

Fireworks 支持大多数类型的 Dreamweaver 编辑。但是，在 Dreamweaver 中对表格结构进行较大的更改可能会使两个应用程序产生不可调和的差异。如果在 Dreamweaver 中对表格布局进行了根本性更改，然后试图在 Fireworks 中启动并编辑表格，则将出现一条提示信息，警告在 Fireworks 中进行的更改将覆盖先前在 Dreamweaver 中对表格所做的任何编辑。所以，在对表格布局进行重大更改时，要使用 Dreamweaver 的启动和编辑功能在 Fireworks 中编辑表格。

利用 Fireworks 技术，Dreamweaver 可以提供基本的图像编辑功能，以便在不使用外部图像编辑应用程序的情况下对图像进行修改。Dreamweaver 的图像编辑功能仅适用于 JPEG 和 GIF 图像文件格式。

编辑 Fireworks 图像

如果要对 Dreamweaver 中的 Fireworks 图像进行编辑，则要先启动 Fireworks，然后对放在 Dreamweaver 文档中的各个图像进行编辑。

如果要将放置在 Dreamweaver 中的 Fireworks 图像打开并进行编辑，则首先在 Dreamweaver 中，单击“窗口”菜单中的“属性”命令，打开“属性”检查器。在“属性”检查器中，将选区识别为 Fireworks 图像并显示该图像的已知 PNG 源文件的名称。然后选择所需的图像，在“属性”检查器中单击“编辑”；或者按住“Ctrl”键，并双击要编辑的图像；也可以用右键单击所需的图像，然后在弹出的快捷菜单中单击“用 Fireworks 编辑”命令。如果 Fireworks 尚未打开，Dreamweaver 将启动它。

在 Fireworks 中编辑图像。文档窗口将指示编辑的是 Dreamweaver 中的图像。Dreamweaver 识别并保留在 Fireworks 中应用于图像的所有编辑。完成编辑图像后，在文档窗口中单击“完成”按钮，以使用当前优化设置导出图像，更新 Dreamweaver 使用的 GIF 或 JPEG 文件，在选择了 PNG 源文件时还保存该源文件。

Dreamweaver 使用 Fireworks 技术提供了基本的图像编辑功能，这些功能可以修改图像，而无须使用外部图像编辑应用程序。可以在不离开 Dreamweaver 的情况下进行诸如修剪、调整大小、重新取样等操作。

当从 Dreamweaver 的“站点”面板中打开某个图像时，适用于该图像类型的默认编辑器（在 Dreamweaver 的“首选参数”中设置）将打开该文件。当从此位置打开图像时，Fireworks 不会打开原始 PNG 文件。如果需要使用 Fireworks 集成功能，可以从 Dreamweaver 文档窗口中打开图像。

编辑 Fireworks 表格

可以在 Dreamweaver 中编辑 Fireworks 表格。当打开并编辑放置在 Fireworks 表格中的图像切片时，Dreamweaver 将自动打开整个表格的源 PNG 文件。

如果把另一个表格嵌套到原来的由 Fireworks 生成的表格中，并试图在 Dreamweaver 中使用“Roundtrip”来编辑，则可能会收到 Dreamweaver 错误信息。

如果要打开并编辑放置在 Dreamweaver 中的 Fireworks 表格，则首先在 Dreamweaver 中，单击“窗口”菜单中的“属性”命令，打开“属性”检查器。然后在文档窗口中打开源 PNG 文件。

打开源 PNG 文件的方法有很多种：可以在表格内部单击，然后单击状态栏中的 Table 标签，选择整个表格，“属性”检查器将选区识别为 Fireworks 表格，并显示该表格的已知 PNG 源文件的名称，然后在“属性”检查器中单击“编辑”按钮；单击表格左上角选择该表格，在“属性”检查器中单击“编辑”按钮；选择表格中的图像，然后在“属性”检查器中，单击“编辑”按钮；可以按住“Ctrl”键，并双击要编辑的图像；可以右键单击该图像，然后在弹出的快捷菜单中单击“用 Fireworks 编辑”命令。

如果 Fireworks 尚未打开，Dreamweaver 将启动它。整个表格的源 PNG 文件将出现在文档窗口中。在 Fireworks 中可以进行所需的编辑。Dreamweaver 识别并保留在 Fireworks 中应用于表格的所有编辑。编辑完表格后，在文档窗口中单击“完成”按钮。

表格的 HTML 代码和图像切片文件，将使用当前的优化设置导出，放置在 Dreamweaver 中的表格将被更新，而 PNG 源文件将被保存。

Dreamweaver 行为

如果将单个未切割的 Fireworks 图形，插入到 Dreamweaver 文档中，并且应用 Dreamweaver 行为，则在 Fireworks 中打开并编辑该图形时，它的顶部会出现一个切片。该切片最初是不可见的，这是因为在打开并编辑应用了 Dreamweaver 行为的单个未切割图形时，切片被自动关闭。通过从“层”面板的“网页层”打开切片的可见性可以查看该切片。

在 Fireworks 中查看附加了 Dreamweaver 行为的切片的属性时，“属性”检查器中的“链接”文本框可能显示 Javascript。删除此文本没有什么影响。如果需要，可以在此文本上输入一个 URL，返回到 Dreamweaver 时，该行为仍保持不变。当使用 Dreamweaver 中的“自由导入导出 HTML”功能时，Fireworks 支持服务器端文件格式，例如：CFM 和 PHP。

Dreamweaver 支持在 Fireworks 中应用的所有行为，包括变换图像和按钮所需的行为。启动并编辑会话期间，Fireworks 支持一些 Dreamweaver 行为，如简单变换图像、交换图像、恢复交换图像、设置状态栏文本、设置导航栏图像、弹出菜单等。

Fireworks 不支持包括服务器端行为在内的非本机行为。

14.1.4　对 Dreamweaver 中的 Fireworks 图像和动画进行优化

在 Dreamweaver 中，可以对放置在 Dreamweaver 中的 Fireworks 图像和动画进行优化。可以从 Dreamweaver 中启动 Fireworks，以便对放置的 Fireworks 图像和动画进行快速导出更改。Fireworks 可以对优化设置、动画设置和导出图像的大小和区域进行更改。

如果要更改放置在 Dreamweaver 中的 Fireworks 图像的优化设置，则首先在 Dreamweaver 中选择所需的图像，单击“命令”菜单中的“在 Fireworks 中优化图像”命令，或者在“属性”检查器中，单击“在 Fireworks 中优化”按钮，也可以通过单击右键，在弹出菜单中单击“优化”命令，如图 14-1-4 所示。

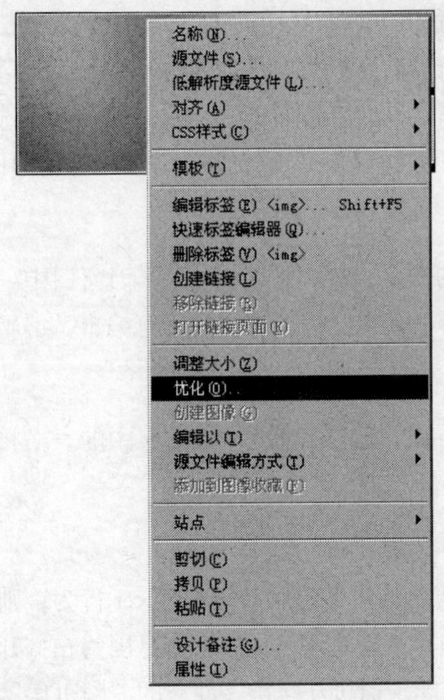

图 14-1-4

如果出现提示，需要指定是否打开所放置图像的 Fireworks 源文件。

单击“优化”命令后会弹出对话框，虽然在标题栏中不显示其名称，但它实际上是 Fireworks 的“导出预览”对话框。可以在“导出预览”对话框中进行编辑。

如果要编辑优化设置，可以选择“选项”选项卡，进行设置。

如果要编辑导出图像的大小和区域，可以选择“文件”选项卡，然后进行更改所需的设置。如果在 Fireworks 中更改了图像尺寸，则当返回到 Dreamweaver 时，还需要在“属性”检查器中重设图像的大小。

如果要对图像的动画设置进行编辑，可以选择“动画”选项卡，然后进行更改所需的设置。

编辑完图像后，单击“更新”按钮。图像将使用新的优化设置导出，放置在 Dreamweaver 中的 GIF 或 JPEG 将被更新，如果选择了源文件，将保存 PNG 源文件。

如果对图像格式进行了更改，Dreamweaver 的链接检查器，则会提示更新对该图像的引用。例如：如果将名为 123_image 的图像的格式由 JPEG 更改为 GIF，那么在出现此提示时单击“确定”按钮，会将站点中所有对 123_image.jpg 的引用更改为 123_image.gif。

更改动画设置

在 Dreamweaver 不仅可以对图像可以进行优化，还可以更改动画的编辑设置。“导出预览”对话框中的动画选项类似于 Fireworks 中的“帧”面板中的可用选项。

在从 Dreamweaver 打开的优化会话过程中，不能编辑 Fireworks 动画中的各个图形元素。如果要编辑动画中的图形元素，必须在 Fireworks 中进行。

14.1.5 设置“启动并编辑”选项

“自由导入导出 HTML”功能,可以将 Dreamweaver 与 Fireworks 紧密地结合起来。但为了有效地使用“自由导入导出 HTML”,在使用前,要在 Dreamweaver 中将 Fireworks 设置为主图像编辑器,以及在 Fireworks 中指定“启动并编辑”首选参数并在 Dreamweaver 中定义一个本地站点。

将 Fireworks 设置为 Dreamweaver 的主外部图像编辑器

Dreamweaver 为自动启动特定的应用程序来编辑特定的文件类型提供了首选参数。在使用 Fireworks 的启动和编辑功能之前,如果在启动 Fireworks 时出现问题,则需要在 Dreamweaver 中将 Fireworks 设置为 GIF、JPEG 和 PNG 元件的主编辑器。

如果要将 Fireworks 设置为 Dreamweaver 的主外部图像编辑器,则首先在 Dreamweaver 中,单击“编辑”菜单中的“首选参数”命令,在弹出的“首选参数”对话框中,选择“文件类型 / 编辑器”。然后在“扩展名”列表中,选择网页图像文件扩展名(.gif、.jpg 或 .png)。在“编辑器”列表中选择“Fireworks”。如果 Fireworks 不在该列表中,则单击加号(+)按钮,在硬盘上找到 Fireworks 应用程序,然后单击“打开”按钮。操作完成后,单击“设为主要”按钮。

如果要将 Fireworks 设为其他网页图像文件类型的主编辑器,可重复以上操作。

14.2 与 Flash 的结合

Flash 是一款设计二维矢量动画软件,用于设计和编辑 Flash 文档。“自由导入导出 HTML”功能使 Fireworks 可以很好地与 Dreamweaver 紧密结合起来,Fireworks 也可能与 Flash 很好地集成。在 Flash 中,可以很容易地导入、导出复制和粘贴 Fireworks 的矢量、位图、动画以及多态按钮图形。“启动并编辑”功能也能使在 Flash 中编辑 Fireworks 图形变得容易。在 Flash 中工作时,在 Fireworks 中设置的启动和编辑首选参数同样适用。

Flash HTML 样式不支持弹出菜单代码。Fireworks 按钮行为和其他类型的交互性不导入到 Flash 中。如果将 Flash 中的 TLF 文本复制到在 Windows 上运行的 Fireworks 中,它会作为空白位图图像复制,并将 TLF 文本转换为 ASCII 文本导入。

14.2.1 将 Fireworks 图形放入 Flash

将 Fireworks 图形放到 Flash 中的方法有很多种。可以通过导入、复制并粘贴的方法将图形、矢量对象和文本放入到 Flash 中。导入或复制 Fireworks PNG 文件能够在最大程度上控制如何将图形和动画添加到 Flash 中。还可以导入已经从 Fireworks 中导出的 JPEG、GIF、PNG 和 SWF 文件。

Fireworks 图形被导入或复制,并粘贴到 Flash 中之后,有些属性会丢失,如动态滤镜和纹理。因此,不能把轮廓渐变效果从 Fireworks 导入或复制并粘贴到 Flash 文档中。另外,Flash 仅支持实心填充、渐变填充和基本笔触。

将 Fireworks PNG 文件导入 Flash

Fireworks PNG 源文件可以直接被导入到 Flash 中，而无须先导出为其他的任何图形格式。所有 Fireworks 矢量、位图、动画和多态按钮图形都可以导入到 Flash 中。

Fireworks 按钮行为和其他类型的交互性不会被导入到 Flash 中，因为 Fireworks 行为是由该文件格式外部的 JavaScript 启用的。Flash 使用内部 ActionScript 代码。

将 Fireworks PNG 文件导入到 Flash 中时，可以选择多种导入选项。如果 PNG 文件包含多个页面，则可以将所有页面导入新的 Flash 帧或场景中，也可以选择一个特定页面导入当前帧。可以将页面中的所有内容（包括帧、层和对象）导入为 Flash 影片剪辑，也可以将所有内容导入单个新层中。对于矢量对象和文本对象，可以完全保持它们的可编辑性，也可以放弃所有可编辑性。可以将 Fireworks PNG 文件作为单个扁平化位图图像导入。

如果要将 Fireworks PNG 导入到 Flash 中，则首先在 Fireworks 中保存所需的文档，然后切换到 Flash 中一个已打开的文档，接着单击要将 Fireworks 内容导入到的关键帧和层，并单击“文件”菜单中的“导入”命令，再从“导入”对话框中，查找到所需的 PNG 文件并对它进行选择，单击“确定”按钮。

随后，弹出“导入 Fireworks 文档”对话框，如图 14-2-1 所示。

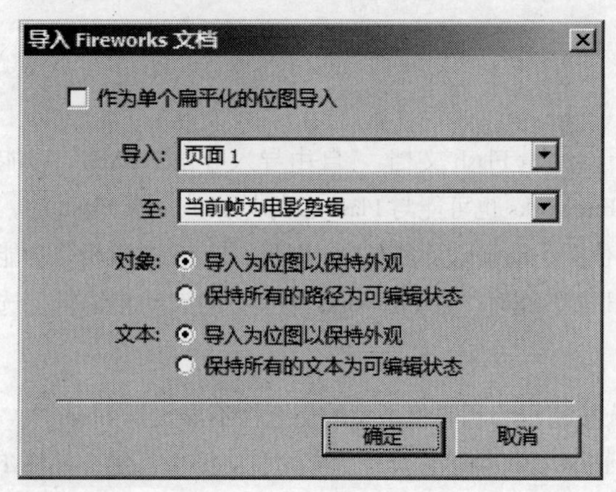

图 14-2-1

导入图形的选项

“作为单个扁平化的位图导入”选项，选择此选项则导入一个不可编辑的图像。如果 PNG 包含多页，则仅导入第一页。如果选择了此选项，则对话框中的其他选项均不可用。

“将所有页作为影片剪辑导入到新状态中”选项，选择此选项会将 PNG 文件的所有页导入采用 PNG 文件名称的新 Flash 层；将在当前状态位置处的新层中创建一个关键状态，PNG 文件的第一页将作为影片剪辑置于此关键状态下，所有其他页将作为影片剪辑置于该关键状态后面的状态下；将保留 PNG 文件中层的层次结构和状态。

“将第 1 页作为影片剪辑导入当前状态”选项，选择此选项会将所选页的内容作为影片剪辑导入，并置于 Flash 文件的活动状态和层中，还会保留 PNG 文件中层的层次结构和状态。

“将所有页作为影片剪辑导入到新场景中”选项，选择此选项将会从 PNG 文件导入所有页，并将每一页作为影片剪辑映射到新场景，并保留页中的所有层和状态。如果 Flash 文件中已存在场景，则导入过程会将新场景添加到现有场景之后。

“将第 1 页导入新层”选项，选择此选项会将所选页导入为新层。状态将作为单独的状态导入到时间轴中。

导入矢量对象的选项

“导入为位图以保持外观”选项，选择此选项可以保持矢量对象的可编辑性，除非它们具有 Flash 不支持的特殊填充、笔触或效果。为了保持此类对象的外观，Flash 将它们转换为不可编辑的位图图像。

“保持所有的路径为可编辑状态”选项，选择此选项会保持所有矢量对象的可编辑性。如果对象具有 Flash 不支持的特殊填充、笔触或效果，那么这些属性或者会丢失，或者转换为 Flash 等效属性，这看起来可能会不一样。

导入文本的选项

“导入为位图以保持外观”选项，选择此选项可以保持文本的可编辑性，除非它具有 Flash 不支持的特殊填充、笔触或效果。为了保持这种文本的外观，Flash 将它转换为不可编辑的位图图像。

来自 Flash 的 TLE 文本在 Fireworks 中将复制为空白位图图像。

“保持所有的文本为可编辑状态”选项，选择此选项可以保持所有文本的可编辑性。如果文本对象包含 Flash 不支持的特殊填充、笔触或效果，那么这些属性或者会丢失，或者转换为 Flash 等效属性，这看起来可能会不一样。

设置完成后，单击“确定”按钮。Fireworks PNG 文件随即使用选择的导入选项，导入到 Flash 中。将保存“导入 Fireworks 文档”对话框中的选择，并在下次导入 PNG 文件时将其作为默认设置。

将 Fireworks 图形复制或拖到 Flash 中

将 Fireworks 图形放到 Flash 中的快速方法可以是复制并粘贴或直接拖放到 Flash 文档中。

如果要将图形复制到早于 Flash 8 的 Flash 版本中，必须单击“编辑”菜单中的“复制路径轮廓”命令。在操作中，可能必须要执行取消组合命令，使它们可以在 Flash 中作为单独的矢量对象进行编辑。

如果要在 Fireworks 中复制并粘贴图形或拖放图形到 Flash 文档中，则首先在 Fireworks 中选择要复制的一个或多个对象，然后单击“编辑”菜单中的“复制”命令。在 Flash 中，要创建一个新的文档，并单击“编辑”菜单中的“粘贴”命令，也可直接将文件从 Fireworks 中拖到 Flash。此时会弹出“导入 Fireworks 文档”对话框，如图 14-2-2 所示。

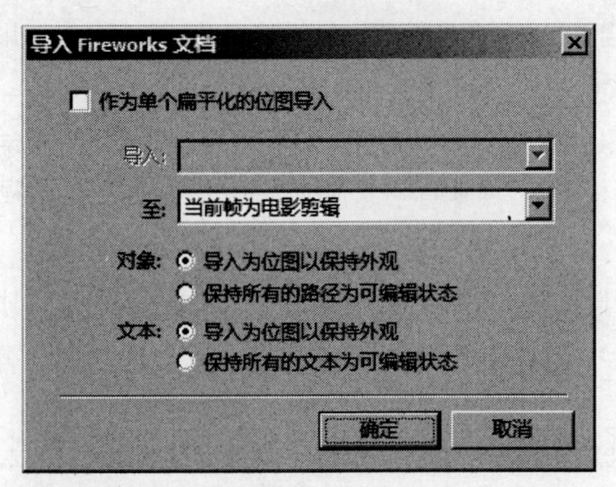

图 14-2-2

从“至”下拉列表中选择一个选项。

“当前帧为电影剪辑”选项，选择此选项则把粘贴内容作为影片剪辑导入，并放在 Flash 文件的活动帧和层中。将保留 PNG 文件中层的层次结构和状态。

“新层”选项，选择此选项则将粘贴的内容导入为新层。状态将作为单独的状态导入到时间轴中。

选择矢量对象的导入方式。

“导入为位图以保持外观”选项，选择此选项则可以保持矢量对象的可编辑性，除非它们具有 Flash 不支持的特殊填充、笔触或效果。为了保持此类对象的外观，Flash 将它们转换为不可编辑的位图图像。

“保持所有的路径为可编辑状态”选项，选择此选项则保持所有矢量对象的可编辑性。如果对象具有 Flash 不支持的特殊填充、笔触或效果，那么这些属性或者会丢失，或者转换为 Flash 等效属性，这看起来可能会不一样。

选择文本的导入方式。

“导入为位图以保持外观”选项，选择此选项则可以保持文本的可编辑性，除非它具有 Flash 不支持的特殊填充、笔触或效果等。为了保持这种文本的外观，Flash 将它们转换为不可编辑的位图图像。

“保持所有的文本为可编辑状态”选项，选择此选项，则可以保持所有文本的可编辑性。如果文本对象包含 Flash 不支持的特殊填充、笔触或效果，那么这些属性或者会丢失，或者转换为 Flash 等效属性，这看起来可能会不一样。

设置完成后，单击“确定”按钮。导入的内容，随即导入到 Flash 中。

将保存“导入 Fireworks 文档”对话框中的选择，并在下次将 PNG 文件复制和粘贴或拖放到 Flash 中时将其作为默认设置。

关于导入 Fireworks 元件

将 Fireworks 元件导入到 Flash 时，如果元件使用 9 切片缩放，则在 Flash 中导入并保留 4 切片辅助线。但是，对动画不保留 9 切片缩放。导入的元件将作为元件保存在 Flash 库中。

将丰富图形元件导入到 Flash 中时，将会存在一些限制：应用于元件的柔化编辑将丢失，将导入元件的主副本。

丰富图形元件将储存为 PNG 文件和 JSF 文件，仅导入 PNG 文件。如果该元件由多个路径构成，则这些路径将组合为一个元件。

如果需要使用 Flash 中的元件的完整功能，则需要使用元件的 Flash 版本来替换它。

保留 Photoshop 图层效果

Fireworks 支持一些 Photoshop 图层效果，并介绍如何将各种效果导入到 Flash 中。

Photoshop 动态效果—投影，按如下方式映射：大小映射为 blurX、blurY；距离映射为距离；颜色映射为颜色；角度映射为 180（Photoshop 效果角度）。

Photoshop 动态效果—内阴影，按如下方式映射：大小映射为 blurX、blurY；距离映射为距离；颜色映射为颜色；角度映射为 180（Photoshop 效果角度）。

Photoshop 动态效果—外发光，按如下方式映射：不透明度映射为强度；颜色映射为颜色；大小映射为 blurX、blurY。

Photoshop 动态效果—内发光，按如下方式映射：不透明度映射为强度；颜色映射为颜色；大小映射为 blurX、blurY。

将对包含任何其他 Photoshop 层效果的对象进行栅格化。

保留可见性和锁定

PNG 文件中隐藏的对象和层将导入 Flash 并保持隐藏状态。然而，不会导入丰富图形元件的非可见部分（例如，“滑过”状态或“按下”状态的按钮）。

如果某个层是锁定或隐藏的，在将该层中的所有对象和子层导入到 Flash 中时，将继承并保留锁定或隐藏设置。然而，如果将单个页面导入 Flash 中的新层，则将为整个页面创建一层，并显示所有对象，在这种情况下，不会保留可见性和锁定属性。

14.2.2 使用 Fireworks 编辑导入到 Flash 中的图形

启动并编辑集成功能，可以使用 Fireworks 更改以前导入到 Flash 中的图形。通过此方法可以编辑任何导入的图形，甚至包括那些不是从 Fireworks 导出的图形。

导入到 Flash 中的 Fireworks 固有的 PNG 文件，是一个例外，除非它是作为平面化位图图像导入的。

如果图形是从 Fireworks 导出的，并且保存了原始 PNG 文件和导出的图形文件，则可以从 Flash 中对 Fireworks 的 PNG 文件进行更改。当返回到 Flash 时，PNG 文件和 Flash 中的图形都会更新。

在 Flash 中，用右键单击“库”面板中的图形文件，在弹出的快捷菜单中单击“使用 Fireworks 编辑”命令。

如果“使用 Fireworks 编辑”未出现在快捷菜单中，可以选择“编辑方式”并定位 Fireworks 应用程序。

在“查找源”框中单击“是”来定位 Fireworks 图形的原始 PNG 文件，然后单击“打开”按钮。编辑完图形后，单击“完成”按钮。

Fireworks 会将新的图形文件导出到 Flash，并保存原始 PNG 文件。

14.3 与 Photoshop 的结合

Photoshop 是集图像扫描、编辑修改、图像制作、广告创意，图像输入与输出于一体的图形图像处理软件，深受广大平面设计人员和计算机美术爱好者的喜爱。Fireworks 完全支持导入固有的 Photoshop（PSD）文件，并提供了保留导入文件的许多方面（包括层、蒙版和可编辑文本）的选项。用 Firework 打开 Photoshop 文件能保持图层、效果及混合模式的高保真度，最多可包含 100 个画板，甚至双字节文本。

14.3.1 将 Photoshop 图像放入 Fireworks 中

在 Fireworks 中，可以将单独的 Photoshop 图形拖到 Fireworks 中，也可以导入整个 Photoshop 文件。在 Fireworks 打开 Photoshop 文件时，会弹出“矢量文件选项”对话框，如图 14-3-1 所示。

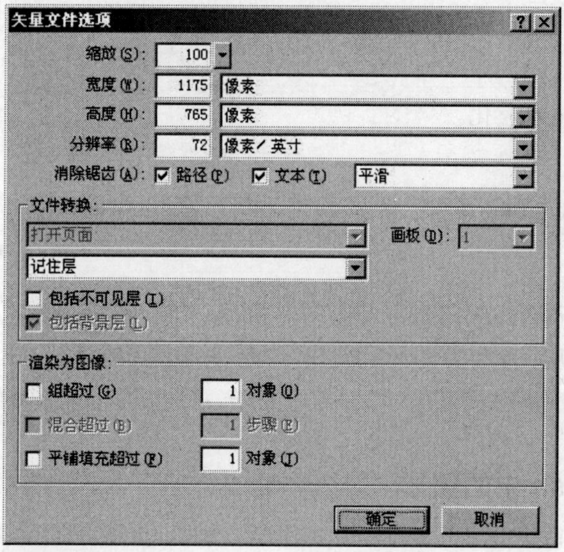

图 14-3-1

在“矢量文件选项”中可以设置相关参数，如缩放比例、宽度、高度、分辨率等。设置完成后，单击确定，该 Photoshop 文件将在 Fireworks 中，其扩展不变。

将单独的 Photoshop 图形拖到 Fireworks 中

通过将 Photoshop 图形拖到文档中，可以将它们放入 Fireworks 中。

如果要将 Photoshop 图形拖到 Fireworks 中，可以将图形从 Photoshop 拖到 Fireworks 中的一个已打开的文档中。拖动的每个图形，都成为一个新的位图对象。文本也作为位图对象导入，但不可作为文本进行编辑。

将 Photoshop 文件导入到 Fireworks 中

在 Fireworks 中导入或打开 Photoshop 文件时，将使用指定的导入首选参数将 Photoshop 文件导入到 PNG 文件中。除了按导入选项的指定保留层和文本外，Fireworks 还保留并转换以下的 Photoshop 功能。

层蒙版转换为 Fireworks 对象蒙版。

如果相应的动态滤镜存在，层效果将转换为 Fireworks 动态滤镜。例如，“投影”层效果转换为 Fireworks 中的“投影”动态滤镜。

层效果和动态滤镜可能在外观上略有不同。

层的混合模式将转换为相应对象的 Fireworks 混合模式，前提是 Fireworks 支持这些混合模式。

“通道”调色板中的第一个 Alpha 通道转换为 Fireworks 图像中的透明区域。Fireworks 不支持其他 Photoshop Alpha 通道。

在 Windows 中，Photoshop 文件名必须包括扩展名 .psd，这样 Fireworks 才会将它识别为 Photoshop 文件类型。

如果需要将 Photoshop 文件导入到 Fireworks 中，则首先单击“文件”菜单中的“导入”命令，或者单击“文件”菜单中的“打开”命令，然后查找到 Photoshop（PSD）文件。单击“打开”按钮，Photoshop 文件随即导入到 PNG 文件中。如果进行了更改并且想将该文件另存为 PSD 文件，则必须将它导出为 PSD 格式。

从 Photoshop 中导入文本

可以在 Fireworks 中，打开或导入包含文本的 Photoshop 文件。

在打开包含文本的 Photoshop 文件时，Fireworks 会检查系统中是否有所需的字体。如果没有，Fireworks 会询问是要替换字体，还是保持原外观。如果选择替换字体，则弹出“缺少字体”对话框，如图 14-3-2 所示。

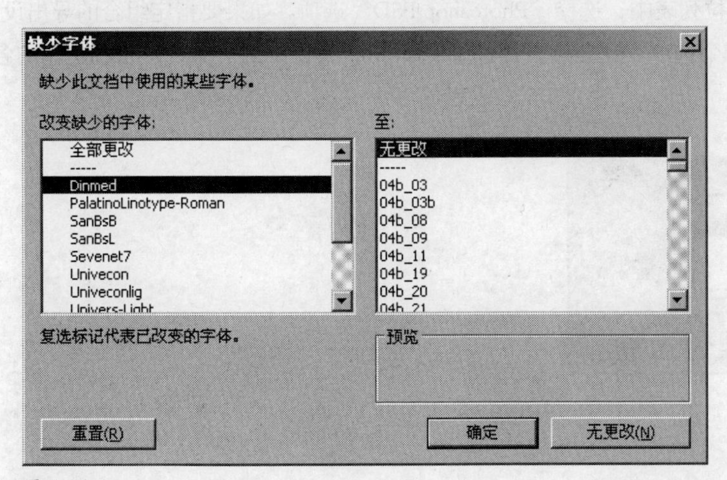

图 14-3-2

如果 Photoshop 文件中的文本应用了 Fireworks 支持的效果，则导入到 Fireworks 时仍然会应用这些效果。不过，由于 Fireworks 和 Photoshop 应用效果的方式不同，因此每个应用程序中的效果看起来可能不同。

当在 Fireworks 中，打开或导入包含文本的 Photoshop 6 或 Photoshop 7 文件时，如果选择了“维持外观”选项，则会显示文本的缓存图像，因此，其外观仍和在 Photoshop 中时相同。编辑文本后，缓存图像将被实际文本替换，而实际文本在外观上可能与原始文本不同。原始字体数据存储在 PNG 文件中，以便在文件位于没有该字体的系统上时，可以选择使用这些字体以维持外观。

Fireworks 不能以 Photoshop 6 或 Photoshop 7 格式导出文本。如果编辑包含 Photoshop 6 或 Photoshop 7 文本的文档，然后将该文档重新导出到 Photoshop，则该文件将以 Photoshop 5.5 格式导出，但是如果未对文本进行任何更改，文件将以 Photoshop 6 格式导出。

导入 / 导出 Photoshop 渐变

导入和导出后的渐变品质取决于渐变类型。渐变的颜色和不透明度可能也有轻微变化。

如果要导入包含调整图层的 PSD 文件，并在导入之后维持各图层的外观，则在“首选参数”对话框中的“Photoshop 导入 / 打开”选项中，将“自定义文件转换设置”下的“调整图层”选项选择为“维持图层调整后的外观”。

14.3.2 将 Fireworks 图形放入 Photoshop 中

Fireworks 全面支持以 Photoshop（PSD）格式导出文件。“导出”设置可以控制在 Photoshop 中重新打开文件时，其中某些元素保持可编辑性。

当导出到 Photoshop 中的 Fireworks 图像，在 Fireworks 中作为其他 Photoshop 图形重新打开时，它保持原来的可编辑性。可编辑性、外观和文件大小的“导出”选项，可以确定特定图形的最佳可行导出过程。Photoshop 用户可以在 Fireworks 中处理图形，然后继续在 Photoshop 中编辑。

如果要以 Photoshop，格式导出文件，则首先单击“文件”菜单中的“导出”命令，在“导出”对话框中，命名该文件并从“保存类型”下拉列表中，选择“Photoshop PSD”选项。如果要指定组合的导出设置，可以从“设置”下拉列表中，选择一个选项。这些设置提供了 Fireworks 文件中的对象、效果和文本的各导出选项的预设组合，如图 14-3-3 所示。

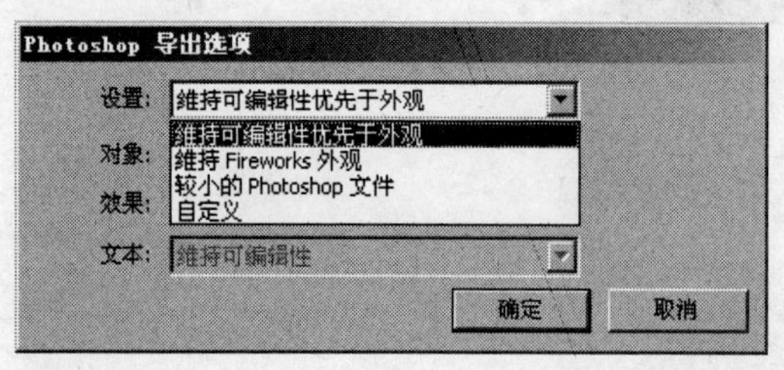

图 14-3-3